"十三五"国家重点出版物出版规划项目

中国矿山开发利用水平调查报告

煤 炭 矿 山

主编　冯安生　许大纯　吕振福

北 京

冶 金 工 业 出 版 社

2023

内 容 提 要

本书是"中国矿山开发利用水平调查报告"系列丛书之一。该丛书全面介绍了我国煤炭、铁矿、锰矿、铜矿、铅锌矿、铝土矿、钨矿、锡矿、锑矿、钼矿、镍矿、金矿、磷矿、硫铁矿、石墨矿、钾盐等不同矿种300余座典型矿山的地质、开采、选矿、矿产资源综合利用等情况，总结了典型矿山和先进技术。丛书共分为5册，分别为《煤炭矿山》《黑色金属矿山》《有色金属矿山》《黄金矿山》《非金属矿山》。该系列丛书可为编制矿产开发利用规划，制定矿产开发利用政策提供重要依据，还可为矿山企业、研究院所指引矿产资源节约与综合利用的方向，是一套具备指导性、基础性和实用性的专业丛书。

本书主要介绍了重要煤炭矿山的开发利用水平调查情况，可供高等院校、科研设计院所等从事矿产资源开发利用规划编制、政策研究、矿山设计、技术改造等领域的人员阅读参考。

图书在版编目(CIP)数据

煤炭矿山/冯安生，许大纯，吕振福主编 . —北京：冶金工业出版社，2020.12（2023.10重印）

（中国矿山开发利用水平调查报告）

ISBN 978-7-5024-7585-7

Ⅰ.①煤… Ⅱ.①冯… ②许… ③吕… Ⅲ.①煤矿—矿山开发—调查报告—中国 Ⅳ.①TD82

中国版本图书馆 CIP 数据核字（2020）第 264618 号

煤炭矿山

出版发行	冶金工业出版社		电　话	（010）64027926
地　址	北京市东城区嵩祝院北巷39号		邮　编	100009
网　址	www. mip1953. com		电子信箱	service@ mip1953. com

责任编辑　郭冬艳　徐银河　美术编辑　吕欣童　版式设计　孙跃红
责任校对　王永欣　李　娜　责任印制　窦　唯
三河市双峰印刷装订有限公司印刷
2020 年 12 月第 1 版，2023 年 10 月第 2 次印刷
787mm×1092mm　1/16；22.5 印张；540 千字；347 页
定价 79.00 元

投稿电话　（010）64027932　投稿信箱　tougao@cnmip. com. cn
营销中心电话　（010）64044283
冶金工业出版社天猫旗舰店　yjgycbs. tmall. com
（本书如有印装质量问题，本社营销中心负责退换）

中国矿山开发利用水平调查报告
编 委 会

前　言

2012 年国土资源部印发《关于开展重要矿产资源"三率"调查与评价工作的通知》，要求在全国范围内部署开展煤、石油、天然气、铁、锰、铜、铅、锌、铝、镍、钨、锡、锑、钼、稀土、金、磷、硫铁矿、钾盐、石墨、高铝黏土、萤石等 22 个重要矿种"三率"调查与评价。中国地质调查局随即启动了"全国重要矿产资源'三率'调查与评价"（以下简称"'三率'调查"）工作，中国地质科学院郑州矿产综合利用研究所负责"三率"调查与评价技术业务支撑，经过 3 年多的努力，在各级国土资源主管部门和技术支撑单位、行业协会的共同努力下，圆满完成了既定的"全国重要矿产资源'三率'调查与评价"工作目标任务。

本次调查了全国 22 个矿种 19432 座矿山（油气田），基本查明了煤、石油、天然气、铁、锰、铜等 22 种重要矿产资源"三率"现状，对我国矿产资源利用水平有了初步认识和基本判断。建成了全国 22 种重要矿产矿山数据库；收集分析了国外 249 座典型矿山采选数据；发布了煤炭、石油、天然气、铁、萤石等 33 种重要矿产资源开发"三率"最低指标要求；提出实行矿产资源差别化管理和加强尾矿等固体废弃物合理利用等多项技术管理建议。

为了向开展矿产资源开发利用评价、试验研究、工业设计、生产实践和矿产资源管理的科研人员、设计人员以及高校师生、矿山规划和矿政管理人员等介绍我国典型矿山开发利用工业、技术和水平，中国地质科学院郑州矿产综合利用研究所根据"三率"调查掌握的资料和数据组织编写了"中国矿山开发利用水平调查报告"系列丛书。该丛书共分为 5 册，分别为《煤炭矿山》《黑色金属矿山》《有色金属矿山》《黄金矿山》《非金属矿山》。

《煤炭矿山》共分 2 篇。第 1 篇为我国煤炭资源开发利用水平；第 2 篇为我国重要煤炭矿山调查报告。包括 82 个煤炭矿山开发利用水平调查情况。

本书的出版得到了自然资源部矿产资源保护监督司及参与"三率"调查研究的有关单位的大力支持，在此一并致谢！

囿于水平，恳请广大读者对书中的不足之处批评指正。

编　者

2018 年 11 月

目　　录

第 1 篇　我国煤炭资源开发利用水平

第 2 篇　我国重要煤炭矿山调查报告

第1篇 我国煤炭资源开发利用水平

WOGUO MEITAN ZIYUAN KAIFA
LIYONG SHUIPING

1　煤炭资源概况

1.1　煤炭资源分布情况

我国煤炭资源相对丰富，全国 30 个省（市、区）有煤炭赋存，储量仅次于美国、俄罗斯，位居世界第三。煤种从无烟煤、烟煤到褐煤共 14 种，种类齐全、煤质优良，为实现煤炭资源可持续发展及综合利用提供了有力的保障。根据《2018 年全国矿产资源储量通报》数据，截至 2017 年底，我国查明的煤炭资源储量 17085.73 亿吨。

我国煤炭资源分布不均，与主要消费区呈逆向分布，与区域经济发展水平、消费需求极不适应。我国煤炭资源西多东少、北多南少，主要煤炭资源富集区域为晋陕蒙（西）宁区、蒙东区和北疆区。经济发达且煤炭需求量大的东部区域，煤炭资源严重匮乏。从煤炭资源地理分布看，在秦岭—大别山以北保有的煤炭资源储量占全国的 90%，且集中分布在晋陕蒙三省（区），占北方地区的 65%。秦岭—大别山以南只占全国的 10%，且集中分布在云南省和贵州省，占南方地区的 77%。经济社会发展水平高、能耗大的东北及东部沿海地区煤炭资源仅占全国保有资源量的 6%；中部及近西部保有煤炭资源量占 48%；远西部经济社会带（内蒙古、新疆、青海、西藏）煤炭资源丰富，保有煤炭资源量占 46%。

我国煤炭资源丰富，总体呈现西多东少、北富南贫的分布特点，因此煤炭运输基本呈现"北煤南运""西煤东运"格局。

我国煤炭资源的特点包括：

（1）煤炭资源地理分布极不平衡。从煤炭资源地理分布看，全国保有煤炭资源储量的 90% 分布在秦岭—大别山以北，且集中在晋陕蒙地区（储量占北方地区的 65%）。10% 的煤炭资源分布在秦岭—大别山以南，集中分布在贵州省和云南省（储量占南方地区的 77%）。

（2）煤炭资源埋藏普遍较深。在我国已探明的煤炭资源中，约 50% 的煤炭埋深超过千米。随着开采强度的不断提高，我国煤矿开采的深度正以平均每年 10~25m 的速度增加。目前，我国开采深度超千米的矿井有 47 座，平均采深达 1086m，最深的新汶孙村煤矿开采深度已超过 1500m。

（3）煤炭资源大省非煤炭消耗大省。目前煤炭资源主要集中于山西、内蒙古、陕西、新疆、贵州、宁夏等省区，而我国主要的煤炭消费区域集中于华东和华北地区。

1.2　煤炭品种及其分布

我国煤炭资源品种齐全，包括了从褐煤到无烟煤各种不同煤化阶段的煤。内蒙古、黑龙江、云南、新疆 4 个省、区拥有各类煤炭资源。低变质烟煤主要分布在中国北方和大西北，中低变质烟煤主要分布在东北，中高变质煤及无烟煤主要分布在我国南方和华北地区，具体为：

（1）褐煤。占已发现煤炭资源的 12.8%，主要分布于内蒙古东部、黑龙江东部和云南东部等地。褐煤是煤化程度最低的煤，最大特点是水分含量高，灰分含量高，发热量低。我国的褐煤多属老年褐煤。

（2）低变质烟煤（长焰煤、不黏煤、弱黏煤、1/2 中黏煤）。占已发现煤炭资源的 41.6%，主要分布于新疆、陕西、内蒙古、宁夏等省、区，甘肃、辽宁等省低变质烟煤也比较丰富。我国低变质烟煤不仅资源量丰富，而且这类煤灰分低、硫分低、发热量高、可选性好、煤质优良。烟煤大多为优质动力煤，部分煤类还是生产水煤浆和煤炭液化的原料。

（3）中变质烟煤（气煤、气肥煤、肥煤、1/3 焦煤、焦煤和瘦煤）。占已发现煤炭资源的 27.6%，且气煤占其中的 46.9%，肥煤占 13.6%，焦煤占 24.3%，瘦煤占 15.1%。我国华北是中变质煤的主要分布地区，其中山西组煤的灰分、硫分相对较低，可选性较好，是我国炼焦用煤的主要煤源。

（4）高变质煤（贫煤、无烟煤）。占已发现煤炭资源的 17.6%，主要分布于山西、贵州和四川南部等地区，优质无烟煤相对比较缺乏。

我国煤炭以低灰和中低灰为主，占 65% 以上。其中特低-低灰煤（灰分 <10%）占 21.6%，低中灰煤（灰分 10%~20%）占 43.9%，中灰煤（灰分 20%~30%）占 32.7%，中高-高灰煤占 1.8%。发热量是动力用煤质量的主要指标，按空气干燥高位发热量分级，我国 91.8% 的煤炭属于中高热值煤；低热值和中低热值煤较少，仅占 2.3%。

1.3　煤炭资源储量情况

截至 2017 年底，煤炭查明资源储量在 100 亿吨以上的省区共有 14 个，其中前四分别是新疆维吾尔自治区、内蒙古自治区、山西省、陕西省，四省区储量占全国储量的 78.6%，详见表 1-1。

表 1-1　2017 年底全国各省区查明的煤炭资源储量统计表　　　　　（亿吨）

序号	地区	矿区数/座	基础储量	储量	资源量	查明资源储量
1	全国	7848	2500.89	839.55	14165.84	16666.73
2	新疆	641	174.1	48.13	4286.92	4461.02
3	内蒙古	416	507.63	38.31	3697.62	4205.25
4	山西	629	917.3	420.34	1795.46	2712.76
5	陕西	256	158.33	37.13	1563.87	1722.2
6	贵州	826	121.62	77.36	611.96	733.58
7	河南	276	84.77	0.54	291.9	376.67
8	云南	489	57.52	28.89	285.12	342.64

序号	地区	矿区数/座	基础储量	储量	资源量	查明资源储量
9	宁夏	122	38.22	5.55	289.86	328.08
10	安徽	218	83.7	38.29	214.14	297.84
11	甘肃	212	25.45	0.51	270.95	296.4
12	山东	191	73.98	44	207.94	281.92
13	河北	150	43.27	22.87	186.65	229.92
14	黑龙江	231	62.47	13.24	136.6	199.07
15	四川	577	51.63	23.92	72.83	124.46
16	青海	117	12.33	2.62	62.66	74.99
17	辽宁	270	26.59	12.08	27.6	54.19
18	重庆	335	17.69	2.84	26.39	44.08
19	湖南	345	6.49	4.46	27.96	34.45
20	江苏	96	10.31	5.09	21.2	31.51
21	吉林	372	9.64	7.17	17.84	27.48
22	北京	29	2.63	1.98	18.22	20.85
23	广西	119	0.89	0.37	19.84	20.73
24	江西	170	2.67	1.46	10.93	13.6
25	福建	216	3.54	1.7	7.78	11.32
26	湖北	290	3.19	0.04	5.23	8.42
27	广东	170	0.23	0.13	5.76	5.99
28	天津	2	2.97		0.85	3.82
29	海南	3	1.19	0.38	0.44	1.63
30	西藏	24	0.12		0.82	0.94
31	浙江	56	0.43	0.15	0.5	0.93

注：数据来源于《2018年全国矿产资源储量通报》，按查明资源储量由大到小的顺序排列。

1.4 煤炭资源潜力情况

1.4.1 全国煤炭资源潜力评价

根据《全国煤炭资源潜力评价》成果，截至2009年底，全国煤炭资源总量为5.9万亿吨，已探获煤炭资源量为2.02万亿吨，预测资源量3.88万亿吨，预测资源量煤类齐全，以不黏煤和长焰煤为主，其次为气煤和无烟煤。

累计探获资源量 20245 亿吨中，生产矿、在建矿已占用 4185.00 亿吨，尚未占用资源量 15472.24 亿吨。尚未占用资源量中，勘探（精查）2508.47 亿吨，详查 2932.58 亿吨，普查 5258.66 亿吨，预查 4772.53 亿吨。保有资源量为 14885 亿吨。探获资源量主要分布在中部供给带。东部、中部和西部探获资源量分布分别为 12%、75% 和 13%。

在预测资源量 3.88 万亿吨中，圈定预测区 2880 个，总面积 42 万平方千米，并进行了分级、分等、分类评价，预测和评价结论如下：

（1）按照预测深度分，埋深 600m 以浅 7252 亿吨，占 19%；600~1000m 预测资源量 7127 亿吨，占 37%；1000~1500m 预测资源量 11752 亿吨，占 30%；1500~2000m 预测资源量 12664 亿吨，占 14%。1000m 以浅预测资源量 14679 亿吨。

（2）按照煤炭资源潜力评价结果，有利的（Ⅰ类）预测资源量 9996 亿吨，占 26%；次有利的（Ⅱ类）资源量 12167 亿吨，占 31%；不利的（Ⅲ类）资源量 16647 亿吨，占 43%。优等预测资源量 9815 亿吨，占 25%；良等 11345 亿吨，占 29%；差等 17650 亿吨，占 46%。

1.4.2　全国煤炭资源潜力分布

通过煤炭资源预测和潜力评价，可以清楚看出，我国预测资源量十分丰富，资源潜力巨大。但不同区域不同煤种资源潜力显著不同，需要客观认识，科学评价。

（1）东北规划区。从预测深度看，埋深 1000m 以浅资源仅有 190.01 亿吨，主要分布于黑龙江省。可靠级只有 65.04 亿吨，优等资源量仅有 31.56 亿吨。最具潜力的矿区仅有黑龙江鸡西和七台河矿区，中等潜力矿区有黑龙江双鸭山矿区和辽宁亮中远景区两个，为今后普查找煤的重点区域。1500m 以浅尚有 276.62 亿吨，可作为今后普查找煤选区。

（2）黄淮海规划区。黄淮海规划区预测资源量 2076.52 亿吨。从预测深度看，埋深 1000m 以浅资源仅有 222.76 亿吨，占 10%。可靠级只有 47.09 亿吨，优等资源量仅有 54.71 亿吨。找矿潜力不大。最具潜力的矿区有 17 个，主要分布在安徽省，为今后普查找煤的重点区域。1500m 以浅尚有 941 亿吨，可作为今后普查找煤选区。

（3）华南规划区。华南规划区预测资源量 186.33 亿吨。从预测深度看，埋深 600m 以浅资源仅有 75.66 亿吨，可靠级 54.59 亿吨。本区属于南方缺煤地区，无最具潜力的矿区，1000m 以浅尚有 135.39 亿吨，可作为今后普查找煤选区，力争南方缺煤地区找煤突破。

（4）晋陕蒙宁规划区。晋陕蒙宁规划区预测资源量 14789 亿吨。从预测深度看，埋深 1000m 以浅资源有 3407 亿吨，具有巨大的找矿潜力。最具潜力的矿区 48 个，为今后普查找煤的重点区域。

（5）西南规划区。西南规划区预测资源量 2727 亿吨。从预测深度看，埋深 1000m 以浅资源尚有 1266 亿吨，具有巨大的找矿潜力。最具潜力的矿区 20 个，为今后普查找煤的重点区域。

（6）西北规划区。西北规划区预测资源量 16682 亿吨，主要分布在新疆。从预测深度看，埋深 1000m 以浅预测资源 9157 亿吨，其他各省区资源量很少。新疆地区具有巨大的找矿潜力。最具潜力的矿区 37 个，为今后普查找煤的重点区域。

表 1-2 为全国煤炭预测资源量统计表。

表 1-2　全国煤炭预测资源量统计表　　　　　　　　　（亿吨）

资源区带	资源分区	省（区）市	预测资源量	1000m以浅	可靠	可能	可靠可能	优等	良等	优良等
东部补给带	东北	辽宁	53.28	10.03	2.65	7.38	10.03	0.20	8.40	8.60
		吉林	69.50	38.06	1.14	17.21	18.35	2.69	19.11	21.80
		黑龙江	201.75	141.91	78.06	40.45	118.51	28.67	45.32	73.99
		小计	324.53	190.01	81.85	65.04	146.89	31.56	72.83	104.39
	黄淮海	北京	81.75	34.72	17.30	8.35	25.65	13.93	8.47	22.40
		天津	170.76	0.38	0.38	0.00	0.38	0.00	0.00	0.00
		河北	467.72	27.65	10.70	6.39	17.09	3.85	11.38	15.23
		江苏	53.53	9.45	2.45	3.83	6.28	5.47	2.99	8.46
		安徽	446.19	46.17	4.31	0.97	5.28	5.29	6.48	11.77
		山东	145.84	36.88	2.29	6.61	8.90	16.73	4.18	20.91
		河南	710.74	67.50	9.66	14.73	24.39	9.44	13.43	22.87
		小计	2076.52	222.76	47.09	40.88	87.97	54.71	46.93	101.64
	华南	台湾	3.20	2.32	0.00	2.32	2.32	1.33	0.99	2.32
		浙江	0.12	0.00	0.00	0.00	0.00	0.00	0.00	0.00
		福建	25.72	19.31	8.81	9.70	18.51	8.81	8.79	17.60
		江西	46.83	34.04	7.91	16.04	23.95	0.67	18.96	19.63
		湖北	15.23	10.69	9.08	0.56	9.64	1.74	4.09	5.83
		湖南	62.04	42.92	13.30	8.36	21.66	13.30	8.36	21.66
		广东	11.14	6.61	3.50	3.11	6.61	3.40	3.21	6.61
		广西	20.99	18.43	11.99	0.98	12.97	2.34	10.63	12.97
		海南	1.07	1.07	0.00	1.07	1.07	0.00	1.07	1.07
		小计	186.33	135.39	54.59	42.14	96.73	31.59	56.10	87.69
中部供给带	晋陕蒙宁	山西	3733.19	854.26	639.28	100.00	739.28	654.27	132.85	787.12
		内蒙古	7336.79	2257.75	1717.61	160.36	1877.97	1758.88	120.04	1878.92
		陕西	2261.29	168.30	159.56	8.52	168.08	149.30	18.63	167.93
		宁夏	1457.70	127.17	84.14	33.37	117.51	50.82	49.14	99.96
		小计	14788.97	3407.48	2600.59	302.25	2902.84	2613.27	320.66	2933.93
	西南	重庆	137.52	34.33	22.80	1.97	24.77	10.47	7.92	18.39
		四川	259.20	94.54	66.87	22.41	89.28	56.24	28.55	84.79
		贵州	1880.94	877.50	877.50	0.00	877.50	231.80	645.70	877.50
		云南	449.74	259.55	199.29	60.26	259.55	105.52	154.03	259.55
		小计	2727.40	1265.91	1166.46	84.64	1251.10	404.03	836.20	1240.23
西部自给带	西北	青海	344.46	191.95	78.92	113.03	191.95	41.78	107.19	148.97
		西藏	9.24	9.24	2.39	1.98	4.37	0.68	7.71	8.39
		甘肃	1656.81	154.11	125.46	9.01	134.47	133.76	20.36	154.12
		新疆	16681.85	8802.01	6108.20	604.95	6713.15	6164.20	1751.45	7915.65
		小计	18692.36	9157.31	6314.97	728.97	7043.94	6340.42	1886.71	8227.13
全国		合计	38796.11	14378.85	10265.55	1263.92	11529.47	9475.58	3219.43	12695.01

注：数据来源于《全国煤炭资源潜力评价》工作报告（2013 年）。

1.4.3　全国煤炭资源潜力变化

2013～2017 年，全国煤炭资源勘查取得很大进展，截至 2017 年底，四年累计煤炭勘查新增查明资源储量 3784 亿吨，比 2012 年净增 2044 亿吨，全国煤炭勘查新增查明资源储量在 20 亿吨以上的矿区共有 15 个，主要分布在新疆维吾尔自治区、内蒙古自治区、陕西等省区。此外，近几年，中国地质调查局安排的煤炭资源调查评价主要在南方缺煤地区或国家扶贫、边疆民族缺煤地区重点开展，分别在新疆（南疆喀什、和田地区）、福建、江西、湖北、湖南、云南、山东、四川、西藏、青海、广西等省（区）重点预测区开展煤炭资源调查评价，根据年度阶段成果统计，圈定可供进一步勘查的含煤选区 48 处，新增煤炭资源量（334）108 亿吨。

2 煤炭资源开发利用现状

煤炭资源开发利用水平的提升依赖于宏观层面的布局规划以及微观层面的技术支撑。宏观层面，我国出台了一系列政策措施，着手推进煤炭行业的转型发展，规划建设了 14 个大型煤炭基地，并在煤炭工业"十三五"规划中对煤炭产业的开发布局进行了方向性的引导，将陕北、新疆作为未来煤炭生产的重点区域，同时推进煤炭去产能的持续进行以及大型煤炭企业的整合建设，旨在增强煤炭行业的产业集中度，提高煤炭资源的开发利用水平。

2.1 煤炭产业布局

我国煤炭资源分布广泛，分为东部地区、中部地区和西部地区。在我国经济社会发展初期，由于国民经济快速增长及基础设施建设、工业发展的需求，化工、冶金、有色金属、电力等以原材料生产和初级加工为特征的工业快速发展，带动煤炭资源的大量消耗。随着开采强度的加大，东部地区煤炭资源逐渐枯竭，开采条件复杂，生产成本高，而西部地区资源丰富，开采条件好，并且国家大力推动煤炭供给侧结构性改革以及去产能政策的实施，将在西部地区建设一批大型煤炭生产基地，煤炭产业重心逐渐向中西部转移，2017年，西部地区煤炭产量占全国总产量的 58%（见图 2-1）。

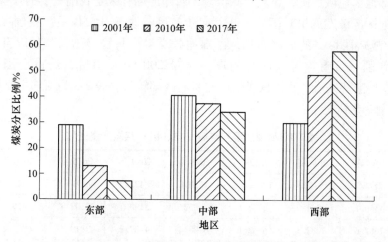

图 2-1 我国煤炭产量分区比例情况

我国东部产煤地区经济社会较发达，是早期煤炭主要产区，随着煤炭开采强度的增加，矿区资源逐渐枯竭，煤炭产量比重大幅下降。2017 年河北、辽宁、江苏、山东等省的煤炭产量 25207.9 万吨，约占全国煤炭产量的 7.32%。东部地区煤炭产量占全国的比重逐步下降。表 2-1 为东部主要产煤省份煤炭产量变化情况。

表 2-1　东部主要产煤省份煤炭产量变化　　　　　　　　　（万吨）

省	2010 年	2011 年	2012 年	2013 年	2014 年	2015 年	2016 年	2017 年
河北	10199	9297	9378.9	9310	8867.6	7347.1	6484.3	6010.8
辽宁	5718	7094	5492.9	5610	5031.01	4635.4	4082.1	3611
江苏	2181	2107	2094.9	2003.1	2019.2	1917.8	1367.9	1278.5
福建	2092.1	2305.5	1888.3	1657.9	1439.1	1155.5	1346.7	1107
山东	14892	15400	14522.4	15085	14818.13	14216.7	12813	12945.6

2017 年山西、安徽、河南、湖南等省煤炭产量 118841.2 万吨，约占全国煤炭产量的 34.49%，中部地区煤炭产量略微缩减。表 2-2 为中部主要产煤省份煤炭产量变化情况。

表 2-2　中部主要产煤省份煤炭产量变化　　　　　　　　　（万吨）

省	2010 年	2011 年	2012 年	2013 年	2014 年	2015 年	2016 年	2017 年
山西	74096	87228	91333.1	96257	97670.01	94410.3	81641.5	85398.9
吉林	4279.8	4305.2	4346.1	2329.4	2674.1	2295.6	1643.1	1635.3
黑龙江	9707	9820	9130	8017	6866.38	6321.9	5623.2	5440.4
安徽	13145	13000	14693.2	13960	13255.33	13404.2	12235.6	11724.4
江西	2751.5	2766.6	2690	2590	2300.7	1368.8	1432.1	782.1
河南	17909	23200	15097.3	15160	13768.62	13547.8	11905.3	11688
湖南	7788.94	8170.06	8823	7380	6181	3464.6	2595.5	1860.5

我国西部地区地域广阔，煤炭资源丰富，西部产煤省区是我国重要的煤炭供应和调出地区。西部地区经济发展相对落后，开发起步较晚。改革开放以后，我国煤炭产业实施"稳住东部，战略西移"的战略布局，西部地区煤炭产量稳步增长。2017 年内蒙古、陕西、贵州、新疆、云南等省（区）的煤炭产量 200496.4 万吨，约占全国煤炭产量的 58.2%。从发展趋势来看，我国煤炭生产逐步向西部转移。表 2-3 为西部主要产煤省（市、区）煤炭产量变化情况。

表 2-3　西部主要产煤省（市、区）煤炭产量变化　　　　　（万吨）

省（市、区）	2010 年	2011 年	2012 年	2013 年	2014 年	2015 年	2016 年	2017 年
内蒙古	78665	97900	106194.3	103030	98425.28	90580.3	83827.9	87857.1
重庆	4360.1	4321.9	3777.1	3852	3195.7	2509.3	2419.7	1172.1
四川	7682.6	7282.1	6563.1	3728.4	4487.2	3819.4	6076.2	4659.9
陕西	35641	40500	40531.6	49312	51500	52224.2	51151.4	56959.9
甘肃	4532.2	4692.8	4878.1	4679.4	4753	4399.6	4236.9	3712.3
贵州	15950	15600	18107.1	19118	18505.82	16763	16662.2	16551.4
新疆	10131	12000	13918.7	14684	14195.61	14643.3	15834	16706.5
云南	9759.7	9957.4	10384.7	10509	4413.43	4590.1	4251.8	4392.9

2017 年，内蒙古、山西、陕西、新疆、贵州、山东、安徽、河南、宁夏及河北等省（区）位居我国产煤省份的前十位，煤炭产量合计 31.32 亿吨，占全国煤炭总产量的 89%，其中产量超过 8 亿吨的有内蒙古及山西两省（区），分别为 8.79 亿吨、8.54 亿吨；陕西省位列第三，为 5.7 亿吨，新疆、贵州、山东、安徽、河南五省（区）产量均超亿吨，宁夏及河北分列第九、十位，产量分别为 0.74 亿吨、0.6 亿吨（见图 2-2）。

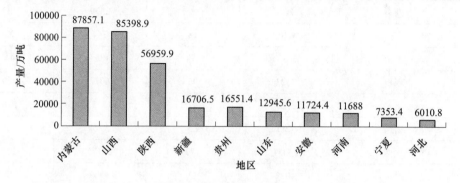

图 2-2 煤炭产量前十省（区）

根据国家能源局公布的全国煤矿生产能力公告数据显示，截至 2017 年 12 月 31 日，我国 25 个产煤省（市、区）共有建设煤矿 1161 处，生产规模 182470 万吨/a，生产煤矿 4402 处，生产规模 333600 万吨/a。其中，山西省建设矿井数量最多，为 316 处，生产规模共计 44168 万吨/a，位列第二；内蒙古建设矿井总生产规模最大，为 50657 万吨/a；山西省共有 612 处生产矿井，总产能 90490 万吨/a，位列所有省（市、区）第一。表 2-4 为全国建设煤矿各省产能及数量。

表 2-4 全国建设煤矿各省（市、区）产能及数量

编号	省（市、区）	建设煤矿		生产煤矿	
		生产规模 /万吨·a^{-1}	数量/座	生产规模 /万吨·a^{-1}	数量/座
1	北京	—	—	370	3
2	河北	1221	39	7516	57
3	山西	44168	316	90490	612
4	内蒙古	50657	87	82225	375
5	辽宁	544	5	4100	35
6	吉林	437	6	1994	48
7	黑龙江	6007	72	9791	556
8	江苏	60	1	1360	7
9	安徽	2290	5	14301	50
10	福建	1134	52	816	62
11	江西	28	2	1412	251
12	山东	775	6	15281	151
13	河南	3975	57	15536	251

编号	省（市、区）	建设煤矿		生产煤矿	
		生产规模/万吨·a⁻¹	数量/座	生产规模/万吨·a⁻¹	数量/座
14	湖北	645	29	315	61
15	湖南	204	8	2539	329
16	广西	540	18	744	22
17	重庆	367	7	1893	44
18	四川	3323	96	6072	369
19	贵州	3925	42	15251	570
20	云南	7211	65	3024	128
21	陕西	34351	177	38175	223
22	甘肃	4079	13	4909	44
23	青海	2144	20	646	18
24	宁夏	10164	26	7246	45
25	新疆维吾尔自治区	4221	12	7594	91
	合计	182470	1161	333600	4402

注：数据来源于全国煤矿生产能力公告。

对比全国各地煤炭产能、煤矿数量与2017年煤炭产量可知，各省（市、区）煤矿数量与产量存在较大差别。以贵州省为例，2017年贵州省煤炭产量共计16551.4万吨，位列全国第五，煤矿数量570座，而煤炭产量位居全国首位的内蒙古自治区煤矿数量仅为375座，煤炭生产存在较大的区域性差异。

2.2 煤炭开发布局

为保障国家能源稳定供给和调整煤炭产业结构，切实提高我国煤炭工业产业规模和企业的综合竞争力，国务院作出了"重点支持大型煤炭基地建设，促进煤电联营，形成若干个亿吨级煤炭骨干企业"的决策，并在"十二五"煤炭工业规划中得到落实。2006年4月，国家出台《国家大型煤炭基地建设规划》（以下简称《规划》），决定建设神东、陕北、黄陇、晋北、晋中、晋东、鲁西、两淮、冀中、河南、云贵、蒙东（东北）、宁东13个大型煤炭基地。2014年3月，国家发展改革委下发《关于新疆大型煤炭基地建设规划的批复》，将新疆正式列入我国第14个大型煤炭基地。14个大型煤炭基地矿区数量共190个。

2.2.1 大型煤炭基地基本情况

14个大型煤炭基地基本情况为：

（1）神东基地。神东基地位于陕西省北部、晋陕蒙三省交界地带，包括神东、万利、准格尔、包头、乌海、府谷等 16 个矿区。至 2014 年末基地范围内查明资源/储量为 2224.824 亿吨。

（2）陕北煤炭基地。位于黄土高原的陕北地区是我国重要的煤炭基地。包括榆神、榆横等 6 个矿区。至 2014 年末基地范围内查明资源储量为 1150.842 亿吨。

（3）黄陇煤炭基地。黄陇基地包括彬长（含永陇）、黄陵、华亭、旬耀、铜川、蒲白、澄合、韩城等 15 个矿区。至 2014 年末基地范围内查明资源/储量为 645.788 亿吨。

（4）晋北基地。晋北基地是我国特大型动力煤基地，位于山西省太原以北地区，包括大同市、朔州市、忻州市、太原市、娄烦县、吕梁市和岚县，包括大同、平朔、朔南、轩岗、河保偏和岚县 6 个矿区。至 2014 年末基地范围内查明资源/储量为 833.519 亿吨。

（5）晋中煤炭基地。晋中基地地处山西省中部及中西部，跨太原、吕梁、晋中、临汾、长治、运城 6 个市的 31 个县（市），包括西山、东山、汾西、霍州、离柳、乡宁、霍东、石隰 8 个矿区，至 2014 年末基地范围内查明资源/储量为 1094.673 亿吨。

（6）晋东生产基地。晋东基地是我国最大和最重要的优质无烟煤生产基地，位于山西阳泉、长治、晋城和晋中等市县境内，包括晋城、潞安、阳泉、武夏 4 个矿区。至 2014 年末基地范围内查明资源/储量为 663.954 亿吨。

（7）蒙东（东北）煤炭基地。蒙东（东北）煤炭基地范围主要包括内蒙古东部的呼伦贝尔市、通辽市、赤峰市、兴安盟、锡林郭勒盟及东北辽宁、黑龙江主要赋煤地区的市县，包括扎赉诺尔、宝日希勒、伊敏、大雁、霍林河、平庄、白音华、胜利、阜新、铁法、沈阳、抚顺、鸡西、七台河、双鸭山、鹤岗等 37 个矿区。该地区煤炭资源丰富，至 2014 年末基地范围内查明资源/储量为 2872.89 亿吨。在全国五大露天煤矿中，伊敏、霍林河、元宝山三大露天煤矿均处于蒙东地区。

（8）两淮煤炭基地。两淮基地包括淮南、淮北 2 个矿区，至 2014 年末基地范围内查明资源/储量为 383.940 亿吨。按照规划，到 2020 年，淮南矿区煤炭产量达 1.5 亿吨。淮北矿区位于安徽省北部，探明储量 98 亿吨，现有生产矿井 23 处，总设计能力为 1932 万吨/a。

（9）鲁西煤炭基地。鲁西煤炭基地主要包括兖州、济宁、新汶、枣滕、龙口、淄博、肥城、巨野、黄河北等 10 个矿区，至 2014 年末基地范围内查明资源/储量为 196.587 亿吨。

（10）河南煤炭基地。河南煤炭基地包括鹤壁、焦作、义马、郑州、平顶山、永夏 6 个矿区。至 2014 年末基地范围内查明资源/储量为 254.3 亿吨。

（11）冀中基地。冀中煤炭基地包括峰峰、邯郸、邢台、井陉、开滦、蔚县、宣化下花园、张家口北部、平原大型煤田 9 个矿区。至 2014 年末基地范围内查明资源/储量为 167.182 亿吨。

（12）云贵煤炭基地。云贵煤炭基地范围主要包括云南、贵州、四川三省的主要赋煤地区的市县，主要有盘县、普兴、水城、六枝、织纳、黔北、老厂、小龙潭、昭通、镇雄、恩洪、筠连、古叙等 24 个矿区。云贵两省是我国南方重要的煤炭生产基地。至 2014 年末基地范围内查明资源/储量为 797.154 亿吨。

（13）宁东基地。宁东基地位于银川东部的灵武，基地范围内查明资源/储量为 286.956 亿吨，包括鸳鸯湖、灵武、横城、石嘴山、石炭井、韦州、马家滩、积家井、萌城等矿区。

（14）新疆基地。煤炭是新疆最具优势的矿产资源之一，资源总量预测约为 2.2 万亿吨，占全国的 40%，居全国之冠。主要由吐哈、准噶尔、伊犁、库拜四大区的 36 个矿区组成。至 2014 年末基地范围内查明资源/储量为 3745.95 亿吨。

在中国中东部煤矿区资源量大幅减少的背景下，新疆已成为中国重要的能源接替区和战略能源储备区。14 个大型煤炭基地基本情况见表 2-5 和表 2-6，如图 2-3～图 2-6 所示。

表 2-5　14 个大型煤炭基地矿区主要煤类煤质特征

序号	基地名称	煤　类	煤　质	煤的用途
1	蒙东（东北）	内蒙古东部褐煤为主，少量长焰煤；辽宁以长焰煤为主，焦肥气煤为辅；黑龙江主要为焦煤、气煤、肥煤，少量为贫煤、无烟煤、褐煤	内蒙古东部、辽宁主要为优质煤；黑龙江主要为优质煤、特优质煤	内蒙古东部为动力用煤；辽宁为动力用煤，少量炼焦用煤；黑龙江为炼焦用煤和动力用煤
2	鲁西	主要为气、肥、焦煤等，少量褐煤、无烟煤	大部为优质煤；少部非优质煤	主要为炼焦用煤，次为动力用煤
3	两淮	淮北矿区为焦煤、肥煤、气煤；淮南矿区是 1/3 焦煤、气煤等	大部为优质煤，少部特优质、较优质煤	主要为炼焦用煤，淮北有部分动力用煤
4	冀中	主要为肥煤、焦煤、瘦煤、贫瘦煤、贫煤等，其次为无烟煤、褐煤、不黏煤等	除开滦矿为优质煤外，大部为较优质煤	大部炼焦用煤，少部动力和化工用煤
5	河南	气煤、肥煤、焦煤、瘦煤、贫煤、无烟煤为主，少量长焰煤	优质煤	大部为炼焦和化工用煤
6	晋北	主要为气煤、长焰煤、不黏煤、弱黏煤及部分焦煤	优质煤、较优质煤	动力用煤为主，炼焦用煤次之
7	晋中	气煤、肥煤、焦煤、瘦炼焦用煤为主	优质煤	炼焦用煤
8	晋东	瘦煤、贫煤、无烟煤为主	优质煤	化工和动力用煤
9	神东	大部为长焰煤和不黏煤，少部焦煤	优质煤	动力用煤、炼焦用煤
10	陕北	大部为长焰煤和不黏煤，少部肥煤、焦煤	优质煤	动力用煤、炼焦用煤
11	黄陇	主要有不黏煤、长焰煤、贫煤、瘦煤等	优质煤	动力用煤、化工用煤
12	宁东	以不黏煤、长焰煤、肥煤、焦煤、气煤为主，次为无烟煤、贫煤	优质煤为主，少部较优质煤	动力用煤、炼焦用煤
13	云贵	无烟煤为主，焦煤、褐煤次之	优质煤	化工动力用煤为主，炼焦用煤次之
14	新疆	长焰煤、不黏煤为主	优质煤	动力用煤

表 2-6　全国 14 个大型煤炭基地基本概况

序号	基地名称	矿区数量/个	面积/km²	主要煤种	保有查明资源/储量/亿吨	原煤产量/亿吨
1	神东	16	20500.00	长焰煤、不黏煤、焦煤	2224.824	8.798935
2	陕北	6	18365.70	长焰煤、不黏煤、肥煤	1150.842	2.152086
3	黄陇	15	11084.00	不黏煤、长焰煤、贫煤	645.788	1.261656
4	晋北	6	6700.00	气煤、长焰煤、不黏煤	833.519	3.162076

序号	基地名称	矿区数量/个	面积/km²	主要煤种	保有查明资源/储量/亿吨	原煤产量/亿吨
5	晋中	8	23861.00	气煤、肥煤、焦煤	1094.673	2.714667
6	晋东	4	15000.00	瘦煤、贫煤、无烟煤	663.954	2.811374
7	蒙东(东北)	37	27264.70	褐煤、长焰煤、焦煤	2872.890	3.292203
8	两淮	2	13251.00	焦煤、肥煤、气煤	383.940	1.150359
9	鲁西	10	55962.82	气煤、肥煤、焦煤	196.587	1.434021
10	河南	6	10849.00	气煤、焦煤	254.300	1.041941
11	冀中	9	5000.00	肥煤、焦煤、瘦煤	167.182	0.589592
12	云贵	24	46900.00	无烟煤、焦煤、褐煤	797.154	2.068617
13	宁东	11	2105.00	长焰煤、不黏煤、肥煤	286.956	0.621535
14	新疆	36	35452.62	长焰煤、不黏煤	3745.950	1.66063
合计		190	292295.84		15318.560	32.759692

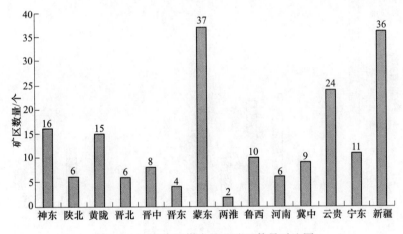

图2-3　14处大型煤炭基地矿区数量对比图

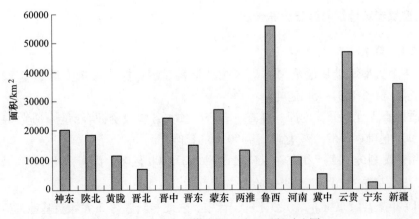

图2-4　14处大型煤炭基地矿区面积对比图

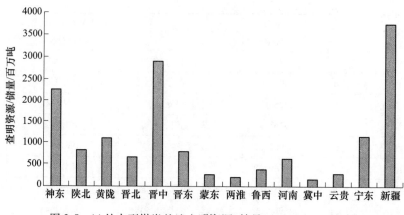

图 2-5　14 处大型煤炭基地查明资源/储量（百万吨）对比图

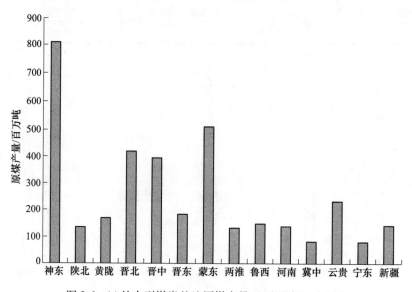

图 2-6　14 处大型煤炭基地原煤产量（百万吨）对比图

2.2.2　大型煤炭基地煤炭资源分布情况

2.2.2.1　煤炭基地总体概况

根据 14 个大型煤炭基地范围内矿区统计资料显示：探获煤炭资源总量 22205.46 亿吨，查明资源/储量 15318.56 亿吨。

按地质勘查程度划分，勘探、详查、普查、预查各阶段资源/储量分别为 6451.113 亿吨、5750.907 亿吨、5652.777 亿吨、4350.667 亿吨。

按利用情况划分，生产和在建煤矿已占用 5833.600 亿吨，尚未占用 16371.863 亿吨。

2.2.2.2　保有查明资源/储量的分布

至 2014 年末，蒙东（东北）、神东、晋中、陕北、新疆等 5 大煤炭基地的煤炭保有查明资源/储量最多，均超过 1000 亿吨，其中蒙东（东北）、神东、新疆基地保有查明资源/

储量均为 2000 亿吨以上，新疆基地保有查明资源/储量为 14 大基地之首，为 3746 亿吨。晋北、黄陇、云贵和晋东 4 大基地保有查明资源/储量次之，均超过 600 亿吨，其中晋北基地 834 亿吨，云贵基地 797 亿吨，黄陇和晋东基地为 650 亿吨左右，其余 5 大基地保有查明资源/储量较少，除两淮基地为 384 亿吨外，其他基地均不超过 300 亿吨，最少的当属冀中基地和鲁西基地，分别为 167 亿吨和 197 亿吨。

2.2.2.3 尚未利用资源/储量分布

新疆、蒙东（东北）、神东、陕北、晋中、云贵 6 大基地的煤炭尚未利用资源/储量最多，均超过 1000 亿吨，依次为新疆基地 5424.73 亿吨、蒙东（东北）基地 3210.01 亿吨、神东基地 2530.91 亿吨、陕北基地 1308.24 亿吨、晋中基地 1227.78 亿吨、云贵基地 1043.18 亿吨。其他基地均未超过 500 亿吨，其中 100 亿~500 亿吨的基地有 4 个，依次为晋北基地 472.49 亿吨、晋东基地 343.75 亿吨、黄陇基地 337.43 亿吨、两淮基地 239.14 亿吨。

综上所述，从保有查明资源/储量和尚未利用资源/储量综合来看，蒙东（东北）、神东、陕北、新疆 4 大煤炭基地的煤炭保有查明资源/储量和尚未利用资源/储量最多；晋中、云贵两大基地，有一定的资源前景；晋北、晋东、黄陇、两淮基地资源发展前景一般；河南、宁东基地保有查明资源/储量不多；鲁西和冀中基地保有查明资源/储量最少。表 2-7 为大型煤炭基地煤炭资源汇总表。

表 2-7 大型煤炭基地煤炭资源汇总表 （亿吨）

序号	基地名称	探获资源/储量	查明资源/储量	已占用资源/储量	尚未占用资源/储量	1500m 以浅预测资源/储量
1	神东	3802.184	2224.824	1271.275	2530.909	1723.59
2	陕北	1821.661	1150.842	513.418	1308.243	751.17
3	黄陇	663.358	645.788	325.925	337.433	247.97
4	晋北	942.567	833.519	470.081	472.486	262.89
5	晋中	2002.33	1094.673	774.554	1227.776	1098.08
6	晋东	677.064	663.954	333.317	343.747	532.99
7	蒙东（东北）	3724.14	2872.89	514.124	3210.013	274.67
8	两淮	472.66	383.94	233.52	239.14	291.06
9	鲁西	234.594	196.59	204.16	30.434	179.42
10	河南	270.01	254.3	195.63	74.38	268.89
11	冀中	182.653	167.182	114.3	68.353	194.77
12	云贵	1228.48	797.154	185.305	1043.175	1615.43
13	宁东	290.126	286.96	229.082	61.044	377.7
14	新疆	5893.64	3745.95	468.910	5424.730	7157.06
	基地总计	22205.46	15318.566	5833.600	16371.863	14975.69

注：1500m 以浅预测资源/储量为 2009 年的统计数。

2.2.3　大型煤炭基地开发现状

2.2.3.1　地质勘查可靠程度

根据国土资源部颁发的《煤、泥炭地质勘探规范》中煤炭资源/储量级别的可靠程度，将探明资源/储量（331）与控制资源/储量（332）之和与总查明资源/储量（331+332+333）的比例作为划分基地查明煤炭资源/储量可靠程度分类的依据。

查明资源/储量可靠程度分析比较结果见表 2-8，14 个大型煤炭基地查明资源/储量对比如图 2-7 所示。

表 2-8　各大基地查明资源/储量可靠程度分析比较表

序号	基地名称	查明资源/储量（331+332+333）/亿吨	(331+332)/亿吨	(331+332)占比/%	可靠程度分类
1	蒙东（东北）	2872.890	1353.406	47.11	高
2	鲁西	196.587	92.516	47.06	高
3	两淮	383.940	175.970	45.83	高
4	冀中	167.182	87.568	52.38	高
5	河南	254.300	135.500	53.28	高
6	晋北	833.519	418.789	50.24	高
7	晋中	1094.673	551.220	50.35	高
8	晋东	663.954	481.074	72.46	高
9	神东	2224.824	1024.823	46.06	高
10	陕北	1150.842	560.336	48.69	高
11	黄陇	645.788	279.158	43.23	高
12	宁东	286.956	117.391	40.91	高
13	云贵	797.154	317.077	39.78	较高
14	新疆	3575.950	1779.240	49.76	高

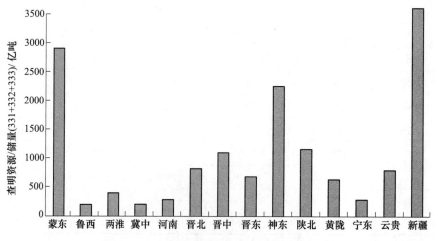

图 2-7　14 个大型煤炭基地查明资源/储量对比图

2.2.3.2 预测资源/储量可靠程度

据估算，截至 2010 年全国煤炭总预测资源/储量（334）为 38796.12 亿吨，其中 1500m 以浅的为 26131.67 亿吨。预测资源/储量排名前五的地区依次为新疆、内蒙古、山西、陕西、贵州，预测资源/储量合计为 31892 亿吨，占全国总预测资源/储量 82%，新疆预测资源/储量最多，达 16681 亿吨，占全国总预测资源/储量 43%。各规划区预测资源/储量相差较大，若按基地划分，大致分布情况以山西为界，山西以西各基地预测资源/储量均在 2000 亿吨以上，山西以东各基地预测资源/储量均在 700 亿吨以下，鲁西基地最少，仅为 145 亿吨。

将预测资源/储量的可靠程度划分 3 个级别，即预测可靠的（334-1）、预测可能的（334-2）、预测推断的（334-3），并以此为据对全国预测资源/储量的可靠程度进行统计。煤炭预测资源/储量可靠程度较高的省份主要有黑龙江、内蒙古、山西、云南、贵州、四川、新疆等。可靠程度较低的是黄淮海区，该区总预测资源/储量 2076.52 亿吨，可靠的仅 47.09 亿吨，占总预测资源/储量的 2.2%。根据各煤炭大基地地域分布情况，可以初步确定蒙东（东北）、神东、晋北、晋中、晋东、云贵、新疆等 7 个基地预测资源/储量的可靠程度较高，其中云贵和新疆基地最高，两淮、河南、鲁西、冀中 4 个基地最低，陕北、宁东、黄陇 3 个基地居中。

综合查明资源/储量可靠程度的分析结果，14 个基地中除云贵基地可靠程度为较高外，其余基地均为高，而可靠程度高的基地中，除晋东基地较高外，其余基地难分伯仲，这其中可能存在分级资源/储量准确度较差的原因。而从预测资源/储量的可靠程度分析来看，可靠程度较高的省份主要有黑龙江、内蒙古、山西、云南、贵州、四川、新疆等 7 省（区），可靠程度较高的基地主要有蒙东（东北）、神东、晋北、晋中、晋东、云贵、新疆等 7 个基地。

2.2.3.3 煤炭资源开发程度

用占用资源/储量除以探获资源/储量得出开发系数。各基地煤炭资源开发程度比较结果见表 2-9，14 个大型煤炭基地开发系数对比如图 2-8 所示。

表 2-9 各基地煤炭资源开发程度比较表

序号	基地名称	探获资源/储量/亿吨	占用资源/储量/亿吨	开发系数	开发程度
1	蒙东（东北）	3724.14	514.124	0.14	低
2	鲁西	234.594	204.160	0.87	高
3	两淮	472.660	233.520	0.49	低
4	冀中	182.653	114.300	0.63	中
5	河南	270.010	195.630	0.72	高
6	晋北	942.567	470.081	0.50	中
7	晋中	2002.330	774.554	0.39	低
8	晋东	677.064	333.317	0.49	低
9	神东	3802.184	1271.275	0.33	低
10	陕北	1821.661	513.418	0.28	低

序号	基地名称	探获资源/储量/亿吨	占用资源/储量/亿吨	开发系数	开发程度
11	黄陇	663.358	325.925	0.49	低
12	宁东	290.126	229.082	0.79	高
13	云贵	1228.480	185.305	0.15	低
14	新疆	5893.640	468.910	0.08	低

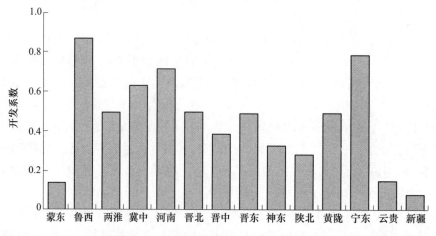

图 2-8　14 个大型煤炭基地开发系数对比图

开发系数在 0.6 以上的有鲁西、宁东、河南、冀中，共 4 个基地；开发系数在 0.35～0.6 之间的有 5 个基地，依次为晋中、两淮、晋东、黄陇、晋北基地；开发系数低于 0.35 的依次为新疆、蒙东（东北）、云贵、陕北、神东共 5 个基地。开发系数反映了基地的后备资源储备情况。可以看出，新疆、蒙东（东北）、云贵、陕北、神东等基地后备资源丰富，发展潜力大，而鲁西、宁东、河南、冀中等后备资源较贫乏，尤其是鲁西基地后备资源不足。

大型煤炭基地建设坚持"有序集中开发、优化生产结构、促进产业融合、发展循环经济、加强环境保护"的原则，支持煤电、煤化等一体化建设，综合开发利用煤炭及与煤共伴生资源，实现上下游产业联营和集聚，促进煤炭资源富集地区经济社会发展。

神东、陕北、黄陇、宁东基地，充分考虑水资源、环境承载力、外运条件前提下，保持合理开发规模。晋北、晋中、晋东基地，加大结构调整转型升级力度，协调开采煤炭、煤层气资源，对炼焦煤资源和无烟煤资源实行保护性开发。冀中、鲁西、河南、两淮基地，降低开采强度，逐步淘汰落后产能。蒙东地区重点实施煤电一体化和煤化一体化项目，满足特高压输电和长距离输气的需要。云贵基地加大兼并重组力度，提高技术装备水平和产业集中度，淘汰落后产能。新疆基地围绕煤电、煤化工示范项目适度建设。

据统计，"十二五"末，我国 14 个大型煤炭基地原煤产量占全国原煤产量的比重在 93% 左右且仍在逐年增加，2016 年，14 个大型煤炭基地产量 37.4 亿吨，占全国煤炭产量 95% 以上，有效保障了煤炭供应，产业集中度不断增强。实际上全国大型矿井、现代化矿井、安全高效矿井也均分布在大型煤炭基地范围内，不在该范围内的矿区多为产能规模小、位置偏僻或尚未开发的矿区。因此，大型煤炭基地范围内的煤炭矿区基本代表了全国煤炭矿区的总体情况。

目前，全国范围内尚未大规模开发建设的矿区主要在新疆、内蒙古和陕西等省份，新疆煤炭资源/储量超过全国煤炭总资源/储量的 50%，资源丰富、煤种齐全、煤质良好、开采技术条件优越，但受地方消纳能力、对外运输条件等限制，短时间难以大规模集中开发建设，宜作为我国的能源储备基地；内蒙古未大规模开发的矿区多处于内蒙古东部，受环境脆弱、煤质差、地层松软、水源短缺、开采条件差、地方消纳能力差等因素影响，也不可能在短时间内大规模开发；其他省份虽有个别大规模开发建设的矿区，但大多存在资源数量少、开采条件差、安全隐患多等问题，开发潜力不大。

2.2.4 大型煤炭基地未来开发布局

经统计，2017 年我国 14 个大型煤炭基地原煤产量占全国原煤产量的比重为 94.3%，全国大型矿井、现代化矿井、安全高效矿井也均分布在大型煤炭基地范围内，其余矿区多为产能规模小、位置偏僻或尚未开发的小矿区。因此，大型煤炭基地范围内的煤炭矿区代表了全国煤炭矿区的总体情况。

"十三五"期间，煤炭开发总体布局是逐步压缩东部生产规模；从严控制中部和东北地区接续煤矿建设；加大西部地区资源开发与生态环境保护统筹协调力度，结合煤电和煤炭深加工项目用煤需要，配套建设一体化煤矿。以大型煤炭基地为重点，统筹资源禀赋、开发强度、市场区位、环境容量、输送通道等因素，优化煤炭生产布局。

2.3 煤炭资源开采现状

2.3.1 煤炭生产方式逐步转变，行业生产力水平显著提高

近年来，一方面采煤工作面的大采高、大运量、大吨位的高产高效先进技术与装备在大型矿井得到了普遍应用。煤矿开采技术水平显著提高，研发并成功应用了 10m 以上特厚煤层大采高综放开采技术、8.8m 厚煤层大采高综采技术、短壁机械化开采技术等，其工作面参数、装备能力及系统可靠性大幅提高，涌现了一批年产千万吨级的矿井，使我国煤矿生产力水平显著提高。另一方面，轻型（小吨位）、液压支架在中型矿井得到了广泛应用。我国研制了适用于 0.8~1.3m 薄煤层的综采成套装备；研发了基于滚筒采煤机的薄煤层综采工作面内无人值守自动化控制系统，可实现综采工作面的无人或少人自动化开采作业。薄煤层综采自动化开采成套技术装备已在华蓥山、大同、阳泉、晋城等 14 个矿区推广应用。

从采掘机械化程度看，2018 年大型煤炭企业采煤机械化程度提高至 96.1%，掘进机械化程度提高至 54.1%。全国煤矿人均生产效率由 137t/a 提高至 1000t/a。国家能源集团神东矿区补连塔煤矿年人均效率超过 5 万吨（原煤工效达到 167.76t/工）；中煤平朔集团东露天矿，年人均效率 6.8 万吨（原煤工效达到 222.94t/工），处于国际先进水平。

2.3.2 技术研发进步明显，行业整体装备水平进一步提升

近年来，我国煤炭技术装备方面，无论是地质保障，还是煤炭开采，还是大型技术装

备，以及安全技术装备都得到了较快发展。原始创新能力提升，特厚煤层大采高综放开采关键技术及装备、生态脆弱区煤炭现代开采地下水和地表生态保护关键技术、宁东特大型整装煤田高效开发利用及深加工关键技术创新成果达到了国际领先水平。尤其是绿色开采技术——煤与瓦斯共采技术及设备、"三下"采煤与充填开采及设备实现重大突破，前者理论研究成熟，形成了一些重要研究成果，并应用到实际生产中；而后者经历了废矸式充填技术、水砂充填技术、尾矿胶结充填技术、高浓度充填技术和膏体充填技术等技术更迭，在全行业推广。煤炭行业安全生产状况持续稳定好转，劳动生产率明显提高。

2.3.3　绿色、高效转型取得突破，行业深化可持续发展

绿色开采稳步推进。坚持资源开发与环境保护相统一，生态文明矿山建设稳步推进。陕北矿区煤炭保水开采技术取得成功，矿区环境效益显著。以淮南、淮北矿区为主要的煤与瓦斯共采技术趋于成熟。河北、山东等地的充填式开采有效保护了地面建（构）筑物。

3　煤炭开发利用技术

我国煤炭行业历经数十年的发展，通过众多专家及学者的不断努力，在学习国外先进开采技术的同时结合我国煤炭赋存条件，形成了一套适用于自身的煤炭开发利用理论及技术。

3.1　资源高效智能开采技术

截至 2017 年底，我国采煤机械化程度已由 2010 年的 76% 提高到 78.5%，其中大型煤炭企业（从业人数 1000 人以上，同时年营业收入 40000 万元以上的煤炭企业）采煤机械化程度已达 96.08%。截至 2018 年 7 月，全国煤矿采煤、掘进机械化程度已分别达到 78.5%、60.4%，比 2012 年提高近 10 个百分点。

虽然我国煤炭资源储量相对丰富，但支撑煤炭科学产能和科学开发的煤炭资源量并不丰富，煤炭资源现有回收率低，目前我国煤炭资源回收率平均仅 50% 左右，相比美国、澳大利亚等发达国家的约 80% 仍有较大差距。我国低回收率引领的产能扩张型发展模式，造成生态环境破坏加剧，这就对煤炭资源的绿色高效开采提出了更高的要求。

现阶段煤炭资源高效智能开采技术主要包括综合机械化开采技术、露天开采技术和智能化开采技术三个方面。

3.1.1　综合机械化开采技术

综合机械化开采技术从根本上改变了煤炭工业的面貌，是开采技术的主要发展方向，矿井规模日益扩大、生产日益集中、系统日益简化成为发展趋势，高产高效综采设备的发展趋势是向大功率、高强度、高速度、高可靠性和机电一体化方向发展。

综合机械化开采技术按照煤层开采厚度主要分为薄煤层（小于 1.3m）、中厚煤层（1.3~3.5m）、厚煤层（3.5~7m）和巨厚煤层（7m 以上）共 4 类。薄煤层（0.6~1.3m）综采主要以薄煤层滚筒采煤机或刨煤机为龙头。刨煤机刨煤和装煤效率较高，可以连续自动化采煤；中厚煤层（1.3~3.5m）综采成套技术应用已非常广泛，开采煤层倾角 0°~60°，最大产能可达到每年 500 万吨以上；厚煤层（3.5~7m）综合机械化开采方面，目前国内一些大型煤炭集团已通过使用 2500kW 以上（最高达到 3000kW）大功率采煤机，率先实现了厚及特厚煤层的安全高效综采，年产千万吨以上；综放开采源于 20 世纪 50 年代欧洲，80 年代引入我国并发展成熟，目前综放开采已经成为特厚-巨厚煤层安全高效开采的主要采煤方法，适应倾角 0°~49°、厚度 4.0~20m，产量可以达到 90 万~1000 万吨。

近年来，我国采煤工艺的发展带动了煤炭开采各环节的变革。我国研发并成功应用了 10m 以上特厚煤层大采高综放开采技术、3.5~8.8m 厚煤层大采高综采技术、短壁机械化开采技术等，其工作面参数、装备能力及系统可靠性大幅提高，涌现了一批年产千万吨级的矿井，彻底扭转了我国煤矿开采技术和装备水平与产能需求不适应的局面。主要表现在以下几个方面：

（1）煤矿开采技术及装备水平显著提高。我国年产千万吨煤矿综采工作面成套装备研制成功；煤层赋存稳定区域的薄煤层全自动、智能化综采技术取得重大突破；大采高、强工作阻力、电液控制的重型煤矿综采液压支架投入使用，露天煤矿 300t 级重型卡车、75m³ 电铲、半固定移动式破碎机、轮斗挖掘机等重型装备基本实现国产化；采煤机最大功率达到 3000kW，刮板运输机小时输送能力最大达到 5000t，高端液压支架、重型运输设备等煤炭开采装备核心技术已经居于国际先进水平，有力地促进了我国煤矿现代化、生产机械化、系统自动化和管理信息化水平的提升，促进了矿山绿色、清洁、安全、高效发展，走出了一条科技含量高、经济效益好、资源消耗低、环境污染少、人力资源优势得到充分发挥的新型煤炭工业化发展之路。

（2）积累了"难采"煤层的开采经验和管理方法。我国煤矿铁路下、水体下、建筑物下开采及底板岩溶水带压开采的理论和实践经验基本成熟，软顶、软底、软煤层的"三软"煤层、大倾角（35°~65°）及极薄煤层（煤厚小于 0.8m）等"难采"煤层的开采积累了一定的经验和管理方法，大采区、长工作面的采准巷道的设计，得到了优化和技术提升；为适应瓦斯治理需要，采用上行开采的技术取得了一定的实践经验。沿空留巷、采用露天回采井工煤矿残留煤炭资源等设计方法，有效提高煤炭资源回收率。

（3）采煤装备技术参数与国外基本相近。在采煤装备上，设备的总体技术参数，如最大功率、牵引电机功率、截深、采高、滚筒直径等与国外先进产品基本相同或接近。

3.1.2　露天开采技术

我国是煤炭的生产和消费大国，随着煤炭生产力水平快速提高，露天煤矿的发展也随之步入了新阶段。据统计，目前我国正在生产的露天煤矿约 400 处，2017 年露天煤矿产量达 5.28 亿吨，占全国煤炭总产量的比重由 2012 年的 12.3%提高到 15%，增加 2.7 个百分点。然而，露天煤矿在开采煤炭资源的同时也造成了一定的资源浪费，主要是露天煤矿工业场地、排土场和端帮压覆的煤炭资源，以及超薄煤层、复合煤层等难采煤层的煤炭资源。为了更加合理地开发利用煤炭资源，我国迫切需要发展和推广露天开采的先进适用技术，提高露天开采煤炭的资源回收率。

近年来，随着煤炭市场的好转，露天采煤新技术、新工艺、新装备不断出现，极大地提高了我国的煤炭资源的露天开采水平。

（1）开拓与运输技术。露天煤矿开拓的目的是要开辟从地面到各开采台阶的矿岩运输通道，建立采场、排土场、储煤场、工业广场等的运输系统，以满足一定开采程序不同时期的运输需要。

目前，拉斗铲无运输倒堆工艺得到广泛应用，拉斗铲无运输倒堆工艺将采掘、运输、排土作业融于一体，使得开拓运输通道建设只需重点考虑辅助及检修设备的通过条件。

（2）采区划分及转向技术。

1）采区划分。分区开采方式可以有效降低初期基建工程量，在优先开采有利区段、降低运距、充分利用内排等方面优势明显。另外，对于开采范围较大的大型煤田，无论倾斜或者缓倾斜赋存，尽可能开采剥采比小、煤质条件较好的有利区段，可以大幅改善矿区开发经济效益。

目前，具有代表性的采区划分模式有随时间扩张型、一次性总体规划工作面连续型、一次性总体规划独立开拉接续型和一次性总体规划复合型划分模式共四类。

2）工作线长度。工作线长度是采区划分的基础和依据，因此必须考虑工作线的合理长度。

工作线长度优化理论对于综合技术因素合理确定工作线长度提供了重要的理论基础，目前仍是露天煤矿工作线长度优化设计中的重要理论依据，并在实践中得到了广泛的应用。

3）露天煤矿采区转向。露天煤矿采区的方向调整是露天生产接续的重大工程，它对露天煤矿的剥采程序、运输开拓系统的布置、内外排程序、设备调动、内外排土场参数及生产成本等有很大的影响。一般来说，按转向期间是否需要重新拉沟将采区转向方式分为连续式和间断式两大类。连续式的最大特点为利用原有采空区进行新采区的开采建设，无需重新拉沟，采区转向过程中生产管理过渡较稳定。连续式又可按照新采区工作面的形成位置划分为转向的不同工作新布留沟缓帮连续式、扇形推进连续式两种。

目前，我国已有多个煤矿完成转向，为后续露天煤矿转向积累了丰富的经验，并创造性地采用新的排土、运输系统优化技术，部分露天煤矿通过采用初期倾向拉沟、转向后走向推进的方式实现内排，扩大开采范围，增加了煤矿服务年限，取得较好的经济效益。

（3）剥采比与剥采进度优化技术。剥采比是露天煤矿一定开采范围或生产时期内的剥离量与采矿量之比，是露天煤矿设计和生产中最重要的指标之一。剥采比安排和调整合理与否，不仅影响到露天煤矿的生产成本，甚至会影响到露天开采境界和整个露天煤矿的经济效益。露天煤矿开采中剥采比的概念包括平均剥采比、境界剥采比、时间剥采比、生产剥采比、分层剥采比、钻孔剥采比、经济剥采比等。露天煤矿剥采进度计划及优化是露天煤矿工程设计的一个重要组成部分，其实质是根据露天煤矿长远规划中各项技术决策，对露天煤矿采剥工程在时间和空间上的发展做出动态安排。

目前，由于传统超前剥离理论的条件限制，综合开采工艺具备适时调整开采程序和开采参数的能力，露天煤矿采剥外包常态化，均衡剥采比理论受到挑战；由于经营模式发生深刻变化，开采技术大幅进步，端帮煤炭回收，搬迁费用和资源价格上涨，境界剥采比的确定需要考虑更多约束条件。因此，要综合考虑各类设备组能力、自营能力和外包能力，科学选型和确定设备数量，以自然剥采比来优化投资和生产安排。

（4）端帮资源回收技术。端帮开采技术是在传统的露天开采技术和井工开采技术之外发展起来的一种先进、比较成熟的矿山开采方式。端帮开采技术已发展成为以螺旋钻、露井端帮开采系统为主采设备的现代化采煤工艺。另外，陡帮开采业已成为一种端帮资源开采比较经济合理的技术。端帮采煤技术可以在以下几种开采条件下应用：陡帮开采、露天煤矿端帮开采、倾斜或断层开采、薄煤层开采、顶板破碎煤层开采、底板松软煤层开采、波浪式煤层开采等。

目前，我国端帮采煤的方式以陡帮开开采和露井联合开采的方式为主，露井联采是在露天煤矿开采到界后在端帮开掘巷道，布置工作面回收端帮资源；陡帮开采为我国露天煤矿使用较成熟的端帮资源回收方式，在安家岭露天煤矿应用多年，大幅提高了露天煤矿经济效益和回采率。

3.1.3　智能化开采技术

智能化无人综采技术是指采用配备了具有感知能力、记忆能力、学习能力和决策能力的液压支架、采煤机、刮板输送机等综采装备，以自动化控制系统为枢纽，以可视化远程监控为手段，实现综采工作面采煤全过程"无人跟机作业，有人安全巡视"的安全高效开采技术。这是信息化与工业化深度融合基础上煤炭开采技术的深刻变革，构建了煤矿创新发展、安全发展、可持续发展的全新技术体系。

截至 2018 年 7 月，全国很多矿井主要生产系统实现了地面远程集中控制，井下无人值守的机电岗位是 2016 年的 2.4 倍，全国已经建成 70 多个智能化采煤工作面。

"十二五"以来，通过技术引进、消化、吸收和再创新，我国煤矿智能化综采技术有了长足的发展，取得了一批先进科研成果和示范工程。2014 年 5 月，陕煤集团黄陵矿业公司联合技术研发和装备制造单位，共同完成了"中厚煤层国产装备智能化无人综采技术研究与应用"项目。首创地面远程操控常态化，促进了煤炭企业的升级转型，实现了煤炭资源的科学高效安全开采。2017 年 3 月，中国煤炭科工集团与兖矿集团合作，在转龙湾煤矿综采工作面首次应用 LASC 技术进行自动校直，研制了具有惯导特性的智能采煤机，行走位置和滚筒采高控制精度、截割牵引速度大幅提高。据不完全统计，截至目前我国共有 300 余家煤矿应用了电液控制技术，有 20 余家进行了智能化开采技术尝试。

3.1.4　资源高效智能开采技术应用

截至 2017 年底，资源高效智能开采技术已推广 70 个项目、135 个矿山，盘活资源量52862.47 万吨，原煤回采率均有一定幅度的提高。

3.1.4.1　综放工作面煤炭安全高效回采成套装备优化

综放开采作为我国煤炭开采在世界上的标志性技术和成果，是我国厚煤层传统开采方法的一次变革，经国外引入，通过成套装备技术的不断创新和发展，已实现成套技术产品输出国外，推广应用"综放工作面煤炭安全高效回采成套装备优化"先进适用技术。

其关键技术为综放工作面后部刮板输送机交叉倒卸布置的配套方式与工艺；分（体）尾梁放顶煤液压支架和两级伸缩插板式放顶煤液压支架；消除交叉侧卸式后部刮板输送机关键部位的弯曲磨损，实现综放工作面液压支架的架型统一，便于增减支架；开发与巷尾支架、运输顺槽端头支架和超前支架相适应的自动化控制系统，取消单体支护，实现综放工作面运输顺槽端头及超前区域支护的机械化和自动化，对于进一步提高我国综放开采技术的引领作用具有重要意义；综放开采对煤厚变化适应性强，利用矿压落煤能耗低，节约总体投资，一次采高大、出煤强度大，利于实现高产、高效和快速创造效益。

我国厚及特厚煤层储量丰富，该技术的研发及推广应用，对我国及国外类似煤层赋存条件开采具有重要的指导意义与技术效益。

以煤厚 9m，面宽 230m，回采长度为 1500m 长综放工作面为例，采用本技术能多回收8 万多吨煤。

一个工作面采用本技术后端头区域顶板实现液压支架支护，取消单体支柱，每年可节约单体支柱费用投入约 45 万元。取消单体支柱及实现端头区域设备自动化操作，可每班减少作业人员 2 人，年节约人工费用约 60 万元。

该技术环境效益显著，提高煤炭资源回收率的同时减少矸石排放，实现煤炭资源的清洁生产，符合矿井绿色开采和可持续发展的要求，推广应用前景广阔。

3.1.4.2　露井联合开采技术

露井联合开采技术，主要适用于露天矿与井工矿的高效建设、安全开采、采出率提高和环境保护等方面。主要包括露井协同快速建设技术、露井协同高效生产技术、露井协同安全开采技术和露井协同土地复垦与生态重建技术四个方面。项目研究成果已在中煤平朔集团获得了成功应用，平朔矿区存在露井协同开采的煤炭资源约 17450.5 万吨，预计采用该技术能多采出煤炭 9413.5 万吨，同时可有效改善矿区生态环境，经济、社会与环境效益显著。项目研究成果可推广应用到露井协同生产建设的现代化高产高效矿井。

3.1.4.3　智能化无人开采技术

智能化无人开采技术实现了在采煤生产过程中，以采煤机记忆割煤为主，人工远程干预为辅；以液压支架跟随采煤机自动动作为主，人工远程干预为辅；以综采运输设备集中自动化控制为主，就地控制为辅；以综采设备数据监测为主，视频监控为辅；即"以工作面自动控制为主，监控中心远程干预控制为辅"的自动化生产模式，在国内率先实现地面远程采煤作业常态化。

3.2　干法选煤技术

我国能源形势决定了煤炭主体结构很难出现大的改变，因此未来重点是要实现煤炭资源清洁高效利用，在煤炭行业逐步西部转移的基础上，要更好地推动煤炭清洁技术快速发展。我国煤炭总体分布西多东少、北多南少，煤炭资源赋存丰富程度与地区经济发达程度及水资源呈逆向分布。我国煤炭资源有 2/3 以上分布在西北缺水地区，但该地区煤炭资源（如西部神华煤田）煤质优良，在开采中混有不少顶底板岩石及夹矸，且煤的内在水分高，遇水易泥化，难以采用湿法分选，急需干法选煤技术进行煤炭加工提质。相较湿法选煤而言，干法选煤具有诸多优势，如进行无水作业、减少洗选成本、不会增加产品水分、保证分选过程后产品煤热值只增不减，另外分选过程没有煤泥水排放，对周围的生态环境零破坏。干法选煤技术在干旱地区的推广，一方面能够降低生产成本和环境污染，解决我国主要产煤区使用湿法选煤技术导致水资源供应压力大的问题，解除水资源匮乏对煤炭产业的发展约束；另一方面促进煤炭资源就地转化，提高入选率。

干法选煤技术是利用煤炭和煤矸石所具有的物理性质差异而完成对原煤的分选工作。其中物理性质指的是密度、外形、光泽、导电性以及导磁性等性质。相比湿法选煤，干法选煤优点是建设周期短、占用产地少、生产成本低、容易智能化、安全可靠、不依赖水资源、高效环保等。常见的干法选煤技术包括风力选煤法、空气重介质流化技术、复合式选煤法、磁力选煤法以及电力选煤法等。

（1）风力选煤法。风力选煤是较为常见的一种干法选煤技术，主要在空气中，依据煤炭与矸石杂质之间的密度差异进行重力分选。主要原理是在平面上施加上升气流，进而通过气流强度变化来对煤炭资源进行分选，在多数情况下会使用倾斜平面结构，依据设备运作方式的差异，呈现出大致两种风力选煤途径：第一种途径是在分层时通过机床振动变化和气流强度变化对煤矿进行分选，一部分质量低，密度小的煤矿自然从末端排出，而质量大的煤矿则被分选出；另一种风力选煤法是通过气流摇动呈现出复合效果，将密度较高的矸石从煤炭中分选出来，最后剩下的产物就是精煤和中煤。两种拣选方式原理相同，分选差异主要体现在机械运作方式和分选对象上，一种是通过过滤法将矸石从原煤中拣选出来，另一种是通过筛选法将精煤从煤矿中分选出来。

风力选煤法在煤炭工业中应用相对广泛，由于技术整体相对成熟，成本相对低廉，性价比比较突出。但风力选煤法在精度上会有明显缺陷，且拣选方式粗糙，进而经常容易出现杂质超标和矸石残留现象，一方面难以保障风力选煤对精煤的有效分选，另一方面风力选煤对杂质的过滤能力也相当有限。因此风力选煤法在未来应当予以持续性的改进和技术创新，使其发挥更重要的功能和价值。

（2）空气重介质流化技术。空气重介质流化技术与湿法选煤技术具有同样原理，但其工作程序是在空气中进行，因此，也被归类为干法选煤技术中。这种方式是利用上升气流，将某些粉体当作重介悬浮液，用湿法选煤原理进行煤炭资源拣选工作。这种空气重介质所具有的特性在于，其密度在三维空间环境下具有稳定而均匀的物理特性，煤炭物料在空气重介质这种类似于"悬浮液"的环境中，可以由其物理特性进行分层，不同物料经过不同的出口排出，实现分选。

（3）复合式选煤法。复合式选煤法其实是传统振动法和风力选煤技术的结合，本质上是通过煤炭和矸石间的密度差异进行分选，主要使用复合式干选机，依据风力和振动力混合作用，对煤炭进行密度分级，使煤炭能够从高低两个密度方向得以排出，分选后的排料端能够依据需求调节，并在设备程序设定中对物料筛选。虽然复合式选煤法已经取得较大进步，但整体分选效率还有待提升，精度问题和运行稳定性依然需要进一步发展和完善。

3.3　煤矸石减排利用技术

煤矸石是煤炭在形成过程中与煤炭共生、伴生的一种脉石矿物，在煤炭洗选和加工过程中所产生的固体废弃物。我国矸石产量占原煤总产量约为 15%~20%，目前积存已达到 70 亿吨，占地面积为 $70×10^4 km^2$，且每年以 1.5 亿吨的速度增长，占工业固体废弃物的总量的 40% 以上。堆积煤矸石占用了大量的土地，并且会在土地中释放大量的有害元素，煤矸石的综合利用已不容懈怠。

煤炭被称作是工业"真正的粮食"，对于现代化工产业来说，不管是轻工业还是重工业，煤炭都占据着不可替代的地位。因此，煤矸石的产量也在不断上升，如何把煤矸石良好的利用是目前必须要解决的问题，目前国内外对煤矸石的研究与利用，主要集中在以下几个方面：用于发电，生产化工产品，用作填充物，用作耐火材料，合成陶瓷，合成高效能复合外墙外保温材料，制成砖用作建筑材料等。到目前为止，煤矸石已经被广泛利用，但由于多种原因，国内煤矸石利用率不高，约为 30%，每年的处理量远远小于排放量，在综合利用中，煤矸石的发热量在 4500~12550kJ/kg 范围的可用于发电，杂质含量低而氧化铝含量高的煤矸石可用于化工生产，如硫酸铝、结晶氯化铝、氢氧化铝、白炭黑、炭黑等铝质材料。尽管如此，煤矸石的处理量仍较低。因此，煤矸石处理的新工艺有待进一步的开发。

煤矸石中富集着很多有用成分，如果可以将其充分利用，不仅能将煤矸石变废成宝，而且能减轻对环境的污染，还能节省大量的空间，在工业上具有广阔的应用前景。

煤矸石在化学成分上主要是由无机质组成，主要的无机质包括 Al、Si、O、Fe、Ca、Na、Mg、K、P、Ti 以及重金属和稀土元素等，其中 SiO_2 和 Al_2O_3 所占比重最大，SiO_2 一般占到 40%～60%，Al_2O_3 大约在 15%～30%。

（1）煤矸石用于制备建筑材料。将煤矸石与粉煤灰、水泥、磷渣以一定的比例混合，可以制成复合保温砌块，砌块密度能够达到 $1160kg/m^3$，抗压强度能够达到 5.5MPa，符合 GB/T 15229—2011 的标准。此外用煤矸石烧制成的烧结砖强度高、装饰性好，并且其强度在 30MPa 以上，可以用在饭店、宾馆以及别墅上作为艺术墙建材，也可将其用来绿化广场道路、铺设道路和人行道，且其质轻的优点能很好地应用在铺设停车场垫层方面。也可以将煤矸石通过一级粉碎、混合搅拌，二级粉碎、陈化、成型、干燥、焙烧制作成空心砖，该砖不仅热惰性大而且具有较好的保温性能。煤矸石烧结空心砖、多孔砖，是节能型墙体材料的一种，可以代替实心黏土砖用在永久性建筑；该产品具有抗震性能好、自重轻、施工周期短、强度高、综合造价低以及隔音、保温、隔热等特点，因此在市场上有着很好的效益。

（2）煤矸石复垦和充填采空区。除正在自燃的煤矸石山之外，煤矿利用煤矸石进行土地复垦时，先要对复垦土地进行表土剥离，再将煤矸石原地适当平整，或将煤矸石充填到采煤塌陷区等低洼处，填入矸石平整后，覆土 10～30cm 即可开始种植，但是由于煤矸石与土壤的性质不同，保水、保肥、缓冲性差，所以要采取有利于植物生长的措施。同时，在种植食用植物时，要先测定煤矸石中的有害元素含量。对于成分复杂、难以利用的煤矸石，充填采空区是最理想的处理方式。煤矸石井下充填是用煤矸石置换煤炭的一种技术。煤矸石充填采空区的方法有：采煤充填、自溜充填、机械充填、风力充填和水力充填等。由于机械充填和自溜充填效率较低、效果较差，故较少采用。采煤充填是将充填处置煤矸石与"三下"采煤相结合的一种充填方式，相应进行的采煤活动称为矸石充填采煤。矸石充填采煤是指利用矸石置换建筑物、工业场地、水体下的保护煤柱，其开采方式为煤柱中先掘进矸石充填巷道进行采煤，然后依次对采出煤炭的巷道由内向外进行矸石填充。矸石充填的目的是确保地表变形在允许范围之内，减少开采对采场底板的破坏。这种方法可以有效解决建筑物下压煤难题，用矸石置换煤，矸石不升井，并不占用土地，可以增大采储量，减少地面塌陷，满足环保要求，这是处理煤矸石的一个很有效的方法。

（3）煤矸石用于发电。煤矸石是混合物，含有碳和其他可燃物质，从而可作燃料使用。目前我国煤矸石的发热量大多低于 6300kJ/kg，其中 1300～3300kJ/kg、3300～6300kJ/kg 以及低于 1300kJ/kg 的三个级别各占 30%，高于 6300kJ/kg 的仅占 10%，而用于发电的煤矸石其发热量要求到达 6270kJ/kg 以上。由此知，大部分的煤矸石都不符合要求。煤矸石燃烧后剩余的炉渣和废灰，具有较高的化学活化性能，从而可用作农业原料、建材、化工产品等加以合理的利用，这样可减少对环境的再次污染。目前利用煤矸石发电已经具有了一定的规模，取得了显著的经济效益、环境效益以及社会效益等。

（4）煤矸石用作肥料。煤矸石可以通过化学的方法用于生产化肥，主要是生产微生物和有机肥料，将含有较高有机质的煤矸石打成粉后和过磷酸钙按照要求比例混合，能够提高土壤肥力而且再加入活化添加剂且搅拌，加入适量的水，从而形成有机化肥。煤矸石制成的有机肥有利于增加土壤的通透性和疏松性等。

3.4　矿井水利用技术

我国煤炭资源与水资源呈逆向分布，14 个大型煤炭基地煤炭产量占全国的 95% 以上，其中内蒙古、山西、陕西是煤炭主产区，处于干旱、半干旱地区，水资源匮乏，植被稀少，生态环境脆弱，煤炭及相关产业用水紧张。矿井水直接排放对环境带来不利影响，如严重污染水源水质、导致矿区地下水位下降、破坏地下水循环系统、给居民生产生活带来危害等。

将矿井水资源处理利用，一是能够减少废水排放量、降低排污费，节约水资源，减轻或避免长距离输水问题，为矿区创造明显的经济效益；二是开辟新水源，减少淡水资源开采量，消除矿井水对地表水系污染，保护地表水资源，美化矿区环境，具有显著的环境效益；三是改善矿区严重缺水状况，帮助解决吃水难、用水难的问题，缓解供水压力，具有良好的社会效益。因此，矿井水资源化实现了经济效益、环境效益和社会效益的统一。

根据物理化学性质，我国煤矿矿井水划分为洁净的矿井水、含悬浮物的矿井水、高矿化度的矿井水、酸性矿井水和含特殊污染物的矿井水。不同类型的矿井水，矿井水处理技术有沉淀、混凝、过滤、中和、膜分离、生物处理等。

（1）洁净矿井水。洁净矿井水的资源化工艺包括收集、提升、消毒。处理原则是清污分流。利用工艺为井下清水管线输送至地面，消毒处理后即可作为生活、生产用水。必要时需进行过滤处理。

（2）含悬浮物的矿井水。矿井水中的悬浮物含量远远高于地表水，其主要污染物来自矿井水流经采掘工作面时带入的煤粒、煤粉、岩粒、岩粉等悬浮物。水的感官性状差，长期外排，会破坏景观、淤塞河道，影响水生生物及农作物的生长等。其次矿井水悬浮物颗粒小、比重轻，因而其沉降速度十分缓慢，效果差。含悬浮物矿井水的另一个水质特征是细菌含量较多，主要来自井下作业人员的生活、生产活动，所以消毒杀菌非常必要。煤粉颗粒与胶体颗粒相同，带负电荷，静电斥力阻止颗粒接近聚合成较大颗粒，也是矿井水悬浮颗粒很难自然沉降的原因。要适当地投加絮凝剂，破坏这种结构，使其可以聚合成较大颗粒而沉淀。

含悬浮物矿井水的资源化工艺包括混凝、沉淀、过滤、消毒。原则上采用混凝沉淀工艺，进行一次处理达到井下防尘用水要求或进行排放。再经预氧化、过滤、消毒工艺进行二次处理达到生产、生活用水要求。

从处理工艺本身来看，目前全国各地煤矿很多均使用一体化净水器处理含悬浮物的矿井水。它集反应、过滤和沉淀作用于一体，具有占地面积小、上马快等优点。利用混凝沉淀法处理含悬浮物矿井水的成功案例比较多。

（3）高矿化度矿井水。高矿化度矿井水的处理，除采用给水净化传统工艺去除悬浮物和消毒外，其关键工序是除盐处理。高矿化度矿井水处理一般分为两个部分：第一部分是预处理，采用常规混凝沉淀技术，去除矿井水中的悬浮物；第二部分是脱盐处理，使处理后出水含盐量符合《生活饮用水卫生标准》。

降低矿井水含盐量的方法主要有蒸馏法和膜分离法，其中膜分离法包括电渗析法和反渗透法。蒸馏法是利用煤矸石作为燃料产生蒸汽，由蒸汽加热待脱盐的矿井水，获得淡水；或以煤矸石作为燃料生产蒸汽用于发电，产生的余热来加热矿井水以获得淡水。电渗析法是在电场作用下，利用阴、阳离子交换膜对溶液中阴、阳离子的选择透过性，而使溶液中的溶质与水分离的一种物理化学过程。反渗透法利用高分子膜，以超过溶液渗透压的压力将水和杂质分离。反渗透法脱盐处理可以有效地去除水中无机盐类、低分子有机物、胶体、病毒和细菌等，是目前公认的高效、低耗、无污染水处理技术，适用于全盐量大于 4000mg/L 的水脱盐处理，更适用于高矿化度矿井水的脱盐。

（4）酸性矿井水。酸性矿井水资源化工艺为投加碱性药物进行中和反应，处理原则主要是中和处理，除铁锰。中和法是目前煤矿酸性矿井水常采用的处理方法，适合作中和剂的有石灰石、大理石、白云石、石灰等碱性物质。其中以石灰石和石灰中和剂的应用最为广泛。生物氧化与石灰中和法是利用氧化亚铁硫杆菌将亚铁离子氧化成铁离子，并投入石灰中和。

3.5 瓦斯抽采利用技术

煤矿瓦斯（煤层气）既是矿井有害气体也是洁净能源。据《中国矿产资源报告2018》，我国是世界上煤矿瓦斯（煤层气）最丰富的国家之一，2000m 以浅煤层气地质资源量约 30 万亿立方米，可采资源 12.5 万亿立方米，资源量仅次于俄罗斯和加拿大，位居世界第三位。截至 2017 年底，剩余技术可采储量 3025.36 亿立方米，相比 2016 年下降9.5%，勘查新增探明地质储量 104.80 亿立方米，勘查新增技术可采储量 305.31 亿立方米。煤矿瓦斯（煤层气）资源在我国天然气资源中占有最重要地位，是比较接近现实的接替天然气的后备资源。

我国煤矿瓦斯（煤层气）地质条件复杂，大部分矿区煤层透气性低，平均渗透率$0.002 \times 10^{-3} \sim 16.17 \times 10^{-3} \mu m^2$，比美国低 2~3 个数量级，全国井工煤矿平均开采深度接近500m，开采深度超过 800m 的矿井达到 200 余处。随着开采深度增加，地应力、瓦斯含量和压力增大，煤层透气性降低，瓦斯抽采难度进一步加大。煤矿瓦斯抽采规模小、集中度低、浓度变化大，多数小煤矿未建立瓦斯利用设施，大中型矿井没有做到矿区联网集中利用，瓦斯抽采难度大，矿山安全生产威胁严重。因此，加大煤矿瓦斯开发力度，最大限度地降低煤层瓦斯含量，对我国煤炭资源的综合利用意义重大。

近年来，从我国煤矿瓦斯（煤层气）的地质条件出发，经过多年的探索和实践，逐步形成了地面煤层气开发、煤矿区煤层气开发并举的煤层气开发之路。

经过几十年的发展，尤其是近几年随着煤炭行业的迅猛发展，瓦斯抽采技术得到了极大的提高，发展了多种瓦斯抽采方法。

按瓦斯来源可分为开采（本）层抽放、邻近层抽放、采空区抽放、围岩抽放和综合抽放瓦斯法等；按汇集抽采瓦斯的方法可分为钻孔法、巷道法以及钻孔和巷道混合法；按瓦斯抽放原理可分为未卸压抽放、卸压抽放和强化抽放（人为提高煤层透气性或增加涌流暴露面积和连通孔道）；按地上、下施工位置可分为地面抽放和矿井抽放瓦斯法等。

在抽放装备方面，研制了抽放孔钻进钻机和可有效提高抽放钻孔深度的钻杆及钻头等；研制和推广应用了抽放管道正负压自动放水器，快速接头及化学材料密封钻孔等。

相关统计数据显示，2017年全国煤矿瓦斯抽采量178亿立方米，比2012年增加53亿立方米，其中地面瓦斯抽采量增加23.9亿立方米，井下瓦斯抽采量增加28.6亿立方米。

3.6 绿色开采技术

3.6.1 充填开采技术

我国人均煤炭资源拥有量较少，"三下"（建筑物下、铁路下和水体下）压煤量较大，矿井正常生产接续受到影响；常规垮落法煤炭开采方式引发地表沉陷和地下水及含水层破坏，造成地表建筑物损毁；大量矸石直接外排堆存，占压土地、污染环境。据统计，2016年全国煤矿产生的煤矸石、洗选矸石、煤泥约7亿吨，每年排出地下水约59亿立方米，煤炭开采引起的土地沉陷约700km²。部分矿区由于过度开发、无序开发，已经接近或超过资源环境承载力的极限，导致矿区自然环境急剧恶化。

近年来，部分煤矿企业积极探索并实施了煤矸石等固体材料充填、膏体材料充填、高水材料充填等多种充填工艺技术，集成创新了较为成熟的充填开采技术和装备。充填开采是随着回采工作面的推进，向采空区充填矸石、粉煤灰、建筑垃圾以及专用充填材料的煤炭开采技术。充填开采是煤矿绿色开采技术体系的主要内容。实施充填开采，可以减少井下采空区水、瓦斯积聚空间，降低采空区突水、瓦斯爆炸、有害气体突出、浮煤自燃等事故发生可能性，抑制煤层及顶底板的动力现象，提高矿井安全保障程度；可以充分回收"三下"压煤和边角残煤，延长矿井服务年限；可以大量消化矸石，减轻煤炭开采对地表的影响，减少耕地占用和矿区村庄搬迁，保护和改善矿区生态环境，促进资源开发与生态环境协调发展，是一种绿色开采方法。

充填开采技术按照充填介质类型及其运送时的物相状态，可以分为膏体充填、矸石充填、高水材料充填和部分充填四种类型。

（1）膏体充填采煤技术。将煤矿附近的煤矸石、粉煤灰、河砂、风积砂、工业炉渣、劣质土、城市固体垃圾等在地面加工制作成不需要脱水处理的牙膏状浆体，采用充填泵或重力加压，通过管道输送到井下，适时充填采空区的开采方法。典型的膏体充填系统由以下三部分组成：配料制浆系统、泵送系统和工作面充填子系统。配料制浆系统把煤矸石、粉煤灰、工业炉渣、胶结料和水配制成膏体充填料浆；泵送系统采用充填泵把膏体充填料浆通过充填管路由地面输送到井下采煤工作面；工作面充填子系统将膏体材料充填到后方采空区。膏体充填具有料浆流动性好、密实度高、充填体强度高的优势，故其对岩层移动与地表沉陷的控制效果较好。但其充填系统初期投资较高，吨煤充填成本相对较高。

（2）矸石充填采煤技术。是利用风力、重力、机械等动力将充填材料煤矸石抛入或输入采空区的充填采煤方法。根据充填料充填采空区的动力方式来划分，矸石充填方法包括人工充填、自溜充填、风力充填、机械充填。不同的充填系统的充填料一般由矸石、砂子、采石场碎石及粉煤灰等组成，但成分以煤矸石为主，一般不需要加入胶结料或其他添加剂。人工矸石充填因其生产能力小、效率低、劳动强度大，与回采工艺适应性较差，故很少采用。矸石自溜充填只能在急倾斜煤层中应用，淮南、北京、北票及中梁山等矿区曾应用过这种充填开采方法。机械化矸石充填又根据工作面采煤工艺不同分为普通机械化矸石充填和综合机械化矸石充填两种类型，前者主要应用于炮采、普采工作面，后者应用于综采工作面。

矸石充填系统相对简单，机械化程度高，充填系统的初期投资较膏体充填低，吨煤充填成本相对较低，但矸石充填的密实度相对较低，对岩层移动与地表沉陷的控制效果不如膏体充填。

（3）高水速凝固结材料（简称高水材料）是一种胶凝材料，由两种材料构成，主要包括高铝水泥、石灰、石膏、速凝剂、解凝剂、悬浮剂等组分。其具有固水能力强、单浆悬浮性和流动性强、凝固速度快、强度增长速度快等特点，可以将高比例的水迅速凝固成具有一定承载能力的固体。使用时，以 1:1 比例混合配制成浆液，体积含水率达 85%~97%，在 5~30min 内凝固、硬化，最终形成坚固的高含水固体。典型的高水材料充填采煤系统可置于井下或者地面。使用时，两种浆液分别进行配制，配制的单浆液分别进入缓冲池。待两个缓冲池分别储存一定量的单浆液后，通过专用管路同时将两种浆液输送到工作面，然后进行混合，并随工作面推进，将混合浆液注入采空区。

与其他充填技术相比，高水材料充填采煤具有以下优点：由于其用水量高，故所需固体材料少，一方面克服了煤矿固体充填材料缺乏的问题；另一方面，简化了其他充填技术所需的庞大充填系统；由于所需固料少，对矿井辅助运输影响基本没有；充填系统简单且初期投资少，充填料浆流动性好，不易堵管，工作面不泌水。但该技术最大的缺点是高水材料抗风化及抗高温性能差，充填材料长期稳定性差。

（4）部分充填开采，是相对全部充填开采而言的，其充填量和充填范围仅是采出煤量的一部分，仅对采空区的局部或离层区与冒落区进行充填，靠覆岩结构、充填体及部分煤柱共同支撑覆岩控制开采沉陷。全部充填的位置只能是采空区，而部分充填的位置可以是采空区、离层区或冒落区。部分充填采煤法与全部充填采煤法的本质区别是：后者完全靠采空区充填体支撑上覆岩层控制开采沉陷，而前者靠覆岩结构、充填体及部分煤柱共同支撑覆岩来控制开采沉陷。按部分充填的位置与充填时机不同，煤矿部分充填开采分为：采空区条带充填技术、冒落区注浆充填技术、离层区注浆充填技术等。

与其他充填技术相比，部分充填开采技术充分利用了覆岩结构的自承载能力，减少了充填量，降低了充填开采成本，提高了充填采煤效益。

3.6.2　保水采煤技术

保水采煤技术的目的是有效预防和治理采动条件下顶板导水裂隙和通道的形成，防止矿区浅部水资源破坏，或者将被开采煤层上部岩层中水体转移到下部储水层中。保水采煤的关键在于根据水文地质分区——弱含水区、泉域水源区、烧变岩富水区、无隔水层区及有隔水层区五类，分别采取相应技术。其关键技术包括控制隔水关键层结构稳定及控制采动导水裂隙闭合局部区域充填支撑方法；利用采空区转移、存储顶板水技术；利用上下含水层压力差向下伏储水层转移顶板水技术。水资源保护下采煤技术包括三个层次内涵：一是避免采煤工作面发生突水事故，实现工作面安全高效开采；二是采取技术措施减少采煤对地下含水层的破坏程度，保护地下水资源；三是对矿井疏排水进行资源化利用，一定程度上实现"煤水共采",同时对采煤破坏的含水层进行恢复和再造。

目前,保水采煤技术已在陕西及内蒙古的神东矿区、万利矿区和金峰矿区推广应用,矿区水资源状况和生态环境得到显著改善。

实现保水开采的主要途径有:合理选择开采区域;适当留设防水(砂)煤(岩)柱;应用合理的开采方法。形成两类技术途径:一是以"堵截法"为特征的保水开采技术;二是以"疏导法"为特征的矿井水储存利用技术。

(1)以"堵截法"为特征的保水开采技术。"堵截法"保水开采技术的核心是保护煤层上方隔水层完整性,避免形成导水裂隙,从而堵截地下水向下渗流,实现保护含水层地下水的目的。主要技术手段包括充填开采、限高开采、房柱式开采、保水区域划分等。但这些方法难以在西部地区煤炭大规模高效率开采中推广应用,已有的矿井水处置方法造成西部高产高效矿区大量矿井水因外排蒸发损失问题非常突出。

(2)以"疏导法"为特征的矿井水储存利用技术。该技术是采用疏导手段,在掌握并利用煤炭开采地下水运移规律基础上,将矿井水转移至采空区进行储存,并建设相应的抽采利用工程,确保矿井水不外排地表,实现矿井水资源保护利用。

4 煤炭开采回采率及影响因素

4.1 煤矿开采回采率评价指标

煤炭开采回采率包括工作面回采率、采区回采率、矿井回采率。

工作面回采率，指工作面实际采出煤量占工作面动用资源储量的比例。采区回采率，指采区实际采出煤量占采区动用资源储量的比例。矿井回采率，指矿井实际采出煤量占矿井动用资源储量的比例。

4.2 我国煤炭开采方式

我国煤炭开采方式如下：

（1）我国煤炭开采以地下开采为主。我国煤矿矿山中，井工煤矿数量占95.83%、露天开采煤矿数量占4.17%；井工煤矿原煤生产能力约占全国煤炭生产能力的80%、露天煤矿原煤生产能力占20%。露天煤矿单体矿山平均生产能力远远高于井工煤矿单体矿山平均产能。

（2）产能利用率，我国煤炭矿山平均产能利用率85.57%，露天煤矿产能利用率112.93%、井工煤矿产能利用率80.70%。

4.3 采区回采率与开采方式的关系

从各不同开采方式的煤矿采区回采率来看，露天开采远高于井工开采，详见表4-1。露天开采不因巷道布置原因设置相应保护煤柱（如阶段煤柱），也不存在边角煤，开采时直接对煤岩进行剥离，采区损失量小，采区回采率较采用井工开采方式高。同时部分露天煤矿对于近水平及缓倾斜煤层，采用顶板拉沟向底板推进的开采方式，并使用倾斜分层，同时配以辅助设备清扫浮煤；对于倾斜和急倾斜煤层，除了采用顶板露煤和水平分层外，还使用前装机或者推土机回采三角煤，做到煤炭资源"吃干榨尽"，因此采区回采率高。

表4-1 不同开采方式煤矿2011年采区回采率

开采方式	煤矿数量/座	采区消耗量/万吨	采区回采率/%
井工开采	6107	229059.41	80.51
露天开采	266	51430.41	95.70
全国平均	6373	280489.82	83.29

4.4　采区回采率与生产规模的关系

将具有代表性的煤矿按生产规模划分为大型、中型、小型进行分类统计采区回采率，统计结果详见表 4-2。

表 4-2　不同生产规模煤矿 2011 年采区回采率

生产规模	煤矿数量/座	采区消耗量/万吨	采区回采率/%
大型	566	175882.76	82.53
中型	706	56233.44	83.83
小型	5100	48373.62	85.43
全国平均	6372	280489.82	83.29

6372 座煤矿中，大型煤矿 566 座、中型煤矿 706 座、小型煤矿 5100 座，数量占比分别为 8.88%、11.08%、80.04%。不同生产规模煤矿 2011 年采区回采率平均值总体呈现大型煤矿低于中型煤矿，中型煤矿低于小型煤矿的特点。其主要原因在于，小型煤矿主要开采薄煤层，大、中型煤矿主要开采厚煤层和中厚煤层。而随着煤层厚度增加，在机械化开采时更容易造成厚度和面积损失，其资源回收的难度加大，开采薄煤层则更容易"吃干榨净"。相应地，在煤炭资源"三率"公告指标要求中，对厚煤层、中厚煤层、薄煤层的采区回采率要求也是依次升高的，分别为 75%、80%、85%。

4.5　采区回采率的区域特点

2011 年全国生产矿山矿井消耗储量 33.77 亿吨，全国煤矿平均采区回采率为 83.29%。根据各省（市、区）煤矿采区采出量和采区消耗量之比计算得出各省（区、市）采区回采率，见表 4-3。

表 4-3　各省（区、市）煤矿 2011 年采区回采率

序号	地区	煤矿个数/座	采区回采率/%	序号	地区	煤矿个数/座	采区回采率/%
1	北京	4	84.88	14	湖北	194	86.92
2	河北	57	86.16	15	湖南	112	86.98
3	山西	427	80.39	16	广西	41	86.12
4	内蒙古	394	88.48	17	重庆	610	86.88
5	辽宁	147	85.24	18	四川	581	89.06
6	吉林	126	83.61	19	贵州	657	81.03
7	黑龙江	570	87.76	20	云南	884	86.69
8	江苏	25	84.24	21	陕西	212	75.28
9	安徽	76	84.07	22	甘肃	124	76.35
10	福建	209	87.05	23	青海	13	91.94
11	江西	218	88.60	24	宁夏	34	78.68
12	山东	178	82.62	25	新疆	233	81.39
13	河南	246	82.09	全国平均		6372	83.29

据上表分析，全国 68% 以上省（区、市）煤矿采区回采率达到或超过全国平均值，但我国煤炭大省山西、山东、河南、贵州、陕西、甘肃、宁夏、新疆等省区采区回采率未达到全国平均值。

从区域分布来看，我国中部、东部及南方贫煤地区煤矿的采区回采率较高，而西北地区煤矿的采区回采率较低，具体如图 4-1 所示。

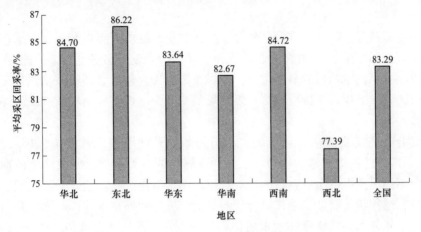

图 4-1　各地区 2011 年度煤矿采区回采率

4.6　我国十大煤炭开采矿山

按矿山原煤产量统计，2011 年我国十大煤矿分别是内蒙古霍林河露天煤业股份有限公司一号露天矿、中国神华能源股份有限公司胜利一号露天矿、神华准格尔能源有限责任公司黑岱沟露天矿、同煤大唐塔山煤矿有限公司塔山矿、中国神华能源股份有限公司补连塔煤矿、华能伊敏煤电有限责任公司露天矿、平朔安太堡露天矿、平朔安家岭露天矿、神华宝日希勒能源有限公司露天煤矿、哈尔乌素露天矿。这十座煤矿主要以露天煤矿为主，数量占比 60%。十大煤矿原煤产量共计 2.21 亿吨，占当年全国原煤产量的 8.86%，各矿山基本情况见表 4-4。

表 4-4　我国十大煤矿概况

矿山名称	开采方式	原煤产量/万吨	煤炭牌号	采区回采率/%
内蒙古霍林河露天煤业 一号露天矿	露天开采	2600	褐煤 HM	95.8
神华能源 胜利一号露天矿	露天开采	2442.41	褐煤 HM	97.24
神华准格尔能源 黑岱沟露天矿	露天开采	2399	长焰煤 CY	98
同煤大唐塔山煤矿	地下开采	2374.01	气煤 QM	75.4
神华能源 补连塔煤矿	地下开采	2232.8	不黏煤 BN	82.4
华能伊敏煤电有限责任公司露天矿	露天开采	2231.59	褐煤 HM	98.32
平朔安太堡露天矿	露天-地下联合开采	2002	长焰煤 CY	96.3
平朔安家岭露天矿	露天-地下联合开采	1960	长焰煤 CY 气煤 QM	97.1
神华宝日希勒能源有限公司露天煤矿	露天开采	1952.58	褐煤 HM	97.61
哈尔乌素露天矿	露天开采	1918.48	长焰煤 CY	97.7

5　煤炭原煤入选率及影响因素

原煤中含有灰分、硫分、水分、磷分及其他少量矿物质等有害杂质。在某些煤矿中还含有少量稀有金属如锗、钒和放射性铀等伴生矿物。煤炭用途不同，其质量要求也不一致。随着煤炭资源储量消耗的日益增加，原煤质量愈来愈差，必须经过洗选加工，才能满足不同用户的要求。煤炭洗选可以提高煤炭质量，减少燃煤污染物排放；提高煤炭利用效率，节约能源。

我国社会经济发展面临的环境约束十分严峻，开展原煤入选是降低燃煤排放 NO_x、SO_x、烟尘、灰分的有效措施。选煤可以清除原煤中的有害杂质，回收伴生矿物，改善煤的质量，为不同用户提供质量合适的煤炭产品及伴生矿物产品。选煤一般只能清除原煤中的外在灰分，结核状及浸染、结核混合状的黄铁矿硫分和外在水分。清除内在灰分和细粒浸染状黄铁矿硫分和有机硫分一般采用化学处理方法，此法在工业生产中尚未大量使用。要使产品水分降到很低（例如 8.0% 以下），必须应用热力干燥法。当伴生矿物含量符合回收条件时，可设法加以回收，使之成为伴生矿物产品，增加选煤厂的经济效益。

原煤入选率指选煤厂年度入选原煤量与矿山年度生产原煤量的百分比。其中，入选原煤量是指从毛煤中拣出大块矸石后进入选煤厂供选煤设备分选的原煤；生产原煤量是指所有进入选煤厂与直接外销原煤数量的总和。

$$原煤入选率 = \frac{入选原煤量}{生产原煤量} \times 100\% \tag{5-1}$$

在统计计算过程中，对于变质程度低，风化、泥化严重的褐煤（不包括老年褐煤）或质量较好的动力用煤（灰分低于 12%、硫分低于 1%、经简单加工处理就可以达到用户对产品质量要求），其生产原煤量或煤炭加工量计入原煤入选量。其原因是褐煤遇水泥化无法洗选，部分煤质较好的动力用煤直接满足产品质量要求。

随着"十三五"期间我国经济的中高速增长，煤炭产量和消费量处于峰值平台期，煤炭分选行业也取得了较快地发展。2018 年，我国原煤入选量为 26.42 亿吨，原煤入选率达到 71.8%，较上年提高 1.6 个百分点。全国规模以上（≥30 万吨/a）的选煤厂已超过 2000 座，原煤入选能力和实际入选量位居世界第一。截至 2018 年底，我国已拥有 60 余座年生产能力超过千万吨的大型选煤厂，其中最大的炼焦煤选煤厂生产能力达到 3000 万吨/a，最大的动力煤选煤厂达到 3500 万吨/a。

5.1　煤炭选煤厂分布

调查的 684 个选煤厂分布在全国 21 个省（市、区），选煤厂设计原煤入选能力 13.87 亿吨，实际选煤能力 10.23 亿吨，原煤入选率为 50.43%（实际原煤生产能力 28.28 亿吨中褐煤与满足质量标准的优质动力煤视为入选），详见表 5-1。

我国选煤厂当年产能利用率（指实际生产能力占设计生产能力的百分比）73.76%；说明我国选煤厂不仅数量不足，设计产能也未充分达产。这与当年煤炭需求旺盛有关。表5-1为各省（区、市）煤矿原煤入选率。

表 5-1　各省（区、市）煤矿原煤入选率

序号	省（区、市）	选厂数量/座	入选量/万吨	原煤产量/万吨	原煤入选率/%
1	安徽	31	9766.12	10530.64	92.74
2	河北	26	4138.63	5306.57	77.99
3	江苏	10	1209.34	1844.61	65.56
4	辽宁	35	4386.59	7005.35	62.62
5	山东	53	7617.45	13287	57.33
6	内蒙古	55	38373.46	68322.96	56.16
7	陕西	32	11160.25	20226.44	55.18
8	山西	108	31808.16	58054.84	54.79
9	黑龙江	28	3433.55	7359.39	46.66
10	广西	0	195.55	484.4	40.37
11	吉林	9	1106.1	2794.18	39.59
12	河南	33	4370.1	11364.96	38.45
13	江西	51	459.5	1238.65	37.07
14	云南	11	1833.58	5912.66	31.01
15	宁夏	11	1567.05	5641.17	27.78
16	贵州	23	1849.85	7610.62	24.31
17	重庆	27	645.8	2914.23	22.16
18	甘肃	13	724.08	3797.73	19.07
19	四川	96	549	3525.98	15.57
20	新疆	29	487.87	7660.95	6.37
21	福建	1	44.9	1241.89	3.62
22	湖南	2	35.29	1124.34	3.14
23	北京	0	0	497.4	0
24	湖北	0	0	612.22	0
25	青海	0	0	1036.76	0
	全国	684	125761.92	249395.94	50.43

各调查省（区、市）2011年原煤入选率如图5-1所示。从地区分布来看，我国原煤入选率呈北高南低、东高西低的区域分布特征。煤炭洗选分布与区域经济发展水平、煤炭性质有关。

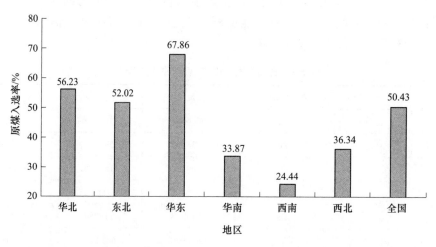

图 5-1　调查省（区、市）2011 年原煤入选率

5.2　原煤入选率与选煤厂生产规模的关系

我国原煤产量 24.94 亿吨，入选原煤量 10.43 亿吨，采出但未入选褐煤量 2.14 亿吨。

$$原煤入选率 = \frac{10.43 + 2.14}{24.94} \times 100\% = 50.43\%$$

大、中、小型煤矿原煤入选率为 70.41%、29.50% 和 8.52%。原煤入选率整体上具有大型煤矿高于中型煤矿，中型煤矿高于小型煤矿的特点，详见表 5-2。这说明我国煤炭行业提高节约集约利用水平意义重大。

表 5-2　原煤入选率与选煤厂规模的关系

选煤厂规模	选煤厂数量/座	原煤入选率/%
大型	298	70.41
中型	178	29.50
小型	208	8.52
合计	684	50.43

在煤炭分选技术发展的初期，限于选煤技术的落后和装备水平较差，出现一批规模较小、工艺较为落后的小型选煤厂；随着煤炭分选技术发展加快，选煤厂产业集中度进一步增强。为了满足用户不同的要求，使煤炭产品价值进一步提升，同时减少直销原煤产生的无效运输，大、中型煤矿通过新建和技术改造建成了一大批生产规模大、选煤技术高、管理先进的选煤厂，原煤入选率显著提高。

反观小型煤矿洗选意识较差，尤其在煤炭"黄金十年"，煤炭销售可观的情况下，部分小型煤矿直接销售原煤，并不对自身产品进行洗选，因而原煤入选率很低。提高小型煤矿原煤入选率作为煤炭产能调控的手段具有现实意义。

5.3 我国十大选煤厂

按入选原煤量统计，2011 年我国十大选煤厂分别是：黑岱沟露天矿、补连塔煤矿、安太堡露天矿、安家岭露天矿、塔山煤矿、哈尔乌素露天矿、榆家梁煤矿、寺河煤矿、保德煤矿、张集煤矿。这十座选煤厂入选原煤量累计 1.85 亿吨，占当年全国实际入选矿石量的 18.10%，各煤矿选煤厂基本情况见表 5-3。

表 5-3 全国十大煤矿选煤厂概况

矿山名称	选矿方法	牌号	设计年选煤能力/万吨	入选原煤量/万吨
黑岱沟露天矿	块煤重介浅槽-煤泥压滤 块煤跳汰-煤泥压滤联合工艺	长焰煤 CY	2000	2399
补连塔煤矿	重介浅槽洗选	不黏煤 BN	2200	2232.8
安太堡露天矿	重介质洗选	长焰煤 CY	2000	2002
安家岭露天矿	重介质洗选	长焰煤 CY 气煤 QM	2000	1960
塔山煤矿	重介质洗选	气煤 QM	1500	1929.9
哈尔乌素露天矿	块煤重介浅槽-煤泥压滤 块煤跳汰-煤泥压滤联合工艺	长焰煤 CY	2000	1918.48
榆家梁煤矿	重介浅槽选煤	不黏煤 BN	23.01	1723.36
寺河煤矿	重介质洗选	无烟煤 WY	1500	1640.36
保德煤矿	重介质洗选	气煤 QM	1600	1326.77
张集煤矿	跳汰洗选	气煤 QM	1000	1323.7

6　煤炭采选集约化程度

在我国重要矿产资源中，煤炭集约化程度高，数量占比 7.99% 的大型煤矿山实现了 60.71% 的采煤产能。从矿山规模来看，我国煤矿以小型矿山为主。小型矿山共 5380 座，占煤矿山总数的 81.68%；中型矿山 738 座，占煤炭矿山总数的 10.33%；大型矿山仅 570 座，占煤炭矿山总数的 7.99%。从原煤产量来看，2011 年我国煤矿生产以大型矿山为主。大型煤矿原煤产量 15.14 亿吨，占全国煤矿原煤产量的 60.71%；中型煤矿原煤产量 5.16 亿吨，占全国煤矿原煤产量的 20.68%；小型煤矿原煤产量 4.64 亿吨，占全国煤矿原煤产量的 18.61%。

煤炭行业去产能的推进使得集约化程度增加，大型煤炭企业、大型现代化矿井建设稳步推进，全国产量亿吨级煤炭企业由 2005 年的 1 家增加到 2017 年的 6 家，2017 年煤炭产量 11.48 亿吨，占全国煤炭产量的 32.61%，千万吨企业产量占全国比重为 68.23%。2017 年，年产 120 万吨及以上的大型现代化煤矿达到 1200 多处，产量占全国的 75% 以上；建成千万吨级现代化煤矿 36 处，产能 6.12 亿吨/a；在建和改扩建千万吨级煤矿 34 处，产能 4.37 亿吨/a；30 万吨以下小型煤矿减少到 3200 处，产能 3.2 亿吨/a 左右。

表 6-1 为全国煤炭产量前十企业变化情况。

表 6-1　全国煤炭产量前十企业变化情况　　　　　　　　　　　　（万吨）

序号	企业名称	2005 年	企业名称	2010 年	企业名称	2016 年	企业名称	2017 年
1	神华集团	17968	神华集团	35696	神华集团	43159	神华集团	44072
2	中煤能源	7186	中煤能源	15370	中煤集团	13323	中煤集团	16368
3	山西焦煤	6081	山西焦煤	10214	山东能源	13050	山东能源	14139
4	同煤集团	5668	同煤集团	10118	陕煤化	12593	陕煤化	14010
5			陕煤化	10039	同煤集团	11786	兖矿集团	13511
6			河南煤化	7401	兖矿集团	11415	同煤集团	12700
7			冀中能源	7332	山西焦煤	9151	山西焦煤	9609
8			潞安集团	7098	冀中能源	8009	阳煤集团	8200
9			淮南矿业	6619	潞安集团	7433	潞安集团	8058
10			开滦集团	6087	晋能集团	7136	冀中能源	7930

全国煤矿数量由 2.45 万处降至 6794 处，平均单井规模由不足 10 万吨/a 增至 50 万吨/a 以上。表 6-2 为 2005~2017 年全国煤炭企业生产集中度分析。

表 6-2　2005~2017 年全国煤炭企业生产集中度分析

序号	企业名称	2005 年	企业名称	2010 年	企业名称	2016 年	企业名称	2017 年
1	神华集团	8.35%	神华集团	11.03%	神华集团	12.66%	神华集团	12.5%
2	中煤能源	3.34%	中煤能源	4.75%	中煤集团	3.91%	中煤集团	4.65%
3	山西焦煤	2.83%	山西焦煤	3.16%	山东能源	3.83%	山东能源	4.02%
4	同煤集团	2.63%	同煤集团	3.13%	陕煤化	3.69%	陕煤化	3.98%
5	兖矿集团	1.72%	陕煤化	3.10%	同煤集团	3.46%	兖矿集团	3.84%
6	阳泉煤业	1.51%	河南煤化	2.29%	兖矿集团	3.35%	同煤集团	3.61%
7	平煤集团	1.49%	冀中能源	2.27%	山西焦煤	2.68%	山西焦煤	2.73%
8	淮南矿业	1.44%	潞安集团	2.19%	冀中能源	2.35%	阳煤集团	2.33%
前 8 家集中度		23.3%		31.9%		35.92%		37.66%

　　我国煤炭选矿集约化程度高，数量占比 43.57% 的大型选煤厂实现了 84.74% 的选煤产能。我国选煤厂数量上以大型选煤厂为主。生产煤矿中共有选煤厂 684 个，其中大型选煤厂 298 个、中型选煤厂 178 个、小型选煤厂 208 个，大型选煤厂数量占总数的 43.56%。我国选煤能力集中在大型选煤厂。我国总设计选煤能力 13.87 亿吨，其中大型选煤厂总设计选煤能力 12.09 亿吨，占总选煤能力的 87.17%；2011 年实际入选原煤 12.57 亿吨，其中大型选煤厂入选原煤 10.66 亿吨，占入选原煤总量的 84.74%。

7　共伴生资源及煤矸石综合利用

我国煤炭共伴生矿产资源种类繁多，目前已知的有煤层气、高岭岩（土）、耐火黏土、膨润土、硅藻土、石墨、石英岩与石英砂、硫铁矿、伊利石、红柱石、海泡石、镁质黏土、陶土、菱铁矿、石灰岩、菱镁矿、石膏、珍珠岩、浮石、沸石、玄武岩、大理岩、生物灰岩、凝灰岩、卵石等 25 种。部分石煤资源中钒、钼、镍、镓、硫、磷等伴生元素达到工业品位，铜、银、砷和稀土元素也有综合回收利用的价值。

7.1　煤矿共伴生资源综合利用率

煤炭共伴生资源品种较多，全面评价共伴生资源综合利用水平的方法也较多。根据中国煤炭工业协会的建议，在当前社会、技术、经济条件下，采用物质流的评价方法简单易行，将煤炭共伴生综合利用率定义为煤矿年度生产过程中，所有共伴生矿产的开发利用量与其开采动用的资源储量的百分比的平均值，计算公式如下：

$$共伴生综合利用率 = \frac{1}{n}\sum_{i=1}^{n} R_i \tag{7-1}$$

式中，R_i 为第 i 个共伴生矿产利用率，即第 i 个共伴生矿产年度利用量与该矿产年度开采动用资源储量的百分比；n 为煤炭资源共伴生矿产个数。

7.1.1　煤矿共伴生资源综合利用率

我国 7138 座生产煤矿中，786 座矿山有共伴生资源查明储量。这 786 座煤矿中，100 座煤矿开展了共伴生资源综合利用，我国煤炭矿山综合利用潜力依然较高。

全国平均煤炭共伴生综合利用率仅有 30.21%，其中利用率最高的是油页岩、膨润土、锗和黄铁矿。煤层气等其他共伴生资源的综合利用潜力有待挖掘。煤炭共伴生资源储量见表 7-1、煤炭共伴生资源利用情况见表 7-2。

表 7-1　煤炭共伴生资源储量

序号	矿产名称	储量单位	保有资源储量
1	高岭土	kt（矿石）	108016.72
2	硅藻土	kt	74514.80
3	镓	万吨（金属）	0.16
4	硫铁矿	kt	56680.70
5	煤层气（瓦斯）	m^3	$1050.90×10^8$
6	铝土矿（耐火黏土）	万吨（矿石）	312.40

序号	矿产名称	储量单位	保有资源储量
7	膨润土	kt（矿石）	4275.60
8	陶瓷土	kt（矿石）	63.30
9	油页岩	kt	1309631.70
10	锗	t	13321.01
		kt（矿石）	67257.88

表7-2　煤炭共伴生资源综合利用

序号	矿产名称	伴生煤矿数量/座	利用煤矿数量/座	共伴生综合利用率（降序排列）/%
1	油页岩	17	8	98.93
2	硫铁矿	12	3	96.94
3	膨润土	5	1	95.00
4	锗	3	2	89.46
5	高岭土	5	1	58.00
6	煤层气（瓦斯）	738	85	25.95
7	硅藻土	1	0	0.00
8	镓矿	1	0	0.00
9	耐火黏土	2	0	0.00
10	铝土矿	1	0	0.00
11	陶瓷土	1	0	0.00
合计		786	100	30.21

　　含有共伴生硅藻土的煤炭矿山有1座、含有共伴生镓的煤炭矿山有1座、含有共伴生铝土矿的煤炭矿山有1座、含有共伴生陶瓷土的煤炭矿山有1座、含有共伴生耐火黏土煤炭矿山有2座，均未进行综合利用。

　　含有煤层气（瓦斯）的煤矿共有738座，有85座进行了综合利用。煤层气（瓦斯）综合利用率25.95%，煤层气（煤矿瓦斯）并未得到有效的利用。全国25个省（区、市）有14个省份煤层气（煤矿瓦斯）没有利用，绝大多数的煤矿瓦斯直接向大气排放，造成了极大的空气污染。

7.1.2　煤矿共伴生资源综合利用率与矿山规模的关系

　　按煤矿生产规模分析，共伴生资源综合利用率与矿山规模的关系见表7-3。从共伴生资源综合利用率分析，大型井工煤矿煤炭共伴生资源综合利用率为50.03%，中型井工煤矿为41.02%，小型煤矿只有3座矿山开展了共伴生资源综合利用。通过计算得出煤炭共伴生资源综合利用率平均值为30.21%。

表 7-3　煤炭共伴生资源综合利用率与矿山规模的关系

开采方式	煤矿规模	综合利用数量/含有数量/座	综合利用率/%
井工开采	大型	82/300	50.03
	中型	16/76	41.02
	小型	3/410	—
	平均	101/786	30.21

注：由于本次小型煤矿综合利用填报数据仅有 3 处，填报样本不具有代表性，故未纳入统计计算。

总体来看，煤炭共伴生资源综合利用率具有大型煤矿高于中型煤矿、中型煤矿远远大于小型煤矿的特点，说明大中型煤炭矿山技术水平先进，共伴生资源综合利用率高。煤炭行业整体共伴生资源综合利用率较低的原因，其一是缺乏对开展煤炭共伴生资源综合利用的企业激励政策，其二是煤炭共伴生资源的品质大多劣于独立赋存的矿产资源，开发利用的技术复杂，成本增加，企业的积极性不高。

7.2　煤矸石利用

煤矸石是采煤过程和洗煤过程中排放的固体废物，是一种在成煤过程中与煤层伴生的含碳量较低、比煤坚硬的黑灰色岩石。煤矸石的主要成分是 Al_2O_3、SiO_2，另外还含有数量不等的 Fe_2O_3、CaO、MgO、Na_2O、K_2O、P_2O_5、SO_2 和微量稀有元素（镓、钒、钛、钴）。煤矸石按主要矿物含量分为黏土岩类、砂石岩类、碳酸盐类、铝质岩类。按来源及最终状态，煤矸石可分为掘进矸石、选煤矸石和自然矸石三大类。

煤炭开采阶段，每生产 1 亿吨煤炭，约排放矸石 1400 万吨左右；煤炭洗选加工过程，每洗选 1 亿吨炼焦煤排放矸石量 2000 万吨，每洗选 1 亿吨动力煤，排放矸石量 1500 万吨。全国国有煤矿现有矸石山 1500 余座，堆积量 70 亿吨以上，年排放煤矸石约 4.06 亿吨。煤矸石排放量占中国工业固体废物排放总量的 40% 以上。

煤矸石主要用于生产矸石水泥、混凝土的轻质骨料、耐火砖等建筑材料，此外还可用于回收煤炭，煤与矸石混烧发电，制取结晶氯化铝、水玻璃等化工产品以及提取贵重稀有金属，也可作肥料。

煤矸石利用率指在一定的计量时间内，煤矸石综合回收利用量占同期产生量的百分比。计算公式如式（7-2）所示。

$$煤矸石利用率 = \frac{综合利用的煤矸石质量}{排出的煤矸石质量} \times 100\% \tag{7-2}$$

2011 年我国 6369 个煤矿开展了煤矸石综合利用，共利用煤矸石 3.06 亿吨，煤矸石平均利用率 75.34%。

7.2.1　煤矸石利用的区域特征

2011 年全国煤矸石利用情况见表 7-4。

表 7-4　调查省（区、市）2011 年煤矸石利用率

序号	省（区、市）	综合利用煤矿数量/座	2011 年排放量/万吨	2011 年利用量/万吨	煤矸石综合利用率/%
1	江苏	25	350.54	347.44	99.12
2	安徽	100	1942.23	1805.49	92.96
3	山东	202	2402.87	2193.64	91.29
4	河北	61	1379.9	1230.91	89.2
5	内蒙古	344	14683.1	12758.44	86.89
6	辽宁	33	333.86	282.52	84.62
7	河南	249	1972.22	1624.25	82.36
8	陕西	219	2333.63	1752.92	75.12
9	福建	230	691.46	501.6	72.54
10	四川	663	1490.97	1077.02	72.24
11	云南	972	672.39	467.82	69.58
12	吉林	148	473.44	326.42	68.95
13	宁夏	32	312.36	207.02	66.28
14	湖南	178	363.87	239.27	65.76
15	贵州	642	731.88	465.31	63.58
16	广西	20	52.64	30.69	58.3
17	湖北	42	78.86	44.37	56.27
18	江西	300	584.17	316.76	54.22
19	黑龙江	660	1352.97	723.92	53.51
20	新疆	81	178.26	94.99	53.29
21	山西	415	6056.79	3199.18	52.82
22	重庆	606	1794.36	876.8	48.86
23	青海	18	75.45	20.5	27.17
24	甘肃	125	249.87	38.04	15.22
	合计	6369	40558.09	30625.32	75.34

各省煤矸石利用率如图 7-1 所示。

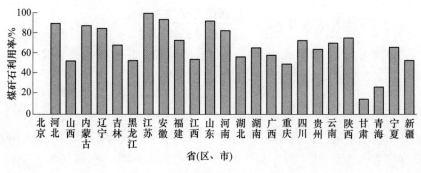

图 7-1　调查省（区、市）煤矸石利用率

可以看出，煤矸石利用率最高的是江苏省，达到 99.12%；最低的是甘肃省，为 15.22%；整体中东部煤矸石综合利用水平高于东北地区，东北地区煤矸石综合利用水平高于西北地区。

7.2.2   煤矸石综合利用率与煤矿规模的关系

煤矸石利用率与煤矿生产规模的关系见表 7-5。我国煤矸石利用率平均为 75.34%，其中，大型煤矿煤矸石利用率 81.74%，中型煤矿煤矸石利用率 54.13%，小型煤矿煤矸石利用率 73.26%。我国煤矸石利用率整体呈现出大型煤矿高，中、小型煤矿低的特点。其原因在于，大型煤矿与矿城关系密切，煤矸石充填采空区用量大；其次大型矿山综合利用技术水平较高，利用煤矸石生产的产品品种较为丰富，适合市场需求。

表 7-5   煤矸石利用率与生产规模的关系

煤矿规模	排放矿山数/座	排放量/万吨	利用量/万吨	煤矸石利用率/%
大型	544	26438.6	21609.66	81.74
中型	678	7304.35	3953.96	54.13
小型	5147	6908.99	5061.73	73.26
合计	6369	40651.94	30625.35	75.34

7.3   矿井水利用

矿井水通常是指煤炭开采过程中所有渗入井下采掘空间的水。在煤炭开采过程中，地下水与煤层、岩层接触，发生了一系列的物理、化学和生化反应，水质具有显著的煤炭行业特征：含有悬浮物的矿井水的悬浮物含量远远高于地表水，所含悬浮物的粒度小、比重轻、沉降速度慢、混凝效果差，矿井水中还含有废机油、乳化油等有机物污染物。矿井水中含有的总离子含量比一般地表水高得多，而且很大一部分是硫酸根离子。

我国煤矿矿井水的利用率还很低，随着各矿山水资源的紧张，许多矿区都进行了不同程度的综合利用工作，主要利用方式有工业用水、生活用水、农业灌溉。

矿井水利用率指在一定的计量时间内，矿井水综合回收利用量占同期产生量的百分比。计算公式如式 (7-3) 所示。

$$矿井水利用率 = \frac{综合利用的矿井水质量}{排出的矿井水质量} \times 100\% \tag{7-3}$$

7138 座煤炭矿山中，3206 座煤炭矿山有采矿涌水，共排放矿井水 29.31 亿立方米，当年利用 19.76 亿立方米，矿井水平均利用率 67.43%。

7.3.1   矿井水综合利用区域特征

全国矿井水利用情况详见表 7-6。我国矿井水利用率平均为 67.43%，其中矿井水利用率最高的是辽宁省，达到 99.12%，最低的是吉林省为 1.07%。东部（如辽宁）及西部缺水（如内蒙古、新疆、甘肃、山西等）的矿井水利用率较高。分析其原因，由于东部及西部缺水地区水资源赋存少，矿井水利用是缓解矿区缺水的必然选择，因此整体水平较高。调查省（区、市）矿井水利用率如图7-2所示。

表7-6 不同省（区、市）矿井水利用率

序号	省（区、市）	矿井水排放矿山数量/座	2011年排放量/万立方米	2011年利用量/万立方米	矿井水利用率/%
1	辽宁	11	90201.06	89408.3	99.12
2	江西	10	907.01	878.59	96.87
3	江苏	4	771.85	737.65	95.57
4	河南	59	17816.97	15988.77	89.74
5	内蒙古	258	27245.1	23503.93	86.27
6	新疆	35	668.92	571.21	85.39
7	广西	7	678.42	571.6	84.25
8	甘肃	10	435.2	353.63	81.26
9	山西	289	6911.6	5529.78	80.01
10	山东	163	20346.43	16159.41	79.42
11	云南	561	2227.25	1764.82	79.24
12	安徽	17	3478.61	2486.42	71.48
13	陕西	82	6780.1	4761.19	70.22
14	宁夏	14	1242.63	826.61	66.52
15	湖北	12	586.36	377.14	64.32
16	黑龙江	177	14833.96	9024.66	60.84
17	河北	58	26111.8	14441.78	55.31
18	贵州	651	6523.67	3222.46	49.4
19	福建	20	1059.51	499.58	47.15
20	北京	4	950	424.1	44.64
21	四川	204	8158.73	3231.94	39.61
22	重庆	484	16329.11	2444.4	14.97
23	吉林	76	38829.1	416.49	1.07
	全国	3206	293093.38	197624.46	67.43

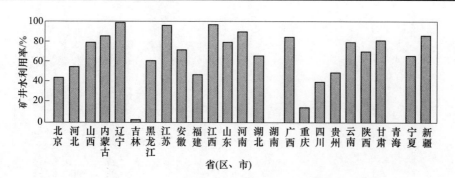

图7-2 不同省（区、市）矿井水利用率

7.3.2 矿井水综合利用率与生产规模的关系

矿井水综合利用率与生产规模的关系见表 7-7。全国煤矿矿井水综合利用率 67.43%，其中大型煤矿矿井水综合利用率 89.24%、中型煤矿矿井水综合利用率 64.03%、小型煤矿矿井水综合利用率 25.80%。大、中型煤矿矿井水综合利用率明显高于小型煤矿。分析其原因，大、中型煤矿普遍重视环境保护与水资源综合利用，普遍积极采取措施，通过井下复用、农业灌溉、选煤、生活用水等途径提高水资源的综合利用率；而小型煤矿相对而言对水资源重视程度不够，小型煤矿配套选煤厂较少，用水需求不足。应从矿山环境保护的角度、绿色矿山的角度加强矿井水处理与综合利用。

表 7-7 矿井水综合利用率与生产规模的关系

煤矿规模	综合利用煤矿数量/座	排放量/万立方米	利用量/万立方米	矿井水综合利用率/%
大型	375	164957.07	147200.66	89.24
中型	459	45416.22	29080.13	64.03
小型	2372	82720.09	21343.68	25.80
全国	3206	293093.38	197624.46	67.43

第2篇 我国重要煤炭矿山调查报告

WOGUO ZHONGYAO MEITAN KUANGSHAN
DIAOCHA BAOGAO

8 安家岭露天煤矿

8.1 矿山基本情况

安家岭露天煤矿为大型国有煤炭企业，是 20 世纪 90 年代末建设的现代化露天煤矿，原设计生产能力 1000 万吨/a。2007 年核定生产能力为 2000 万吨/a。矿山开发利用简表见表 8-1。

表 8-1 安家岭露天煤矿开发利用简表

基本情况	矿山名称	安家岭露天煤矿	地理位置	山西省朔州市
	矿山特征	第三批国家级绿色矿山试点单位		
地质资源	开采煤种	气煤	地质储量/万吨	148137.38
	主要可采煤层	4(4^{-1})、4^{2-3}(4^{-3})、9、11		
开采情况	矿山规模/万吨·a^{-1}	2000	开采方式	露天开采
	剥离工艺	电铲-卡车间断剥离	采煤工艺	坑内单斗-卡车-地面半固定破碎站-带式输送机半连续工艺采煤
	原煤产量/万吨	1982.94	开采回采率/%	96.50
	煤矸石产生量/万吨	288.8		
选煤情况	选煤厂规模/万吨·a^{-1}	2000	原煤入选率/%	100
	主要选矿方法	块煤重介分选槽，末煤重介质旋流器再选		
综合利用情况	煤矸石利用率/%	100	煤矸石利用方式	坑内回填

安家岭露天煤矿矿区面积 28.8832km²，位于山西省朔州市，东北紧靠北方重镇大同市，西北与内蒙古为邻，南与忻州市毗邻。

矿区属中温带季风气候区域，为典型的大陆性季风气候。冬季严寒，夏季凉爽，春季风大。年平均气温 4.8~7.5℃。年平均降水量 449mm，最低 195.6mm，最高 757.4mm，7~9 月降水量占全年的 75%。

8.2 地质资源

8.2.1 矿床地质特征

安家岭露天煤矿煤田，受构造控制，地层走向东西—北东向，矿田内地层倾角平缓，

为 $2°\sim10°$，安家岭逆断层以北东向横贯于矿田中部，白家辛窑地堑和芦子沟背斜分布于其两侧，落差大于 20m 的断层有 3 条，矿田北部边界处，东西两边各有陷落柱一个。该矿田地层平缓，断裂构造不发育，未见岩浆岩，矿田地质构造属简单类，对煤层、水文及开采技术条件等影响不大。

矿田内出露的地层除上覆第四系、新近系松散沉积物外，零星出露石盒子组、山西组、太原组地层，按地层层序，由老到新有奥陶系、石炭系、二叠系、新近系、第四系。该矿区采剥的岩层为沉积岩。矿田地质构造简单。

该矿田含煤地层为石炭系太原组及二叠系山西组，共含煤 14 层，其中 4(4^{-1})、9、11 号煤层为全区可采煤层，4^{2-3}(4^{-3}) 号煤层为大部可采煤层，6、10 号煤层为零星可采煤层。主要可采煤层为 4（4^{-1}）、4^{2-3}（4^{-3}）、9、11 号煤层。

各煤层原煤灰分为中-高灰，黏结性较低，高挥发分，低-中高硫，低磷、低氯，富油煤，化学反应性低，中热值，较高或高软化温度灰，变质程度较低，主要可作为动力用煤。

8.2.2 资源储量

截至 2013 年底保有资源储量为 148137.38 万吨，设计永久煤柱损失 23782 万吨。

8.3 开采基本情况

8.3.1 矿山开拓方式及开采工艺

采用电铲-卡车间断生产剥离工艺，坑内单斗-卡车-地面半固定破碎站-带式输送机的半连续工艺采煤。

安家岭露天煤矿逆断层以西煤层倾角小、赋存平缓稳定，4^{-1} 煤顶板以上各剥离台阶水平分层，台阶高度 15m；4^{-1} 煤顶板以下各采煤平盘和剥离平盘，为充分发挥采装设备效率、减少半台阶个数，依煤层倾角情况，采用倾斜分层开采；煤台阶高度为煤层自然厚度，其中 4^{-1}、4^{-2}、9 煤层各单独划分为一个台阶单爆单采，一次性采全高，11 煤与顶板上夹层划分一个台阶，实行混穿混爆、分层开采的方式。

安家岭露天煤矿逆断层以东煤层倾角变陡为 $8°\sim10°$，且由于两条断层的存在，煤层的赋存极不稳定，煤层倾分层开采难以实现，故采用水平划分台阶分层降段顶板露煤的方法开采，台阶高度 15m。

安家岭露天煤矿采用多出入沟和端帮半固定坑线及工作面移动坑线相结合的开拓方式，内排回填采用双面压帮排土方式。已全部实现内排，内排土场最下一个台阶坡底线距 11 煤台阶坡底线最小安全距离为 $50\sim100$m，采剥工作线与排土工作线同步推进。

为了实现 2010 年将平朔矿区建成亿吨矿区战略规划，实现单位能耗比"十五"期末降低 20% 和节能减排的目标，安家岭露天煤矿进行了扩能改造。2007 年改扩建可行性研究报告确定露天矿的建设规模为 2000 万吨/a，改扩建工程是在现有矿坑的基础上向南扩帮，将采煤工作线长度增加至 1500m。考虑安家岭露天煤矿生产的连续性，避免过早转向，工作线直接向东推进，直至马关河，将该条区作为一采区，位于一采区南部的东易、西易采区北侧的部分划为二采区，露天矿田南部划为三采区。依据采区划分结果确定的开采顺序是一采区→二采区→三采区。2008 年 5 月份开始进行工作线南扩 600m 的工程，露天矿采煤工作线将由之前的 900m 增加为 1500m，能力达到 2500 万吨/a。

8.3.2　矿山主要生产指标

2011 年全矿采出 1960 万吨，矿井回采率为 96.6%。2013 年全矿采出 1982.94 万吨，矿井回采率为 96.5%。投产至今累计生产原煤 25267.98 万吨。2011 年矿山矿产品销售收入为 600729 万元，2013 年为 584179 万元。

8.4　选煤情况

安家岭选煤厂是国内自行设计的特大型动力煤选煤厂，于 2000 年投入生产。原煤设计处理能力 1500 万吨/a，设计 3 套选精煤系统，2012 年进行改扩建，年处理能力达到 2000 万吨/a，原煤入选率为 100%。

选煤工艺为 13~150mm 块煤重介分选槽主再选，0.5~13mm 末煤重介质旋流器主再选，-0.5mm 煤泥不分选；煤泥直接通过煤泥浓缩机和加压过滤机回收，回收后的煤泥直接掺入中煤，也可掺入矸石后排弃。

8.5　矿产资源综合利用情况

安家岭煤矿为单一矿产煤矿，无共伴生矿产资源。

露天矿内采出矸石全部坑内回填。2013 年产生 288.8 万吨矸石，矸石利用率达到 100%。

8.6　技术改进及设备升级

安家岭露天煤矿按照规划完成外排土场复垦土地 7200 亩（1 亩 = 666.667m²），有效地控制矿区水土流失，重建生态明显优于原脆弱生态。工业场地设置了地面排水沟，同时植树种草设置防护带，目前已绿化面积达 4300 亩，工业广场绿化系数达到 40% 以上，较原先植被覆盖率 10% 高出了 30% 以上，矿区生态环境明显改善，资金来源全部由企业自筹。目前剩余没有复垦的土地主要是正在使用的采掘场和内排土场。

9　安太堡露天煤矿

9.1　矿山基本情况

安太堡露天煤矿为露天开采的大型国有煤炭企业，矿坑于 1985 年 7 月 1 日开工建设，1987 年 9 月 10 日建成投产，1988 年 7 月 1 日转入生产阶段。实际生产能力已达 2000 万吨/a。安太堡露天煤矿开发利用简表见表 9-1。

表 9-1　安太堡露天煤矿开发利用简表

基本情况	矿山名称	安太堡露天煤矿	地理位置	山西朔州市平鲁区
	矿山特征	第三批国家级绿色矿山试点单位，我国迄今最大的露天煤矿		
地质资源	开采煤种	长焰煤、气煤	累计查明资源储量/万吨	79588
开采情况	矿山规模/万吨·a^{-1}	2000	开采方式	露天开采
	剥离工艺	单斗–卡车	采煤工艺	单斗–卡车–破碎站–皮带联合运输
	原煤产量/万吨	2063.9	开采回采率/%	96
	煤矸石产生量/万吨	233	开采深度/m	+850~+230
选煤情况	选煤厂规模/万吨·a^{-1}	3000	原煤入选率/%	100
	主要选煤方法	块煤采用浅槽重介分选，末煤重介质旋流器分选，粗煤泥分级旋流器–弧形筛–煤泥离心机联合回收，细煤泥浓缩机–加压过滤机联合回收		
综合利用情况	煤矸石利用率/%	100	煤矸石利用方式	坑内回填

安太堡露天煤矿矿区面积 24.0319km^2，开采深度高程+850~+230m。

矿区位于山西省宁武煤田北端，地跨山西省朔州市平鲁、朔城两区。矿区东北紧靠北方重镇大同市，西北与内蒙古为邻，南与忻州市毗邻，山地、丘陵约占三分之二省辖地级市，桑干河上游，以煤电为主导的能源重化工基地。

平朔矿区的煤炭产品除部分当地销售外，大都需外运并部分出口，外运主要通路为北同蒲线、大（同）-秦（皇岛）线、丰（台）-沙（城）-大（同）线及朔（州）-黄（骅港）铁路线。

矿区属中温带季风气候区域，为典型的大陆性季风气候。冬季严寒，夏季凉爽，春季风大。年平均气温 4.8~7.5℃。年平均降水量 449mm，最低 195.6mm，最高 757.4mm，7~9 月降水量占全年的 75%。

9.2　地质资源

9.2.1　矿床地质特征

矿区位于宁武煤田的北部，地表大部分被新生界地层覆盖，属典型的黄土丘陵地貌。在矿区的北部靠近煤层露头处以及区内各大沟谷的底部有零星地层出露。区内由下至上发育有奥陶系中、下统，石炭系中统本溪组、上统太原组、二叠系下统山西组、下石盒子组、上统上石盒子组以及新生界第三系静乐组和第四系中、上更新统、全新统地层。矿田地质构造简单。

矿区含煤地层为二叠系下统山西组、石炭系上统太原组、石炭系中统本溪组。主要含煤地层为石炭系上统太原组，二叠系下统山西组只含有1~3层薄煤层，均不可采。石炭系中统本溪组有时含有2层薄煤层，也均不可采。

煤种为长焰煤为主，气煤次之。各煤层原煤灰分为中-高灰，黏结性较低，高挥发分，低-中高硫，低磷、低氯，富油煤，化学反应性低，中热值，较高或高软化温度灰，变质程度较低。

9.2.2　资源储量

截至2013年6月30日，该矿区获得保有资源储量总计35480万吨（其中边帮占压煤18522万吨），动用资源储量44108万吨，累计查明资源储量79588万吨；可采储量15853万吨；另有风化煤资源储量2073万吨；氧化煤资源储量937万吨；0.50~1.00m薄煤层资源量540万吨；高硫煤资源量492万吨。

9.3　开采基本情况

9.3.1　矿山开拓方式及采矿工艺

安太堡露天煤矿采用露天开采的方式进行开采，剥离工艺是单斗-卡车开采工艺，采煤工艺为单斗-卡车-破碎站-皮带联合运输（半连续）工艺。

全部生产过程包括剥离、采煤、装载、运输、破碎、入选和储运等主要环节。从采煤作业区到破碎区全部采用自卸卡车运输。矿区自卸卡车以170t和190t为主，装载机运量最大可达24m³，整个矿区全部作业由12~14台电铲同时进行采掘作业，每台电铲配备14台自卸卡车，1台轮式推土机和1台履带推土机来完成整个采掘及运输。

9.3.2　矿山主要生产指标

2011年全矿采出煤炭2002万吨，回采率为95.4%。2013年全矿采出2063.9万吨，回采率为96%。该矿投产累计生产原煤超过43500万吨。2011年矿山矿产品销售收入为831891万元，2013年为639408万元。

9.4　选煤情况

安太堡选煤厂 2001 年建成，是一座原设计能力为 1500 万吨/a 的特大型动力煤选煤厂，后经扩能改造，实际处理能力达到 3000 万吨/a，入选率 100%。入选原煤主要来自安太堡露天煤矿，属于优质动力煤。

该厂采用分级入选生产工艺，入选原煤经分级后，+13mm 粒级块煤采用浅槽重介分选机分选，−13mm 粒级末原煤由重介质旋流器分选，粗煤泥采用分级旋流器、弧形筛、煤泥离心机联合回收，细煤泥采用浓缩机、加压过滤机联合回收，洗选产品为精煤、中煤及矸石，装车产品主要为精煤和根据发热量要求掺配而成的中煤。在主厂房内，布置有配置相同、彼此独立的四套块、末煤分选系统，各系统之间切换灵活，操作简单。

9.5　矿产资源综合利用情况

安太堡煤矿为单一矿产煤矿，无共伴生矿产。

露天矿内采出矸石全部坑内回填，恢复原貌。2013 年利用 233 万吨矸石，矸石利用率 100%。

9.6　技术改进及设备升级

安太堡露天煤矿内排土场建立了平朔生态示范园，占地面积 1 万余亩。近年来，在做好生态恢复的基础上以复垦土地为核心打造生态产业链，已开展了多种养殖实验，目前生态示范园区内已建成日光温室 300 座，1.6 万平方米的智能温室，羊场一座，形成年出栏肉羔羊 4 千余只，年产蔬菜 600 余万斤、年培育蝴蝶兰 30 余万株的能力；生态大道、人工湖景区、生态会馆等旅游设施基本建成，现已安置失地农民 80 余人，有效地宣传了企业履行社会责任的良好形象，也为公司新农村建设迈出了坚实的一步。随着生态产业项目建设不断延伸，集生态恢复、现代农业、生态工业旅游为一体的生态园区将更具规模，该园区已被平鲁区人民政府确定为现代农业技术孵化园。

10 宝日希勒露天煤矿

10.1 矿山基本情况

宝日希勒露天煤矿为大型国有企业，始建于 1998 年 9 月 12 日。2008 年国家发展改革委核准批复技改为露天开采 1000 万吨/a。2010 年 12 月 1 日通过竣工验收，并投入生产。矿山开发利用简表见表 10-1。

表 10-1 宝日希勒露天煤矿开发利用简表

基本情况	矿山名称	宝日希勒露天煤矿	地理位置	内蒙古呼伦贝尔市陈旗
	矿山特征	第四批国家级绿色矿山试点单位		
地质资源	开采煤种	褐煤	地质储量/万吨	153785.59
	主要可采煤层	1^2、2^1、3^1、3^{2+3}		
开采情况	矿山规模/万吨·a^{-1}	1000	开采方式	露天开采
	剥离工艺	单斗-卡车	采煤工艺	单斗-卡车-地面固定破碎站-带式输送机
	原煤产量/万吨	1982.94	开采回采率/%	97.63
	煤矸石产生量/万吨	292.7	开采深度/m	+670~+420
	矿坑水产生量/万立方米	263		
综合利用情况	煤矸石利用率/%	0	煤矸石处置方式	废石场堆存
	废水利用率/%	80	废水利用方式	矿区绿化

宝日希勒露天煤矿位于呼伦贝尔草原中部，矿区面积 43.7151km²，开采深度由 +670m 至 +420m 标高。

矿山南距海拉尔区约 20km，西距陈旗巴彦库仁镇约 22km，东距宝日希勒镇 8km。海（拉尔）-拉（布达林）-黑（山头）公路在该矿西侧通过，海拉尔区至各旗均有公路相连。海拉尔火车站为滨洲线主要车站之一，西行至满洲里，东行至齐齐哈尔、哈尔滨并转达全国各地。

10.2 地质资源

10.2.1 矿床地质特征

宝日希勒露天煤矿位于陈旗煤田，煤田成煤于中生代晚期。陈旗煤田位于海拉尔盆地群西北部，为一断陷型向斜含煤盆地、走向近东西，南北两侧为 F_3、F_4 盆缘断裂控制，煤系基底为兴安岭群火山岩系。

露天煤矿区域发育的地层有：古生界泥盆系上统变质岩系，中生界侏罗系上统白音高老组，白垩系下统的梅勒图组和大磨拐河组，第四系。地层厚 595~1540m，其中含煤段最大厚度 178.08m，平均厚度 139.39m，共含 6 个煤组，自上而下编号为 B、1、2、3、4、5 煤层组，含煤 9 层自上而下编号为 B、1^2、1^3、2^1、2^2、3^1、3^{2+3}、4、5 煤层，其中可采煤层为 1^2、2^1、3^1、3^{2+3}。煤层平均总厚度 25.96m。矿区煤层埋藏浅、倾角小、厚度大、赋存条件好，开采条件良好，采用顶板露煤分层开采。

煤质属褐煤，低硫、低磷、中低灰分，原煤平均灰分 A_d 13.04%~15.89%，挥发分 V_{daf} 40.50%~42.56%，固定碳 C_{daf} 在 57.46%~59.50%，水分 C_{daf} 5.11%~11.64%，原煤干燥基高位发热量 $Q_{gr,d}$ 为 20.23~24.72MJ/kg。

10.2.2　资源储量

2014 年 1 月神华宝日希勒能源有限公司地质勘测部对宝日希勒露天煤矿进行了储量监测，获煤炭资源储量 153785.59 万吨，其中保有资源储量 146899.12 万吨，消耗资源储量 6886.78 万吨，采勘对比增加 1356.90 万吨。保有资源储量中探明的经济基础储量（121b）19192.29 万吨，控制的经济基础储量（122b）74188.95 万吨，探明的内蕴经济资源量（331）9193 万吨，控制的内蕴经济资源量（332）8856 万吨，推断的内蕴经济资源量（333）35468.88 万吨。

10.3　开采基本情况

10.3.1　矿山开拓方式及采矿工艺

宝日希勒露天煤矿划分为五个采区。根据该露天矿采区划分及煤层赋存条件，采区之间的过渡为垂直转向。首采区工作线东西向布置向南推进；二采区工作线南北向布置向东推进；三采区工作线东西向布置，向北推进；四采区工作线南北布置向东推进；五采区工作线南北布置向西推进。

采用露天开采，单斗-卡车-地面固定式破碎站-带式输送机开采工艺。开采工艺采用剥离台阶水平分层，台阶高度小于 15m，采掘带宽度 30m，道路运输平盘宽度 40m，最小平盘宽度 60m，工作帮台阶坡面角 65°。采煤台阶高度分别为 12m 和 8m，采掘带宽度 40m，工作台阶坡面角 70°，最小平盘宽度 60m。当前采区长度 2.6km，宽度 0.8km，工作线长 0.8km，最大开采深度 110m。现有剥离台阶 6 个，采煤台阶 2 个，采煤工作线长度 850m。

剥离运输系统为扩建期采场内的土、岩采用自卸汽车由各水平工作线经移动坑线、端帮运输通道运往排土场；达产后，采场内的土、岩由自卸汽车经各自运输平台及端帮运输平台或煤层底板运至内排土场相应水平排弃。煤的运输系统为由坑内采煤工作面经工作帮移动坑线运至地面破碎站卸载平台卸载，由地面破碎站破碎后由胶带输送机运往电厂或通过快速装车系统外运。

主要采装设备为 WK-4、WK-10B、WK-35 电铲，870H-3 型液压挖掘机及小型液压挖掘机等。运输使用 SF31904 型电动轮自卸车、TR100 矿用自卸车、TL3401 矿用自卸车、TM4400 型电动轮自卸卡车及自卸卡车。

10.3.2 矿山主要生产指标

宝日希勒露天煤矿 2013 年露天煤矿的回采率 97.63%。煤炭年产量突破 3500 万吨。可燃基低位发热量在 15.49~18.0MJ/kg（3700~4300 大卡/千克）之间。

10.4 选煤情况

宝日希勒露天煤矿开采的煤种为褐煤，为不可选煤，矿山未建设洗选厂。

10.5 矿产资源综合利用情况

宝日希勒露天煤矿为单一矿种煤矿，没有查明其他共伴生矿产。

煤矿矸石无利用价值作为废石排弃。煤矸石未利用直接排土场排弃。矿坑水年排放量约为 263 万立方米，主要用于采煤、矿区洒水和矿区环境绿化，利用率约为 80%。

11　补连塔煤矿

11.1　矿山基本情况

补连塔煤矿始建于 1987 年 10 月，1997 年 10 月移交生产，矿井移交生产能力为 300 万吨/a。1998 年底，对矿井进行了技术改造，生产能力达到 800 万吨/a；随后对地面系统也作了改造，于 2003 年 9 月新建了补连塔新主井，将补连塔煤矿改扩建为 2000 万吨/a 的现代化特大型矿井。与矿井相配套的生产系统有 1 座大型筛选厂、2 个自动化装车站和 1 条电气化铁路专线。矿山开发利用简表见表 11-1。

表 11-1　补连塔煤矿开发利用简表

基本情况	矿山名称	补连塔煤矿	地理位置	内蒙古伊金霍洛旗
	矿山特征	第四批国家级绿色矿山试点单位，目前世界第一大井工矿井		
地质资源	开采煤种	长焰煤、不黏煤	地质储量/万吨	56759.3
	主要可采煤层	12、22、31		
开采情况	矿山规模/万吨·a^{-1}	2000，大型	开采方式	地下开采
	开拓方式	平硐-斜井开拓	采煤工艺	机械化综合采煤法的走向长壁采煤法
	原煤产量/万吨	2488.9	开采回采率/%	81.4
	煤矸石产生量/万吨	64.7	开采深度/m	+1124～+1055
	机械化程度/%	100	全员工效/t	122.98
选煤情况	选煤厂规模/万吨·a^{-1}	2650	原煤入选率/%	100
	主要选煤方法	块煤重介质浅槽分选，末煤重介旋流器洗选，煤泥分级旋流器分级		
	选矸产生量/万吨	217.1		
综合利用情况	煤矸石利用率/%	100	废水利用率/%	64
	煤矸石利用方式	露天采场回填	废水利用方式	井下生产、消防、地面绿化、选煤

补连塔煤矿开采方式为地下开采，设计年生产煤炭 2000 万吨。补连塔煤矿面积为 34.43km²，开采深度高程+1124～+1055m。

矿井行政区划属于内蒙古伊金霍洛旗乌兰木伦镇，位于包(头)-神(木)铁路西侧，与铁路仅以乌兰木伦河一河之隔，距矿井南部约 5km 的包神铁路黑炭沟集装站已与该矿装车站专线铁路直通，矿区内主干公路也从井口附近通过，南至大柳塔、神木、榆林，北至东胜、包头，均有公路相通。

矿区气候冬冷夏热，年温差大，降水集中，四季分明，年降雨量较少，大陆性强。

11.2 地质资源

11.2.1 矿床地质特征

根据钻孔揭露和区内沟谷两侧山脊零星的出露，矿区自下而上发育以下地层：中生界三叠系上统延长组、中生界中下侏罗统延安组、中生界中侏罗统直罗组、上侏罗至下白垩统志丹群、新生界更新统马兰黄土、全新统第四纪松散层。矿区内基本为一单斜构造，地层倾角为 0°~3°，煤层底板具宽缓的波状起伏，在东部稍有隆起。

该矿主采煤层三层，分别为：12 煤层，该煤层全区发育，平均厚度 4.09m，在井田中部自西向东有一宽约 1km 左右，含矸 1~2 层的一个条带，煤层在井田东北部分叉，在分叉线以西，平均煤厚 5.03m，向南煤层厚度增大，在分叉线以东，平均煤厚 1.66m。该煤层稳定，倾角小于等于 3°，开采条件良好；22 煤层平均厚度 6.75m；31 煤层平均厚度 3.16m。

井田内煤层赋存稳定，平均煤厚 3~6m，适合综合机械化开采。地质条件简单，自然灾害因素少，为低瓦斯矿井。矿井开采煤种为长焰煤与不黏煤，各煤层主要为低变质烟煤的第 1 阶段，属特低灰-低灰、特低硫-低硫、特低磷-低磷、中高发热量煤的优质动力煤、化工和冶金煤，被誉为"绿色环保煤炭"。其主采煤层主要煤质指标情况见表 11-2。

表 11-2 补连塔井田主采煤层主要煤质指标情况

煤层	水分 M_{ad}/%	灰分 A_d/%	含硫量 $S_{t,d}$/%	发热量 $Q_{b,daf}$/kJ · kg^{-1}
12	15.8	8.67	0.68	5700
22	15.5	7.11	0.31	5900
31	15.5	5.97	0.39	6100

11.2.2 资源储量

按照 2004 年编制的《补连塔井田资源储量复核报告》及 2013 年储量年报，截至 2013 年 12 月底，补连塔煤矿能利用储量合计 56759.3 万吨。

11.3 开采基本情况

11.3.1 矿山开拓方式及采矿工艺

补连塔煤矿采用地下开采，采矿方法为机械化综合采煤法的走向长壁采煤法，开拓方案为平硐-斜井联合开拓。井田内煤层分为两个水平开采，2^{-2}煤层以上划为一水平开采。3^{-1}煤层以下划为二水平开采。

矿井分为五个采区，采用大巷盘区式布置，工作面垂直于盘区大巷，推进距离一般在 3500~5500m，盘区内工作面切眼一般都到达井田边界。

矿井采用全部垮落、一次采全高的长壁综合机械化采煤方法，综合机械化程度 100%。

各综采工作面均采用了双巷布置，依次逐段后退式回采。

由于目前回采的 1^{-2} 煤层平均厚度 5.03m，支架选型为 5.0m 液压支架，采高控制在 4.6~4.8m。2^{-2} 煤层平均厚度 6.75m，选用 7.0m 液压支架，采高控制在 6.7~6.8m。

矿井采掘队伍配置为"三综采、三掘进"。综采工作面采用长壁一次采全高综合机械化采煤方法。综采主要设备：JOY 和 EKF SL 系列采煤机、双柱掩护式支架、刮板机输送机及转载机，工作面顺槽配置了胶带机。

连采工作面配备 JOY12CM15-10D 型连采机、MB670 型掘锚机完成割煤及自行装煤工序；配备 4E00-2247-WT 型四臂锚杆机完成掘进巷道的锚杆支护工作；配备 JOY10SC32-48C-5 型梭车完成煤从工作面到破碎机之间的运输工作；配备 LY2000/980-10 型连运一号车来完成煤的转载及大块煤的破碎工作。

补连塔煤矿的煤炭生产从落煤、装煤、运煤、洗煤等全过程实现了机械化和自动化；辅助运输使用了低污染车和防爆车，井下取消了矿车轨道运输，实现了无轨胶轮化的先进运输方式，矿井整体技术装备水平较为先进。

11.3.2　矿山主要生产指标

补连塔煤矿 2013 年完成生成原煤 2488.9 万吨，商品煤 2363.51 万吨，全年掘进进尺 42413m。2013 年矿井完全成本 131.08 元/t，实现利润 49.15 亿元，全员工效 122.98t。当年回采率为 81.4%。

11.4　选煤情况

补连塔煤矿开采的煤种为不黏煤和部分长焰煤，为易选或极易选煤，矿山设有洗选厂一座。补连塔选煤厂及煤制油选煤厂设计选煤能力总和为 2650 万吨/a，主要选煤工艺为 +25mm 块煤均采用重介质浅槽分选机洗，-25mm 末煤使用重介旋流器洗选，煤泥采用分级旋流器分级，粗煤泥采用煤泥离心机脱水，细煤泥经浓缩后采用加压过机和板框压滤机回收。2011 年与 2013 年原煤入选率均为 100%。

11.5　矿产资源综合利用情况

补连塔煤矿为单一矿种煤矿，无查明的其他共伴生矿产。

补连塔煤矿 2011 年与 2013 年共产生 281.8 万吨煤矸石，其中洗选矸石 217.1 万吨，井下矸石 64.7 万吨。生产过程中煤矸石全部用于周边露天采场的回填，回填完毕后进行绿化复垦，煤矸石总利用率 100%。

补连塔煤矿井下产生的污水部分注入采空区进行过滤，过滤后用于井下生产和消防；另一部分污水排至地面污水处理厂，经过处理后的水部分用于补连塔洗选厂选煤和地面绿化，其余水量排至地面氧化塘和乌兰木伦河。2013 年，矿井水共利用 329 万立方米，利用率为 64%。

11.6 技术改进及设备升级

（1）研发 8.5m 支架。神东矿区部分煤层厚度在 7m 以上，神东公司与支架设备制造厂商正在研发 8.5m 大采高支架，进行煤量回收，进一步提高回采率，减少煤炭损失。

（2）创新回收顺槽顶煤工艺。根据目前回采工艺，综采工作面顺槽顶部煤炭无法回收，造成煤炭资源损失并形成采空区火灾隐患，神东公司正在进行顶煤回收研究，以节约资源并消除火灾隐患。

（3）薄煤层开采。针对厚度 1.3m 以下煤层，研发低采高设备进行回采，提高资源回采率。

（4）综合自动化改造工程。矿井主要采掘生产系统、煤炭运输系统均采用微机模拟、工业电视监控和综合自动化控制，井下各种安全指标和工况实现了计算机监测监控。

12　不连沟煤矿

12.1　矿山基本情况

不连沟煤矿始建于 2008 年 6 月，2011 年 6 月正式投产，正式投产后矿山设计生产能力达到 1000 万吨/a。矿山开发利用简表见表 12-1。

表 12-1　不连沟煤矿开发利用简表

基本情况	矿山名称	不连沟煤矿	地理位置	内蒙古鄂尔多斯市
地质资源	开采煤种	长焰煤	累计查明资源储量/万吨	113509
	主要可采煤层	$6^{上}$、6、$6^{下}$、$9^{上}$、9		
开采情况	矿山规模/万吨·a^{-1}	1000	开采方式	地下开采
	开拓方式	斜井开拓	采煤方法	走向长壁采煤法
	原煤产量/万吨	1490.79	开采回采率/%	81.2
	煤矸石产生量/万吨	286.6	矿井水年产生量/万立方米	139.20
选煤情况	选煤厂规模/万吨·a^{-1}	1500	原煤入选率/%	100
	主要选煤方法	块煤重介浅槽分选，粗煤泥分级旋流器-末煤离心机脱水回收，细煤泥加压过滤机-快开式板框压滤机联合脱水回收		
	入选原煤量/万吨	1490.79	精煤产量/万吨	386
	末煤产量/万吨	798.2	煤矸石产量/万吨	286.6
综合利用情况	煤矸石年利用率/%	20.6	废水利用率/%	100
	煤矸石处置方式	废石场堆存	废水利用方式	生产用水

不连沟煤矿矿区东西宽 2~5.7km，南北长 3.8~7.9km，面积为 33.2114km²。位于内蒙古准格尔煤田北部即内蒙古鄂尔多斯市准格尔旗大路镇，北距呼和浩特市约 95km，距离托克托电厂约 30km，西距鄂尔多斯市 150km。井田距大-准铁路薛家湾站约 20km，目前该铁路通过能力 1500 万吨/a。

不连沟煤矿荣获"2012~2013 年度第一批中国建设工程国家优质工程"奖，这是自鲁班奖创立 25 年来，我国首个煤矿整体项目（含选煤厂）获此殊荣，填补了煤炭企业建设史的空白。

12.2　地质资源

12.2.1　矿床地质特征

矿区地层层序自下而上为：下奥陶统亮甲山组、马家沟组，中石炭统本溪组、上石炭统太原组，下二叠统山西组、下石盒子组，上二叠统上石盒子组，下白垩统志丹群，新近系上新统，第四系上更新统及全新统的近代沉积。其中石炭系和二叠系为含煤地层。

煤田总体构造为东部隆起、西部坳陷，走向近 S-N，向 W 倾斜的单斜构造。倾角一般小于 10°，构造形态简单。煤田中东部发育有轴向呈 NNE 的短轴背向斜。南部有走向近 E-W 的老赵山梁背斜、双枣子向斜，轴向呈 NWW 的田家石畔背斜、沙沟背斜、沙沟向斜，走向近 S-N 的罐子沟向斜。煤田内断裂构造不发育，查明 4 条张性断层，最大断距 50m。

井田煤系地层共含可采及局部可采煤层 6 层，其中二叠系山西组 1 层（5 号煤层），石炭系太原组有 5 层（$6^{上}$、6、$6^{下}$、$9^{上}$、9 号煤层）。其中 6 号煤为不连沟煤矿主要开采对象。

5 号煤层厚度 0.10~3.25m，平均 0.85m，局部可采。

$6^{上}$煤层厚度 0.40~7.35m，平均 5.04m，局部可采。与 5 号煤层间距 6.06~14.30m，平均 10.87m。为 6 号煤层分叉的上分层，分布在井田南部。在 8~10 勘探线间尖灭。

6 号煤层厚度 6.25~35.50m，平均 16.54m，全井田可采，属稳定-较稳定煤层。煤层结构复杂，夹矸 3~22 层；夹矸总厚度 0.45~8.89m，平均 2.63m；夹矸的岩性多为泥岩、砂质泥岩、黏土岩，部分为炭质泥岩，煤层结构尤以顶部复杂。6 号煤层顶底板岩性大部分为泥岩、黏土岩、炭质泥岩，其次为砂岩。6 号煤层距 $6^{上}$煤层 1.36~20.28m，平均 10.82m。

$6^{下}$煤层位于 6 号煤层下部，是 6 号煤层的分叉层。煤层厚度 0.10~3.61m，平均 1.69m，局部可采。夹矸层数 0~2 层，夹矸厚度 0.15~0.67m，平均 0.41m。与 6 号煤层间距 2.60~16.55m，平均 10.67m。在井田西南边缘与 6 号煤层合并。

$9^{上}$煤层厚度 0.40~7.83m，平均 4.45m，大部可采。属较稳定煤层。煤层结构复杂-简单。夹矸层数 0~6 层，厚度 0~1.99m，平均 0.87m。夹矸岩性多为泥岩、砂质泥岩、黏土岩等，煤层顶底板岩性为泥岩、砂质泥岩、砂岩等。$9^{上}$煤层距 $6^{下}$煤层 0.66~15.37m，平均 6.38m。

9 号煤层为本井田主要可采煤层。煤层厚度 0.58~10.90m，平均 5.41m，大部可采。属较稳定煤层。煤层结构复杂-简单，夹矸最多 8 层，平均 0.80m，单层最厚 2.30m。夹矸的岩性为泥岩、砂质泥岩及黏土岩。煤层的顶底板岩性为泥岩、砂质泥岩、黏土岩、炭质泥岩及砂岩。9 号煤层距 $9^{上}$煤层间距为 0.25~12.39m，平均 3.88m。

煤种为长焰煤，属特低-低硫、低磷、中灰、高挥发分、高灰熔融性、中-高发热量的良好动力用煤。

12.2.2　资源储量

根据勘探报告，井田煤炭累计查明资源储量 113509 万吨，其中探明的基础储量

（121b）28722 万吨，控制的经济基础储量（122b）17393 万吨，推断的内蕴经济资源量（333）67394 万吨，另有预测的资源量（334）1028 万吨。截至 2013 年底，保有资源储量 106664.14 万吨。

12.3　开采基本情况

12.3.1　矿山开拓方式及采矿工艺

采用斜井开拓，主、副斜井井口位于工业场地内。主、副斜井井筒倾角均为 5°30′；主、副斜井井底均落底于井田 6 号煤层赋存最高处。矿井初期在井田西翼布置一条进风立井和一条回风立井，后期在井田南部布置一条进风立井，兼安全出口。主斜井铺带式输送机，担负煤炭提及入风任务。副斜井行驶无轨胶轮车，担负矿井辅助提升及入风任务。通风系统为混合式，通风方法采用抽出式。

矿井划分两个开采水平，一水平开采 $6^{\text{上}}$、6 和 $6^{\text{下}}$ 煤层，水平标高 +952m；二水平开采 $9^{\text{上}}$ 和 9 号煤层，水平标高 +911m。一水平在井田中部沿 6 号煤层南北方向平行布置运输大巷、辅助运输大巷和回风大巷，二水平在相同位置沿 9 号煤层布置运输大巷、辅助运输大巷和回风大巷。一、二水平分别设辅助运输、带式输送机和回风三条大巷。一水平大巷布置在 6 号煤层；二水平辅助运输大巷、带式输送机大巷布置在 9 号煤层，回风大巷布置在 $9^{\text{上}}$ 煤层内。

在井田北部 6 号煤层布置一个大采高综采工作面和一个综采放顶煤工作面作为首采工作面。大采高综采工作面，生产能力为 500 万吨/a 左右。选用 SL500 型双滚筒采煤机；ZY8640/25.5/55 型双柱-掩护式大采高液压支架和端头液压支架，工作阻力 8640kN；功率 3×855kW、运输能力为 3500t/h 的刮板输送机；功率 375kW、输送能力 3500t/h 的刮板转载机；功率 375kW、最大破碎能力 3500t/h 的破碎机；顺槽选用 SSJ1400/3×450 型可伸缩带式输送机。综采放顶煤工作面，生产能力为 500 万吨/a 左右。选用 SL500 型双滚筒采煤机，ZF13000/25/38 型低位放顶煤液压支架；工作面前、后部为功率 2×855kW、槽宽 1m、运输能力为 2500t/h 和功率 2×855kW、槽宽 1.2m，运输能力为 3500t/h 的刮板输送机；功率 522kW、输送能力 4000t/h 的刮板转载机；功率 400kW、最大破碎能力 4000t/h 的破碎机；顺槽选用 SSJ1400/3×450 型可伸缩带式输送机。

大巷煤炭运输采用带式输送机，选用运输能力为 4000t/h，带速为 4.5m/s，电机功率为 3×800kW，带宽 1600mm、带强 3150N/mm 钢绳芯带式输送机。驱动方式为鼠笼电动机+CST 方式。矿井辅助运输采用无轨胶轮车。选用 2 辆框架式无轨胶轮支架运输车，2 辆铲板式无轨胶轮支架运输车，2 辆 ED25 型矿用无轨胶轮多功能运输车，1 辆 ED10 型引进矿用无轨胶轮多功能运输车，12 辆 WCQ-3CR 型无轨胶轮矿用人车和 24 辆 WCQ-3A 型矿用无轨胶轮材料运输车（自卸式）。

12.3.2　矿山主要生产指标

2013 年，矿井主采煤层为 6 号煤层。该煤层牌号为长焰煤 CY，煤层平均厚度为 16.54m，煤层倾角约 5°，属大部分可采的较稳定煤层，可选性为易选煤，设计可采储量约 45520 万吨,设计采煤方法为走向长壁采煤法,设计采区回采率为 75%,设计工作面回采率为 93%。2013 年回采率 81.2%。

12.4　选煤情况

不连沟选煤厂是华电集团公司第一座千万吨级矿井型动力煤选煤厂,主要采用重介质选煤工艺,核定选煤能力为 1500 万吨/a。200~13mm 块煤重介浅槽分选,13~0mm 末煤不入选工艺,3~0.25mm 的粗煤泥采用分级旋流器+末煤离心机脱水回收;0.25~0mm 细煤泥采用加压过滤机和快开式板框压滤机联合脱水回收。

2013 年入选原煤量 1490.79 万吨,原煤入选率为 100%,其中:末煤年产量为 798.2 万吨,末煤灰分为 29.05%,硫分为 1.03%,发热量为 17.065MJ/kg;精煤产量为 386 万吨,灰分为 15.23%,硫分为 0.9%,发热量为 21.74MJ/kg;煤矸石产量为 286.6 万吨,灰分为 75.05%,硫分为 0.89%,发热量为 3.47MJ/kg。

12.5　矿产资源综合利用情况

不连沟煤矿为单一矿种煤矿,没有查明的其他共伴生矿产。

2013 年不连沟煤矿煤矸石排放量为 286.6 万吨,累计排放量为 661.5 万吨,2013 年煤矸石利用量为 59.04 万吨,累计利用量为 136.27 万吨,煤矸石年利用率为 20.6%,2013 年煤矸石利用产值为 3542.4 万元。

不连沟煤矿正常涌水量为 3813.60m³/d,年排放量为 139.20 万立方米,2013 年,矿井水全部利用,利用率为 100%。

13　布尔台煤矿

13.1　矿山基本情况

布尔台煤矿于 2006 年 5 月开工建设, 2008 年 3 月 15 日投产。布尔台煤矿是神华神东煤炭集团建设的生产能力、主运输系统提升能力、煤炭洗选加工能力世界第一的大型矿井, 总投资 47.83 亿元, 位于内蒙古自治区鄂尔多斯市伊金霍洛旗境内, 矿井设计生产能力为 2000 万吨/a。矿山开发利用简表见表 13-1。

表 13-1　布尔台煤矿开发利用简表

基本情况	矿山名称	布尔台煤矿	地理位置	内蒙古鄂尔多斯市
	矿山特征	第四批国家级绿色矿山试点单位		
地质资源	开采煤种	不黏结煤	地质储量/万吨	330301
	主要可采煤层	$1^{-2上}$、1^{-2}、2^{-2}、$2^{-2下}$、3^{-1}、4^{-2}、4^{-3}、5^{-1}、5^{-2}、$5^{-2下}$		
开采情况	矿山规模/万吨·a^{-1}	2000, 大型	开采方式	地下开采
	开拓方式	斜井-平硐-立井综合开拓	采煤方法	走向 (倾斜) 长壁综合机械化采煤及综合机械化放顶煤回采, 全部跨落法管理顶板
	原煤产量/万吨	1377.1	开采回采率/%	86.6
	煤矸石产生量/万吨	6.1	开采深度/m	+1200 ~ +700
	综采机械化程度/%	100	掘进机械化程度/%	100
选煤情况	选煤厂规模/万吨·a^{-1}	3100	原煤入选率/%	100
	主要选煤方法	用重介浅槽和重介旋流器洗选		
	原煤入选量/万吨	1377.1	选矸产量/万吨	约 600
综合利用情况	煤矸石利用率/%	99.86	废水利用率/%	75.8
	煤矸石处置方式	填沟造地、井下充填	废水利用方式	生产、绿化

矿区东西长 3.9 ~ 22.1km, 南北宽 2.2 ~ 16.9km, 面积约 192.63km², 开采深度由 1200m 至 700m 标高。

矿区交通状况主要由公路和铁路组成, 从石屹台煤矿出发, 经由布尔台格乡到伊旗阿镇, 有长为 34km 的一级公路可穿过井田。井田东有沿乌兰木伦河穿过井田的包神铁路, 该铁路全长 177km。井田边界外有一从伊旗阿镇到包头的公路, 公路全长为 150km, 与包京公路相接壤; 向南经新街到陕西榆林 170km; 向西经鄂托克旗到乌海市 409km; 往东可经准格尔旗到达内蒙古自治区的首府呼和浩特市, 全长为 370km, 交通条件便利。

矿区冬季寒冷时间持续较长，夏季热暑时间持续短，秋季较凉爽，呈现出多雨的情况，春季风沙相对较大。整年降雨量相对较少，水的蒸发量较大，霜冰时期持续时间长，气候表现为典型的干燥型半沙漠高原性气候。

13.2　地质资源

13.2.1　矿床地质特征

矿区地表主要由第四系（Q）、第三系（N_2）及下白垩志丹群（k_{1zh}）组成。井田东北部范围内出现侏罗系中统（J_2），同时东南部也有存在。侏罗系中下统延安组（J_{1-2y}）和三叠系上统延长组（T_{3y}）不多见。井田内地层发育主要有：三叠系上统延长组（T_{3y}）、侏罗系中下统延安组（J_{1-2y}）、侏罗系中统直罗组（J_{2z}）、下白垩志丹群（k_{1zh}）、第三系上新统（N_2）和第四系（Q）。矿区基本的构造形态为一条由南向西倾斜、近水平、呈现产状的单斜构造形态。岩层走向方向为NW20°，倾向方向为SW70°，倾角不超过5°。根据煤层底板等高线，浅部变化相对较大，走向方向大致呈现"S"状，起伏变化很小，在东部稍有隆起。

矿井可采煤层共有10层，由上至下为 $1^{-2上}$ 煤层、1^{-2} 煤层、2^{-2} 煤层、$2^{-2下}$ 煤层、3^{-1} 煤层、4^{-2} 煤层、4^{-3} 煤层、5^{-1} 煤层、5^{-2} 煤层、$5^{-2下}$ 煤层，主采煤层2层。

$1^{-2上}$ 煤层，主要分布在储量核实区域西北部和东部，西北部可采范围大，是区内的次要可采煤层。煤层厚度 0~8.45m，平均 0.77m。结构相对简单，夹矸含量只有1层，且大多为泥岩和粉砂岩。煤层顶板主要由中粒砂岩、砂质泥岩和泥岩组成，煤层底板岩性主要由砂质泥岩、中粒砂岩等组成。

1^{-2} 煤层，是区内次要可采煤层之一，可采区被不可采带分割成三部分，形成三个独立的可采区。煤层厚度 0~4.20m，平均 0.98m。煤层结构相对简单，大多不含夹矸。顶板岩层主要由砂质泥岩组成，局部含粉砂岩和细砂岩。底板岩层大多由砂质泥岩和粉砂岩组成。

2^{-2} 煤层属于全局可采，可采范围内主要煤层之一。煤层自然厚度 0~5.85m，平均3.05m。该煤层结构相对简单，层位比较稳定且含夹矸较少。顶板岩性主要由中细粒砂岩和砂质泥岩组成；底板岩性主要包括砂质泥岩，局部区域含有泥岩和粉砂岩。

$2^{-2下}$ 煤层，该区段煤层在西部和东南两个方位为可采范围，在西部可采区域厚度为0.80~3.15m，平均厚度为 1.31m；南部可采区域厚度为 0.80~3.08m，平均厚度为1.52m。本煤层结构相对简单，含加矸不超过两层，大多含泥岩。顶板岩层主要由砂质泥岩和粉砂岩组成。底板岩层主要由砂质泥岩和粉砂岩组成。

煤质为低灰、低硫、特低磷、中高发热量的不黏结煤；是良好的动力用煤。

13.2.2　资源储量

全井田共有煤炭资源/储量 330301 万吨，其中探明的内蕴经济资源量 49211 万吨。

13. 3　开采基本情况

13. 3. 1　矿山开拓方式及采矿工艺

布尔台矿井采用斜井-平硐-立井综合开拓方式，分三个水平开采，以阿大公路为界把井田分为南北两部分七个盘区。初期布置主斜井、副平硐、回风斜井及松定霍洛进、回风立井，矿井采用分区抽出式通风方式。矿井初期开采一盘区，一、二水平同时生产，在一水平布置两个中厚煤层工作面，二水平布置一个综放工作面。采煤方法为走向（倾斜）长壁综合机械化采煤及综合机械化放顶煤回采，全部跨落法管理顶板。

布尔台煤矿现有三个采煤工作面，分别是位于 4^{-2} 煤的 42202 综放工作面、42107 综放工作面和位于 2^{-2} 煤的 22205 综采工作面。42107 综放工作面采用综合机械化放顶煤采煤方法开采，采煤机割煤高度为 3. 6m，放顶煤高度为 3m，采放比 1∶0. 83，作业循环方式为"一采一放"，完成一个循环，放煤步距 0. 865m。工作面顶板采用双柱掩护式放顶煤液压支架支撑工作面顶板，型号为北煤 ZFY21000/25/39D 型液压支架。运顺顺槽超前支护支柱采用 DW38-350/120（G）型单体液压支柱。辅运顺槽超前支架型号为 ZQL2×22500/22/38D 超强支架。2 台一组，共计 4 组。综采、掘进机械化程度均为 100%。

13. 3. 2　矿山主要生产指标

2011 年全矿动用储量 1399 万吨，采出 1060. 5 万吨，矿井回采率为 75. 8%。2013 年全矿动用储量 1663. 1 万吨，采出 1377. 1 万吨，矿井回采率为 82. 8%，2013 年度布尔台煤矿采区回采率为 86. 6%。

13. 4　选煤情况

布尔台选煤厂为群矿型选煤厂，主要承担神东煤炭集团布尔台矿区的原煤洗选加工，设计能力为 3100 万吨/a。采用重介浅槽和重介旋流器洗选工艺，生产控制系统采用集中控制。

原煤经分级后，200~13mm 块煤进入重介浅槽机中分选，-13mm 的末原煤进入重介质旋流器中分选，2~0. 2mm 的通过 TBS 分选，-0. 2mm 进入浓缩池，浓缩后底流进入压滤机或沉降离心机处理，经过加压过滤机、板框压滤机回收后，溢流作为洗煤循环用水，煤泥水全部实现一级闭路循环。主要产品为优质洗精煤和普通洗混煤。

2011 年与 2013 年，该矿生产原煤均全部入选，入选率达到 100%。

13. 5　矿产资源综合利用情况

布尔台煤矿为单一矿种煤矿，没有查明的其他共伴生矿产。

布尔台煤矿井下矸石平均每月产生 5089t，用于井下废旧巷道充填，每月平均 4373t，井下矸石利用率 85. 9%。洗选矸石平均每月产生 50 万吨，全部用于填沟造地，充填完成后对矸石场进行绿化，选矸利用率达到 100%。

矿山废水处理厂分布尔台井下污水处理厂与新建井下污水处理厂两个污水厂，主要负担布尔台煤矿、布尔台洗煤厂、寸草塔煤矿、寸草塔二矿井下污水处理及复用。布尔台井下污水处理厂 2008 年建成投用，设计处理能力 15000m³/d；新建井下污水处理厂 2013 年 12 月建成投用，设计处理能力 24000m³/d；两厂合计设计处理能力 39000m³/d。

布尔台生活污水处理厂位于布尔台煤矿，2012 年正式投用，设计处理能力 6000m³/d，负责布尔台煤矿、寸草塔二矿区域生活污水处理及绿化复用。布尔台矿平均每月产生矿井水 42 万立方米，处理达标后用于生产复用 30 万立方米，夏季全部用于绿化，冬天达标排放；生活污水平均每月产生量 10 万立方米，进入喷灌期处理达标后全部复用，冬季处理后达标排放，目前矸石场的喷灌系统已投入使用，矿井水的利用量较以前会大幅提高，矿井水综合利用率为 75.8%。

13.6 技术改进及设备升级

布尔台煤矿 42 煤一盘区煤层在距大巷 1000m 左右有分岔区，煤层复合区平均煤厚 6.5m，分岔区平均煤厚 3.4m，最初 42$^\pm$煤一盘区工作面布置为跳采工作面，复合区煤层回采采用 6.3m 支架，分岔区煤层回采采用 4.5m 支架。由于在使用 6.3m 支架一次采全高回采过程中，工作面冒顶事故频繁发生，冒顶后主要采取注高分子材料的措施进行治理，42$^\pm$102 工作面回采期间为治理冒顶共消耗高分子材料费 2000 多万。后经放顶煤可行性论证后，42$^\pm$煤一盘区工作面回采工艺改为放顶煤回采工艺。其主要原因为：

（1）复合区煤层平均厚度 6.5m，回采设计采高 6.1m。工作面由于直接顶破碎，矿山压力较大，为预防工作面冒顶，实际生产中通过留顶煤的方法来加强顶板控制，导致工作面实际采高并未达到设计高度，实际采高为 5.3m，实际工作面回采率约为 82%，放顶煤回采时工作面回采率为 94.1%。

（2）受上覆采空区和其同一盘区内临近采空区影响，工作面顶板控制极其困难，回采过程中因冒顶造成工作面 36h 以上停产的大冒顶次数为 5 次，其余冒顶次数每月 3~5 次。

（3）由于顶煤留设过厚，导致采空区内大量丢煤，42$^\pm$煤为易自燃煤层，自燃发火期为一个月左右，极易发生采空区内自燃发火问题。

（4）煤层厚度变化大，推采至煤层分叉区时，需要跳采、搬家倒面、更换三机，不仅增加了成本支出，而且留设跳采煤柱，降低了资源回收率。

42$^\pm$煤一盘区采用大采高开采远不能充分发挥其回采率高、回采效能高的优势，且在顶帮维护、机电运行方面有非常大的安全隐患，因此，42$^\pm$煤一盘区变更为放顶煤回采工艺。

14　布沼坝露天煤矿

14.1　矿山基本情况

布沼坝露天煤矿建于 1953 年 10 月，1953 年 11 月投产，此后进行了多次技改扩建，设计生产能力 1000 万吨/a。矿山开发利用简表见表 14-1。

表 14-1　布沼坝露天煤矿开发利用简表

基本情况	矿山名称	布沼坝露天煤矿	地理位置	云南省红河哈尼族彝族自治州
	矿山特征	第三批国家级绿色矿山试点单位		
地质资源	开采煤种	褐煤	累计查明资源储量/万吨	89674
	主要可采煤层	1^2、2^1、3^1、3^{2+3}		
开采情况	矿山规模/万吨·a^{-1}	1000	开采方式	露天开采
	剥离工艺	轮斗挖掘机-汽车直接剥离	采煤工艺	轮斗挖掘机-胶带输送机连续开采
	原煤产量/万吨	657.03	采区回采率/%	98.8
	煤矸石产生量/万吨	1514	开采深度/m	+1339.05~+904.05
综合利用情况	煤矸石利用率/%	0	废水利用率/%	100
	煤矸石处置方式	废石场堆存	废水利用方式	矿山生产

布沼坝露天煤矿开采深度由+1339.05m 至+904.05m 标高，矿区面积 9.7658km^2。

布沼坝露天煤矿位于云南省红河哈尼族彝族自治州开远市小龙潭镇境内，属小龙潭镇管辖，离市区约 16km。矿区与开远市区直线距离 12km。距开远市公路里程约 16km，距昆明市公路里程约 232km。昆河铁路沿南盘江北岸通过矿区，并在区内设有小龙潭车站。该车站南距开远站 16km，北距巡检司站 21km，至昆明北站 232km。矿区有三条公路与国家公路网相接，其中第一条由矿区向东，在楷甸与昆明—开远高等级公路相连，长约 21km；第二条由小龙潭镇向南，在开远解化厂附近进入开远市区，长约 25km；第三条向西，由岔（科）-小（龙潭）公路与建水—通海高速公路相连。矿区交通便利。

矿区所处地区环境湿润多雨，旱雨两季分明，每年 5 月至 10 月为雨季，降雨量占全年的 85%，全年平均降雨天数达 83 天，矿山生产受到严重影响。

14.2 地质资源

14.2.1 矿床地质特征

矿山含煤地层为新第三系小龙潭组（$N_{1-2}x$），煤层共三层，其中薄煤段（$N_{1-2}x_2$）、河头煤组段主煤段（N_2x_5）因煤层薄，皆不可采。只有 N_3 煤层为可采煤层，为一结构复杂的单一巨厚层，煤种为褐煤。

主煤段是一套褐黑色巨厚的褐煤层，结构复杂，以半光亮及光亮型为主，镜煤条带呈细水平条带，显水平层理或微波状层理。主煤层在向斜盆地内有西翼较厚、东翼较薄的特点。煤层中部含丰富的淡水腹足类化石，成层出现，与煤黑白相间，形成"花炭"。是一种富水的泥炭沼泽环境中沉积的巨厚煤层。

14.2.2 资源储量

矿区内所产均为褐煤，灰分含量在 5.9%~39.9% 之间，平均为 16.8%。主煤段灰分可分为小于 10%、10%~15%、大于 15% 三级。灰分小于 10%，平均为 9.04%；灰分 10%~15%，平均为 12.64%；灰分大于 15%，平均为 21.02%。煤中的硫主要为黄铁矿硫，含硫量在 0.56%~2.54% 之间，平均为 1.7%。硫分含量随灰分增高而增大，顶部煤层含硫低，向下增高。磷的含量平均约 0.10%，锗含量 0.001%~0.002%，镓含量 0.003%。煤的硬度不大，地表煤块沿节理易风化破碎，易自燃。发热量（$Q_{b,ad}$）在 11.68~22.85MJ/kg 之间，平均 18.47MJ/kg。

布沼坝露天坑采矿权范围内，累计查明煤炭资源储量 89674 万吨。其中，（111b）89194 万吨，占比 99.46%；（2S21）480 万吨，占比 0.54%。截至 2013 年底，矿山累计动用资源储量 19958 万吨。其中，2011 年、2013 年分别动用资源储量 1111 万吨、914 万吨。截至 2013 年底，矿山保有资源储量 69716 万吨。其中，（111b）69236 万吨，（2S21）480 万吨。煤中伴生的磷、锗、镓含量低，均无工业开采价值。

14.3 开采基本情况

14.3.1 矿山开拓方式及采矿工艺

矿山采用露天开采方式，采煤方法选择为轮斗挖掘机-胶带输送机连续开采，半连续开采工艺采煤法。

（1）表土剥离：采用轮斗挖掘机-汽车直接剥离，仅在出现钙化地段进行爆破，台阶高度 10m，剥离方式采用"一爆二采""二采一移"，组合台阶高 20m；对未完成部分的泥灰岩剥离工作，采用轮斗挖掘机-汽车剥离，作业方式为"一爆二采"，台阶高度 10m。该矿为深凹露天矿，剥离物须外排。矿山所拥有两外排土场均距采场较远，平均外排运距达 8~9km。

（2）采矿方法：为轮斗挖掘机-胶带输送机连续开采工艺采煤法，"一爆二采""二采一移"的作业方式，工作面胶带输送机移设步距为 40m，主台阶高 12m，上分台阶高 8m。半连续开采工艺采煤法，一爆二采，台阶高度 10m。

（3）运输：连续开采工艺采煤，用胶带输送机将原煤从工作面运至产品煤仓；半连续开采工艺采煤，经破碎站破碎后，用胶带输送机将原煤从工作面运至产品煤仓。

（4）主要生产设备：轮斗挖掘机 2 台，转载机 4 台，电缆车 12 辆，排土机 2 台，液压挖掘机 18 台，自卸汽车 101 台，推土机 20 台，破碎机 5 台，带式输送机 543m 等设备。

14.3.2　矿山主要生产指标

矿山开采方式为露天开采，设计生产能力 1000 万吨/a。2011 年、2013 年产量分别为 809.14 万吨、657.03 万吨。2011 年、2013 年开采煤层均为厚煤层，2011 年、2013 年实际采区回采率 98.8%。

14.4　选煤情况

矿山生产褐煤，未经洗选，以原煤直接出售。

14.5　矿产资源综合利用情况

矿山无可供开发利用的共伴生矿产资源。

矿山煤矸石集中堆放在矸石场，均未利用。截至 2013 年底，煤矸石累计排放量 32218 万吨。其中，2011 年、2013 年排放量分别为 2296 万吨、1514 万吨。

矿井水主要用于矿山生产用水。截至 2013 年底，矿井水累计排放量 34468 万吨，累计利用量 34468 万吨。其中，2011 年、2013 年排放量分别为 593 万吨、120 万吨，利用量分别为 593 万吨、120 万吨。

15 陈四楼煤矿

15.1 矿山基本情况

陈四楼煤矿是大型国有煤炭企业，始建于 1990 年 7 月 26 日，1997 年 11 月 6 日投产，矿井设计生产能力 240 万吨/a，2009 年核定生产能力为 450 万吨/a。矿山开发利用简表见表 15-1。

表 15-1 陈四楼煤矿开发利用简表

基本情况	矿山名称	陈四楼煤矿	地理位置	河南省永城市
	矿山特征	第三批国家级绿色矿山试点单位		
地质资源	开采煤种	无烟煤	地质储量/万吨	25652.25
	主要可采煤层	二$_2$、三$_1$、三$_2^2$、三$_4$、三$_5$ 号煤层		
开采情况	矿山规模/万吨·a^{-1}	450	开采方式	地下开采
	开拓方式	立井开拓、单水平上下山开拓	采煤方法	倾斜长壁和走向长壁法
	原煤产量/万吨	340.46	采区回采率%	92.3
选煤情况	选煤厂规模/万吨·a^{-1}	240	原煤入选率/%	100
	主要选煤方法	块煤跳汰排矸		
综合利用情况	煤矸石利用率/%	100	废水利用率/%	100
	煤矸石利用方式	销售	废水利用方式	煤化工、洗煤、绿化

陈四楼煤矿井田面积约 62.3937km²。陈四楼煤矿地处河南省永城市境内，为城厢、陈集、顺和乡所辖，矿区位于永城市区北偏西 13km，北距陇海铁路商丘站 95km，东距京沪铁路徐州站 97km，矿区内部有专用运煤铁路与青町铁路相接，与永城至芒山公路和连霍高速公路相连，交通十分方便。

15.2 地质资源

15.2.1 矿床地质特征

煤田区域构造以 NNE-NE 向为主体构造，其次为 EW 向及 NW 向构造，并伴有岩浆活动。总体形态为一轴向 NNE 的永城隐伏背斜，区内断裂发育，次一级背、向斜或地垒、地堑式构造相间出现。以丰涡断裂为界，西侧 EW 向构造比较发育，东侧则以 NNE 向构造为主。

井田位于永城复式背斜西翼，地层走向基本为 NNW 向 SWW 倾斜；由于受多期构造运动影响次一级褶曲较为发育，井田内部地层走向变化较大，几经折转，大体呈一"弓"字形，其形态总体为一单斜构造。地层倾角平缓，浅部一般 10°~30°，向深部逐渐变缓，中部 10°左右，深部为 4°~8°。

井田内断层、褶曲及岩浆岩均较为发育，以断裂构造为主，其中正断层发育，逆断层较少，断层以 NNE 向断裂为主，近 EW 向次之。井田内共发现落差 20~420m 的断层 22 条，断层具有落差大、延展长特点，井下实际揭露及勘探资料表明陈四楼煤矿大小断层十分发育；区内次一级褶皱较为发育，发育大小褶曲 14 个。构造类型属Ⅱ类二型。

陈四楼煤矿普遍可采煤层有山西组二$_2$煤和下石盒子三$_1$、三$_2^2$、三$_4$煤，局部可采三$_5$煤。

二$_2$煤位于山西组中部，上距 K$_4$ 标志层 53m，与下部 K$_3$ 标志层平均距离 51m。可采厚度 0.80~3.85m，平均 2.45m，可采率为 96.5%。全区可采，煤层结构简单，表现为单层结构，一般无夹矸，仅在局部零星分布，属稳定煤层，受后期构造运动和岩浆岩侵入对煤层原生厚度、结构有不同程度的影响，沿断裂带煤层被断缺，在岩浆侵入地带，煤层结构变为复杂型，煤层发生变焦甚至全被岩浆部吞蚀；顶板为泥岩、砂质泥岩为主，次为中粗粒砂岩，底板多为中、细粒砂岩，局部为黑色泥岩及砂质泥岩。

三$_1$煤位于下石盒子组下部，下距 K$_4$ 标志层平均 18.66m。全层厚度 0.18~2.03m，可采厚度 0.85~2.03m，平均 1.30m，可采率 76%。薄及中厚煤层的频数各占 38%，不可采频数占 24%，单层结构为主，04 线向北渐变为双层结构，夹矸厚度也逐渐增大，岩性为泥岩及炭质泥岩（厚度 0.19~0.50m），分布较稳定，08 线以北不稳定，不可采。煤层直接顶板以泥岩、砂质泥岩为主，底板以砂岩为主，个别为粉砂岩。

三$_2^2$煤赋存于三煤组中下部，层位较稳定，下距三$_1$煤层 0.60~14.54m，平均 5.03m。煤层厚度 0.30~2.66m，平均 1.40m。可采厚度 0.81~2.66m，平均 1.50m。其中 0.80~1.30m，1.31~3.50m 频数分别为 27%、48%，天然焦可采点占 11%，可采率 86%。底板以泥岩、砂质泥岩为主，次为细砂岩，顶板亦以泥岩、砂质泥岩为主，沿冲刷带为细、中粒砂岩。

三$_4$煤位于三煤组中上部，层位较稳定，煤层厚度 0.15~2.42m，平均 1.38m，上距 K$_5$ 标志层底界平均为 27.15m，下距三$_2^2$煤层顶 1.55~18.47m，平均 7.85m。煤层大面积受岩浆岩破坏，使其厚度、结构、稳定性均发生了很大改变，尤以北部强烈。

三$_5$煤位于下石盒子中上部，下距三$_4$煤 0.78~11.50m，平均 5.90m，可采厚度 0.8~1.30m，平均 0.96m，为局部可采煤层，层位较稳定，三$_5$煤层也有被岩浆岩破坏现象，天然焦主要分布在北部，底板为泥岩，煤层顶板以泥岩为主。

15.2.2　资源储量

截至 2013 年底，矿山资源保有储量为 25652.25 万吨，其中（111b）2024.89 万吨，（122b）6261.95 万吨，（333）17365.41 万吨。二$_2$煤总保有储量（111b）+（122b）+（333）11554.25 万吨，三$_1$煤总保有储量（122b）+（333）3507 万吨，三$_2^2$煤总保有储量（122b）+（333）6008 万吨，三$_4$总保有储量（122b）+（333）3306 万吨，三$_5$煤（333）1277 万吨。

15.3 开采基本情况

15.3.1 矿山开拓方式及采矿工艺

陈四楼煤矿为立井开拓、单水平上下山开拓，上行开采，主采煤层山西组二$_2$煤，采煤方法为倾斜长壁和走向长壁法，采煤工艺有综采、炮采，一次采全高。主井安装一台GHH4×4型绞车，副井配一台JKMD-3.5×4型落地式绞车。

15.3.2 矿山主要生产指标

截至2013年12月，陈四楼煤矿共动用储量5891.29万吨，其中采出煤量4759.38万吨、损失煤量1131.91万吨，矿井剩余煤炭资源保有储量25652.25万吨。陈四楼煤矿2009~2013年储量动用及回采率见表15-2~表15-5。

表15-2 陈四楼煤矿2009~2013年储量动用及回采率一览表

年度	年度采出量/万吨	全矿井损失量/万吨	采区损失量/万吨	累计动用量/万吨	累计查明量/万吨	采区回采率/%	矿井回采率/%
2009	345.1	88.7	27	3880.96	30396	93	79.6
2010	360.26	91.1	26.84	4337.01	30359.71	93.1	79.8
2011	374.73	98.54	31.93	4819.26	30322.67	92.2	79.3
2012	346.75	111.38	26.41	5201.62	30281.25	92.9	74.3
2013	340.46	112.28	28.31	5580.79	30258.43	92.3	75.2

表15-3 2011年度全矿井采区动用量统计表 （万吨）

煤层名称	采区名称	采区采出量	采区损失量	采区回采率/%
二$_2$	全矿井	374.73	31.93	92.2
二$_2$	五采区	3.92		
二$_2$	十一采区	20.06	1.07	94.9
二$_2$	十三采区	89.42	7.1	92.6
二$_2$	十五采区	1.55		
二$_2$	四采区	111.65	13.22	89.4
二$_2$	十采区	65.36	3.74	94.6
二$_2$	十二采区	82.77	6.80	92.4

表15-4 2012年度全矿井采区动用量统计表 （万吨）

煤层名称	采区名称	采区采出量	采区损失量	采区回采率/%
二$_2$	全矿井	346.75	26.41	92.9
二$_2$	五采区	3.32		
二$_2$	十一采区	80.01	5.18	93.9

续表 15-4

煤层名称	采区名称	采区采出量	采区损失量	采区回采率/%
二₂	十三采区	18.04	1.84	90.7
二₂	十采区	122.03	10.03	92.4
二₂	十二采区	117.26	9.36	92.6
二₂	十五采区	4.80		
二₂	十六采区	0.74		
二₂	十四采区	0.55		

表 15-5　2013 年度全矿井采区动用量统计表　　　　（万吨）

煤层名称	采区名称	采区采出量	采区损失量	采区回采率/%
二₂	全矿井	340.46	28.31	92.3
二₂	五采区	3.71		
二₂	十一采区	17.10	1.20	93.44
二₂	十三采区	22.03	1.11	95.20
二₂	十采区	154.59	14.18	91.60
二₂	十二采区	75.50	5.51	93.20
二₂	十五采区	61.36	6.31	90.68
二₂	十六采区	0.49		
二₂	十四采区	5.68		

15.4　选煤情况

陈四楼煤矿配套选煤厂为陈四楼选煤厂，是一座矿井型无烟煤选煤厂，1990 年与陈四楼煤矿同步设计完成，1992 年 7 月开始施工，1997 年 11 月 6 日建成投产，原设计处理能力 240 万吨/a，选煤工艺为块煤跳汰排矸、末原煤直接销售，且煤泥压滤回收后掺入末原煤一同进仓销售。

投产后由于煤泥堵仓，进行改造煤泥单独运输销售。1998 年开始进行细粒级筛分改造并增建末原煤储煤场，1999 年 5 月份增设洗煤三系统和浮选系统的土建工程并于 2000 年 6 月完工，从此生产系统具备了块煤单独分级入选、原煤部分混合和全部入选的灵活性功能，同时实现了洗矸石分级和末矸石掺配销售功能。2002 年 10 月浮选系统投入使用，且近年来通过不断创新生产工艺改造，年处理能力可达 450 万吨/a。

15.5　矿产资源综合利用情况

15.5.1　共伴生组分综合利用

井田内含煤岩系中，与煤共生的沉积矿产有菱铁矿和铝质泥岩等，此外还有锗、镓、铀等分散放射性元素。

第四纪沉积层中广布可塑性黏土，可用来烧制砖瓦。煤系基底出露的奥陶系、寒武系灰岩致密坚硬，可作建筑石料和烧石灰。

菱铁矿层主要赋存于三煤组段、K_4 标志层及其附近以及二$_2$ 煤层上部。井田内菱铁矿层数多，分布广泛，但厚度变化大，且多偏薄，品位低，赋存层位不稳定，矿体连续性差，对比困难，难以成为有工业价值的矿床。

区内铝质泥岩的 Al_2O_3 含量低，铝硅比值小，达不到铝土矿的要求，同时 Fe_2O_3 含量高，耐火度低，也不适宜作耐火黏土使用。

通过对井田内各可采煤层进行了 108 个样的分散、放射性元素分析，绝大部分样品的稀散放射性元素含量均未达工业要求，仅 6009 孔二$_2$ 煤层中镓含量达到工业品位，其余各煤层镓含量均未达到工业品位，因此未考虑其回收利用价值。

瓦斯：二$_2$ 煤层瓦斯含量−550m 水平以上一般小于 $1cm^3/g$，−550m 水平以下瓦斯含量小于 $2cm^3/g$，含量较低，暂未利用。

15.5.2 其他组分综合利用

（1）尾矿综合利用。陈四楼选煤厂尾矿主要分为沸腾煤、水洗矸和煤泥，为保证末原煤产品质量的稳定将沸腾煤部分直接掺入末原煤，其他沸腾煤直接销售；水洗矸和煤泥均作为副产品直接销售。

（2）矿井水。陈四楼煤矿地面建设有污水处理站，矿井水深度净化处理车间和矿井水输水泵站。矿井水排出地面后，大部分经矿井水输水泵站供往煤化工厂，剩余矿井水经污水处理站处理后，一部分作为洗煤用水，一部分进入矿井水深度净化处理车间进行处理作为职工洗浴、绿化或其他生活用水，剩余极少量矿井水通过矿井水处理站污水排放口间歇性排放，经排水沟排到永砀公路边沟后，流入韩沟，经韩沟流至沱河。

15.6 技术改进及设备升级

（1）优化设计最大限度回收煤炭资源，尤其是在构造复杂块段，充分考虑断层、保护煤柱等对工作面的影响，将回采巷道沿构造或煤柱边界布置，工作面布置成不规则形状，虽然加大了回采难度，但煤炭资源能够得到最大限度的回收；在掘进施工的同时，随时调整原设计方案，尽量使回采巷道和以后回采的工作面沿构造或岩浆岩的侵入边界布置。

（2）通过对掘进巷道高度的严格要求，保证两顺槽的高度，进而保证工作面在回采过程中，采煤机能够割透机头、尾，保证了工作面上下端头的底煤能够全部回采。

（3）陈四楼煤矿受煤层底板太原组上段灰岩岩溶裂隙承压水影响较大，为解放受水害威胁的煤炭资源，各采煤工作面在回采前，均必须对工作面的底板进行注浆改造，增加底板抗压强度，从 2002 年至 2013 年，矿井共施工底板注浆钻孔 69.17 万米，注浆量 25.73 万吨，消除煤层底板太原组水害威胁，确保了工作面安全回采。

（4）根据该矿实际情况，针对不同的地质条件，采用旋转、延面、加架等多种回采的方法，同时还设计不规则的工作面，回收三角煤、不规则块段等，减少边角煤的损失。例如，十采区 21004 工作面采用三角形不等边延面回采工艺，多回收煤炭资源 10.73 万吨。

陈四楼煤矿经过科学管理、技术优化等措施，资源管理和回收工作规范、科学，通过优化矿井、采区和工作面设计，积极开展技术创新，改进生产工艺，引进先进生产设备，加大回采工作面底板注浆改造，解放受水害威胁的储量，采区及工作面回采率得到了很大的提高，减少了资源丢失，提高了资源回收率。

16　澄合煤矿二矿

16.1　矿山情况

澄合煤矿二矿设计生产能力 120 万吨/a。矿山开发利用简表见表 16-1。

表 16-1　澄合煤矿二矿开发利用简表

基本情况	矿山名称	澄合煤矿二矿	地理位置	陕西省澄城县
地质资源	开采煤种	瘦煤、贫煤	地质储量/万吨	5414
	主要可采煤层	5 煤		
开采情况	矿山规模/万吨·a^{-1}	120	开采方式	露天开采
	开拓方式	斜立井开拓	采煤方法	走向长壁采煤法
	原煤产量/万吨	65.1	采区回采率/%	76.6
综合利用情况	煤矸石利用量/万吨	7.1	矿井水利用量/万立方米	55.9

矿区西起洛河，与蒲白矿区相邻，东至黄河西岸，北以黄龙山南麓为边界，东北端以龙亭、百良一线与韩城矿区接壤，南至 5 号煤层露头线。矿区东西长 6.7km，南北宽约 3.0km，面积约 17.18km²。

澄合二矿位于陕西省澄城县西南部，距澄城县城 8km，行政区划属澄城县尧头镇安里乡管辖。澄城县距西安市约 150km，距渭南市 84km。澄合二矿至澄城县城有公路相通，澄城至西禹高速公路入口约 18km，通过该高速可至省内各大中城市。矿井范围内有乡村道路连接可至各村、镇。经董家河、二矿等矿井有澄合矿业有限公司的矿区专用铁路支线至坡底村与西（安）延（安）铁路接轨，接轨点（坡地村站）距离二矿约 10km。交通便利。

矿区为大陆性气候，温差变化较大。最高气温为 40.3℃，最低气温为-17.8℃。最冷月份为十二月及次年元月，最大冻土深度 1.0m。

16.2　地质资源

澄合煤矿矿区位于渭北煤田中段，地处华北石炭-二叠纪聚煤区中部，鄂尔多斯盆地东南边缘。矿区地层由老到新有奥陶系（O）、石炭系（C）、二叠系（P）、三叠系（T）、新近系（N）和第四系（Q）等。第四纪黄土不整合覆于各时代地层上。矿区煤层分别赋存于下石炭统太原组（C_{2t}）及上二叠统山西组（P_{1s}）中。区内各地层分述如下：

（1）奥陶系（O）。零星出露于洛河、县西洞、大峪洞、金水沟等河谷地带。矿区仅有中下统沉积，与下伏上寒武统为整合接触。

1) 下奥陶统（O_1）自下而上划分为冶里、亮甲山、下马家沟、上马家沟四组。前两组总厚度大于 130m，以深灰色结晶白云岩、角砾状泥灰岩、泥灰质白云岩为主，含烧石结核。下马家沟组分为一段、二段。一段厚度为 15m，由灰绿色白云质泥灰岩夹石膏薄层组成；二段厚度大于 30m，中厚层状灰、褐灰色白云岩夹肉红色，绿灰色泥岩组成。上马家沟也分成一段、二段。一段厚度约 67m，以灰、浅灰白云岩，灰色、肉红色泥岩互层组成；二段厚度 111m，由中灰、深灰色隐晶及细晶白云岩，灰质白云岩，灰质白云岩夹褐红铁质条带泥岩、泥灰岩组成。

2) 中奥陶统峰峰组（O_{2f}）自下而上分为一段、二段。一段由白云岩、灰质白云岩与泥岩组成，呈不等厚的互层状结构。厚度约 110m。二段主要由白云岩、白云质灰岩夹灰岩组成，中厚层状，裂隙发育，部分充填方解石脉，下部具"豹斑"构造。该段地层富水性强，为矿区煤系的直接基底。厚度 120~200m。

（2）石炭系（C）

1) 中石炭统本溪组（C_{2b}）矿区仅有洛河剖面划分，研究了该组地层，推断其他地区有零星分布。其岩性为湖相沉积的黑色泥岩及灰色铝质泥岩。厚度 0~3.5m，与下伏中奥陶统峰峰组二段呈假整合或角度不整合接触。

2) 上石炭统太原组（C_{3t}）为一套海陆交互相含煤沉积，是矿区的主要含煤地层，厚度 22~83m 不等，一般厚度 40m，含煤 2~8 层，自上而下煤层编号为 4、$5^{上}$、5、6、7、8、9、10 号。含煤层总厚为 8.64m，含煤率 24.7%。5 号煤为矿区主要可采煤层。岩性以石英砂岩、粉砂岩、灰岩及煤层为主，并有少量的铝质泥岩及石英砾岩等。

（3）二叠系（P）。

1) 下二叠统山西组（P_{1s}）为一套近海的陆相含煤沉积。厚度 22~62m，一般厚度 37m。含煤 3 层，自上而下编号为 1、2、3 号层煤，其中 3 号煤层局部可采，其余为不可采煤层。岩性以各类砂岩、粉砂岩、砂质泥岩为主，还有少量的砂质灰岩及石英砂岩，薄而不稳定的煤层及泥岩有规律的交替组成。与下伏太原组地层呈整合接触。

2) 下二叠统下石盒子组（P_{1x}）为一套湖沼相碎屑岩沉积，下部偶含不可采煤层。一般厚度 35m。岩性以灰绿、深灰色粉砂岩，矿质泥岩为主，底部为一层灰、浅灰色中-细粒砂岩，与下伏山西组地层整合接触。

3) 上二叠统上石盒子组（P_{2s}）本组周陆相沉积，岩性为层状黄绿暗紫色粉砂岩，间夹浅灰黄绿色细至中粒砂岩。底部为灰白、浅灰色中粗粒砂岩与下石盒子组分界，呈整合接触。厚度约 280~320m。

4) 上二叠统石千峰组（P_{2sh}）为一套河湖相碎屑岩沉积。按其岩性分为两段，下段（P_{2sh}^1）厚 200m 左右，由厚层状灰、灰绿色河床相中粗粒砂岩及夹于其中的紫红色厚层状湖相粉砂岩及泥岩组成。下部含水中等。上段（P_{2sh}^2）厚 80m，以巨厚的暗紫红色细粉砂岩为主，央石膏薄层，下部普遍发育 2~3 层蓝灰色泥灰岩。

（4）三叠系（T）。

1) 下三叠统刘家沟组（T_{1L}）为一套河流相碎屑岩沉积。厚度 190m，由棕红色、砖红色中细粒砂岩及少数薄层细粉砂岩、泥岩组成，夹不稳定的同生砾岩。

2) 下三叠统和尚沟组（T_{1h}）为一套湖泊相细碎屑岩沉积。厚度 80~90m，岩性以砖红、棕红色厚层砂质泥岩、细粉砂岩为主，含云母。

3）中三叠统纸坊组（T$_{2z}$）地层出露不全，仅见其下部，厚度一般为500m，主要分布在矿区深部。岩性为灰绿、浅灰黄绿色厚层状中细粒砂岩、夹少量薄层棕红色团块状砂质泥岩、细粉砂岩及细砾岩。

（5）新近系（N）。新近系为冲积、洪积及风积相碎屑沉积物。主要零星出露于洛河、大浴洞中段，徐水沟下段及黄河岸边东雷一带。岩性为鲜土红色、棕红色含粉砂黏土，具层状分布的钙质结核，底部有钙质砾岩层，厚度为0~80m。

（6）第四系（Q）。广布于整个煤田。岩性有各主要沟谷中的现代冲积物，以及黄土塬上广布的浅黄色含粉砂的黄土，浅灰褐色黄土状亚黏土及冲积-洪积相彤、砾石层等。

16.3 矿山开采情况

16.3.1 矿山开拓方式及采矿工艺

矿井采用斜立井开拓，共布置有4个井筒，主斜井、副立井、东立井和回风立井。井筒落底后布置有+380m水平运输石门和回风石门，利用石门布置进入采区的巷道回采各个采区。采煤方法为走向长壁采煤法。

16.3.2 矿山主要生产指标

澄合二矿累计查明资源储量5414万吨，累计开采矿石1473.76万吨，累计动用储量3087.1万吨。

2011年采区采出量为66.6万吨，工作面回采率93.3%、采区回采率为79%。2012年采区采出量为65.0万吨，工作面回采率93.1%、采区回采率为76.6%。2013年采区采出量为65.1万吨，工作面回采率93.3%、采区回采率为76.6%。

16.4 矿产资源综合利用情况

2013年利用煤矸石7.1万吨，矿井水55.9×10^{4}m^3。

17　大佛寺煤矿

17.1　矿山基本情况

大佛寺煤矿矿井 2006 年 4 月 1 日正式建成投产，设计生产能力 600 万吨/a。矿山开发利用简表见表 17-1。

表 17-1　大佛寺煤矿开发利用简表

基本情况	矿山名称	大佛寺煤矿	地理位置	陕西省咸阳市
	矿山特征	第三批国家级绿色矿山试点单位		
地质资源	开采煤种	不黏结煤	累计查明资源储量/万吨	106215
	主要可采煤层	4、4^上		
开采情况	矿山规模/万吨·a⁻¹	600	开采方式	地下开采
	剥离工艺	斜井单水平开拓	采煤方法	走向长壁法
	原煤产量/万吨	395.1	采区回采率/%	68.8
选煤情况	选煤厂规模/万吨·a⁻¹	600	原煤入选率/%	70
	主要选煤方法	块煤动筛跳汰分选、末煤无压重介三产品旋流器分选		
综合利用情况	煤层气年利用量/亿立方米	4612	煤矸石年利用量/万吨	35.5

大佛寺井田位于陕西彬长矿区南部边界，地处彬县、长武两县交界地带，东距彬县县城约 12km。312 国道的西-兰公路段从矿井工业场地通过。以大佛寺为中心向东 140km 经旬邑到达铜川，向西南距宝鸡 150km，向东南距西安 160km，向西北 30km 至长武县城与宝（鸡）-庆（阳）公路相接，向北 30km 经北极镇到甘肃的正宁。区内各县、乡均有公路相通，并与陇东各县、乡之间形成四通八达的公路网，公路运输十分方便。规划中的西（安）-平（凉）铁路沿泾河北岸穿越矿区。西-平铁路建成后，将对矿井的发展十分有利。井田南部的西安与世界各地通航，航空运输方便。

矿区属暖温带半干旱大陆性季风气候，冬季干旱，夏季炎热，四季比较分明，雨热同期、气温日差较大，干湿季节分明，年降雨量变化大，常出现干旱。根据彬县气象站提供的气象资料：年平均气温 9.7℃，年极端最高气温 40℃，年极端最低气温-22.5℃。年平均降雨量 516~617mm；最小降雨量 319.3mm，最大降雨量 772.6mm，雨季多集中在 7、8、9 三个月，占全年降雨量的 53.8%，其余季节干旱少雨，且分配不均。初霜期为 10 月，终霜期为 4 月，无霜期约为 180 天。主导风向为西北风，平均风速为 1.4m/s，大风多出现在冬季，最大风力为 7 级。冰冻期为 12 月上旬至翌年 3 月上旬，最大冻土层厚度为 57cm。

17.2 地质资源

矿区位于黄陇侏罗纪煤田的中段，地处鄂尔多斯盆地南缘渭北挠褶带北缘的庙彬凹陷，形成于鄂尔多斯盆地发展中期。其主体构造以东西向宽缓褶皱为主，少见断裂构造。

井田内的地层由老至新为：三叠系上统胡家村组；侏罗系下统富县组、中下统延安组，中统直罗组、中统安定组；下白垩统宜君组、洛河组、华池环河组；第三系上中新统小章沟组；第四系更新统及全新统。

矿区位于太峪背斜北翼，地层由南东向北西倾斜，倾角平缓一般为 3°~5°，其上发育以北东东向展布为主的宽缓背斜，从北往南有七里铺-西坡背斜、孟村向斜、董家庄背斜、南玉子向斜、路家小灵台背斜、安化向斜、祁家背斜、师家店向斜、彬县背斜等，断层罕见，构造简单。本井田位于矿区南部路家小灵台背斜与彬县背斜之间，包括安化向斜、祁家背斜、师家店向斜等宽缓褶曲。其走向近东西，总体倾向北，含煤地层倾角一般为 3°~5°，在井田北部安化向斜南翼、祁家背斜北翼之间倾角较大一般 18°~25°，未发现大断层。

矿区含煤地层为下侏罗统延安组，共分为上下两个含煤段，上含煤段厚度为 0~45.71m，一般为 20m，局部地段含煤仅见 3 煤层组，分为 3^{-1}、3^{-2} 两层煤；下含煤段厚度为 0~100m，一般为 40~80m，含 4 煤层组，分为 4、$4^{上-1}$、$4^{上-2}$、$4^{上}$ 四层，其中 $4^{上-1}$、$4^{上-2}$、$4^{上}$ 为 4 煤的上分叉煤层。

可采煤层为 4 煤和 $4^{上}$ 煤。

4 煤：为井田主要可采煤层，全井田分布。煤层全厚 0~19.73m，平均 11.65m，属特厚煤层，煤层结构简单，一般含 0~2 层夹矸，局部含 2 层以上夹矸，夹矸厚 0.1~0.3m，岩性以泥岩、炭质泥岩为主。属较稳定煤层。

$4^{上}$ 煤：为 4 煤的上分叉煤层，煤层全厚 0~7.02m，平均 2.88m，煤层结构简单至复杂，夹矸 0~1 层，局部含夹矸多达 10 层，岩性以泥岩或砂质泥岩为主，炭质泥岩次之，夹矸单层厚 0.05~0.71m，一般 0.1~0.4m。为井田局部可采煤层，井田 6 号勘探线以西属较稳定煤层。6 号勘探线以东由于煤层夹矸层数多而厚，无开采价值。

本井田内各煤层为低变质烟煤，煤种属不黏结 31 号，属高热值、特低灰、特低硫、特低磷的环保用煤，是良好的动力、气化用煤和民用燃料。

大佛寺煤矿累计查明资源储量 106215 万吨，累计开采矿石 2212.3 万吨，累计动用储量 3273.2 万吨。

17.3 开采基本情况

17.3.1 矿山开拓方式及采矿工艺

大佛寺矿井采用斜井单水平开拓方式，矿井主、副斜井位于 312 国道旁边的菜子村工业场地，主井井筒倾角为 14°，斜长为 861m，净宽为 5.4m；副井井筒倾角为 20°，斜长为

615m，净宽为 5.5m；回风立井口位于源面的西坡村风井场地，井筒净直径为 5.0m，井筒深为 371m。井下沿 4 号煤形成辅助运输、带式输送机、回风等 3 条大巷，其中辅助运输大巷和回风大巷净宽 5.0m、带式输送机大巷净宽 4.6m。

全井田划分为 11 个采区，顺序编号为 401，402，…，410，411（采区编号为 3 位数字，第一位为煤层号，后两位为顺序号）。原则上采用由上到下，由近到远，依次开采。矿井投产的 401 采区即为一期采区。

一期采区主采 4 号煤层，工业储量为 1.83 亿吨，可采储量为 1.28 亿吨。采煤方式为走向长壁综采放顶煤并采后注浆，顶板管理方法为全部垮落法。这种方法可以大大减少开采对上覆岩层和地表的移动变形破坏。各综放工作面采用五巷式布置，除有综采工作面泄水巷、运输巷、工作面回风巷、灌浆巷外，还将增加工作面高位瓦斯抽放巷；工作面泄水巷、运输巷、回风巷均沿 4 煤层底部布置，工作面灌浆巷沿 4 煤层顶板布置。

17.3.2　矿山主要生产指标

2011 年采区采出量为 379.9 万吨，工作面回采率 87.7%、采区回采率为 61.5%。2012 年采区采出量为 416.8 万吨，工作面回采率 87.7%、采区回采率为 65%。2013 年采区采出量为 395.1 万吨，工作面回采率 91%、采区回采率为 68.8%。

17.4　选煤情况

大佛寺洗煤厂是一座现代大型洗煤厂，设计生产能力 600 万吨/a，大佛寺煤矿的选煤工艺流程为块煤动筛跳汰分选、末煤无压重介三产品旋流器分选。

产品主要有洗大块（大于 80mm）、洗精块 1 号（13~30mm）、洗清块 2 号（30~80mm）、洗精煤（小于 50mm）。

2011 年、2012 年、2013 年原煤入选率均为 70%。

17.5　矿产资源综合利用情况

共伴生矿产为煤层气，查明储量为 864155 亿立方米，2013 年利用 4612 亿立方米。2013 年利用煤矸石 35.5 万吨。

17.6　技术改进及设备升级

17.6.1　煤矿井下水超磁分离处理技术

井下水超磁分离处理技术是通过向待处理的井下水中投加磁种，让非磁性悬浮物在混凝剂和助凝剂作用下与磁种结合，经过微絮凝过程，赋予絮体以磁性。磁种作为絮体的"凝结核"，强化并加速了絮体颗粒的形成过程。利用稀土永磁体磁盘组合所产生的超强磁力，通过聚磁技术吸附去除磁性悬浮物，并将絮凝、沉淀和过滤工艺结合在一起，在流动的水体里快速实现泥水分离，从而实现对水体的净化处理。

大佛寺煤矿地面矿井水处理站一期建设占地面积约 3000m²，2007 年 4 月正式运行。设计水处理能力为 9600t/d，采用混凝沉淀、气浮、过滤工艺进行处理，处理后的水大部分回用至井下消防洒水、洗煤厂洗选补充用水、黄泥灌浆用水等。随着矿井开采过程中地质结构的变化，矿井涌水量发生较大变化，矿井最大涌水量增至 800m³/h，原矿井水处理系统水处理能力不能满足生产的要求。采用超磁分离技术进行矿井水处理技术改造，配置 CSMD-5000/CSMD-14400 型两套超磁分离净化水设备，占地面积仅为 200m²。投加药量少，磁种循环利用率高，运行费用低。井下超磁分离水处理工艺吨水处理成本为 0.113 元，运行成本仅是传统混凝沉淀工艺的 40% 左右。

17.6.2 小断面岩巷综掘快速掘进技术

小断面岩巷综掘快速掘进技术是利用 EBZ160 悬臂式综掘机、锚杆钻机、气腿凿岩机、刮板输送机及带式输送机等实现岩石巷道的快速掘进。该技术的工艺流程为：开机前准备→校检中线→启动综掘机调整截割头→打开综掘机喷雾，同时开始割矸→用综掘机截割头刷齐巷道两帮并出碴→割煤（岩）后及时进行全面敲帮问顶→临时支护好后→立即用风动锚杆机打眼→安装好锚杆→进行顶、帮锚杆永久支护。

该技术主要选用的设备及技术参数如下：

（1）悬臂式掘进机：型号 EBZ160 型，整机功率 261kW，截割功率 160/100kW，截割宽度 ≤5500mm，截割高度 ≤4800mm，截割面积 ≤26.4m²，截割硬度 ≤80MPa，爬坡能力 -18°~18°，装载能力 3.5m³/min，外形尺寸（长×宽×高）10100mm×3000mm×1600mm。

（2）除尘器：KCS-220 型矿用湿式除尘器，总除尘率 ≥96%，呼吸性粉尘除尘率 ≥80%，配套风机型号 FBCNo6.3/22（Ⅱ），配套风机功率 22kW，适用水压 0.4~1.0MPa。矿用湿式除尘装置通过水浴式除尘机理，在除尘过程中充分发挥水浴、水滴、水膜三种除尘功能，依靠惯性碰撞、截流、布朗扩散、凝聚等作用，有效地降低了工作面的粉尘。

（3）气动式锚杆钻机：型号 MQT-120 型。

（4）气腿式凿岩机：型号 YT-28。

（5）带式输送机：型号 DSJ-800。

（6）刮板输送机：型号 SGB-40T/55。

（7）局部通风机：QBZ-2×120/1140（660）。

大佛寺煤矿主采煤层 4 号煤为高瓦斯煤层，在 4 号煤层顶板布置瓦斯高抽巷，对工作面采空区聚集的瓦斯进行抽采。41106 工作面 2 号高抽巷布置在距煤层顶板 12~15m 的顶板岩石中，距 41106 回顺 15m（平行于 41106 回顺），巷道断面为矩形，巷宽 3.4m，巷高 3.0m，采用锚杆支护。工作面高抽巷采用 EBZ160 悬臂式综掘机，选择科学的支护参数、合理的施工工艺，进行岩巷综合机械化掘进。大幅度提高了高抽巷的单进水平。高抽巷采用炮掘，每个循环需要 4~5h，循环进尺 1.2m，每班最多 2 个循环；综掘每个循环需要 2h，环进尺 1.6m，每班可完成 4 个循环，工效提高 2.7 倍，创出最高日进 19.2m，月进 429.5m 的较好成绩，极大地缓解了 4 号煤层工作面接续紧张，保障了采煤工作面瓦斯抽采达标的实施；综掘掘进，截割、出矸等工序全部采用机械化，运输系统畅通，需用人员少，员工劳动强度小，生产率大幅度提升；经济效益显著。每年可节约资金大于 238 万元。

18 大柳塔煤矿

18.1 矿山基本情况

大柳塔煤矿是年产 2000 万吨的特大型现代化高产高效矿井，由大柳塔井和活鸡兔井组成，两井拥有井田面积 189.9km²，核定生产能力 2170 万吨/a。大柳塔煤矿矿井始建于 1987 年 10 月，1996 年正式投产，原设计生产能力一期 360 万吨/a，二期 600 万吨/a，2006 年重新核定生产能力 1040 万吨/a。活鸡兔井于 1994 年 10 月开工建设，2000 年投产，原设计生产能力 500 万吨/a，2006 年重新核定生产能力 1130 万吨/a。自 2003 年以来全矿原煤年产量持续保持在 2000 万吨左右。矿山开发利用简表见表 18-1。

表 18-1 大柳塔煤矿开发利用简表

基本情况	矿山名称	大柳塔煤矿	地理位置	陕西省神木县
	矿山特征	第三批国家级绿色矿山试点单位		
地质资源	开采煤种	长焰煤、不黏结煤	累计查明资源储量/万吨	124038
	主要可采煤层	1⁻²、2⁻²、5⁻²、1⁻²上、5⁻¹		
开采情况	矿山规模/万吨·a⁻¹	2170	开采方式	地下开采
	开拓方式	平硐-斜井综合开拓	采煤工艺	走向长壁后退式全部垮落综合机械化一次采全高
	原煤产量/万吨	952	采区回采率/%	80.45
选煤情况	选煤厂规模/万吨·a⁻¹	1700	原煤入选率/%	100
	主要选煤方法	块煤跳汰洗选，末煤不选，煤泥浓缩机-过滤机回收		
综合利用情况	煤矸石利用量/万吨	83.2	废水利用量/万立方米	355.2

大柳塔煤矿由大柳塔井和活鸡兔井组成。矿区东以勃牛川、七概沟为界，南与大海则井田相连，西以乌兰木伦河为界，与活鸡兔煤矿隔河相望，北临哈拉沟煤矿。矿区东西长 10.5~13.9km，南北宽 9.1~10.5km，矿区面积 189.9km²。

大柳塔煤矿位于陕西省神木县城西北部 52.5km 处，隶属神木县大柳塔镇行政区划管辖。区内大面积属风沙地貌的沙丘地类型，沙丘、沙滩和平缓沙地交错分布。属北温带半干旱大陆性季节型气候，全年降雨集中，无霜期较短，年平均气温 8.5℃。多年平均降雨量 415.1~436.7mm，最大冻土深度 1.46m，冰冻期为 10 月初至次年 3 月。

18.2 地质资源

矿区含煤地层为侏罗系中下统延安组，含煤 20 余层，其中 9 层可采，可采煤层的最大总厚度为 36.54m，最小总厚度为 5.23m，平均总厚度为 20.16m，可采系数 10.33%。

大柳塔井主采 1^{-2}、2^{-2}、5^{-2} 煤层，活鸡兔井主采 $1^{-2上}$、1^{-2}、2^{-2}、5^{-1} 煤层。煤质具有低灰、低硫、低磷和中高发热量的特点，属高挥发分的长焰煤和不黏结煤，是优质动力煤、化工和冶金用煤。

大柳塔煤矿累计查明资源储量 124038 万吨，累计开采矿石 13309.50 万吨，累计动用储量 21408.59 万吨。

18.3 开采基本情况

18.3.1 矿山开拓方式及采矿工艺

大柳塔煤矿是神东矿区第一个按照"高起点、高技术、高质量、高效率、高效益"方针建成的特大型现代化高产高效煤矿，先后多次创造了国内外行业新纪录和世界第一。2002 年大柳塔井生产原煤 1086 万吨，成为全国第一个一井一面年产千万吨的矿井。2003 年大柳塔煤矿两井合并生产原煤 2076 万吨，建成了"双井双千万吨"矿井，产量、工效步入世界领先水平，成为世界上最大的井工煤矿，矿井安全、生产、技术、经营等各项指标创中国煤炭行业最高水平。

矿井采用平硐-斜井综合开拓布置方式，连续采煤机掘进，工作面沿大巷两侧条带式布置，全套引进国际先进水平的装备，并率先进行了自动化改造，在国内首家实现了主要运输系统皮带化、辅助运输无轨胶轮化、井巷支护锚喷化、生产系统远程自动化控制和安全监测监控系统自动化。与此同时，矿井顺应时代发展需要着力建设"安全、绿色、智能"的世界一流矿井，目前井下已实现 3G 网络全覆盖，综采工作面拥有国内首台防爆计算机；井下辅助运输主巷道完成了沥青路面的铺设，建成了井下辅助运输的"高速公路"；首套快速掘进系统在井下成功应用，实现了掘、支、运的平行作业，大大提高了单进水平，开启了快速掘进的新时代；井下工作面实现了自动化割煤、自动化排水，充分体现了"无人则安"的矿井发展理念。

18.3.2 矿山主要生产指标

2011 年采区采出量为 945 万吨，工作面回采率 93.5%、采区回采率为 80.38%。2012 年采区采出量为 950 万吨，工作面回采率 93.6%、采区回采率为 80.41%。2013 年采区采出量为 952 万吨，工作面回采率 93.7%、采区回采率为 80.45%。

18.4 选煤情况

大柳塔选煤厂设计生产能力为年入选原煤 1700 万吨/a，承担着大柳塔煤矿大柳塔井、活鸡兔井和大海则矿的原煤洗选加工任务，是目前我国自行设计建设的一座特大型现代化动力煤选煤厂。选煤工艺为块煤跳汰洗选，末煤直接进产品仓外运，煤泥水经高效浓缩机和加压过滤机处理全部回收，实现了一级洗水闭路循环。

大柳塔选煤厂是在"高起点、高技术、高质量、高效率、高效益"的建设方针指导下，根据神府东胜煤田煤质优良，具有特低灰、特低硫、特低磷、高挥发分、中高发热量等特点，采用块煤跳汰工艺，原煤首先以 50mm 分级，上限物料经手选除去铁等杂物后破碎至 50mm 以下，在筛分车间采用等厚香蕉筛按 13mm 分级，13~50mm 级进入跳汰洗选，跳汰机一段排矸，二段出中煤，精煤脱水采用双层直线振动筛，脱水筛上筛孔为 13mm，下层筛孔为 0.5mm，50~13mm 级直接作为块精煤，+50mm 级用固定筛分出，用双齿辊破碎机破碎后与精煤混合，13~0.5mm 级精煤由离心机脱水后与块精煤混合，筛下煤泥水进入斜板圆锥沉淀池。

洗精煤灰分小于 5%，全水分小于 14.5%，发热量大于 6000kcal/kg（1kcal = 4184J）；煤泥水回收采用粗细煤泥分别回收的方法。圆锥池底流（粗煤泥）进入旋流器组浓缩后由引进的煤泥离心机脱水回收。圆锥池溢流进入浓缩机，浓缩机底流由引进的加压过滤机回收。处理后的煤泥外水分小于 18%，与 13mm 以下末煤直接混合入产品仓。采用跳汰分选适应能力强，分选下限小，工艺系统简单，生产成本低，并选择技术先进、运转可靠、高效节能、便于使用维护的设备，充分体现高产高效的原则，发挥大型选煤厂的经济效益。

大柳塔选煤厂主要生产设备采用引进的国外先进产品，分别为：

（1）巴达克 30m² 跳汰机 4 台，单位面积处理能力可达 20t/(m²·h)。

（2）筛分车间分别引进 3.1m×9.1m 大型等厚筛，其特点是：生产能力大，单位面积处理能力高，13mm 分级时，效率一般大于 85%，空载噪声小于 85dB。

（3）针对入选原煤内水分较高（一般在 8%~9%），为降低末煤外在水分满足用户要求，引进 H900 型离心机作为粗煤泥回收设备，其特点是产品水分低（外在水分 12%~14%）；固体回收率高（约 90%）；离心强度大（可达 500g）；处理粒度范围宽（3~0.1mm），使用寿命长，占地小，处理量大（最大处理能力 30~40t/(h·台)）。

（4）加压过滤机选用设备处理能力大（单位面积处理能力最大可达 0.5t/(m²·h)）；产品外在水分一般小于 18%；滤液浓度低（小于 2.5g/L），自动控制系统完善，运行可靠。

（5）原煤破碎采用双齿辊破碎机，并配强力盘式除铁器以保证破碎机正常运转。为保证精煤粒度，还设有二次破碎机。

（6）快速装车系统设计采用定量快速装车系统，最大装车能力 5300t/h。

全厂共 7 座生产作业厂房，主要生产设备 302 台，配电设备 475 台，万吨储煤仓 17 座，生产系统跳汰机、脱水筛、原煤分级筛、离心机、浓缩机、加压过滤机、破碎机、装车站、计量和质量检测系统等主要设备分别从德国、奥地利、美国、澳大利亚等国家引进，占全厂生产设备的 40%。实现了全厂生产集中控制自动化、计量和质量检测实时在线标准化和办公自动化。

2011 年、2012 年、2013 年原煤入选率达 100%。

18.5 矿产资源综合利用情况

2013 年利用煤矸石 83.2 万吨，矿井水 355.2 万立方米。

18.6 技术改进及设备升级

高产高效综采工作面采用条带式开采，引进全套综采设备。装备了 6LS-5 电牵引双滚筒采煤机，功率 1500kW，生产能力每小时 2800~3000t，综采面装备有 2×8670kN 的两柱掩护式液压支架，对煤层顶板适应性强，防窜性能好，额定工作阻力为 8670kN，初撑力 6056.6kN，中心距宽，稳定性好，整机质量轻，使用寿命长，采用电液控制系统，可实现双向邻架自动顺序控制和成组顺序控制，并能按照采煤机运行位置和方向实现全工作面液压支架的自动控制，提高了移架速度。

刮板机装机功率为 2×700kW。该刮板机采用交叉侧卸机头，配备双速电机，具有大运量、高强度、重型化、坚固耐用的特点。

引进的 12CM15 型和 12CM27 型连续采煤机，功率强大，每分钟采煤 18~20t，最大采高 5m，月进尺最高可达 3600m。

TD5000 型双臂锚杆机，全液压、全自动、性能可靠，工作效率高。

回采面运输设备有 CH818 运煤车和梭车。运煤车机动灵活，在连续采煤机后面接受采落的煤，及时将煤运至转载点，卸给破碎机，经齿辊破碎大块后，均匀地转卸到运输机上外运。

LA488 型铲车用于清理巷道地板，装运浮煤，可以进行装、运、卸三种作业，提高了生产效率。

19　大　平　煤　矿

19.1　矿山基本情况

　　大平煤矿始建于 1991 年 12 月，2004 年 10 月正式投产。设计生产规模为 240 万吨/a。矿山开发利用简表见表 19-1。

表 19-1　大平煤矿开发利用简表

基本情况	矿山名称	大平煤矿	地理位置	辽宁省沈阳市
地质资源	开采煤种	长焰煤	累计查明资源储量/万吨	26841.1
	主要可采煤层	1、2		
开采情况	矿山规模/万吨·a^{-1}	240	开采方式	地下开采
	开拓方式	立井单水平上下山开拓	采煤工艺	走向长壁法
	原煤产量/万吨	395	采区回采率/%	87.7
选煤情况	选煤厂规模/万吨·a^{-1}	400	原煤入选率/%	100
	主要选煤方法	原煤筛分-跳汰-产品跳汰		
	原煤入选量/万吨	395	精煤产量/万吨	105
综合利用情况	煤矸石排放量/万吨	16	煤矸石利用量/万吨	16
	煤矸石利用率/%	100	煤矸石利用方式	制砖

　　大平煤矿为大型国有煤矿，开采深度由 -120m 至 -700m 标高，井田南北长 8.69km，东西倾斜宽 3.29km，面积为 28.5671km^2，开采方式为地下开采。

　　大平矿井田位于沈阳市康平和法库两县之间，距康平县城 12km，距法库县城 17km，距铁煤集团所在地调兵山市 31km，东至铁岭市 67km，南至沈阳市 135km。入矿公路 3.4km 与自井田东南部通过的 203 国道连接，矿区铁路在大青编组站与国铁连接，交通十分便利。

　　大平矿地处辽河流域，属北温带大陆气候，年平均气温 6.9℃，最高气温 36.5℃，最低气温 -29.9℃，年平均日照时数 2867.8h，10℃ 以上积温在 3283.3℃，无霜期在 150 天左右，年降水量 540mm 左右，多集中在 6~9 月份，6~9 月降水量约占全年降水量的 65%；多年平均蒸发量 19092.1mm，多年平均风速 4.3m/s，全年主导风向为 SSW。

19.2 地质资源

19.2.1 矿床地质特征

大平煤矿处于北东走向八虎山和调兵山两个背斜之间。该区属于侵蚀堆积丘陵地形。在西北部三官营子一带,地形起伏较大,最大标高为118m,最低标高为79.4m,高差38.6m,一般标高80~96m,仅在井田西南部出现了局部冲洪积较低洼平原,一般标高82m左右。上述的地貌类型,促成了矿区无较大河流,只在井田中部有一人工水库。水库于1943年建成,坝高7m,坝长4120m,坝顶宽5m,坝底宽40m,坝顶高程86.40m,坝底高程79.4m。

大平煤矿井田含煤地层为白垩系下统三台子组含煤段(K_1st_3),由煤层、炭质页岩、黑色泥岩、油页岩及粉砂岩组成。厚度2.24~44.77m,一般15m左右,含有2~39个煤分层,纯煤厚度0.52~21.47m,一般为8m。可采厚度0.80~16.67m,一般为8m。煤层编号自上而下为1煤层、2煤层、3煤层三个煤层,其中1煤层全区发育,为主要可采煤层,结构复杂,在矿区东部边缘逐渐分叉,层间夹矸加厚;2煤层分布在井田中部,其范围略小于1煤层;3煤层零星分布,为不可采煤层。

矿区内共有两个可采煤层,即1煤层、2煤层。其可采范围为:1煤层沉积稳定,可采范围分布于全井田,结构复杂。2煤层可采范围略小于1层,可采范围分布于矿区的中部。现分述如下:

1煤层沉积稳定,但在矿区的南部,1煤层逐渐分叉,把1煤层自然分三层即1^{-1}煤层、1^{-2}煤层、1煤层。

1^{-1}煤层、1^{-2}煤层零星分布,为不可采煤层。

1煤层较稳定,结构复杂,煤层厚度大,全区可采。煤层直接顶板为油页岩,底板为深灰色粉砂岩,煤层由2~21个自然分层组成,煤层总厚0.58~14.05m,可采煤厚0.80~10.17m,夹矸厚0.14~3.88m。

2煤层较稳定,结构复杂,区内大部可采。2煤层顶板为黑色泥岩及深灰色粉砂岩。底板为灰色、深灰色粉砂岩,煤层由2~10个自然分层组成,总厚0.15~7.75m,可采煤厚0.80~6.25m,夹矸厚0.15~1.50m。可采煤层特征详见表19-2。

表 19-2 可采煤层特征表

煤层编号	控煤点数	见煤点数	可采点数	可采厚度极值（m）平均值（m）（点数）	夹矸层数	煤层结构复杂程度	煤类
1	196	195	165	$\dfrac{0.80\sim10.17}{7.54\ (165)}$	1~20	复杂	CY
2	120	115	74	$\dfrac{0.80\sim6.25}{3.45\ (74)}$	1~9	复杂	CY

井田内煤层的煤质牌号单一,均为长焰煤。目前,大平煤矿主要生产销售的商品煤品种有:洗中块、洗末煤、末煤、洗粒煤等四个品种。主要用于电力、锅炉、化工等。

19.2.2　资源储量

截至 2013 年底，该矿山累计查明煤炭资源储量为 26841.1 万吨，保有资源储量为 22991 万吨；设计永久煤柱量为 1936.6 万吨；"三下"压煤量为 1936.6 万吨，该煤矿无共伴生矿产。

19.3　开采基本情况

19.3.1　矿山开拓方式及采矿工艺

大平煤矿为地下开采，采用走向长壁采煤法，采用立井单水平上下山开拓方式，在工业场地布置有主井、副井和中央风井。井底水平标高为-535m，在-535m 水平布置有南、北翼带式输送机大巷和轨道大巷，煤炭采用带式输送机运输，辅助采用 1.5t 矿车运输。矿山开采煤层数为 2 层，开采煤层情况见表 19-3。

表 19-3　实际开采煤层情况

煤层号	煤牌号	厚度 /m	倾角 /(°)	可选性	设计可采储量 /万吨	设计工作面 回采率/%	设计采区 回采率/%
1	长焰煤 CY	7.54	7	易选煤	10772.3	93	75
2	长焰煤 CY	3.45	9	易选煤	3389.7	93	75

19.3.2　矿山主要生产指标

该煤矿煤层属于中厚煤层-厚煤层，构造复杂程度为中等构造，开采技术条件为中等。矿山设计生产能力为 240 万吨/a，2011 年实际生产能力为 405 万吨，2013 年实际生产能力为 395 万吨。截至 2013 年底，累计矿井动用储量为 3670.4 万吨，累计矿井采出量为 3040.6 万吨，累计矿井损失量为 629.8 万吨。

矿山设计工作面回采率为 93%，设计采区回采率为 75%，设计矿井回采率为 69.6%。2011 年实际工作面、采区、矿井回采率分别为 93%、86%、86%，2013 年实际工作面、采区、矿井回采率分别为 93%、87.7%、84.5%。

该矿山年度开采回采率情况见表 19-4。

表 19-4　大平煤矿开采回采率情况

年度	工作面 回采率/%	采区损失量 /万吨	采区采出量 /万吨	采区回采率 /%	全矿井采出量 /万吨	全矿井损失量 /万吨	矿井回采率 /%
2011	93	41.9	257.4	86	257.4	41.9	86
2013	93	46.7	333.2	87.7	333.2	61.2	84.5

19.4 选煤情况

大平煤矿选煤厂，设计选煤能力为 400 万吨/a。选煤工艺为原煤筛分-跳汰-产品跳汰。洗煤产品有四种，即洗中块、洗粒、洗末、末煤。

原煤由一次筛分机实现第一次分级，分级后筛上物（+80mm）进入手选，手选出大块矸石和各种杂物，手选后的大块煤进入破碎机破碎，破碎后的物料（-80mm）作为入选原料煤。原煤第一次分级的筛下物（-80mm）进入二次筛分（13~80mm），经分级后筛上物作为入选原煤，筛下物作为末煤销售。

入选原煤经跳汰机分选出两种产品，即洗精煤和洗矸石，洗精煤由双层分级筛实现分级，筛上物分级后得到洗中块和洗粒煤，筛下物进入捞坑，经脱水后得到洗末煤。洗矸石通过斗式提升机脱水后由汽车外排。洗煤产生的煤泥水（尾矿）进入耙式浓缩机浓缩，底流进入压滤机进行煤泥压滤，滤饼一部分进入干燥车间进行干燥，另一部分滤饼作为煤泥产品外销，滤液进入选煤厂循环水系统循环利用。该矿山原煤入选情况见表 19-5。

表 19-5　大平煤矿原煤入选情况

年度	原煤产量/万吨	入选原煤量/万吨	原煤入选率/%	精煤产品产率/%
2011	405	405	100	23.1
2013	395	395	100	26.72

19.5 矿产资源综合利用情况

该煤矿没有共伴生矿产。矿山排放的煤矸石用于制砖，2011 年、2013 年煤矸石利用情况见表 19-6。

表 19-6　煤矸石利用情况

年度	年排放量/万吨	累计排放量/万吨	利用方式	年利用量/万吨	累计利用量/万吨	利用率/%	年利用产值/万元
2011	35	255	制砖	35	255	100	562
2013	16	291	制砖	16	291	100	257

19.6 技术改进与设备升级

近年来，大平煤矿对综放工作面设备更新同时进行升级改造。液压支架工作阻力由 7200kN 提升到 8800kN；工作面刮板输送机由 SGZ700/2×700 型更新到 SGZ1000/2×1000 型；工作面采煤机、前后部运输机、转载机等电压等级由 1140V 升级到 3300V。更新升级使工作面几何尺寸实现增加，工作面回采走向长度由原来 1000m 增加到 2000m，工作面长度由原来的 200m 增加到 280m。

选煤系统技术改进如下：

（1）大平矿跳汰灰分闭环集成控制系统。针对大平矿的现场入选煤质条件进行更加深入的综合研究，总结归纳出在灰分闭环控制过程中采用"压缩灰分区间的控制方案和控制参数的研究、入选煤质缓慢变化与灰分指标的配合、测灰仪标定精度的调整方法的探讨" 3 项主要方法。同时该项目对跳汰机的进排气交叉点、二段排矸轮的改造，调速皮带参数优化，根据仓位给煤自动加减量控制等，极大地提高了跳汰机控制的自动化水平。目前的煤质条件下，跳汰机的单位小时处理量达 300t 以上，各项技术指标考核、单机检查试验表明，矸中带煤小于 5%，在 ±2.00% 灰分区间内的精煤灰分稳定率达 95% 以上。实现了精煤产率最大化的原则，洗精煤回收率提高了 1.38%。

（2）大平矿煤泥碎干。以 WJG-6000 型旋翼式干燥机为核心的煤泥干燥系统，对选煤过程中产生的尾矿煤泥进行干燥处理，干燥后的煤泥作为煤炭产品销往电厂，延长了产业链，提高了产品的附加值，达到了资源化利用的目的。同时也彻底解决了该矿煤泥占地堆放造成的"风天扬尘，雨天流泥"的环境污染和资源浪费现象，提高了资源利用率。

20　大　兴　煤　矿

20.1　矿山基本情况

大兴煤矿于 1981 年 1 月 1 日建矿，1990 年 11 月 15 日正式投产。设计生产规模为 300 万吨/a，开采方式为地下开采。矿山开发利用简表见表 20-1。

表 20-1　大兴煤矿开发利用简表

基本情况	矿山名称	大兴煤矿	地理位置	辽宁省铁岭市
地质资源	开采煤种	长焰煤、气煤、不黏煤、天然焦	累计查明资源储量/万吨	64591.4
	主要可采煤层	2^{-3}、4^{-2}、7^{-2}、8、9、12、13、14^{-1}、15^{-2}、16 号煤层		
开采情况	矿山规模/万吨·a^{-1}	300	开采方式	地下开采
	开拓方式	立井单水平上下山开拓	采煤方法	走向长壁采煤法
	原煤产量/万吨	192.3	采区回采率/%	79.6
	煤矸石产生量/万吨	56	矿井水产生量/万立方米	82.3
选煤情况	选煤厂规模/万吨·a^{-1}	400	原煤入选率/%	100
	主要选煤方法	块煤跳汰分选		
	原煤入选量/万吨	313	精煤产量/万吨	66.5
综合利用情况	煤层气利用率/%	30	煤层气利用量/亿立方米	0.085
	煤矸石利用率/%	41.9	废水利用率/%	63.9
	煤矸石利用方式	制砖、修路、填塌陷区	废水利用方式	生产、生活用水

大兴煤矿矿区南北走向长 6.4km，东西倾斜宽 3.31km，面积为 21.1991km^2，开采深度由 80.59m 至 -1100m 标高。

大兴煤矿位于铁法煤田的西南部，隶属辽宁省铁岭市调兵山市小明镇所辖。东距铁岭市 35km，西距法库县城 15km，西北距康平县城 44km，南距省城沈阳 90km，距京哈高速公路 35km，距沈阳桃仙机场只有 110km 的距离，距大连港 450km，营口港 300km。矿区东部有长（春)-大（连）铁路，可由铁岭车站直通该矿区，在矿区各井田均有矿用铁路线相连。另外该区沥青路面公路多条，四通八达，交通运输十分便利。

矿区处于平原内，多风少雨，春旱冬寒，属大陆性气候，一般春、秋、冬三季多风，冬季多西北风，春季多西南风，大至 8~9 级，小至 2~3 级。降雨多集中在每年的 7、8 月份，年降雨量最大达到 1065.8mm。蒸发量最大值达到 2028.4mm。年平均气温 7℃ 左右，最高达到 35.8℃，最低达到 -34.3℃。历年冻土深度一般在 110cm 左右，冻土一般时间为当年 10 月至翌年 5 月，矿区地震强度 6 级左右。

20.2　地质资源

20.2.1　矿床地质特征

该井田的地貌成因类型可分为剥蚀堆积和冲洪积两种类型。第一种地貌成因类型，由残坡积层和坡洪积层组成。位于井田西南角的孤山子一带。是由残坡积层所构成的低山丘陵，地面标高一般为 75~104.6m，最大地面相对高差 29.6m，而在东北部左家岗子和西南部后孤山子一带，则由坡洪积层所构成的平缓平原，地面标高一般 70~83.00m，最大地面相对高差 13.00m。第二种地貌成因类型，由冲洪积层组成。位于井田中部的四家子一带，是由该层所构成的较高平坦平原，地面标高一般 64.30~75.00m，最大相对高差 10.70m。总之该井田地面标高 64.30~104.60m，最大相对高差 40.3m，平均地面标高 73.14m，一般相对高差 8.84m。开采引起的下沉量相对于地表本身的落差较明显，地形地貌将发生起伏和变形，井田内形成明显的下沉盆地，采空区边界上方局部区域地形坡度将发生变化。该井田内无较大河流，仅在井田中部有两条季节性小河，一是长沟河，另一个是四家子小河，两条小河都是雨季河水增多，枯季几乎断流。该矿井地下水、大气降水、地表水相互补给关系微弱，地表下沉后，地下水水位、地表水水位和水量变化不大。地表下沉后，在井田内将形成大面积的沉陷积水区，从而形成新的地表水域。

铁法煤田白垩系（K_1）含煤组中共见有 20 个煤层，根据沉积建造之岩性、岩相及含煤特征等趋势变化规律，将白垩系含煤组分为上、下含煤段及中部砂砾岩段。上、下含煤组各含煤层 10 层，多数为普遍发育沉积较稳定，结构较简单的复合煤层。大兴井田内 1、5、11、18、19、20 煤层不发育，共见独立的煤层 14 层。

本井田煤层编号沿用铁法煤田编号方法，由新至老，编为 20 个煤层，但井田内 1、5、11、18、19、20 煤层不发育。井田内共见独立的煤层 14 层，由于有的主层结构复杂，煤层中夹矸大于等于 0.8m，根据结构变化规律，并有一定分布范围的层，分成若干分煤层，即全井田煤分层有 45 个。其中全区可采的有 4^{-2}、7^{-2}、9 、12、14^{-1}、15^{-2}、16 煤层，大部分可采的煤层有 2^{-3}、8、13 煤层，局部可采的为 10^{-2} 煤层。其他 34 个为不可采煤层。

井田内共有长焰煤、气煤、不黏煤、弱黏煤、贫煤和天然焦等六个煤种。由于弱黏煤和贫煤零星分布，不成片，故把这两个零星分布点并入到不黏煤之中。这样，煤层中只有四个煤种，即长焰煤、气煤、不黏煤和天然焦。各煤层随着煤层赋存深度的增加，煤的变质程度相对增高。

各煤层原煤水分略高于浮煤水分，原煤水分含量 0.63%~14.65%，一般在 3.70% 左右；浮煤水分 0.64%~11.78 %，一般在 4.02% 左右，属中等全水分煤。煤层水分含量从长焰煤、气煤、不黏煤、天然焦依次减小，随着煤层赋存深度的增加，水分含量逐渐减小。除天然焦外，原煤灰分含量在 7.58%~39.87% 之间，一般灰分含量 23.64%，属中灰分煤。浮煤挥发分略高于原煤挥发分，气煤挥发分略高于长焰煤，不黏煤挥发分则较低，天然焦挥发分则更低。浮煤在 12.55%~49.00%，一般 37%，属高挥发分煤。煤的发热量随着灰分的增高而降低，随着深度的增加而增高。浮煤 30.1~34.8MJ/kg，原煤 19.0~38.7MJ/kg，属中等发热量煤。硫含量上煤组含量比下煤组高；长焰煤、气煤比不黏煤和天然焦高；原煤硫含量高于精煤。硫含量（$S_{t,d}/\%$）一般为 0.49%，属特低-低硫煤层。磷含量（$P_d/\%$）原煤高于净煤，一般为 0.007%，属低磷煤层。砷含量上煤组变化较大，在 $(1.6~10)\times10^{-6}$ 之间，下煤组比较稳定，变化小，在 $(5~5.6)\times10^{-6}$ 之间。上煤组氯含量较低，变化在 0.0032%~0.0068% 之间，下煤组氯含量较高，变化在 0.011%~0.03% 之间。

井田 10 个主要可采煤层（2^{-3}、4^{-2}、7^{-2}、8、9、12、13、14^{-1}、15^{-2}、16）的长焰煤和气煤平均焦油率均在 8% 以上，最高达 13.83%，属富油煤。10 个主要可采煤层不黏煤的焦油产率，除 8、13 煤层为富油煤外，其余均为含油煤。碳含量一般在 80.32% 左右，氢含量一般在 5.25% 左右。碳的含量有随着煤层赋存深度的增加而增高的趋势。不黏煤这种趋势不明显。就全井田而言，长焰煤、气煤、不黏煤的碳、氢含量比较稳定，只是不黏煤氢含量略低些。

井田的长焰煤、气煤和不黏煤可作动力用煤；长焰煤和气煤可作炼油用煤；气煤可作炼焦配煤。结合十几年的生产实际情况，因煤种界线复杂及开采条件所限不能按煤类分采分运，因此本煤矿煤炭都作为动力用煤和民用。

20.2.2　资源储量

该矿截至 2013 年底，累计查明煤炭资源储量为 64591.4 万吨，保有资源储量为 57499.8 万吨；设计永久煤柱量为 6279.5 万吨。累计查明共生矿产煤层气资源储量为 70.219 亿立方米，保有煤层气资源储量为 61.138 亿立方米。

20.3　开采基本情况

20.3.1　矿山开拓方式及采矿工艺

该矿为地下开采，采煤方法为走向长壁采煤法，采用立井单水平上下山开拓方式，在工业场地布置有主井、副井和中央风井。

20.3.2　矿山主要生产指标

该矿煤层属于薄煤层-中厚煤层-厚煤层，构造复杂程度为中等构造，开采技术条件为有复合问题的矿床。矿山设计生产能力为 300 万吨/a，2011 年实际生产能力为 360 万吨，2013 年实际生产能力为 313 万吨。截至 2013 年底，累计矿井动用储量为 7091.6 万吨，累计矿井采出量为 4326.9 万吨，累计矿井损失量为 2764.7 万吨。

矿山设计工作面回采率为 93%~97%，设计采区回采率为 75%~85%，设计矿井回采率为 61.4%。

该矿山 2011 年实际工作面、采区、矿井回采率分别为 90%、78.7%、78.7%，2013 年实际工作面、采区、矿井回采率分别为 93%、79.6%、65.7%，该矿山年度开采回采率情况见表 20-2。

表 20-2　大兴煤矿开采回采率情况

年度	工作面回采率/%	采区损失量/万吨	采区采出量/万吨	采区回采率/%	全矿井采出量/万吨	全矿井损失量/万吨	矿井回采率/%
2011	90	64.4	238.4	78.7	238.4	64.4	78.7
2013	93	49.1	192.3	79.6	192.3	100.6	65.7

20.4　选煤情况

大兴煤矿选煤厂是一座原设计处理量为 300 万吨/a 的特大型矿井型动力煤选煤厂，于 1990 年 11 月 15 日投产，并于 2000 年正式达产，经一系列的改扩建，目前处理能力已达 400 万吨/a。选煤工艺为块煤跳汰入选，全厂共分四大生产系统，分别是原煤筛选系统、洗煤系统、煤泥水处理系统、产品储装运系统，主要产品有洗中块、洗粒、洗末、末煤、粉煤 5 个品种。

选煤工艺流程为：井下毛煤入厂后，经过一次筛分和手选除杂、排矸，选出大块，经破碎后进入半成品原料煤仓，一次筛分筛下物进入二次筛分，经粒度分级，筛上物作为入选原料煤，筛下物作为末煤直接销售，入选原料煤经跳汰洗煤，产品脱水分级出洗中块、洗粒、洗末，洗煤过程中的煤泥水经加药处理，澄清水回用洗煤，煤泥由压滤机回收，经干燥后以粉煤形式销售。

目前有一次筛分机 2 台，二次筛分机 8 台，跳汰机 2 台，煤泥水处理设备 3 台，刮板输送机 6 台，皮带输送机 39 台套，有 4 个生产车间，分别为原煤准备、洗煤、装车、压滤。两台跳汰机型号为 SKT99-20 型，已单机自动化，自动"以排定给"，生产控制系统实现自动化控制，各生产车间由集控室统一指挥调度，半成品仓上有料位指示仪，调度人员可根据仓存情况进行配仓、放仓，并对全厂 40 个地点进行工业监视，既提高了生产的准确性，又提高了职工在生产中的安全系数，降低职工劳动强度。大兴煤矿原煤入选情况见表 20-3。

表 20-3　大兴煤矿原煤入选情况

年度	原煤产量/万吨	入选原煤量/万吨	原煤入选率/%	精煤产品产率/%
2011	360	360	100	18.39
2013	313	313	100	21.25

20.5　矿产资源综合利用情况

该煤矿共生矿产为煤层气，煤层气利用情况见表 20-4。

表 20-4　大兴煤矿煤层气利用情况

年度	累计采出/亿立方米	年利用量/亿立方米	累计利用/亿立方米	利用率/%	年利用产值/万元
2011	8.572	0.091	2.572	30	7716
2013	9.081	0.085	2.724	30	8172

该矿山排放的煤矸石用于制砖、修路、填塌陷区，2011年、2013年煤矸石利用情况见表 20-5。

表 20-5　煤矸石利用情况

年度	年排放量/万吨	累计排放量/万吨	年利用量/万吨	累计利用量/万吨	利用率/%	年利用产值/万元
2011	47.1	920.3	50.2	356.7	38.7	5000
2013	56.0	1073.6	25.0	450.1	41.9	2500

该矿井水利用方式为作为生产、生活用水。2011年、2013年矿井水利用情况见表 20-6。

表 20-6　矿井水利用情况

年度	年排放量/万立方米	累计排放量/万立方米	年利用量/万立方米	累计利用量/万立方米	利用率/%	年利用产值/万元
2011	78.8	1222.3	45.1	709.5	58	230
2013	82.3	1382.3	52.6	883.4	63.9	251

20.6　技术改进与设备升级

大兴煤矿是采用刨煤机开采薄煤层的矿井，在 1.2m 以下薄煤层开采技术上始终处于国内领先水平，大兴矿 1m 以下极薄煤层自动化开采工业性试验的成功，破解了 1m 以下极薄煤层工作面由于作业空间狭小对设备能力、适应性、自动化控制等技术制约难题，为下一步推广极薄煤层开采技术积累了宝贵经验。对刨煤机设备和开采技术进行了技术革新，经过反复实践和攻坚克难，于该矿 N1E902 工作面（平均采高 0.9m）的极薄煤层开采工业试验项目上获得了成功，多采煤炭 9.5 万吨，填补了国内 1m 以下极薄煤层安全、高效开采的技术空白。提高了煤炭资源回收率，降低了采矿成本。

21　东明露天煤矿

21.1　矿山基本情况

东明露天煤矿始建于 2005 年,设计生产规模为 60 万吨/a,历经 4 年多的时间完成矿建、土建及安装全部工程,于 2009 年 3 月竣工投入生产。2008 年能力提升为 150 万吨/a。矿山开发利用简表见表 21-1。

表 21-1　东明露天煤矿开发利用简表

基本情况	矿山名称	东明露天煤矿	地理位置	内蒙古陈巴尔虎旗
	矿山特征	第四批国家级绿色矿山试点单位		
地质资源	开采煤种	褐煤	累计查明资源储量/万吨	10371.5
	主要可采煤层	1^{2-1}、1^{2-2}、3^1		
开采情况	矿山规模/万吨·a^{-1}	150	开采方式	露天开采
	开拓方式	工作帮移动坑线双出入沟开拓	采煤工艺	单斗-汽车
	原煤产量/万吨	281.4	采区回采率/%	95
	煤矸石产生量/万吨	292.7	开采深度/m	+610~+480
综合利用情况	煤矸石利用率/%	0	废水利用率/%	不足 40
	煤矸石处置方式	废石场堆存	废水利用方式	生产用水、绿化用水

东明露天矿面积 4.0089km²,开采标高 610~480m。东明露天矿位于呼伦贝尔草原中东部海拉尔河以北,陈旗煤田宝日希勒矿区中西部,行政区划隶属陈巴尔虎旗巴彦库仁镇管辖。露天矿区南距海拉尔区 20km,西距陈巴尔虎旗政府所在地巴彦库仁镇 12km。S201 省道从矿区东侧 3km 处通过,G301 国道从矿区以南 15km 处通过,宝日希勒露天煤矿—海拉尔铁路已建成通车,经海拉尔站与滨洲铁路相连,西行到满洲里,东行经牙克石可至齐齐哈尔、哈尔滨,交通较方便。

该区属中温带大陆性季风气候,经常遭受西伯利亚寒流的袭击。春秋两季风较多,风力较大,冬季严寒,夏季较热。

21.2　地质资源

21.2.1　矿床地质特征

东明露天煤矿位于陈旗煤田,煤田成煤于中生代晚期。地层由下至上发育有侏罗系上统兴安岭群和扎赉诺尔群南屯组、大磨拐河组,新生系更新统和全新统,露天矿田位于陈旗煤田的中西部，西接巴彦哈达区，东连宝日希勒露天煤矿。地层产状平缓，中部地层近于水平，沿走向和倾向稍有缓波状起伏，倾角 0°~3°。在矿区内未发现断层，构造复杂程度属简单。

采矿证范围内可采煤层 3 层，煤层编号由上至下依次为 1^{2-1} 煤层、1^{2-2} 煤层、3^1 煤层。1^{2-1} 为主要可采煤层，1^{2-2} 为大部可采煤层。

1^{2-1} 煤层：在勘探区内全区发育且厚度较大，为露天开采的主要目的层。煤层顶板埋深一般在 46~94m 间，平均 69m。煤层总体平均厚度为 19.40m；煤层结构简单-较复杂，不含或含 1 层夹矸，累厚一般 1.34~3.19m，平均 1.88m。

1^{2-2} 煤层：位于 1^{2-1} 煤层之下，与 1^{2-1} 煤层层间距 1.86~11.85m，平均 7.41m。煤层结构较简单，不含或含 1~2 层夹矸，累厚一般 0~1.30m，平均 0.26m。

3^1 煤层：位于 1^{2-2} 煤层之下，与 1^{2-2} 煤层层间距 40.20~74.20m，平均 53.54m。煤层总体平均厚度为 9.89m，煤层可采厚度在 0~12.03m 之间，煤层倾角范围为 0~5°；煤层结构较复杂，含夹矸 1~7 层，累计厚 0.28~3.25m，平均 1.30m。

东明露天矿煤类为褐煤（HM2），是良好的动力用煤和民用煤，主要用于发电。

21.2.2 资源储量

截至 2012 年 7 月 31 日，东明露天矿累计查明的煤炭资源储量 10371.5 万吨，其中保有的煤炭资源储量 9701.1 万吨，已消耗的煤炭资源储量 670.4 万吨（全部为 1^{2-1} 煤）。在保有的煤炭资源储量中，探明的（预可研）经济基础储量（121b）7935.7 万吨，占保有资源量的 81.8%；控制的经济基础储量（122b）1400.2 万吨，占保有资源量的 14.4%；探明的和控制的资源量 9335.9 万吨，占保有资源量的 96.2%，推断的内蕴经济资源量（333）365.2 万吨，占保有资源量的 3.8%。

截至 2013 年末共动用资源储量 1255.3 万吨。2011 年以前动用 372.1 万吨，2011 年动用 297.5 万吨，2012 年动用 289.2 万吨，2013 年动用 296.5 万吨。

21.3 开采基本情况

21.3.1 矿山开拓方式及采矿工艺

该煤矿采用露天开采方式，开采工艺为单斗-汽车工艺，矿区共划分为三个采区，一期均衡生产剥采比 $4.06m^3/t$，基建工程量 626 万立方米，开拓运输方式为工作帮移动坑线双出入沟开拓，实行煤岩分流的采场运输方式，初期采用外部排土，采场地下水采用超前疏干结合坑内强排方式。东明露天矿生产工艺属间断式工艺，设备类型属小型且种类单一，但使用灵活，利于原煤选采和顶底板清扫。

工作面参数：剥离台阶水平分层，台阶高度 12m，采掘带宽度 20m，道路运输平盘宽度 25m，最小平盘宽度 35m，工作帮台阶坡面角 65°。采煤台阶高度分别为 10m 和 7m，采掘带宽度 20m，工作台阶坡面角 70°，最小平盘宽度 35m。当前采区长度 0.78km，宽度 0.61km，工作线长 0.7km，最大开采深度 86m。现有剥离台阶 4 个，采煤台阶 2 个，采煤工作线长度 560m。

主要采装设备为 EX2500 液压反（正）铲，主要运输设备为 16m³ 卡车，排土设备为 Z50T 铲车，180 推土机。

21.3.2　矿山主要生产指标

2011 年实际生产原煤 382.6 万吨，2012 年实际生产原煤 274.7 万吨，2013 年实际生产原煤 281.4 万吨，投产至今累计生产原煤 1173.9 万吨。产品 50% 左右供应母公司和附近电厂，其余外销东北地区。2011 年企业产值 327221 万元，2013 年企业产值 435479.47 万元。2013 年露天煤矿的采区回采率 95%。

煤矿开采的煤种为褐煤，为不可选煤。

21.4　矿产资源综合利用情况

东明露天矿为单一矿种煤矿，没有查明的其他共伴生矿产。

煤矿矸石无利用价值作为废石排弃。

2013 年东明露天矿涌水量约为 2.74 万立方米/a，矿井水主要供给金新化工厂和附近电厂作为生产用水。另一部分为矿区降尘洒水和矿区环境绿化用水，利用率不足 40%。其余部分排放注入河流。

22 东 滩 煤 矿

22.1 矿山基本情况

东滩煤矿于 1989 年 12 月 23 日正式建成投产，设计 400 万吨/a，2006 年核定生产能力为 750 万吨/a。矿山开发利用简表见表 22-1。

表 22-1 东滩煤矿开发利用简表

基本情况	矿山名称	东滩煤矿	地理位置	山东省邹城市
	矿山特征	第三批国家级绿色矿山试点单位		
地质资源	开采煤种	弱变质气煤	保有资源储量/万吨	63647.3
	主要可采煤层	2、3、6、15$_上$、16$_上$、17、18$_{上2}$		
开采情况	矿山规模/万吨·a^{-1}	750	开采方式	地下开采
	开拓方式	一对竖井，两个水平，石门贯穿	采煤工艺	大功率综采和综合机械化放顶煤开采
	原煤产量/万吨	617.5	开采回采率/%	7.63
	煤矸石产生量/万吨	292.7	开采深度/m	+49.85~-1350
选煤情况	选煤厂规模/万吨·a^{-1}	900	原煤入选率/%	75.3
	主要选煤方法	原煤预先筛分、+50mm 重介质选矸、-50mm 混合跳汰分选、三产品无压重介质分选		

矿井自投产以来，井田边界共进行过三次调整，最新井田面积为 59.9606km^2，开采深度标高为+49.85~-1350m。

东滩煤矿位于山东省邹城、兖州、曲阜三市接壤地区，行政区划属邹城市中心店管辖，北依泰山，南靠微山湖，西临京杭大运河、京九铁路，东傍京沪、兖石铁路，交通十分便利。

22.2 地质资源

22.2.1 矿床地质特征

兖州煤田为石炭二叠系全隐蔽式煤田，其构造形态为一轴向北东向东倾伏的既不完整又不对称的向斜，东端被峰山断层和滋阳断层切割。东滩井田位于兖州煤田的中央深部、兖州向斜的轴部。

东滩井田含煤地层分别为山西组和太原组。地层系统自上而下分别为：第四系（Q），侏罗系（T）、二叠系（P）、石炭系（C）和奥陶系（O）。

井田煤系地层（山西组和太原组）平均厚度 319m，共含煤 27 层，煤层平均厚度 18.77m，含煤系数 5.88%。其中全区稳定可采煤层平均厚度 10.58m，占可采煤层平均厚度的 82%。主采煤层为 3 层煤。

本井田倾角平缓，一般 3°~9°，平均 7°。可采煤层有 2、3、6、15$_上$、16$_上$、17、18$_{上2}$ 煤层等 7 层，3 煤层在大部分地区分岔为 3$_上$、3$_下$ 煤层，3$_下$ 煤层再分岔为 3$_{下1}$、3$_{下2}$ 煤层。其中 3、3$_上$、3$_下$、16$_上$、17 煤层全区可采，属稳定煤层，为主要可采煤层；3$_{下1}$ 煤层属较稳定煤层，大部分可采；2、6、15$_上$、3$_{下2}$、18$_{上2}$ 煤层属极不稳定煤层，局部可采。以上可采煤层平均总厚度 12.76m，其中稳定的主要可采煤层平均总厚度 10.29m，占可采煤层总厚度的 80.64%。另外，从煤层厚度级划分情况来看，3 煤层为特厚煤层，3$_上$ 煤层为厚煤层，3$_下$、3$_{下1}$ 煤层为中厚煤层，2、3$_{下2}$、6、15$_上$、16$_上$、17、18$_{上2}$ 煤层为薄煤层。

原煤属于弱变质气煤，具有低硫、低灰、高发热量特点，可生产优质动力煤和炼焦配煤。

22.2.2　资源储量

截至 2013 年底，矿井保有资源储量为 63647.3 万吨，全部为气煤，其中基础储量为 29772.5 万吨，资源量为 33874.8 万吨；保有储量 11805.2 万吨。累计查明资源储量 81101.6 万吨。

22.3　开采基本情况

22.3.1　矿山开拓方式及采矿工艺

矿井采用一对竖井，两个水平，石门贯穿的开拓方式，第一水平标高为 -660m，第二水平标高为 -745m，上下山开拓方式（下组煤设计采用暗斜井延深开拓方式）；矿井采用两翼对角抽出式通风，主、副井进风，北风井和西风井回风。

采煤方法为大功率综采和综合机械化放顶煤开采法，全部冒落法管理顶板。矿井现生产水平为第一水平 -660m，主要开采二叠系山西组 2、3（3$_上$、3、3$_下$）煤，生产水平共划分出七个采区，即一、三、四、十四、五、六、七采区，现生产采区为一、四、十四采区及三采区，开拓采区为六采区。

22.3.2　矿山主要生产指标

2013 年度，全矿井动用资源储量 739.8 万吨，其中厚煤层 3 煤动用 618.8 万吨；中厚煤层动用 121.0 万吨（3$_下$ 煤动用 81.1 万吨，3$_{下1}$ 煤动用 39.9 万吨），矿井损失量 122.3 万吨。

矿井、采区采出煤量 617.5 万吨，其中工作面采出煤量 592.2 万吨（3 煤工作面采出量 484.5 万吨；3$_下$ 煤工作面采出量 70.9 万吨；3$_{下1}$ 煤工作面采出量 36.8 万吨）；采区巷道掘出煤量 25.3 万吨（3 煤掘出煤量 20.5 万吨，3$_下$ 煤掘出煤量 4.4 万吨，3$_{下1}$ 煤掘出煤量 0.4 万吨）。

矿井总损失量为 122.3 万吨，其中采区损失量为 120.4 万吨，地质损失 1.9 万吨。

22.4 选煤情况

东滩煤矿选煤厂于1990年开工建设，1993年12月18日建成投产，设计生产能力400万吨/a。2008年通过技术改造在主厂房原粗精煤重介系统闲置位置增加了处理原煤能力500万吨/a的无压三产品重介质旋流器工艺系统。

其生产工艺为原煤预先筛分、+50mm粒级重介斜轮选矸、50~0mm粒级混合跳汰分选和三产品无压重介质分选，煤泥由粗煤泥离心机、沉降过滤离心机及压滤机联合收回。目前产品洗选品种主要有精煤、洗混煤、煤泥。表22-2为选煤厂2013年煤炭洗选产品表。

表 22-2 选煤厂 2013 年煤炭洗选产品表

原煤产量/万吨	入选原煤量/万吨	原煤入选率/%		选煤厂精煤产品产率/%	
748.61	563.47	75.3		54.93	
选煤产品	灰分/%	硫分/%	发热量/MJ·kg^{-1}	年产量/万吨	产率/%
精煤	9.47	0.55	27.62	299.04	54.93
洗混煤	30.29	0.65	23.32	205.32	36.46
煤泥	32.52	0.68	21.56	59.10	8.61

23 董 东 煤 矿

23.1 矿山基本情况

董东煤矿设计生产能力45万吨/a。矿山开发利用简表见表23-1。

表 23-1 董东煤矿开发利用简表

基本情况	矿山名称	董东煤矿	地理位置	陕西省澄城县
	矿山特征	第四批国家级绿色矿山试点单位		
地质资源	主要可采煤层	3、5、10煤层	累计查明资源储量/万吨	6021.8
开采情况	矿山规模/万吨·a⁻¹	45	开采方式	地下开采
	开拓方式	立井单水平开拓	采煤工艺	走向长壁采煤法
	原煤产量/万吨	42.6	采区回采率/%	80.2
综合利用情况	煤矸石年利用量/万吨	4.2	矿井水年利用量/万立方米	137.3

董东煤矿东西长约5km,南北宽约4.5km,面积约为19.38km²。董东井田位于陕西渭北煤田澄合矿区中部,地处澄合矿务局董家河井田东部,行政区辖属澄城县庄头乡。

23.2 地质资源

本井田含煤地层为上石炭统太原群和下二叠统山西组,可采、局部可采煤层三层,从上而下依次为3、5、10煤层。其中5煤层煤厚0.78~5.62m,属较稳定煤层,为本井田主要可采煤层。该矿井属于低瓦斯矿井,但煤尘具有爆炸危险。

董东煤矿累计查明资源储量6021.8万吨,矿井资源量7937万吨。

23.3 矿山开采情况

23.3.1 矿山开拓方式及采矿工艺

矿井工业场地位于井田北部新庄村西南约300m处。工业场地内开凿一对立井,即主、副立井。主立井提煤兼回风;副立井作辅助提升兼进风;两个井筒同时作为矿井安全出口。井底车场及酮室布置在5煤层顶板岩石中,单水平开拓。运输大巷和总回风巷基本沿5煤层走向布置。采煤方法为走向长壁采煤法。

23.3.2 矿山主要生产指标

董东煤矿累计开采 96.8 万吨，累计动用储量 149.7 万吨。设计矿井回采率为 63.5%。2011 年采区采出量为 13.9 万吨，工作面回采率 96.3%、采区回采率为 81.8%。2012 年采区采出量为 40.3 万吨，工作面回采率 95.3%、采区回采率为 80.4%。2013 年采区采出量为 42.6 万吨，工作面回采率 95.1%、采区回采率为 80.2%。

23.4 矿产资源综合利用情况

2013 年利用煤矸石 4.2 万吨，矿井水 137.3 万立方米。

23.5 技术改进及设备升级

该矿根据矿区内含煤地层地质、水文地质条件，在全面分析区内矿井建设、开发过程中水害防治经验的基础上，提出了"监测预报，超前探查，探治结合，综合防治"四位一体综合防治水害技术体系，实施底板承压水上安全采煤。该技术建立在水文地质条件勘探的基础上，对区域水文地质情况、突水条件、水害类型等进行分析预测，根据预测结果，预先采用物探、钻探等多种探测手段进行综合探查，圈定构造及富水异常区，进行超前治理，实施疏放或底板加固注浆的防治措施，保障水上安全开采。

24　董家河煤矿

24.1　矿山基本情况

董家河煤矿矿井始建于 1970 年，1980 年 12 月 16 日建成投产，年设计能力为 45 万吨/a，核定生产能力 52 万吨/a。矿山开发利用简表见表 24-1。

表 24-1　董家河煤矿开发利用简表

基本情况	矿山名称	董家河煤矿	地理位置	陕西省澄城县
地质资源	开采煤种	瘦煤	累计查明资源储量/万吨	6382.8
	主要可采煤层	3 号、5 号、10 号煤层		
开采情况	矿山规模/万吨·a^{-1}	52	开采方式	地下开采
	开拓方式	斜井多水平上下山开拓	采煤工艺	走向长壁采煤法
	原煤产量/万吨	61.2	采区回采率/%	80.5
综合利用情况	煤矸石年利用量/万吨	3.0	矿井水年利用量/万立方米	283

董家河煤矿位于澄城县西南 3.5km 处，距离西安市约 160km。矿区井田东至黄河与韩城矿区毗邻，西至洛河与蒲城矿区接壤，矿区面积 13.07km^2。

董家河煤矿地势北高南低，源面比较平坦，除河谷地带外，全为黄土覆盖，在地理地貌上属渭北黄土高原。矿区交通方便，公路由董家河矿经澄城县可达蒲城、合阳、韩城、渭南、西安等地。西（安）侯（马）及西（安）延（安）两条铁路线分别通过矿区东部及西部，西区运煤专线在坡底与西延线接轨，距坡底车站直距 11km，运距 13km，可通往全国各地，运输极为方便。

24.2　地质资源

董家河煤矿地质岩层按形成年代不同分为 6 个组：奥陶系中统一段和二段、石炭系上统太原组、二叠系下统山西组、二叠系下统三煤组、二叠系上统三煤组和第四系。

澄合矿区大地构造，其北边是鄂尔多斯地块主体，南边是秦岭褶皱带，西边是 NNW-NW 向六盘山构造带，东边是 SN 向太行、吕梁隆起，矿区附近有 EW 向渭河地堑系存在。董家河煤矿地层倾角是约为 6° 左右，基本地质构造方向是走向为 NEE、倾向为 NNW 的单斜。董家河煤矿位于澄合矿区中部，其地质构造发育有褶曲、断层、陷落柱、单斜构造等，其中褶曲构造大多是短轴封闭的背斜和向斜。井田范围内断层构造发育众多，主要是小型正断层，而且落差大都不超过 3m。但井田范围外发育着 3 条大断层，分别是董家河、权家河和杨庄正 3 个独立的正断层。

井田含煤地层为上石炭统太原组及下二叠统山西组。含煤地层总厚 64.4～155.27m，平均 106.8m，共含煤 3～8 层，煤层总厚 1.05～11.44m，平均 6.02m，其中可采煤层三层，分别为 3 号、5 号、10 号煤层，3 号煤层为本井田局部可采煤层，5 号、10 号煤层为本井田大部分可采煤层，可采总厚度平均 5.77m，可采含煤系数 5.29。目前矿井仅开采 5 号煤层，3 号、10 号煤层均未开采。

24.3 开采基本情况

24.3.1 矿山开拓方式及采矿工艺

矿井采用斜井多水平上下山开拓。目前主要开采 5 号煤层，开采平均厚度 3.71m。采煤方法为走向长壁采煤法。

24.3.2 矿山主要生产指标

董家河煤矿累计查明资源储量 6382.8 万吨，累计开采矿石 1288.6 万吨，累计动用储量 2527.9 万吨。设计矿井回采率为 55%。

2011 年采区采出量为 52.7 万吨，工作面回采率 98.5%、采区回采率为 79.6%。2012 年采区采出量为 61.0 万吨，工作面回采率 98.3%、采区回采率为 80.1%。2013 年采区采出量为 61.2 万吨，工作面回采率 98.4%、采区回采率为 80.5%。

24.4 矿产资源综合利用情况

2013 年利用煤矸石 3.0 万吨，矿井水 $283×10^4m^3$。

24.5 技术改进及设备升级

24.5.1 奥灰水承压开采技术的应用

根据矿区内含煤地层地质、水文地质条件，在全面分析区内矿井建设、开发过程中水害防治经验的基础上，提出了"监测预报，超前探查，探治结合，综合防治"四位一体综合防治水害技术体系，实施底板承压水上安全采煤。该技术建立在水文地质条件勘探的基础上，对区域水文地质情况、突水条件、水害类型等进行分析预测，根据预测结果，预先采用物探、钻探等多种探测手段进行综合探查，圈定构造及富水异常区，进行超前治理，实施疏放或底板加固注浆的防治措施，保障水上安全开采。四位一体综合防治水技术体系如图 24-1 所示。

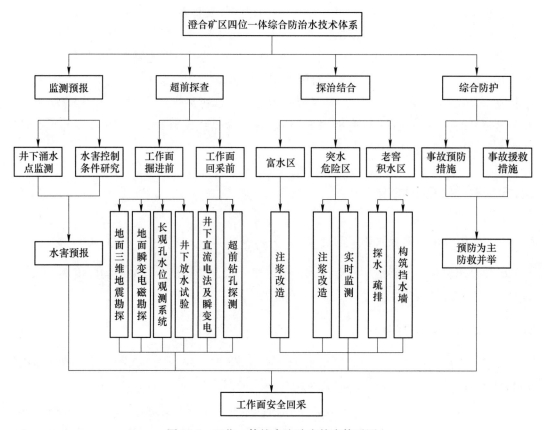

图 24-1　四位一体综合防治水技术体系图

奥灰水承压开采技术在董家河矿全面推广应用，在矿区其他受奥灰水威胁的承压开采矿井开始使用。经估算，2006～2009 年推广应用解放煤炭资源 1.6 万吨以上，安全采出煤炭资源 383 万吨，合计利税 34483.31 万元。

24.5.2　锚网支护采煤技术的改进

近几年，该矿井下煤巷普遍采用锚网支护，该支护变架棚的被动支护为通过增加围岩自身强度从而有效抵抗原岩应力的主动支护，大大降低了工人运料、回收的劳动强度，提高了劳动效率。但是，由于部分地段支护质量问题，该矿近年来局部锚网巷道曾发生过冒（漏）顶现象，如该矿已回采结束的 22517 工作面老切眼及二采区三号联络巷坡下段等，冒（漏）顶现象的发生给职工生命安全造成了威胁，影响了矿井安全生产工作的正常开展。

2013 年，该矿针对锚网巷道存在的问题在加强工程质量管理的同时，对于地质条件复杂及地质变化带等，根据现场实际情况，积极采取架设工字钢棚进行复式支护等措施有效地解决了锚网巷道存在的问题，年度井下锚网巷道状况得到有效改善，促进了矿井安全生产工作的顺利开展。

25　冯家塔煤矿

25.1　矿山基本情况

冯家塔煤矿于 2005 年 11 月 8 日正式建设，分二期建设，设计生产能力为 600 万吨/a。矿山开发利用简表见表 25-1。

表 25-1　冯家塔煤矿开发利用简表

基本情况	矿山名称	冯家塔煤矿	地理位置	陕西省府谷县
地质资源	主要可采煤层	2、4、7、8、9^{-2}、11	累计查明资源储量/万吨	111125
开采情况	矿山规模/万吨·a^{-1}	600	开采方式	地下开采
	开拓方式	斜井开拓	采煤工艺	走向长壁法
	原煤产量/万吨	338.67	采区回采率/%	82
选煤情况	选煤厂规模/万吨·a^{-1}	600	原煤入选率/%	100
	主要选煤方法	动筛洗块煤、重介质旋流器洗末煤		
综合利用情况	煤矸石利用量/万吨	28.6	废水利用量/万立方米	52
	煤泥利用量/万吨	19		

冯家塔煤矿井田南北长约 9km，东西宽约 7km，矿区面积 59.5km²。冯家塔矿业有限公司冯家塔煤矿位于陕西省府谷县城北东方向约 15km 处，行政区划隶属府谷县海则庙乡、清水乡管辖。

25.2　地质资源

井田主要含煤地层为山西组和太原组，两组总厚度平均 120m 左右，主采煤层为 2、4、8、9^{-2}号煤层，次采煤层为 7、11 号煤层，其他煤层（均为不稳定煤层）为局部可采煤层。井田内地质构造简单，整体为一向北西倾斜的具宽缓波状起伏的单斜层，地层产状总体平缓，一般倾角 2°~9°，区内无较大断层。本井田 2、3、7、9 号煤层属于不易自燃煤层；4 号煤层属于不易自燃-自燃煤层；5 号煤层属于不自燃煤层；8、11 号煤层易自燃煤层。各煤层煤尘均有爆炸危险，各煤层爆炸性指数为 39.00%~67.50%。

地质储量 11×10^8 t，可采储量约 5×10^8 t。

25.3　开采基本情况

25.3.1　矿山开拓方式及采矿工艺

矿井采用斜井开拓方式，全井田划分为两个水平，一水平标高+780m，沿 4 煤层布置主要大巷，二水平标高+735m，沿 9^{-2} 煤层布置主要大巷。矿井采用中央并列式通风系统，抽出式通风方式，由主、副斜井进风，一号回风斜井回风。工作面采用综采采煤方法，全部垮落法管理顶板。主斜井及井下煤炭提升运输采用带式输送机连续运输方式；副斜井及井下辅助运输采用无轨胶轮车运输。

矿井按照煤电一体化、高产高效现代化矿井的模式进行设计，三条斜井开拓，综合机械化采煤掘进，皮带一条龙运输。

25.3.2　矿山主要生产指标

冯家塔煤矿累计查明资源储量 111125 万吨，累计开采矿石 1694.42 万吨，累计动用储量 2433.92 万吨。设计矿井回采率为 70.23%。

2011 年采区采出量为 303 万吨，工作面回采率 96%、采区回采率为 80%。2012 年采区采出量为 333.75 万吨，工作面回采率 95%、采区回采率为 79%。2013 年采区采出量为 338.67 万吨，工作面回采率 95%、采区回采率为 82%。

25.4　选煤情况

冯家塔煤矿洗煤厂为矿井型选煤厂，是在原动筛车间的基础上，新增了重介末煤洗选系统，设计能力 600 万吨/a。选煤工艺为动筛洗块煤、重介质旋流器洗末煤、部分末煤不入选、煤泥压滤。

原动筛车间工艺为开采出的原煤以 25mm 分级，+25mm 级原煤用动筛跳汰机排矸，排矸后的块煤可破碎到 25mm 以下，与筛下−25mm 级原煤混合成为最终产品，用胶带输送机直接送至清水川电厂；其余块煤可不破碎，分级为混块（100～25mm），特大块（200～100mm）两种块煤产品就地销售。

2011 年、2012 年、2013 年原煤入选率达 100%。

25.5　矿产资源综合利用情况

2013 年利用煤矸石 28.6 万吨，矿井水 $52×10^4 m^3$，煤泥 19 万吨。

25.6　技术改进及设备升级

冯家塔煤矿推广综采工作面快速搬家工艺，已连续完成两个综采工作面的回撤，从末采到回撤完毕，每个工作面的回撤时间都控制在 20 天以内，同时保证了人员安全，并提高了材料、设备回收利用率，保证了综采工作面的正常接续。

26 耿村煤矿

26.1 矿山基本情况

耿村煤矿始建于 1975 年 12 月，1982 年 12 月 28 日投产，矿井设计能力 120 万吨/a。后经过多次技术改造，2008 年矿井核定生产能力 400 万吨/a。矿山开发利用简表见表 26-1。

表 26-1 耿村煤矿开发利用简表

基本情况	矿山名称	耿村煤矿	地理位置	河南省三门峡市渑池县
地质资源	主要可采煤层	2^{-3}、2^{-2}、2^{-1}、1^{-2}	累计查明资源储量/万吨	19599.9
开采情况	矿山规模/万吨·a^{-1}	400	开采方式	地下开采
	剥离工艺	斜、立井单水平上下山开拓	采煤工艺	走向长壁采煤法，综采放顶煤一次采全高工艺
	原煤产量/万吨	1982.94	采区回采率/%	75.5
选煤情况	选煤厂规模/万吨·a^{-1}	450	原煤入选率/%	87.57
	主要选煤方法	动筛跳汰排矸，煤泥浓缩压滤		
综合利用情况	煤矸石利用率/%	79.55	废水利用率/%	32

矿井范围大致为：北以 2^{-3} 煤层露头；南止于 F_{16} 断层；东以 41 勘探线与千秋矿为界；西部以 F_{5101} 断层与杨村矿相接。东西走向长 4.5km；南北倾斜宽 2.6km，面积 11.5933km²。

耿村煤矿位于义马矿区西部三门峡市渑池县境内，北距渑池县城 3.2km，东北距义马市 15km，西距三门峡市 53km，东距洛阳市 69km，陇海铁路、310 国道及连霍高速公路从井田北缘通过，为主要交通干线，南阎公路和渑杨公路直达矿内，并有铁路专用线与陇海铁路在渑池车站接轨，交通极为便利。

26.2　地质资源

26.2.1　矿床地质特征

耿村井田含煤岩系为中侏罗统义马组，含煤 5 层，煤层总厚 22.73m。由下至上为 2^{-3} 煤、2^{-2} 煤、2^{-1} 煤、1^{-2} 煤、1^{-1} 煤，其中 2^{-3} 煤普遍可采，1^{-2}、2^{-1}、2^{-2} 煤为大面积可采煤层，1^{-1} 煤不可采，2^{-1} 煤和 2^{-2} 煤分别在+200m、+300m 水平以下与 2^{-3} 煤合并。

原煤灰分：1^{-1} 煤达到 40%，属高灰煤。1^{-2} 煤 10.8%~36.9%，平均 17.4%。2^{-1} 煤 11.2%~21.2%，平均 15.2%。2^{-2} 煤 10.10%~27.90%，平均 15.43%。2^{-3} 煤 10.10%~30.00%，平均 17.90%。

硫分：原煤全硫含量，1^{-1} 煤属高硫煤、1^{-2} 煤属特低-富硫煤、2^{-1} 煤属特低-高硫煤、2^{-2} 煤属特低-中硫煤、2^{-3} 煤属特低-富硫煤；净煤全硫含量，1^{-2} 煤 0.30%、2^{-1} 煤 0.27%、2^{-2} 煤 0.50%、2^{-3} 煤 0.20%。

磷：原煤磷含量，1^{-2} 煤和 2^{-1} 煤分别为 0.011% 和 0.014%，属低磷煤，2^{-2} 煤和 2^{-3} 煤分别为 0.014% 和 0.012% 属低磷煤。

26.2.2　资源储量

截至 2013 年年底，矿井累计查明资源储量为 19599.9 万吨，保有资源量为 8078.5 万吨，累计开采矿石量 11521.4 万吨，累计损失量 4822.7 万吨，累计采出量 6698.7 万吨。

26.3　开采基本情况

26.3.1　矿山开拓方式及采矿工艺

矿井采用斜、立井单水平上下山开拓方式，走向长壁采煤法，综采放顶煤一次采全高工艺，陷落法管理顶板。目前矿井 1^{-2}、2^{-1}、2^{-2} 煤层已基本开采结束，现主要开采煤层为 2^{-3} 煤层。

耿村矿为斜井单水平上下山开拓，水平标高为+300m。主采煤层为 1^{-2}、2^{-1}、2^{-2}、2^{-3} 煤，以综放为主。耿村煤矿目前现有井筒数目 6 个。井田中部布置有三条主副斜井，主井运煤，副一斜井运送材料，副二斜井上下人员；井田东部布置有东三回风井；井田西部布置一对斜井，一进一回。

采煤方法为走向长壁采煤法，综采放顶煤工艺，一次采全高，陷落法管理顶板。采掘机械化程度 100%。综掘机型号为 EBZ100，综采支架型号为 ZFSBa-18.2/28，采煤机型号为 MG375/150W。

现矿井有两个综放工作面，分别为（2^{-3}）12220 和（2^{-3}）13180 工作面。另有四个开拓队、四个掘进队。采掘接替基本正常。

运输：工作面生产原煤通过工作面溜子皮带运输巷及上山皮带巷运到采区煤仓，再由皮带运至井底煤仓，由主井强力皮带运到选煤仓。由煤仓装火车外运。同时备有露天储煤场，供在车皮不足时储煤。

26.3.2 矿山主要生产指标

2009~2013 年耿村煤矿实际生产动用情况较好地完成了各项计划指标，其中厚煤层放顶煤工作面回采率达到 93.4%，超过了行业规定厚煤层放顶煤大于 93% 的工作面回采率指标；采区回采率达到 75.5%，全矿井回采率达到 59% 以上。

26.4 选煤情况

耿村洗煤厂 2010 年 6 月 10 日正式开工建设，设计规模为年入选毛煤 450 万吨，煤源为耿村矿生产的毛煤，属矿井型动力洗煤厂。一期工程建成 240~50mm 动筛跳汰系统、煤泥浓缩和压滤系统；二期工程建成 50~13mm 跳汰机（双段）分选系统。

洗煤工艺为 50~40mm 动筛跳汰排矸，煤泥浓缩压滤工艺。洗煤产品主要有洗大块、洗混中块、洗末煤和煤泥，13mm 以下洗末精煤掺入筛混煤中。

矿井毛煤经过 201 皮带进入选煤厂，经过 202 刮板输送机，分别输送至 203、204 香蕉筛进行筛分。大于 240mm 的，进入 205 反手选皮带进行反手选；小于 50mm 的筛混煤经过皮带进入混煤仓；而 50~240mm 之间的可通过给煤机直接进入两台动筛跳汰机进行洗选。也可以经过 206 可移动皮带转入 220 皮带进入缓冲仓留以备用。

洗煤产品主要有洗大块、洗混中块、洗末煤和煤泥，13mm 以下洗末精煤掺入筛混煤中。

26.5 矿产资源综合利用情况

区内矿产以沉积矿产为主，除能源矿产煤炭外，经化验测试分析，煤中硫及其他稀有元素均未达到最低工业指标。

该矿所属集团公司水泥厂利用过火矸生产矸石水泥，创造了可观的经济效益。煤矸石燃烧后称为过火矸（红矸），是生产水泥的良好材料。利用过火矸生产的水泥与普通硅酸盐水泥相比有以下优点：一是节煤，普通水泥的耗煤量是矸石水泥的三倍。二是节电，生产 1t 硅酸盐水泥耗电 516kW·h，而生产 1t 矸石水泥只用 24kW·h。三是矸石水泥性能好、质量高。

27　顾北煤矿

27.1　矿山基本情况

顾北煤矿于 2005 年 1 月 28 日开工建设，2007 年 12 月 28 日进行联合试运转，2008 年 8 月 26 日通过验收，设计生产能力 300 万吨/a，核定生产能力为 400 万吨/a。矿山开发利用简表见表 27-1。

表 27-1　顾北煤矿开发利用简表

基本情况	矿山名称	顾北煤矿	地理位置	安徽省凤台县
地质资源	开采煤种	烟煤、无烟煤	累计查明资源储量/万吨	68148.1
	可采煤层	13^{-1}、$13^{-1下}$、11^{-2}、8、6^{-2}、1、7^{-2}、4^{-1}		
开采情况	矿山规模/万吨·a^{-1}	400	开采方式	地下开采
	剥离工艺	立井、主要石门和分组集中大巷开拓	采煤工艺	走向长壁法一次全采高
	原煤产量/万吨	275.7	采区回采率/%	81.07
	开采深度/m	$-400 \sim -1000$		
选煤情况	选煤厂规模/万吨·a^{-1}	400	原煤入选率/%	100
	主要选煤方法	300~30mm 动筛跳汰分选矸石，30~6mm 脱泥两产品重介质旋流器分选，煤泥粗、细两段回收，粗煤泥采用高频筛、离心机脱水，细煤泥采用压滤机脱水		
综合利用情况	煤矸石利用率/%	79.55	废水利用率/%	32
	煤矸石处置方式	废石场堆存	废水利用方式	选煤生产、厂房卫生

顾北煤矿开采上限标高 -400m，下限标高 -1000m，东西宽约 5km，南北宽约 8km，矿区面积 34.0139km²。

顾北煤矿位于安徽省淮南市凤台县西北约 23km 处，行政区划隶属顾桥镇管辖。淮（南）-阜（阳）铁路从矿井南部经过；矿井所在地及其外围尚有多条公路可通往淮南、凤台、阜阳、蒙城和利辛等地；而矿井内的永幸河与西南外缘的西淝河均可通航民船，并可转接淮河水运，交通十分方便。

矿区煤电资源丰富。区内共建有 3 座 220kV 区域变电所。即位于顾北矿井东约 19km 处的芦集 220kV 区域变电所、位于顾北矿井东南的张集 220kV 区域变电所和位于张北矿井东北约 13km 处的丁集 220kV 区域变电所。矿井地面设 110kV 变电所 1 座。矿井两回 110kV 电源分别引自芦集 220kV 变电所和丁集 220kV 变电所，为该矿区供电。

淮南矿区属于寒温带温湿气候，季节性明显，夏季炎热，冬季寒冷。年平均气温

15.1℃，极端最高气温41.4℃，极端最低气温-22.8℃。降水年际变化较大，季节分布不均匀，冬季干冷，夏季多雨，年平均降雨量为1134.8mm，最大年降雨量为2596.4mm，最小年降雨量421.8mm，日最大降雨量320.44mm，小时最大降雨量75.3mm。

27.2 地质资源

27.2.1 矿床地质特征

顾北矿井地层包括奥陶系（O_{1+2}）、上石炭统（C_3）、二叠系（P）、新生界（C_z）。

顾北矿井总体构造形态为单斜构造且向东倾斜，走向为南北走向，处于潘集背斜西面和陈桥背斜东面的衔接部位，整体上矿井地层倾斜较平缓，倾斜角一般在5°～15°范围以内，整个区域发育一些不均匀的次级宽缓褶曲及部分断层，根据这些褶曲和断层的发育特征情况，将其分为北部简单单斜区、中南部"X"共轭剪切区、南部单斜构造区等三个构造区域。

顾北矿井有可采煤层8层，平均可采总厚22.61m。其中主要稳定可采煤层5层：13^{-1}、11^{-2}、8、6^{-2}、1煤，平均总厚20.37m，占可采总厚的90%，其中8煤全区为较稳定煤层，在可采区内属稳定煤层；次要不稳定的可采煤层3层：$13^{-1下}$煤、7^{-2}煤、4^{-1}煤，平均总厚2.24m，占可采总厚的10%，其中7^{-2}煤在可采区内属较稳定煤层。可采煤层情况见表27-2。

表27-2 可采煤层情况统计表

煤层号	两极厚度 平均厚度 /m	煤层结构				可采性	变异系数/%	稳定性
		夹矸层（点）数			结构类型			
		1	2	3以上				
13^{-1}	$\dfrac{2.65\sim7.21}{4.32}$	11	3		简单-较简单	全区可采	20	稳定
$13^{-1下}$	$\dfrac{0\sim1.44}{0.49}$	7	1		简单	局部可采	82	不稳定
11^{-2}	$\dfrac{0.89\sim5.14}{3.22}$	31	15	9	简单-较简单	全区可采	25	稳定
8	$\dfrac{0\sim4.67}{2.37}$	17	2		简单-较简单	大部可采	52	较稳定
7^{-2}	$\dfrac{0\sim1.83}{1.04}$	10	5		简单	大部可采	42	不稳定
6^{-2}	$\dfrac{1.47\sim5.95}{3.47}$	23	7	4	简单-较简单	全区可采	28	稳定
4^{-1}	$\dfrac{0\sim3.70}{0.71}$	11			简单	局部可采	58	不稳定
1	$\dfrac{2.59\sim10.89}{6.99}$	46	30	8	简单-复杂	全区可采	25	稳定

原煤质量好，品种齐全，具有"三低"（低硫、低磷、中低灰分）和"四高"（高挥发分、中高发热量、高灰熔点、高黏结性）的特点，是良好的动力、冶金和化工用煤。

27.2.2　资源储量

截至 2013 年 12 月 31 日，矿井累计查明资源储量（包括基础储量和资源量）68148.1万吨，保有资源储量 65772.3 万吨，其中：经济的基础储量（111b+122b）37417.7 万吨，其中 111b 为 31826.6 万吨，122b 为 5591.1 万吨；内蕴经济的资源量（331+332+333）28354.6 万吨，其中 331 为 10549.8 万吨，332 为 1847.9 万吨，333 为 15956.9 万吨；可采储量（111+122+333k）29526.1 万吨。

27.3　开采基本情况

27.3.1　矿山开拓方式及采矿工艺

矿井采用立井、主要石门和分组集中大巷的开拓方式。工业场地内设主井、副井及中央风井三个井筒。井田划分两个生产水平，其中，一水平标高为 $-648m$，采用上山开采；二水平标高为 $-800m$。

27.3.2　矿山主要生产指标

矿井 2008 年 8 月 26 日正式投产，目前已动用 13^{-1}、11^{-2}、6^{-2} 三个煤层，动用北一（13^{-1}）采区、北一（11^{-2}）采区、北一（6^{-2}）采区、南一（11^{-2}）采区、南二（13^{-1}）采区，共计五个采区。累计动用资源储量 2375.8 万吨，其中累计采出量 1586.8 万吨，累计损失量 789 万吨。

2013 年度矿井动用资源储量 423.9 万吨，其中采出量 275.7 万吨，损失量 148.2 万吨（其中采区损失 64.5 万吨，审报地质损失 17.2 万吨，井田边界煤柱摊销量 2 万吨，工业广场煤柱摊销量 25 万吨，断层煤柱摊销量 20 万吨，防水煤柱摊销量 19.5 万吨），设计采区回采率 73.38%，实际采区回采率为 81.07%，矿井实际回采率为 65.05%。

27.4　选煤情况

顾北选煤厂于 2005 年 9 月开工筹建，2007 年 12 月 1 日完工，2007 年 4 月 1 日配合主井投入调试运行，设计生产能力为 300 万吨/a，实际生产能力 400 万吨/a。

顾北选煤厂生产工艺主要采用 $300\sim30mm$ 动筛跳汰分选矸石，$30\sim6mm$ 脱泥两产品重介质旋流器分选，煤泥粗、细两段回收，粗煤泥采用高频筛、离心机脱水，细煤泥采用压滤机脱水。具体可以分为原煤准备系统、块煤系统、末煤（重介质）系统、压滤系统。

（1）原煤准备系统。矿井毛煤由绞车提升后，经井口缓冲仓、给煤机、皮带机、破碎机进入选煤厂主厂房。在主厂房由毛煤分级筛进行 30mm 预筛分，$300\sim30mm$ 原煤经动筛跳汰机排矸，30mm 以下物料可根据原煤质量和最终产品要求，直接通过皮带机进入产品仓，也可以经过原煤分级筛进行 6mm 筛分，$30\sim6mm$ 物料经皮带进入原煤仓，$-6mm$ 物料直接作为末原煤产品经皮带机进入产品仓。

（2）块煤系统。201毛煤分级筛预先筛分后300~30mm的物料进入动筛进行排矸，选出的矸石通过矸石皮带进入矿矸石皮带。块精煤由破碎机破碎后，经皮带机进入产品仓，动筛筛下物经斗提机、直线振动筛进行脱水后进入原煤仓。

（3）末煤（重介质）系统。根据需要，原煤仓的煤可返回主厂房，用两产品重介质旋流器分选，分选出精煤和矸石。精煤在脱介、脱水后进入产品仓，矸石经脱介后转入矿矸石皮带。

原煤质量条件较好时，原煤仓的煤可以直接配煤装车。

（4）压滤系统。顾北选煤厂设计了两个直径45m的浓缩池，用于处理全厂的煤泥水。浓缩池溢流水进入循环水池，用于厂房打扫卫生及补加水，底流打到压滤车间进行压滤脱水，压滤车间采用5台新型快开压滤机，煤泥卸下后运至煤泥场凉干后进行地销。

28　顾桥煤矿

28.1　矿山基本情况

顾桥煤矿于 2003 年 11 月 1 日开工建设，2007 年 4 月 24 日正式投入生产，矿井设计能力 500 万吨/a，2010 年核定生产能力为 900 万吨/a，2013 年产量为 1138.14 万吨。矿山开发利用简表见表 28-1。

表 28-1　顾桥煤矿开发利用简表

基本情况	矿山名称	顾桥煤矿	地理位置	安徽省淮南市凤台县
	矿山特征	第四批国家级绿色矿山试点单位		
地质资源	开采煤种	气煤、1/3 焦煤	地质储量/万吨	165205.2
	主要可采煤层	13^{-1}、11^{-2}、8、6^{-2}、1		
开采情况	矿山规模/万吨·a^{-1}	900	开采方式	地下开采
	开拓方式	立井、分水平、分区开拓	采煤方法	走向长壁和倾斜长壁相结合，全部垮落法后退式综合机械化采煤
	原煤产量/万吨	1138	采区回采率/%	89.91
选煤情况	选煤厂规模/万吨·a^{-1}	1000	原煤入选率/%	100
	主要选煤方法	块煤浅槽重介质+末煤重介质旋流器+粗煤泥卧脱		
综合利用情况	煤矸石利用率/%	79.55	废水利用率/%	32
	煤矸石处置方式	废石场堆存		

顾桥煤矿位于安徽省淮南市凤台县西北，距凤台县城约 20km，归凤台县管辖。顾桥煤矿矿区面积 106.737km²。开采深度由-400m 至-1000m。

区内有凤台—利辛公路通过，外围有凤台—蒙城、凤台—颍上—阜阳、潘集—谢桥等主要公路；矿区铁路专用线经顾桥矿井工业广场，可直上合阜铁路；西经阜阳上京九线，东经蚌埠上京沪线；南经水家湖—合肥—芜湖直达浙赣；水运经裕溪口、浦口码头与长江航运相连或沿淮河向下经洪泽湖进入长江。交通极为方便。

淮南矿区属于寒温带温湿气候，季节性明显，夏季炎热，冬季寒冷。年平均气温 15.1℃，极端最高气温 41.4℃，极端最低气温-22.8℃。降水年际变化较大，季节分布不均匀，冬季干冷，夏季多雨，年平均降雨量为 1134.8mm，最大年降雨量为 2596.4mm，最小年降雨量 421.8mm，日最大降雨量 320.44mm，小时最大降雨量 75.3mm。

28.2　地质资源

28.2.1　矿床地质特征

顾桥井田含煤地层为华北型石炭、二叠系，其中二叠系的山西组与上、下石盒子组为主要含煤层段。

顾桥井田内二叠系含煤层段总厚734m，含煤33层，煤层总厚度为30.08m，含煤参数为4.10%，自下而上依次划分为7个含煤段。在中、下部厚约490m的一~五含煤段中，共有9层可采煤层，平均可采总厚24.11m。其中 13^{-1}、11^{-2}、8、6^{-2} 和1煤层为主要可采煤层，平均总厚21.25m；17^{-2}、$13^{-1下}$、7^{-2} 和 4^{-1} 为局部可采煤层，平均总厚2.68m。除 17^{-2} 煤层对比基本可靠外，其余煤层对比均可靠，倾角一般5°~15°。

顾桥井田可采煤层以全区可采和大部可采的中厚及厚煤层为主，除1煤层为较复杂结构以外，其余均为简单-较简单结构，煤层的稳定性属稳定-较稳定型。

煤矿内全区可采的主要煤层5层：13^{-1}、11^{-2}、8、6^{-2}、1煤，平均总厚19.65m，占可采总厚的89%。局部可采煤层4层：17^{-2}、$13^{-1下}$、7^{-2}、4^{-1} 煤，平均总厚2.44m，占可采总厚的11%，单层平均厚度0.40~0.92m，煤厚变异系数41.9%~87.5%，均为不稳定煤层。

28.2.2　资源储量

截至2013年底顾桥煤矿累计查明煤炭资源储量为165205.2万吨。

28.3　开采基本情况

28.3.1　矿山开拓方式及采矿工艺

矿井采用立井、分水平、分区开拓、分区通风、集中出煤的开拓方式。采煤方法及工艺为走向长壁综合机械化开采。

矿井划分为七个采区，即北一、北二、南一、南二、南三、东一和东二采区。矿井分为-780m和-1000m两个水平。矿井以 F_{108}、F_{105} 断层组为界分为南区和中央区：F_{108}、F_{105} 断层组以南为南区（包括南二、南三、东二采区）；F_{92} 断层组以北为中央区（包括北一、北二、北三、东一采区）。

矿井采用立井、主要石门、分组集中大巷的开拓方式，并实行分区开拓、分区通风、集中出煤。采掘工艺分别为综掘、炮掘和综采。采煤方法为走向长壁和倾斜长壁相结合，全部垮落法后退式综合机械化采煤。

28.3.2　矿山主要生产指标

2013年度顾桥煤矿矿井开采动用资源储量819.4万吨，其中采出量643.4万吨，损失量

176.0 万吨（其中采区损失 72.2 万吨，矿井永久煤柱摊销 103.8 万吨），无不合理损失。工作面回采率为 97.36%，采区回采率为 89.91%，矿井回采率 78.52%。历年累计动用资源储量 5527.9 万吨，其中采出量 4314.3 万吨，损失量 1213.6 万吨。

28.4　选煤情况

顾桥选煤厂原设计生产能力为 1000 万吨/a，选煤工艺是块煤浅槽重介质+末煤重介质旋流器+粗煤泥卧脱。

（1）原煤系统。矿井原煤经皮带运输至原煤分级筛（300mm）分级后，筛上物落地销售，筛下物经破碎机破碎后经由皮带进入原煤仓。

（2）块煤系统。原煤仓物料由皮带转载进入刮板机进行配煤分级，由原煤分级筛（30mm、18mm、13mm）分级后，筛上物由块煤脱泥筛（3mm）脱泥后进入重介质浅槽分选出块精煤和块矸石，块精煤进入脱介筛（上层筛板 30mm，下层筛板 1mm）脱介后，大于 30mm 经破碎机破碎，小于 30mm 由精煤离心机脱水后成为最终产品经皮带转载后进仓。块矸石经振动筛（0.5mm）脱介后经皮带转载运输至矸石仓。筛下部分进入末煤皮带，部分末煤入选，部分作为最终产品进仓。

（3）末煤系统。筛末煤经皮带机进行分流，部分经皮带转载进仓成为最终产品，部分经皮带进入混料桶，由混料泵打入旋流器进行分级，精中煤经精煤弧形筛进行脱介后，筛下介质回到混料桶，筛上物进入精煤脱介筛进一步脱介，筛上物经离心脱水后由皮带转载运输进仓，筛下物经磁选机回收合格介质，精矿进入混料桶，尾矿经高频筛脱水后筛上物进入产品，筛下水进入浓缩池。底流经矸石弧形筛进行脱介后，筛下介质回到混料桶，筛上物进入矸石脱介筛进一步脱介，筛上物经皮带转载进入矸石仓，筛下水经磁选机回收合格介质，精矿进入混料桶，尾矿经弧形筛脱水后筛上物进入矸石脱介筛，筛下水进入浓缩池。

脱泥筛筛下水经煤泥水泵打入大旋流器，溢流作为小旋流器的入料，底流与小旋流器底流共同组成高频筛入料，小旋流器溢流进入高架浓缩机，底流经卧脱脱水后，产品进仓，离心液与高架浓缩机溢流共同进入二段浓缩机，溢流作为循环水使用，底流由压滤机回收，滤饼转入煤泥堆放场，滤液进入净化浓缩机澄清后复用。

（4）介质回收系统。块精煤脱介筛合格介质段直接返回介质桶，稀介段返回稀介桶。稀介桶经稀介泵打入磁选机，磁选精矿进入合介桶，磁选尾矿作为脱泥筛冲洗水。

2013 年顾桥煤矿原煤产量为 1138 万吨，入选量亦为 1138 万吨，入选率为 100%。选煤厂根据实际需要可以全粒级或部分粒级入选，精煤和筛末煤混合配煤装车，精煤灰分为 18% 时产率在 56% 左右。来矿主要原料为煤和矸石，经选煤厂洗选后排掉部分矸石最终产出合格的煤炭产品供用户需要。选煤厂的产品主要有精煤、煤泥和矸石，没有入选的部分筛末煤可以和洗精煤混合形成满足用户需要的产品，矸石里面含极少量煤炭没有利用价值。

28.5　矿产资源综合利用情况

顾桥煤矿无可利用价值的伴、共生矿产资源。

28.6　技术改进及设备升级

顾桥煤矿在"十二五"期间矿井进一步巩固综采综掘技术，矿井全部实现综采，煤巷全部实现综掘，岩巷综掘作业线稳步增加，瓦斯治理工程基本实现综掘。目前岩巷综掘机向大功率发展，功率由 200kW 提高到 260kW。2014 年应用液压钻车 3 台、卧底机 4 台、巷修机 1 台。南翼胶带机大巷过特殊地质异常带复合支护技术取得成功，为深部巷道支护技术积累了有效经验。

矿井各大机电系统逐步实现自动化，主运系统实现集中控制，排矸系统实现了胶带化连续运输和矸石仓集中排矸，矿井的辅助运输实现以无极绳绞车、单轨吊和多功能齿轨卡轨车取代液压绞车和内齿轮绞车，逐步实现辅助运输的连续化。平巷电机车、斜巷无极绳和斜巷猴车在平巷超过 1500m、斜巷垂高大于 50m 的巷道实现机械化连续乘人。中央区、南区两套制冷系统投入使用。

29   哈尔乌素露天煤矿

29.1   矿山基本情况

哈尔乌素露天煤矿位于内蒙古自治区鄂尔多斯市准格尔煤田中部,与已经建成生产的黑岱沟露天煤矿毗邻。煤矿始建于 2006 年,2008 年正式建设,并实行边建设边生产,设计年生产原煤 2000 万吨,2013 年扩能改造为 3500 万吨/a。矿山开发利用简表见表 29-1。

表 29-1   哈尔乌素露天煤矿开发利用简表

基本情况	矿山名称	哈尔乌素露天煤矿	地理位置	内蒙古鄂尔多斯市
	矿山特征	第四批国家级绿色矿山试点单位		
地质资源	开采煤种	长焰煤	累计查明资源储量/万吨	168148
	主要可采煤层	6 号、9 号、5 号		
开采情况	矿山规模/万吨·a⁻¹	3500	开采方式	露天开采
	剥离工艺	单斗-卡车+吊斗铲倒堆剥离	采煤工艺	单斗-卡车+地面半固定破碎站半连续开采
	原煤产量/万吨	2032.88	开采回采率/%	98.03
	煤矸石产生量/万吨	569.58		
选煤情况	选煤厂规模/万吨·a⁻¹	3000	原煤入选率/%	100
	主要选煤方法	块煤重介浅槽-煤泥压滤、块煤跳汰-泥煤压滤联合选煤		
	原煤入选量/万吨	2032.88	精煤产率/%	78.37
综合利用情况	煤矸石利用率/%	100	煤矸石利用方式	发电、覆地造田

哈尔乌素露天煤矿矿区面积为 33.2114km²。开采煤层平均厚度为 21.01m,为低硫、特低磷、发热量高的长焰优质动力煤。

哈尔乌素煤矿北距呼和浩特市 127km,东南距黄河万家寨水利枢纽工程 49km,西距鄂尔多斯市 120km。均有 2 级、3 级公路相通。大(同)准(格尔)电气化铁路全长 264km,向东与大(同)秦(皇岛)线接轨;准(格尔)东(胜)铁路东起大准铁路薛家湾站,西接包(头)神(木)铁路巴图塔站,全长 145km。在建的准(格尔)河(曲)铁路,与神(木)朔(州)铁路、朔(州)黄(骅港)铁路相连,全长 84km。矿区内公路、铁路交通已形成网络,交通十分方便。

准格尔旗地处晋、陕黄土高原与鄂尔多斯高原的接连处,由西北向东南倾斜,为典型的丘陵沟壑区。矿区属大陆性干旱气候。冬季严寒,夏季温热而短暂,寒暑变化剧烈,昼夜温差大。

29.2 地质资源

29.2.1 矿床地质特征

准格尔煤田地层沉积与华北石炭、二叠系各煤田基本相似，煤系基盘为古生界奥陶系灰岩。该矿区内地层情况由老到新为 O_{1+2}、C_{2b}、C_{3t}、P_{1s}、P_{1x}、P_{2s}、$Q+N_2$。太原组（C_{3t}）及山西组（P_{1s}）为矿区含煤地层。其古地理环境似属近海内陆盆地型，成煤建造特点是煤层层数多，厚度变化大，薄至巨厚煤层均有，稳定性差，分叉尖灭现象普遍，煤层结构复杂，层内夹矸层数多，夹矸岩性主要为黏土岩、炭质泥岩，亦见有砂岩透镜体。

山西组（P_{1s}）可划分为三个岩段：（1）上岩段为深灰色、灰白色细、中粒砂岩，夹薄层灰黑色泥岩、砂泥岩，并含 1 号煤层，厚度一般 15~25m。（2）中岩段为 3 号煤顶板黏土岩、砂泥岩起，至 5 号煤顶板粗砂岩止，厚度一般 15~20m；下岩段为上部为深灰色砂泥岩、泥岩、细砂岩夹 5 号煤层。（3）底部为灰白色中粗粒长石质石英砂岩，含砾，局部为砂砾岩，具有大型斜层理，泥质、黏土质胶结，厚度一般 3~15m。本组地层含煤性不佳，其中 5 号煤层局部可采，煤层平均厚度 1.75m。煤系地层厚 36.24~98.81m，平均57.36m。含煤系数 3%。

太原组（C_{3t}）可划分上、中、下三个岩段：（1）上岩段从 6 号覆煤层顶板黏土岩起到底板砂岩止，6 号覆煤层厚度一般 30m 左右，且较稳定，是矿区主要可采煤层。（2）中岩段起于 8 号煤层顶板，止于 9 号覆煤层底板，上部为黑色泥岩、砂质泥岩，中部为 8、9号煤层及泥岩夹层，底部为灰白色、深灰色石英砂岩，有时相变为砂质泥岩、泥岩或黏土岩，本段厚度一般 5~15m。（3）下岩段为上部为灰黑色砂泥岩，泥岩含极不稳定的 10 号煤层。本组地层含煤性好，其中 6 号煤层为矿区主要可采煤层，全区可采，9 号煤层全区大部可采，煤层平均总厚 31.90m。煤系地层厚 33.75~78.55m，平均59.07m。含煤系数 54%。

主采煤层牌号为长焰煤 CY，属于低硫、中灰、中高热值动力用煤。

29.2.2 资源储量

根据勘探报告，井田煤炭累计查明资源储量 168148 万吨，其中探明的经济基础储量（121b）60233 万吨，控制的经济基础储量（122b）55654 万吨，推断的内蕴经济资源量（333）52561 万吨。

29.3 开采基本情况

哈尔乌素煤矿开采方式为露天开采，剥离采用单斗-卡车+吊斗铲倒堆开采工艺，煤层采用单斗-卡车+地面半固定破碎站半连续开采工艺。

哈尔乌素露天矿区煤层上部岩层厚度 60~130m，平均厚度 120m；岩层上部是黄土层，厚度 20~70m，平均厚度 40m；剥离层总体分布趋势，哈尔乌素区内黄土层较薄，岩层增厚，特别是首采区内受黑岱沟冲刷影响，采场中部黄土层分布不连续。剥离岩层基本为中硬岩石，开采前需要松动爆破，煤层以上平均厚度45m岩层采用吊斗铲倒堆开采工艺。

煤层倾斜划分为两个采煤台阶，两台挖掘机追踪开采。根据哈尔乌素露天矿实际情况，煤层倾斜划分为两个台阶开采比较合理，该方式实行6煤全层穿孔爆破，并划分为高度大致相等的两个采煤台阶，每个台阶约16m，优劣煤混采，每个台阶配备一台单斗挖掘机，实行端工作面开采，向220t卡车装载，两台挖掘机之间实行追踪开采。哈尔乌素露天矿采煤采用单斗-卡车+地面半固定破碎站半连续开采工艺。

采装设备主要有495HR、WK-55、WK-35、395B电铲、EX-1900型液压反铲，另有L-2350、L-950型装载机等。

2013年，哈尔乌素露天矿回采率为98.03%。

29.4　选煤情况

哈尔乌素煤矿开采的煤种为长焰煤，为易选煤或中等可选煤，矿山设有洗选厂一座，采用块煤重介浅槽-煤泥压滤、块煤跳汰-泥煤压滤联合选煤工艺，其设计选煤能力3000万吨/a。

2011年入选原煤量1918.48万吨，原煤入选率为100%，精煤产品率64.97%；2013年原煤入选量2032.88万吨，原煤入选率为100%，精煤产品率78.37%。

29.5　矿产资源综合利用情况

哈尔乌素露天煤矿伴生高岭石泥岩，推断的内蕴经济资源量（333）6091万吨；风化煤推断的内蕴经济资源量（333）2201万吨；高灰煤推断的内蕴经济资源量（333）10150万吨。均未利用。

2013年底哈尔乌素煤矿煤矸石排放量为569.58万吨，煤矸石利用量为569.58万吨，煤矸石综合利用率为100%，主要用于煤矸石发电、覆地造田。矿山无涌水、积水、排水统计。

29.6　技术改进及设备升级

煤矿设计选用综合开采工艺，6煤顶板45m以上土、岩层采用单斗-卡车开采工艺，6煤顶板以上45m岩层采用吊斗铲倒堆开采工艺，后由于工艺优化调整及扩能改造等因素，实际土、岩层剥离全部采用单斗-卡车开采工艺。煤层采用单斗-卡车开采工艺。

30 鹤岗峻德煤矿

30.1 矿山基本情况

鹤岗峻德煤矿于1978年8月动工建设,1981年11月26日正式投产,设计能力为150万吨/a,后期改扩建后生产能力为300万吨/a。矿山开发利用简表见表30-1。

表 30-1 鹤岗峻德煤矿开发利用简表

基本情况	矿山名称	鹤岗峻德煤矿	地理位置	黑龙江省鹤岗市
	矿山特征	第二批国家级绿色矿山试点单位		
地质资源	开采煤种	气煤	累计查明资源储量/万吨	41759.4
	可采煤层	3、9、11、12、17、21、22⁻¹、22⁻²、23、24⁻¹、24⁻²、25、26、27⁻¹、27⁻²、28、30、31、33⁻¹、33⁻²、34、35⁻¹、35⁻²层		
开采情况	矿山规模/万吨·a⁻¹	300	开采方式	地下开采
	原煤产量/万吨	225	采煤工艺	走向长壁后退式
	煤矸石产生量/万吨	22.1	采区回采率/%	82.3
综合利用情况	煤矸石利用率/%	100	煤矸石处置方式	制砖、铺路、回填塌陷区
	矿井水排放量/万立方米	1798.42	矿井水利用率/%	100
	煤层气累计采出/亿立方米	0.633399	煤层气累计利用率/%	46.9

峻德煤矿矿区面积为19.5727km²,矿山开采深度为20.147~-619.85m标高。

峻德煤矿位于黑龙江省鹤岗市,为鹤岗煤田最南部的一个井田。矿区西部有鹤岗市至佳木斯市和双鸭山市的鹤大公路与矿区公路相连,东部有哈萝公路通过,矿区铁路与至鹤岗的国有铁路在集配站接轨,交通十分便利。

峻德井田属于丘陵地形,井田的地势东高西洼,洼地面积占三分之二左右,中部原受鹤立河的侵蚀地势较低洼,区内最高标高220m,一般在190~210m之间。矿区属于大陆性寒温带气候。年降雨量大约为600mm,雨季集中在6、7、8月。井田水文地质条件非常复杂,煤系地层上方无隔水层,直接与上覆第四纪含水砂层接触,煤系地层距地表80~100m范围内风化裂隙发育,此外层间裂隙和构造裂隙也比较发育,上述各种裂隙和断裂为矿井充水的重要通道。

30.2　地质资源

30.2.1　矿床地质特征

峻德井田具有工业价值的煤层聚集在城子河子组地层中，共含煤层 31 层，其中全区可采和局部可采的煤层共 23 层，即 3、9、11、12、17、21、22^{-1}、22^{-2}、23、24^{-1}、24^{-2}、25、26、27^{-1}、27^{-2}、28、30、31、33^{-1}、33^{-2}、34、35^{-1}、35^{-2}层，23 个可采煤层的总厚度为 51.37m，含煤率为 4.7%，由于矿区构造复杂，煤层受构造影响，厚度变化很大，煤层变化总趋势为由北向南增厚，煤层层间距由北向南变小，同时出现合并和尖灭，由浅到深，煤层层间距增大。

煤层的挥发分为 30.67%~43.39%，角质层厚度为 0~17mm，为低硫、低磷、中高灰分煤层，煤种比较简单，一般为气煤。

30.2.2　资源储量

截至 2013 年底，该矿山累计查明煤炭资源储量为 41759.4 万吨，保有资源储量为 31770.1 万吨；设计永久煤柱量 7367.3 万吨；三下压煤量 4394.2 万吨。截至 2013 年底，伴生煤层气累计查明资源储量为 61.1538 亿立方米；保有资源储量为 60.490073 亿立方米。

30.3　矿山开采基本情况

30.3.1　矿山开拓方式及采矿工艺

鹤岗峻德煤矿煤层属于薄煤层-中厚煤层-厚煤层，构造复杂程度为复杂，开采技术条件为中等，可选性级别为中等可选煤。设计采煤方法为走向长壁采煤法，矿山设计开采煤层数为 23 层，实际开采煤层数为 14 层，实际开采煤层情况见表 30-2。

表 30-2　实际开采煤层情况

煤层号	煤的牌号	平均厚度 /m	煤层倾角 /(°)	煤层稳定性	设计可采储量 /万吨	设计工作面 回采率/%	设计采区开采 回采率/%
3	气煤 QM	3.22	31	稳定煤层	1444.1	95	80
9	气煤 QM	2.58	31	较稳定煤层	948	95	80
11	1/2 中黏 1/2ZN	1.1	31	不稳定煤层	0	97	85
12	气煤 QM	1.58	30	不稳定煤层	598.9	97	80
17	气煤 QM	9.92	30	稳定煤层	3053.3	93	75
21	气煤 QM	4.23	30	稳定煤层	1727.4	93	75
22^{-1}	气煤 QM	2.57	29	较稳定煤层	954.4	95	80
22^{-2}	气煤 QM	1.9	30	不稳定煤层	431.4	95	80
23	气煤 QM	3.81	30	稳定煤层	1306.3	93	75

煤层号	煤的牌号	平均厚度 /m	煤层倾角 /(°)	煤层稳定性	设计可采储量 /万吨	设计工作面 回采率/%	设计采区开采 回采率/%
27⁻¹	气煤 QM	1.8	29	不稳定煤层	237.7	95	80
28	气煤 QM	1.52	29	较稳定煤层	651.8	95	80
30	气煤 QM	3.23	28	稳定煤层	1223.1	95	80
33⁻¹	气煤 QM	5.39	28	稳定煤层	1673.5	93	75
34	气煤 QM	2.2	24	不稳定	103.7	95	80

30.3.2　矿山主要生产指标

2011 年实际产煤 202 万吨，2013 年实际产煤 225 万吨。截至 2013 年底，累计矿井动用储量为 9989.3 万吨，累计矿井采出量为 4999.5 万吨，累计矿井损失量为 4989.8 万吨。矿山设计工作面回采率为 93%~97%，设计采区回采率为 75%~85%，设计矿井回采率为 46%。

该矿山 2011 年实际工作面、采区、矿井回采率分别为 98.4%、86.5%、68.3%。2013 年实际工作面、采区、矿井回采率分别为 98.5%、82.3%、64.4%。该矿山年度开采回采率情况见表 30-3。

表 30-3　峻德煤矿开采回采率情况

年度	工作面 回采率/%	采区损失量 /万吨	采区采出量 /万吨	采区回采率 /%	全矿井采出量 /万吨	全矿井损失量 /万吨	矿井回采率 /%
2011	98.4	31.4	202	86.5	202	93.6	68.3
2013	98.5	48.5	225	82.3	225	124.6	64.4

30.4　选煤情况

该矿山没有建设配套选煤厂，所产原煤外运至中央选煤厂入选。

鹤岗峻德煤矿 2011 年原煤产量为 202 万吨，入选原煤量为 70.5 万吨，原煤入选率为 34.9%。2013 年原煤产量为 225 万吨，入选原煤量为 100 万吨，原煤入选率为 44.4%。

30.5　矿产资源综合利用情况

该煤矿共生矿产为煤层气，煤层气利用情况见表 30-4。

表 30-4　煤层气利用情况

年度	累计采出量 /亿立方米	年利用量 /亿立方米	累计利用量 /亿立方米	利用率/%	年利用产值 /万元
2011	0.497299	0.054879	0.17098	34.4	614.6
2013	0.633399	0.069558	0.29708	46.9	1156.95

该矿山排放的矿井水用于工业生产及居民生活，排放的煤矸石用于制砖、铺路、回填塌陷区。该矿山 2011 年、2013 年矿井水利用情况见表 30-5，煤矸石利用情况见表 30-6。

表 30-5　矿井水利用情况

年度	年排放量 /万立方米	累计排放量 /万立方米	年利用量 /万立方米	累计利用量 /万立方米	利用率 /%	年利用产值 /万元
2011	2075	41670.86	1825	16425	87.95	1.04
2013	1798.42	45169.28	1798.42	19923.42	100	1.05

表 30-6　煤矸石利用情况

年度	年排放量 /万吨	累计排放量 /万吨	年利用量 /万吨	累计利用量 /万吨	利用率 /%	年利用产值 /万元
2011	40.7	305.9	40.7	275	100	55
2013	22.1	367.5	22.1	336.6	100	25

31　鹤岗南山煤矿

31.1　矿山基本情况

鹤岗南山煤矿于 1965 年 7 月 12 日建矿，于 1970 年 10 月 21 日投产，现在核定生产能力为 270 万吨/a。矿山开发利用简表见表 31-1。

表 31-1　鹤岗南山煤矿开发利用简表

基本情况	矿山名称	鹤岗南山煤矿	地理位置	黑龙江省鹤岗市
	矿山特征	第三批国家级绿色矿山试点单位		
地质资源	开采煤种	1/3 焦煤、气煤、弱黏煤	累计查明资源储量/万吨	27081.78
	主要可采煤层	3、7、8、9、12、13、15^{-2}、18^{-1}、18^{-2}、22^{-1}、22^{-2}、27、30		
开采情况	矿山规模/万吨·a^{-1}	270	开采方式	地下开采
	原煤产量/万吨	265.1	采煤方法	走向长壁采煤法
	煤矸石产生量/万吨	12.24	采区回采率/%	82
选煤情况	原煤入选量/万吨	250.3	原煤入选率/%	94.4
综合利用情况	煤层气年利用量/万立方米	130	煤层气利用率/%	26
	矿井水年利用量/万立方米	509	矿井水年利用率/%	100
	煤矸石年利用量/万吨	12.24	煤矸石年利用率/%	100

鹤岗南山煤矿为地下开采的大型矿山，矿区面积为 10.6365km²，开采深度为 201.83~-439.85m 标高。

南山煤矿位于鹤岗市区中部，火车站以南 4km，行政区划属鹤岗市南山区管辖，矿区交通运输极为便利。

31.2　地质资源

31.2.1　矿床地质特征

矿区位于小兴安岭—张广才岭花岗岩带东侧和同江凹陷之西缘鹤岗古生代隆起之上。受其控制，使鹤岗煤田的构造特征呈南北向沉积条带的单斜构造，井田内断层主要为正断层。矿区构造复杂，开采技术条件为中等。

该煤矿的煤层赋存于中生界上侏罗统石头河子组中部。主要岩性为小砾岩、灰白色粗砂岩、中砂岩、细砂岩、粉砂岩，含有 19 个煤层，煤层总厚达 73m，地层总厚 600~

900m，平均厚度 700m，含煤系数为 8%以上。19 个煤层中，有 9 个煤层稳定可采，部分可采煤层为 4 个，局部可采煤层为 6 个。

　　井田内构造以断裂为主，特别是在东部、西部及南部断裂构造更为发育。以勘探和巷道证实的断层有 150 个，其中落差 20m 以上的有约 20 条，落差 5m 以上的有约 100 条。断层走向多为南北向或北北东向，少量北东东向。倾向多偏东，并且以正断层占绝对优势。在一些大断层附近往往发育次生的"多"字形或"入"字形次生断层组。井田内重要断层和褶曲大部分（指在已开采完或正在开采的层位上）已控制或基本控制。开采过程中，没有发现岩浆岩的侵入或对煤层煤质产生影响。

　　该煤矿各煤层平均厚度在 1.3 ~ 12.21m 之间，属中厚-厚煤层，煤层倾角在 15° ~ 41° 之间，煤的牌号主要为 1/3 焦煤，其次为气煤、弱黏煤。煤层稳定性属于不稳定-较稳定煤层，可选性级别为易选煤。

31.2.2　资源储量

　　截至 2013 年底，矿山累计查明煤炭资源储量为 27081.78 万吨，保有煤炭资源储量为 9214.85 万吨，设计永久煤柱量为 5712.8 万吨，"三下"压煤量为 4900.17 万吨。该煤矿共生矿产为煤层气，累计查明煤层气资源储量为 17.4 亿立方米，保有煤层气资源储量为 5.81 亿立方米。

31.3　开采基本情况

31.3.1　矿山开拓方式及采矿工艺

　　该矿煤层属于中厚煤层-厚煤层，构造复杂程度为复杂，开采技术条件为中等，采煤方法为走向长壁采煤法，可选性级别为易选煤。该矿山实际开采煤层数为 13 层，各煤层情况见表 31-2。

表 31-2　实际开采煤层情况

煤层号	煤的牌号	平均厚度 /m	煤层倾角 /(°)	煤层稳定性	设计可采 储量/万吨	设计工作面 回采率/%	设计采区开采 回采率/%
3	1/3 焦煤	6.96	30	稳定	751.4	93	75
7	弱黏煤	1.52	31	不稳定	65.6	95	80
8	1/3 焦煤	3.73	28	较稳定	86.9	93	75
9	气煤	2.49	27	较稳定	32.8	95	80
12	1/3 焦煤	2.2	32	不稳定	26.4	95	80
13	1/3 焦煤	2.09	41	不稳定	18.3	95	80
15^{-2}	1/3 焦煤	8.28	14	不稳定	888.8	93	75
18^{-1}	1/3 焦煤	5.76	15	不稳定	344.8	93	75
18^{-2}	1/3 焦煤	12.21	17	不稳定	1208.4	93	75
22^{-1}	1/3 焦煤	1.3	21	不稳定	262.5	95	80

煤层号	煤的牌号	平均厚度/m	煤层倾角/(°)	煤层稳定性	设计可采储量/万吨	设计工作面回采率/%	设计采区开采回采率/%
22^{-2}	1/3 焦煤	1.94	19	不稳定	490.0	95	80
27	1/3 焦煤	2.03	25	较稳定	169.5	95	80
30	气煤	4.31	25	较稳定	767	93	75

31.3.2　矿山主要生产指标

2011 年实际生产原煤 288.72 万吨,2013 年实际生产原煤 265.1 万吨。截至 2013 年底,累计矿井动用储量为 17866.9 万吨,累计矿井采出量为 10807.1 万吨,累计矿井损失量为 7059.8 万吨。

矿山设计工作面回采率为 93%~95%,设计采区回采率为 75%~80%,设计矿井回采率为 50%。

该矿山 2011 年实际工作面、采区、矿井回采率分别为 93.5%、83.8%、70.6%。2013 年实际工作面、采区、矿井回采率分别为 93.5%、82%、68.9%。该矿山年度开采回采率情况见表 31-3。

表 31-3　南山煤矿开采回采率情况

年度	工作面回采率/%	采区损失量/万吨	采区采出量/万吨	采区回采率/%	全矿井采出量/万吨	全矿井损失量/万吨	矿井回采率/%
2011	93.5	55.8	288.7	83.8	288.7	120	70.6
2013	93.5	58.0	265.1	82	265.1	119.8	68.9

31.4　选煤情况

该矿山没有建立配套选煤厂,开采的煤炭进入中央选煤厂集中入选。

鹤岗南山煤矿 2011 年原煤产量为 288.7 万吨,入选原煤量为 255.82 万吨,原煤入选率 88.6%。2013 年原煤产量为 265.1 万吨,入选原煤量为 250.3 万吨,原煤入选率为 94.4%。

31.5　矿产资源综合利用情况

该煤矿共生矿产为煤层气,煤层气利用情况见表 31-4。

表 31-4　煤层气利用情况

年度	累计采出量/亿立方米	年利用量/亿立方米	累计利用量/亿立方米	利用率/%	年利用产值/万元
2011	2.22	0.0306	0.55	24.8	300
2013	2.31	0.013	0.6	26	260

　　该矿山排放的矿井水经矿山净化水厂净化后用于生产、生活，排放的煤矸石用于铺路、填塌陷区。2011 年与 2013 年矿井水利用情况见表 31-5，煤矸石利用情况见表 31-6。

表 31-5　矿井水利用情况

年度	年排放量/万立方米	累计排放量/万立方米	年利用量/万立方米	累计利用量/万立方米	利用率/%	年利用产值/万元
2011	412	16653	412	7600	100	504
2013	509	17643	509	8590	100	525

表 31-6　煤矸石利用情况

年度	年排放量/万吨	累计排放量/万吨	年利用量/万吨	累计利用量/万吨	利用率/%	年利用产值/万元
2011	14.6	516	14.6	516	100	146
2013	12.24	541	12.24	541	100	122.4

32　黑岱沟露天煤矿

32.1　矿山基本情况

黑岱沟露天煤矿是大型国有煤炭企业国家"八五"计划期间重点项目——准格尔项目一期工程三大主体工程之一，是我国自行设计、自行施工的特大型露天煤矿，设计生产能力为2000万吨/年。该矿于1990年开工建设，1998年投入试生产，1999年正式移交生产，并于次年达产。2006年6月，经过扩能改造后的黑岱沟露天煤矿原煤年产量达2500万吨。矿山开发利用简表见表32-1。

表 32-1　黑岱沟露天煤矿开发利用简表

基本情况	矿山名称	黑岱沟露天煤矿	地理位置	内蒙古鄂尔多斯市
	矿山特征	第一批国家级绿色矿山试点单位		
地质资源	开采煤种	长焰煤 CY	累计查明资源储量/万吨	141311
	主要可采煤层	6、9、5		
开采情况	矿山规模/万吨·a⁻¹	2500	开采方式	露天开采
	剥离工艺	单斗-卡车	采煤工艺	轮斗挖掘机-胶带输送机-排土机的连续开采
	原煤产量/万吨	2708.95	开采回采率/%	98.26
	煤矸石产生量/万吨	353.01		
选煤情况	选煤厂规模/万吨·a⁻¹	2000	原煤入选率/%	100
	主要选煤方法	块煤重介浅槽-煤泥压滤、块煤跳汰-煤泥压滤联合选煤		
	原煤入选量/万吨	2708.95	20.5MJ（4900大卡）精煤产量/万吨	1170.69
	18.0MJ（4300大卡）精煤产量/万吨	777.19	16.74MJ（4000大卡）中煤产量/万吨	339.03
综合利用情况	煤矸石利用率/%	100		

黑岱沟露天矿位于准格尔煤田中部，矿区面积为33.2114km²。北距呼和浩特市127km，西距鄂尔多斯市120km，南距平朔露天煤矿225km，均有二级公路相通。大（同）准（格尔）电气化铁路全长264km，向东与大（同）秦（皇岛）线接轨；准（格尔）东（胜）铁路东起大准铁路薛家湾站，西接包（头）神（木）铁路巴图塔站，全长145km。矿区内公路、铁路交通已形成网络，交通十分方便。

准格尔旗地处晋、陕黄土高原与鄂尔多斯高原的连接处，由西北向东南倾斜，为典型的丘陵沟壑区。矿区属大陆性干旱气候。冬季严寒，夏季温热而短暂，寒暑变化剧烈，昼夜温差大。

32.2 地质资源

黑岱沟露天矿在中生代前同属华北地台，中生代后期，燕山运动强烈，使地台受到改造。煤田沉积地层自奥陶系至第四系，缺失志留系、泥盆系。

矿区含煤地层为二叠系下统山西组（P_{1s}）和石炭系上统太原组（C_{3t}），其古地理环境似属近海内陆盆地型，成煤建造特点是煤层层数多，厚度变化大，薄至巨厚煤层均有，稳定性差，分叉尖灭现象普遍，煤层结构复杂，层内夹矸层数多，夹矸岩性主要为黏土岩、炭质泥岩，亦见有砂岩透镜体。二叠系下统山西组（P_{1s}）地层含煤性不佳，其中 5 号煤层局部可采，煤层平均厚度 1.75m。煤系地层厚 36.24~98.81m，平均 57.36m。含煤系数 3%。石炭系上统太原组（C_{3t}）地层含煤性好，其中 6 号煤层为矿区主要可采煤层，全区可采，9 号煤层全区大部可采，煤层平均总厚 31.90m。煤系地层厚 33.75~78.55m，平均 59.07m。含煤系数 54%。煤系地层共含煤 7 层，平均总厚度 33.65m，地层平均厚 116.50m，含煤系数 29%。煤层牌号为长焰煤 CY，属于低硫、中灰、中高热值动力用煤。

根据勘探报告，井田煤炭累计查明资源储量 141311 万吨，其中探明的基础储量（111b）127538.55 万吨，内蕴经济资源量（331+332）13772.91 万吨。

32.3 开采基本情况

32.3.1 矿山开拓方式及采矿工艺

黑岱沟露天矿采用综合开采工艺。主采煤层为 6 号煤层，煤层平均厚度为 28.8m，煤层倾角约 5°，属大部分可采的较稳定煤层，可选性为难选煤，设计可采储量约 134336.80 万吨，设计采煤方法为单斗铲-卡车采煤法。

黑岱沟露天矿上部黄土层的平均厚度为 49m，采用轮斗挖掘机-胶带输送机-排土机的连续开采工艺；中部岩石的平均厚度为 56m，上层采用单斗挖掘机-自卸卡车的间断开采工艺，下层采用抛掷爆破吊斗铲倒堆开采工艺；下部煤层的平均厚度为 28.8m，采用单斗挖掘机-自卸卡车-坑边半移动破碎站-胶带输送机的半连续开采工艺。

黑岱沟露天矿开采所选用的主要设备，是从美国、德国、日本、英国和加拿大等国家引进的较先进的采矿设备。主要大型设备包括：2 套德国轮斗挖掘系统；2 台 DM-H 型钻机，4 台 DM-H2 型钻机和 2 台 DM45 牙轮钻机；395 型电铲和 8750 型 90m³ 吊斗铲；1 台 2800 型电铲；630E 型 154t 电动轮自卸卡车 58 台、730E 型 185t 电动轮自卸卡车 5 台；992G 型装载机 2 台、D10N 型履带式推土机 8 台、834B 型胶轮式推土机 8 台；D375A 型履带式推土机 8 台、D475A 型履带式推土机 4 台等。国产大型设备有 WK-10B 型电铲 4 台、SF3102 型 108t 电动轮自卸卡车 24 台，还有其他一些国产辅助设备。选煤厂主要设备包括半移动式破碎站、德国巴达克块煤跳汰机、美国定量斗静态称重式大型快速装车站、英国

707 型破碎机等以及澳大利亚约翰芬雷和奥地利安德利兹的模块式重介质洗选系统,美国785 系列可编程序控制器,实现全厂工艺系统集中控制。

32.3.2 矿山主要生产指标

黑岱沟露天矿设计采区回采率为 93%,设计工作面回采率为 95%。2013 年,黑岱沟露天矿回采率为 98.26%。

32.4 选煤情况

黑岱沟煤矿选煤厂采用块煤重介浅槽-煤泥压滤、块煤跳汰-煤泥压滤联合选煤工艺,核定选煤能力为 2000 万吨/a。

2013 年原煤入选量 2708.95 万吨,原煤入选率为 100%,入选原煤灰分为 33.35%、发热量为 16.90MJ/kg、、硫分为 0.65%。

2013 年 20.5MJ(4900 大卡)精煤产量为 1170.69 万吨,灰分为 22.77%、硫分为0.55%、发热量为 20.57MJ/kg;18.0MJ(4300 大卡)精煤产量为 777.19 万吨,灰分为29.63%、硫分为 0.49%、发热量为 18.33MJ/kg;16.74MJ(4000 大卡)中煤产量为339.03 万吨,灰分为 35.08%、硫分为 0.42%、发热量为 16.50MJ/kg。

32.5 矿产资源综合利用情况

黑岱沟露天矿为单一矿种煤矿,没有查明的其他共伴生矿产。

2013 年底黑岱沟露天矿煤矸石排放量为 353.01 万吨,煤矸石利用量为 353.01 万吨,煤矸石综合利用率为 100%。矿山无涌水、积水、排水记录。

32.6 技术改进及设备升级

32.6.1 开采技术

黑岱沟露天煤矿由于其上覆岩层厚度大,岩体的裂隙、层理发育情况较好,并且煤层倾角较小接近水平,具备实施高台阶抛掷爆破的自然条件。所以黑岱沟露天煤矿在改建、扩建过程中,大胆引进高台阶抛掷爆破技术,并结合当地的实际条件成功应用了高台阶抛掷爆破-吊斗铲联合剥离煤层上覆岩层技术,取得了良好的经济效益。高台阶抛掷爆破先进技术在黑岱沟露天煤矿的成功应用为我国露天煤矿提高经济效益提供了新的技术途径和经验。

黑岱沟煤矿在矿山资源高效开发和合理利用方面,应用抛掷爆破-吊斗铲倒堆工艺,减少采区间边坡煤柱量,最大限度回收资源。建成总装机 960MW 的矸石电厂,每年消耗煤矸石及劣质煤 300t。利用矸石电厂粉煤灰提取氧化铝技术,4000t/a 氧化铝工业化中试厂已通过中国有色金属工业协会和中国煤炭工业协会组织的技术成果鉴定,建设完成4000t/a 氧化铝中试厂。绿色矿山建设取得新的成效。

32.6.2　资源节约

投资 270 万元购置长臂液压反铲，用于吊斗铲倒堆土岩界面煤炭回收；采取与院校合作和自主研究方式，投入资金 840 万元，对边角煤、端帮煤回收进行研究，提高了采区回采率，期内采区回采率提高并保持在 98% 以上。

33　红柳林煤矿

33.1　矿山基本情况

红柳林煤矿是国有特大型煤矿，是国家在神府南区总体规划确定的四对大型矿井之一，矿井 2006 年开工建设，2011 年 10 月正式投产，设计生产能力 1200 万吨/a，改扩建后核定产能 1500 万吨/a。矿山开发利用简表见表 33-1。

表 33-1　红柳林煤矿开发利用简表

基本情况	矿山名称	红柳林煤矿	地理位置	陕西省神木县
地质资源	开采煤种	黏结煤	累计查明资源储量/万吨	195424
	主要可采煤层	5^{-2}、4^{-2}		
开采情况	矿山规模/万吨·a^{-1}	1500	开采方式	地下开采
	采煤工艺	一次采全高的综合机械化开采		
	原煤产量/万吨	1316.2	采区回采率/%	79.3
选煤情况	选煤厂规模/万吨·a^{-1}	1200	原煤入选率/%	68.86
	主要选煤方法	重介质选煤		
综合利用情况	煤矸石利用量/万吨	2	废水利用量/万立方米	132

红柳林煤矿范围南北宽约 8.50km，东西长约 20.0km，面积约 143.34km²。与柠条塔煤矿、张家赤煤矿及汇兴煤矿相连。

红柳林煤矿位于陕西省榆林市神木县中部，行政区划属神木县瑶镇乡、麻家塔乡及店塔乡管辖。井田位于陕北黄土高原北部，毛乌素沙漠之南缘。矿井地处神木县西北 15km 处，位于神木县瑶镇乡、麻家塔乡及店塔乡交界地段。西包铁路与榆神高速公路及省 204 二级公路从井田东部边界附近通过，西包铁路神木站距矿区东部仅 6km 左右，红宁运煤铁路专线东西分别与神延铁路和西包复线铁路连接，区内公路铁路相通，交通便利。

矿区地处我国西部内陆，为典型的中温带半干旱大陆性气候，干旱少雨，蒸发量大。全年降水量分布不均，不同年份悬殊也较大，多以暴雨形式集中在第三季度，约占全年总降水量的 68%。据神木县气象站统计资料，矿区年平均降水量 436.7mm，年平均蒸发量1907.2~2122.7mm，是降水量的 4~5 倍。

33.2　地质资源

红柳林井田位于神北矿区南端，全区基本被第四系松散层覆盖，仅在北部、南部的沟谷中有基岩出露。地层由老至新依次有三叠系上统永坪组，侏罗系下统富县组、中统延安组、直罗组，新近系上新统保德组、第四系中更新统离石组、上更新统萨拉乌苏组、全新统风积沙及冲积层。

红柳林煤矿含煤地层为侏罗系中统延安组，井田内延安组地层厚度 145.91~246.98m，平均 132.23m，其中煤层平均总厚 17.33m，含煤系数 13.11%。根据含煤性、沉积旋回将延安组地层自下而上分为五个含煤段，每段含 1 个煤组，编号为 1~5 煤组。红柳林煤矿目前主采 5^{-2} 煤，次采 4^{-2} 煤。

矿井煤层均为厚及中厚煤层，煤层赋存稳定，倾角小，顶底板稳定完整，开采条件优越。

开采为神木北部侏罗纪煤层，属低瓦斯矿井。煤质为黏结煤，是优质动力用煤、化工煤和冶金喷吹煤，被誉为"环保煤"。

33.3　开采基本情况

33.3.1　矿山开拓方式及采矿工艺

矿井设计为综采长壁开采。目前主要采用高达 6m 的大采高液压支架和大功率采煤机及一次采全高的综合机械化开采工艺。通风方式为一个水平、中央分列抽出方式。

井下原煤运输和主斜井采用 1.8m 带式输送机，运输环节简捷完善。井下辅助运输均采用无轨胶轮车运输方式。人员、物料、设备通过多用途无轨胶轮车可直接运到井下各个作业地点。地面煤炭通过 5.6km 长的皮带栈桥，可直达红柳林铁路装车站，销售运输条件便捷。调度信息中心通过工业电视系统实现了对矿井瓦斯、风量、矿压、车辆、人员及主要作业场所的集中控制和监测、监控，通过互联网可对生产系统实施监控，将逐步实现"管控一体化"矿井自动化、数字化管控目标。

33.3.2　矿山主要生产指标

红柳林煤矿累计查明资源储量 195424 万吨，累计开采矿石 4891 万吨，累计动用储量 6435 万吨。设计矿井回采率为 73%。

2011 年采区采出量为 1332.1 万吨，工作面回采率 93.2%、采区回采率为 80.9%。2012 年采区采出量为 1315.0 万吨，工作面回采率 93.4%、采区回采率为 79.0%。2013 年采区采出量为 1316.2 万吨，工作面回采率 94.0%、采区回采率为 79.3%。

33.4　选煤情况

红柳林煤矿选煤厂是红柳林矿井配套选煤厂，设计生产能力 1200 万吨/a，选煤工艺流程为重介质选煤。

2011 年、2012 年、2013 年原煤入选率达 66.6%、72.2%、68.86%。

33.5　矿产资源综合利用情况

2013 年利用煤矸石 2 万吨，矿井水 $132×10^4 m^3$。

33.6　技术改进及设备升级

为了保证煤矿开采安全、高效地进行，红柳林煤矿应用了巷道超前支护液压支架。因为传统的超前支护液压支架支护煤层顶板时，存在反复支撑、顶板易破碎等问题。新型煤矿巷道超前支护液压支架采用顶梁滚动移架的方式可实现带载前行，最大限度地减少了对顶板的反复支撑次数。同时运用履带的柔性支护能减少对顶板的破坏，可以很好地克服上述不足，有利于对顶板的安全管理和维护，为施工人员、施工单位提供更好的施工环境，具有良好的经济效益。

巷道超前支护液压支架主要由金属结构件、液压系统组成。其中，主要的金属结构件有：顶梁，底座，前、后连杆，掩护梁，中间伸缩梁等。液压控制系统除了有立柱、移架千斤顶、放倒（伸缩梁）千斤顶等之外，还包括各种液压控制元件（操纵阀组、安全阀、液控单向阀等）和液压辅助元件（管接头件、胶管等）。巷道超前支护液压支架的各种构件之间以及结构件与液压元件之间均通过销轴、螺栓等连接，管道连接采用快递接头、U型卡，拆装维护方便。一般情况下，巷道超前支护液压支架处于支撑的状态。它可以自行根据煤矿巷道围岩的条件进行推移，降架，支撑等，减少了人力。当巷道顶板的条件较差的时候，或者没有钢棚支护的情况下，巷道超前支护液压支架可以采用带压推移，既很好的满足了顶板支护的需要，又实现了远程控制，保证了工作人员的生命安全。巷道超前支护液压支架是由工作面泵站供液的。

红柳林煤矿中应用的巷道超前支护液压支架是 ZTC16044/27/50 型超前支护液压支架。在红柳林煤矿回风巷中运用超前支护液压支架时，各项技术参数分别是：超前支护液压支架高度为 2700～5000mm，宽度为 4630mm，初撑力 11880kN，工作阻力为（38.6MPa）16044kN；超前支护液压支架的支护强度为 0.17MPa，对底板比压为 0.62MPa，泵站压力为 31.5MPa；超前支护液压支架的操作方式为手动邻架控制；超前支护液压支架的质量为 91900kg。

34　黄陵二号煤矿

34.1　矿山基本情况

黄陵二号煤矿是黄陵矿区总体规划的大型骨干矿井之一。矿井始建于 2004 年 5 月，2009 年 2 月 20 日通过 700 万吨/a 竣工验收，实现当年投产当年达产。矿井设计能力 700 万吨/a，核定生产能力为 800 万吨/a。矿山开发利用简表见表 34-1。

表 34-1　黄陵二号煤矿开发利用简表

基本情况	矿山名称	黄陵二号煤矿	地理位置	陕西省黄陵县
	矿山特征	第三批国家级绿色矿山试点单位		
地质资源	开采煤种	气煤、弱黏结煤、1/3 焦煤	累计查明资源储量/万吨	94512
	主要可采煤层	1^2、2^1、3^1、3^{2+3}		
开采情况	矿山规模/万吨·a^{-1}	800	开采方式	地下开采
	开拓方式	斜井-平硐联合开拓	采煤工艺	连续采煤机掘进，长壁后退式综合机械化开采
	原煤产量/万吨	684.67	采区回采率/%	81.71
选煤情况	选煤厂规模/万吨·a^{-1}	6000	原煤入选率/%	20.4
	主要选煤方法	重介质浅槽		
综合利用情况	废水利用量/万立方米	68.6		

黄陵二号煤矿矿区面积 375.6km²，位于陕西省黄陵县双龙镇境内，距国家 5A 级旅游区、国家重点风景名胜区——黄帝陵 55km，山清水秀，气候宜人。矿井配套建有一条 16km 长的铁路专用线，专用铁路线年运输能力 1700 万吨，运力可靠。

34.2　地质资源

矿区位于黄陵矿区中部，据地表出露及钻孔揭露，矿区地层由老至新依次有：三叠系上统瓦窑堡组、侏罗系下统富县组、中统延安组、直罗组、安定组、白垩系下统洛河组、新近系、第四系。

二号煤矿位于黄陵矿区西北部，为一倾向北西—北西西的单斜构造，地层倾角一般 1°~5°，局部达 7°~15°。根据 2 号煤层底板等高线推断，盘区北部及中部有两个古隆起区域，在该区域煤层沉积较薄至不可采。盘区内未发现断层及岩浆岩活动，构造属简单类型。

煤质优良，属低中灰、低硫、低磷、中挥发分、高发热量、黏结性中等的一号肥气煤和二号弱黏结煤，富含 1/3 焦煤，是优质环保的动力煤和炼焦配煤，还可以用作气化、低温干馏等煤炭深加工原料，产品市场前景广阔。

34.3 开采基本情况

34.3.1 矿山开拓方式及采矿工艺

矿井采用斜井-平硐联合开拓布置方式，连续采煤机掘进，长壁后退式综合机械化开采。工作面采用三巷布置，分别为辅运巷、胶带巷、回风巷，其中工作面的辅运巷作为下一个工作面的回风巷重复使用，支护均采用"锚网索"联合支护。

34.3.2 矿山主要生产指标

二号煤矿累计查明资源储量 94512 万吨，累计开采矿石 3480.36 万吨，累计动用储量 4952.17 万吨。设计矿井回采率为 70%。2011 年采区采出量为 687.58 万吨，工作面回采率 96%、采区回采率为 81.5%。2012 年采区采出量为 719.38 万吨，工作面回采率 96.2%、采区回采率为 82.0%。2013 年采区采出量为 684.67 万吨，工作面回采率 95.6%、采区回采率为 81.71%。

34.4 选煤情况

黄陵二号煤矿选煤厂设计生产能力为 6000 万吨/a，选煤工艺为重介质浅槽。2011 年、2012 年、2013 年原煤入选率达 20.56%、18.79%、20.4%。

34.5 矿产资源综合利用情况

2013 年利用矿井水 68.6 万立方米。

34.6 技术改进及设备升级

矿井目前建有两套地面瓦斯抽采系统，抽采能力均为 400m³/min。一套系统进行本煤层预抽和边采边抽，主管 ϕ630mm×46.3mm；另一套为采空区抽采系统，主管 ϕ560mm×33.2mm，主要服务于一采区。为解决抽采能力不足问题，目前在四采区建有 2 套井下移动式抽采系统，抽采能力均为 110m³/min，主要进行 403 回采工作面瓦斯预抽。该工作面采用本煤层抽采为主、采空区抽采（裂隙带抽采）为辅的综合抽采工艺。

（1）本煤层抽采。采用平行长钻孔预抽，钻场布置在采面回风巷，钻孔设计长度 200m，孔径 94mm，间距 10m，采用马丽散封孔，设计封孔深度 6m；钻孔抽采负压-

25kPa 左右，预抽时间 2~6 个月，回采时预抽钻孔作为边采边抽钻孔。

（2）采空区抽采。工作面初次来压后，采空区瓦斯涌出量急剧增加，上隅角瓦斯浓度由 0.3% 升高至 1%，不得不限制回采工作面产量。为解决上隅角瓦斯超限及工作面瓦斯涌出量大的问题，自回风巷 1230m 开始，设钻场施工高位钻孔，抽采围岩及邻近层的卸压瓦斯。高位抽采钻场布置在采面回风巷内，钻场间距 100m，钻场内布置 5 个钻孔，长度 150m 左右，孔径 94mm，钻孔终孔点位于 2 号煤层，顶板上方 39m，与回风巷平距 0~31m。采用马丽散封孔，封孔长度不小于 3.5m，抽采负压−15kPa。

通过煤层抽采和高位钻孔抽采，有效解决了工作面瓦斯涌出量大及上隅角瓦斯浓度超限的问题，保证了工作面高效、安全生产。

35　火石咀煤矿

35.1　矿山基本情况

火石咀煤矿始建于 1976 年，经过改扩建，现生产能力为 300 万吨/a。矿山开发利用简表见表 35-1。

表 35-1　火石咀煤矿开发利用简表

基本情况	矿山名称	火石咀煤矿	地理位置	陕西省彬县
地质资源	开采煤种	褐煤	累计查明资源储量/万吨	27332.9
	主要可采煤层	4^{-2}		
开采情况	矿山规模/万吨·a^{-1}	300	开采方式	露天开采
	开拓方式	斜井开拓	采煤工艺	倾斜走向长壁式综放一次采全高
	原煤产量/万吨	298.6	开采回采率/%	76.8
选煤情况	选煤厂规模/万吨·a^{-1}	600	原煤入选率/%	58.1
	主要选煤方法	块煤斜轮重介质+中块原煤三产品旋流器重介质+末煤不入选		
	原煤入选量/万吨	126	原矿品位/%	9.78
综合利用情况	煤矸石利用量/万吨	51	废水利用量/万立方米	15.2
	煤泥利用量/万吨	7.5		

火石咀煤矿井田南北宽为 5.5km，东西走向长约 6.4km，占地面积约 35.06km²。

火石咀煤矿位于陕西省彬县县城西北泾河北岸，井田北部和西部与小庄井田为界；南部以在建中的西安—平凉铁路为界；东部以本井田详查勘探时 4^{-2} 号煤层可采边界为界。312 国道西（安）到兰（州）线属二级公路，距火石咀煤矿工业广场 500m，向西 35km 处与宝鸡—庆阳公路相接，银武高速公路经由火石咀煤矿附近通过并留有路口。另外，在建中的西安至平凉铁路将从工业场地北边约 80m 处通过。该矿井之煤炭可运往甘肃及宝鸡第二发电厂，交通条件较为优越。

35.2　地质资源

井田为残源梁峁地貌。最高点位于井田东北小章乡西部梁顶，标高+1185.7m，最低点位于井田南部之泾河岸边，标高+833.60m，相对高差 220～350m。井田内无工业生产，环境地质基本处于自然状态。

火石咀煤矿位于彬长煤田东南部，主采延安组 4^{-2} 煤层，煤层厚度 3～12m，均厚 7m，煤层倾角 1°～7°，赋存较稳定，硬度 2.5～3.5，节理不发育。直接顶为细砂岩，均厚 11.5m，底板为灰绿色泥岩，平均 2.29m。井田内外分布的主要地表水体是芋家沟沟流、水帘河、西帘河、泾河。

火石咀煤矿累计查明资源储量 27332.9 万吨，累计开采矿石 3185.15 万吨，累计动用储量 6801.6 万吨。

35.3　开采基本情况

35.3.1　矿山开拓方式及采矿工艺

火石咀煤矿采用斜井开拓方式，采煤方法为倾斜走向长壁式综放一次采全高。回采巷道采用单巷掘进，每个工作面布置两个平行巷道，区段保护煤柱宽为 20m，初次放煤为工作面正常推进以后，在停采线 20m 处停止顶煤放出。

35.3.2　矿山主要生产指标

火石咀煤矿设计矿井回采率为 55%。2011 年采区采出量为 321.8 万吨，工作面回采率 85.6%、采区回采率为 75.8%。2012 年采区采出量为 479 万吨，工作面回采率 85.2%、采区回采率为 76.2%。2013 年采区采出量为 298.6 万吨，工作面回采率 89.9%、采区回采率为 76.8%。

35.4　选煤情况

火石咀煤矿选煤厂隶属于火石咀煤矿有限责任公司，该矿区煤炭资源丰富，选煤厂属矿井型动力煤选煤厂，设计生产能力 600 万吨/a。煤区原煤煤层厚（9～15m）、易开采、特低硫、低磷、中高发热量，是优质的动力和气化用煤，开发利用价值极高。选煤厂采用块煤斜轮重介质+中块原煤三产品旋流器重介质+末煤不入选的工艺流程，该工艺稳定可靠，灵活性强，能生产 6 种不同的产品，可充分满足煤质及不同市场的需求。

2013 年原煤入选率为 58.1%。

35.5　矿产资源综合利用情况

2013 年利用煤矸石 51 万吨，矿井水 15.2 万立方米，煤泥 7.5 万吨。

35.6　技术改进及设备升级

火石咀煤矿综放面的煤炭损失主要集中在放煤损失、区段煤柱损失、端头损失、初末采损失。通过推广小煤柱护巷技术，可以有效减少区段煤柱损失量。初采时在切眼对顶煤强制爆破松动，可以有效提高初采期间顶煤放出率；末采时利用矿压显现规律，采取卸压措施，将挂网距离降低到10m。通过提前对顶煤爆破松动弱化，改善合理放煤工艺，对采空区底部浮煤采用后部刮板机回收装置回收，可以有效降低放煤损失。

36　霍林河一号露天煤矿

36.1　矿山基本情况

霍林河一号露天矿是国有大型煤矿，霍林河煤田开发建设始于 1976 年。其中，一号露天矿始建于 1981 年，1984 年移交生产。是国家"七五""八五"重点建设项目，是我国自行设计、自行施工、最早开发建设的第一个千万吨级现代化露天煤矿。现已建成南露天采区和北露天采区，形成 2500 万吨/a 生产能力。其中南露天采区生产能力为 1500 万吨/a，北露天采区生产能力为 1000 万吨/a。矿山开发利用简表见表 36-1。

表 36-1　霍林河一号露天矿开发利用简表

基本情况	矿山名称	霍林河一号露天矿	地理位置	内蒙古自治区通辽市
	矿山特征	我国自行设计、自行施工、最早开发建设的第一个千万吨级现代化露天煤矿		
地质资源	开采煤种	褐煤	累计查明资源储量/万吨	138708
	主要可采煤层	14、17、19、21		
开采情况	矿山规模/万吨·a^{-1}	2500	开采方式	露天开采
	剥离工艺	单斗汽车间断工艺、单斗汽车-半固定式破碎站-带式输送机—排土机工艺	采煤工艺	单斗汽车-半固定式破碎站-带式输送机半连续工艺
	原煤产量/万吨	1982.94	开采回采率/%	95.80
	剥采比/$m^3 \cdot t^{-1}$	3.6	开采深度/m	864~432
综合利用情况	废水年利用量/万立方米	345.18	废水年利用率/%	100
	废水利用方式	矿区绿化用水、土地复垦用水、道路洒水		

矿区南北长 10km，东西宽 3.4km，占地面积 34.0013km²，开采深度由 864m 至 432m 标高。

一号露天矿位于内蒙古自治区通辽市西北，在霍林郭勒市和扎鲁特旗境内。南邻赤峰市的阿鲁科尔沁旗，西北与锡林郭勒盟东乌珠穆沁旗毗连。目前矿区对外通道主要是通霍公路和通霍铁路。通霍公路为国道 304 线，由矿区经扎鲁特旗鲁北镇至通辽市，全长 325km，沥青路面。通霍铁路由霍林河矿区经兴安盟的西哲里木、吐列毛杜、科尔沁右翼中旗白音胡硕，再经扎鲁特旗至通辽市，全长 420km。每日有快、慢两对列车分别从两地对开。另有两条草原土路。一是矿区经哈日努拉矿区农牧场向东北至大石寨，全长 215km。二是东经吐列毛杜、突泉至乌兰浩特，全长 350km。再有经由矿区北部边缘的锡林郭勒至乌兰浩特的柏油公路即将建成通车。矿区内各厂、矿、生产、生活区之间，均形成了公路网络，交通十分方便。煤炭可由露天矿直接外运。

霍林郭勒属典型的半干旱大陆性气候，冬季漫长寒冷，夏季短促凉爽。

36.2 地质资源

36.2.1 矿床地质特征

霍林河一号露天矿含煤地层为中生界上侏罗系霍林河组，属陆相沉积。煤田为一宽缓向斜构造，向斜轴与煤田展布方向一致，大体为 NE22°。向斜两翼地层倾角不一，略有不对称性。在已探明的 16 条断层中，主要断层有 5 条。

一号露天矿开采范围内可采煤层 9 层（6、8、10、11、14、17、19、21、24 煤层），其中 14、17、19、21 号煤层为主要可采煤层，煤层总厚 41.65m，平均层厚度 8.52m，属稳定煤层，倾角 5°~13°，煤矿采用顶板露煤，分层开采，开采条件良好。各煤层顶底板岩性以粉砂岩、细砂岩和泥岩为主，14、17 号煤层局部有菱铁质和钙质胶结成薄层状或透镜状的夹石。粉砂岩、细砂岩和泥岩构成露天矿的主要剥离物。

36.2.2 资源储量

矿区煤类为褐煤（HM2）。具有低硫、低磷、高挥发分、高灰熔点的特点，是良好的动力用煤，主要用于火力发电。

一号露天矿累计查明褐煤资源/储量 138708 万吨，截至 2013 年底，保有煤炭资源储量 108273.37 万吨。

36.3 开采基本情况

矿山资源埋藏浅、厚度大、采剥比小、构造简单便于露天开采。开采作业主要包括穿孔、爆破、采装、运输和排土等流程。采煤生产工艺采用单斗汽车-半固定式破碎站-带式输送机半连续工艺，剥离生产采用单斗汽车间断工艺、单斗汽车-半固定式破碎站-带式输送机-排土机工艺，机械化程度 100%。

矿山采用剥离台阶水平分层，台阶高度小于 10m，采掘带宽度 20m，道路运输平盘宽度 40m，最小平盘宽度 60m，工作帮台阶坡面角 70°。采用顶板露煤法分层开采，每层高度 5m，利用每个分层拉沟站立平台，采煤采用水平分层由顶板向底板推进，由推土机配合挖掘机层层扒皮并处理顶底板三角煤。采掘带宽度 20m，工作台阶坡面角 70°，最小平盘宽度 60m。

主要采装设备为 27m³、14m³ 电铲，主要运输设备为 108t、220t、91t 卡车，排土设备为排土机及 180t 推土机。

霍林河一号露天矿可采煤层以中厚煤层为主，2013 年采区回采率为 95.8%、生产剥采比为 3.6m³/t。

36.4　选煤情况

霍林河一号露天矿煤矿开采的煤种为褐煤，为不可选煤，矿山未建设洗选厂，矿山采出原煤直销发电厂。

36.5　矿产资源综合利用情况

霍林河一号露天矿为单一矿种煤矿，没有查明的其他共伴生矿产。

霍林河一号露天矿煤层内的夹矸比较多，目前作为废石排弃，矿山未利用。

矿井疏干水量约为 $12000m^3/d$，年排放量约为 345.18 万立方米。矿区建有疏干水复用系统，疏干水直接排入疏干水复用水池，将疏干水集中，用于矿区绿化用水、土地复垦用水、道路洒水等，实现水资源的充分利用。利用率为 100%。

36.6　技术改进及设备升级

矿山采煤生产工艺采用单斗汽车-半固定式破碎站-带式输送机半连续工艺；剥离生产采用单斗汽车间断工艺、单斗汽车-半固定式破碎站-带式输送机-排土机工艺，机械化程度 100%。目前，公司为进一步节能提效，在剥离生产方面，新引进了轮斗连续工艺，该工艺正式投入使用后，在节能环保、降低能耗、提高效率等方面将取得新成效。

37 鸡西东山煤矿

37.1 矿山基本情况

鸡西东山煤矿始建于1950年8月7日，1955年8月8日正式投产。设计生产规模为210万吨/a。矿山开发利用简表见表37-1。

表 37-1 鸡西东山煤矿开发利用简表

基本情况	矿山名称	鸡西东山煤矿	地理位置	黑龙江省鸡西市
地质资源	开采煤种	1/3 焦煤	累计查明资源储量/万吨	16933.15
	主要可采煤层	7号、6A、6B、3^{上}、3^{下}、1号		
开采情况	矿山规模/万吨·a^{-1}	210	开采方式	地下开采
	采煤工艺	走向长壁采煤法	开采深度/m	$-40 \sim -700$
	原煤产量/万吨	151.81	采区回采率/%	83.4
	煤矸石产生量/万吨	106	矿井水产生量/万立方米	301
选煤情况	选煤厂规模/万吨·a^{-1}	240	原煤入选率/%	100
	主要选煤方法	重介-浮选联合工艺		
	原煤入选量/万吨	151.81	精矿产率/%	31.11
综合利用情况	煤矸石利用率/%	2.6	废水利用率/%	62.5
	煤矸石利用方式	铺路	废水利用方式	洗煤、矿内浴池

该矿山开采方式为地下开采，开采深度为$-40 \sim -700$m标高。煤田走向长6km，倾斜长6.2km，面积为37.1273km^2。

东山煤矿位于鸡西煤田南部条带中段，有鸡图公路在矿区北侧约2.5km处通过，距鸡西市区约9km，距恒山车站约2km，行政区划属鸡西市恒山区管辖。

井田内地形为丘陵山地，东南有大碴子山等，北部山谷间因河流冲刷切蚀，局部形成冲积平地。最高山峰为大碴子山，标高为448.5m，山脊平均高420m，谷地冲积平地标高253m，相对高差195.5m，井田北部为黄泥河，河床标高250m。矿井井口标高361m，历年洪水位标高253m。工业广场两侧各有一条季节性河流，由南向北径流，注入黄泥河。年降雨量最小314mm，最大818.8mm，年平均降雨量500~600mm。最高气温34℃，最低气温-32℃，属寒温带大陆性季风气候。

37.2　地质资源

井田主要含煤地层为城子河组，地层总厚 500~700m，含煤 20 余层，含煤系数 3%，可采和局部可采煤层 16 层。可采煤层总厚度 15m。在 16 个可采层中，7 号、6A、6B、$3^{上}$、$3^{下}$、1 号等六个煤层全区可采。其余十层中 10 号、$10^{下}$、6C、$4^{下}$ 层等局部可采，8、$7^{下}$、$6D^{下}$、$6D^{上}$、$4^{上}$、2 号层大部可采，煤的牌号为 1/3 焦煤。

部分煤层厚度由上至下为：

8 号煤层，煤层厚为 0.65~1.1m，平均厚为 0.87m。

7 号煤层，煤层厚 0.6~0.95m，平均 0.77m。

$7^{下}$ 煤层，煤层厚 0.63~1.1m，平均 0.78m。

$6D^{上}$ 煤层，煤层厚 0.6~1.3m，平均 0.8m。

$6D^{下}$ 煤层，煤层厚 0.6~1.2m，平均 0.8m。

6B 煤层，煤层厚 0.76~1.15m，平均 0.95m。

6A 煤层，煤层厚 0.9~2.39m，平均 1.65m。

$4^{上}$ 煤层，煤层厚 0.6~1.1m，平均 0.85m。

$4^{下}$ 煤层，煤层厚 0.8~1.6m，平均 1.2m。

$3^{上}$ 煤层，煤层厚 1.2~2.3m，平均 1.75m。

$3^{下}$ 煤层，煤层厚 0.75~1.1m，平均 0.9m。

2 号煤层，煤层厚 0.6~0.8m，平均 0.7m。

1 号煤层，煤层厚 0.6~1.35m，平均 1.1m。

各煤层煤质情况见表 37-2。

表 37-2　各煤层煤质情况

煤层号	A_d/%	V_{daf}/%	Y/mm	S_{td}/%	P/%	$Q_{gr,d}$/MJ·kg^{-1}	视密度/g·cm^{-3}
8	$\dfrac{12.18\sim31.87}{19.14\ (19)}$	34.6	16	0.4	0.002	24.45	1.4
7	$\dfrac{10.35\sim33.87}{20.94\ (19)}$	34.32	18.5	0.5	0.007	26.24	1.34
$7^{下}$	$\dfrac{9.83\sim38.38}{19.51\ (17)}$	34.6	18.0	0.34	—	26.5	1.4
$6D^{上}$	$\dfrac{15.87\sim32.11}{23.27\ (17)}$	32.51	18.5	0.37	0.0037	25.6	1.4
$6D^{下}$	$\dfrac{14.86\sim39.8}{21.33\ (14)}$	32.2	15.0	—	0.001	25.02	1.4
6B	$\dfrac{13.17\sim38.6}{20.03\ (26)}$	30.47	16.5	0.31	0.0057	24.24	1.4
6A	$\dfrac{14.86\sim39.8}{22.08\ (48)}$	29.67	14	0.3	0.0035	25.8	1.4

煤层号	$A_d/\%$	$V_{daf}/\%$	Y/mm	$S_{td}/\%$	$P/\%$	$Q_{gr,d}$ /MJ·kg^{-1}	视密度 /g·cm^{-3}
4^{上}	$\dfrac{11.18\sim29.39}{18.26\ (15)}$	29.05	15.0	0.45	0.004	27.18	1.35
4^{下}	$\dfrac{23.13\sim40}{31.56}$	34.68	13.5	0.28	0.0069	23.37	1.29
3^{上}	$\dfrac{8.81\sim32.98}{17.22\ (36)}$	31.15	18.0	0.34	0.0068	27.5	1.3
3^{下}	$\dfrac{11.9\sim40.0}{19.9\ (40)}$	29.57	16	0.4	0.007	23.2	1.35
2	$\dfrac{9.71\sim36.97}{20.34\ (30)}$	28.01	14.5	0.24	0.0062	22.8	1.35
1	$\dfrac{9.32\sim35.16}{16.69\ (32)}$	28.14	18	0.4	0.0068	26.8	1.3

　　截至 2013 年底，该矿山累计查明煤炭资源储量为 16933.15 万吨，保有资源储量为 15246.74 万吨；设计永久煤柱量为 881.8 万吨；"三下"压煤量为 464 万吨；该矿山无共伴生矿产。

37.3　开采基本情况

37.3.1　矿山开拓方式及采矿工艺

　　该煤矿煤层属于薄煤层-中厚煤层，构造复杂程度为中等构造，开采技术条件为中等，实际采煤方法为走向长壁采煤法，实际开采煤层数为 6 层，实际开采煤层情况见表 37-3。

表 37-3　实际开采煤层情况

煤层号	煤牌号	厚度 /m	倾角 /(°)	煤层 稳定性	可选性	设计可采 储量/万吨	设计工作面 回采率/%	设计采区 回采率/%
1	1/3JM	1.1	12	稳定	难选煤	1076.85	97	85
3^{上}	1/3JM	1.8	12	稳定	易选煤	367.23	95	80
3^{下}	1/3JM	1	12	稳定	难选煤	271.5	97	85
6A	1/3JM	1.7	12	稳定	极难选煤	1643.24	95	80
7	1/3JM	3	12	不稳定	极难选煤	601.91	95	80
6B	1/3JM	0.95	12	稳定	极易选煤	909.6	97	85

37.3.2　矿山主要生产指标

矿山设计生产能力为 210 万吨/a，2011 年实际生产原煤 146.98 万吨，2013 年实际生产原煤 151.81 万吨。

截至 2013 年底，累计矿井动用储量为 1686.418 万吨，累计矿井采出量为 1172.47 万吨，累计矿井损失量为 513.94 万吨。

矿山设计工作面回采率为 95%～97%，设计采区回采率为 80%～85%，设计矿井回采率为 60%。该矿 2011 年实际工作面、采区、矿井回采率分别为 97.47%、86.33%、75.02%；2013 年实际工作面、采区、矿井回采率分别为 97%、83.4%、62.1%。

该矿山年度开采回采率情况见表 37-4。

表 37-4　东山煤矿开采回采率情况

年度	工作面回采率/%	采区损失量/万吨	采区采出量/万吨	采区回采率/%	全矿井采出量/万吨	全矿井损失量/万吨	矿井回采率/%
2011	97.47	23.28	146.98	86.33	146.98	48.78	75.02
2013	97	30.27	151.81	83.4	151.81	92.64	62.1

37.4　选煤情况

该矿配套建设了东山洗煤厂，设计选煤能力为 240 万吨/a。选煤工艺为重介-浮选联合工艺。

重介工艺：50~0mm 粒级入选原煤不脱泥，不分级，无压给入三产品重介质旋流器，以单一低密度悬浮液进行分选，一次性分选出精煤、中煤和矸石。精煤经弧形筛一次脱介，再经单层脱介脱水筛二次脱介脱水和分级，脱介筛筛上物进入精煤产品胶带输送机，脱介筛下的末精煤进入末精煤离心机脱水后成为最终产品；中煤经弧形筛一次脱介，再经单层脱介脱水筛二次脱介脱水和分级，脱介筛筛上物进入中煤产品胶带输送机，脱介筛下的末中煤进入末中煤离心机脱水后成为最终产品；矸石经单层脱介泄介筛脱介脱水后进入矸石胶带输送机。

浮选工艺：精煤泥击打翻转弧形筛筛下水自流至浮选系统进行煤泥分选，分选出精煤和尾煤，浮选精煤采用卧式沉降过滤离心脱水机配合精煤压滤机脱水回收，压滤机滤液自流到循环水池，浮选尾煤、中煤磁选尾矿及截粗后的矸石磁选尾矿自流到一段浓缩机。一段浓缩机底流采用卧式沉降过滤式离心脱水机进行回收，一段浓缩机溢流和卧式沉降过滤式离心脱水机离心液入二段浓缩机浓缩，二段浓缩机底流用压滤机回收，压滤机滤液作为循环水返回使用。必要时在二段浓缩机入料中添加絮凝剂，其清净的溢流作为脱介筛喷水，洗水实现一级闭路循环。该矿山原煤入选情况见表 37-5。

表 37-5　东山煤矿原煤入选情况

年度	原煤产量 /万吨	入选原煤量 /万吨	原煤入选率 /%	精煤产品产率 /%
2011	146.98	146.98	100	31.12
2013	151.81	151.81	100	31.11

37.5　矿产资源综合利用情况

该煤矿无共伴生矿产。该矿山排放的煤矸石用于铺路，2011 年、2013 年煤矸石利用情况见表 37-6。该矿井水利用方式为生产、生活用水。2011 年、2013 年矿井水利用情况见表 37-7。

表 37-6　煤矸石利用情况

年度	年排放量 /万吨	累计排放量 /万吨	年利用量 /万吨	累计利用量 /万吨	利用率 /%
2011	144	1008	3	21	2.1
2013	106	1239	2.8	27	2.6

表 37-7　矿井水利用情况

年度	年排放量 /万立方米	累计排放量 /万立方米	年利用量 /万立方米	累计利用量 /万立方米	利用率 /%
2011	292	2044	180	1260	61.6
2013	301	2645	188	1633	62.5

38　建北煤矿

38.1　矿山基本情况

建北煤矿设计生产能力为 240 万吨/a，矿区面积 28.58km²。

建北煤矿地处黄陵县腰坪乡境内，与铜川市焦坪矿区相邻，矿区属山区黄土高原地貌，地形起伏极大，平均海拔约 1300m，沟深山陡，植被茂密。矿山开发利用简表见表 38-1。

表 38-1　建北煤矿开发利用简表

基本情况	矿山名称	建北煤矿	地理位置	陕西省黄陵县
地质资源	主要可采煤层	4^{-2}	累计查明资源储量/万吨	31150
开采情况	矿山规模/万吨·a^{-1}	240	开采方式	地下开采
	开拓方式	单水平斜井开拓	采煤工艺	综采放顶煤
	原煤产量/万吨	355.3	采区回采率/%	75.1
选煤情况	选煤厂规模/万吨·a^{-1}	240	原煤入选率/%	68
	主要选煤方法	块煤重介质浅槽分选+末煤重介质旋流器分选+煤泥块压滤及加压过滤处理联合工艺		
综合利用情况	煤矸石利用量/万吨	5.85	矿井水利用量/万立方米	31.7

目前开采 4^{-2} 煤层，4^{-2} 煤层赋存平缓，底板平缓，倾角为 2°~5°，首采工作面 4^{-2}101 工作面煤层厚度 5~10m，平均厚度 7.6m，沿走向方向，煤层底板呈高至低之势，煤层厚度由薄变厚，标高为 827~920m，煤层埋藏深度为 473~570m，属低瓦斯矿井。

38.2　开采基本情况

38.2.1　矿山开拓方式及采矿工艺

建北矿井采用单水平斜井开拓，井田内煤层属近水平煤层，可采煤层共 5 层，其中 4^{-2} 号煤层为主采煤层。根据煤层赋存条件和开采技术条件，将全井田划分为七个盘区，矿井移交生产时，开采一盘区。在一盘区共配备 1 个回采工作面，1 个综掘工作面和 1 个炮掘工作面保证矿井生产能力。

38.2.2 矿山主要生产指标

建北煤矿累计查明资源储量 31150 万吨，累计开采矿石 1077.47 万吨，累计动用储量 1459.26 万吨。设计矿井回采率为 66.1%。

2011 年采区采出量为 250.57 万吨，工作面回采率 90.8%、采区回采率为 72.2%。2012 年采区采出量为 334.7 万吨，工作面回采率 91.7%、采区回采率为 73%。2013 年采区采出量为 355.3 万吨，工作面回采率 93.2%、采区回采率为 75.1%。

38.3 选煤情况

建北煤矿选煤厂为集团公司所属选煤厂，设计生产能力为 240 万吨/a，选煤方法为块煤重介质浅槽分选–末煤重介质旋流器分选–煤泥块压滤及加压过滤处理联合工艺。2011 年、2012 年、2013 年原煤入选率达 70%、71.7%、68%。

38.4 矿产资源综合利用情况

2013 年利用煤矸石 5.85 万吨，矿井水 $31.7 \times 10^4 m^3$。

38.5 技术改进及设备升级

建北煤矿巷道支护中应用了 ZDY200LM 履带式钻锚机，提高了巷道支护效率，保持了巷道的稳定性，促进了煤矿安全高效开采。

ZDY200LM 型钻锚机适用于高度在 2.6~3.8m 的煤矿巷道，宽度根据掘进机及其他辅助设备大小而定。在一定条件下，可进行帮锚施工作业。钻锚机施工 8m 锚索孔过程中速度均衡、平稳。经测定履带式钻锚机平均用时约 15min，最短 13min 可完成施工作业。随着操作施工人员锚索施工经验和水平的提升，履带式钻锚机的施工效率也会相应提高。

ZDY200LM 型钻锚机参数设计合理、性能可靠、机身窄小、钻孔不易偏斜，尤其适合窄巷道使用，能减小工人劳动强度，噪声与气动锚杆钻机的比较，减小相当明显。

锚索（杆）施工采用 ϕ32mm 全片锚杆钻头，以及 B19 六方钻杆，长度为 1m。锚索钻孔施工过程中利用高压水作为冲洗液及钻头冷却介质。104 工作面支护形式为锚网+锚索+T 型钢带支护。锚索施工钻孔深度 8m，锚杆施工钻孔深度 2.5m，锚索和锚杆按"4343"矩形布置，间排距 1600mm×800mm，每孔 3 节 MSK2360 树脂锚固剂，锚固长度 1.8m。

39　建　新　煤　矿

39.1　矿山基本情况

建新煤矿设计生产能力为 90 万吨/a，矿区面积 41.9km²。矿井于 2008 年 3 月开工建设，2011 年 9 月底主要生产系统基本建成。2012 年通过竣工验收，矿井正式投入生产。2014 年核定生产能力为 400 万吨/a。矿山开发利用简表见表 39-1。

表 39-1　建新煤矿开发利用简表

基本情况	矿山名称	建新煤矿	地理位置	陕西省府谷县
	矿山特征	第四批国家级绿色矿山试点单位		
地质资源	主要可采煤层	2⁻²、3⁻²	累计查明资源储量/万吨	20281
开采情况	矿山规模/万吨·a⁻¹	400	开采方式	地下开采
	开拓方式	斜井开拓	采煤工艺	倾斜长壁后退式采煤
	原煤产量/万吨	376	采区回采率/%	76.3
选煤情况	选煤厂规模/万吨·a⁻¹	500	原煤入选率/%	100
	主要选煤方法	跳汰选煤	原煤入选量/万吨	376
综合利用情况	煤矸石利用量/万吨	73	废水利用量/万立方米	5.85

建新煤矿位于陕西省府谷县西偏北约 65km 处，行政区划隶属府谷县老高川乡，区内人口稀少，农村宅基地分布零散，土地利用现状以天然牧草地为主。区内现有主要建设工程有普通公路、焦化厂等。

39.2　地质资源

区内地表水主要为大板兔川，虽常年流水，但流量甚微，且受降雨影响十分显著。根据地下水赋存条件及水力特征，将煤层上覆的含水层划分为新生界松散层孔隙潜水与中生界基岩类裂隙孔隙潜水、基岩层间裂隙承压水三大类。各含水层富水性总体较弱，隔水层主要是新近系上新统保德组红土，为松散土体与基岩之间的隔水层，系区内最重要的隔水层，分布广泛，厚度 0~46.57m。

区内冲沟发育，地貌条件较差，地质灾害属中等易发区。谷坡下部至谷底一般为基岩出露，属岩质斜坡，坡形一般较陡，易发生崩塌现象。谷坡上部至梁（峁）顶多为黄土覆盖，属土质斜坡，虽坡形较缓，但由于组成物质松散，易发生小型崩塌、滑坡现象。通过地质灾害遥感解译及野外现场调查，共发现崩塌 13 处，滑坡 4 处，采空区地面塌陷隐患 5 处。受光照条件和温差影响，北坡或东坡崩塌、滑坡较发育，南坡或西坡则弱发育。

区内出露地层由老至新依次有：侏罗系中统延安组、新近系上新统保德组、第四系中更新统离石组、第四系上更新统马兰组及全新统冲积层。煤系地层为侏罗系延安组，区内主要可采煤层是 2^{-2}、3^{-2} 煤层。煤层埋深总体较浅，其中 2^{-2} 煤层埋深 0～118.86m，3^{-2} 煤层埋深 0～168.71m，二者间距平均值为 45.20m，2^{-2} 煤层可采厚度 1.53～3.00m，3^{-2} 煤层可采煤层厚度 1.06～2.40m，二者均属中厚煤层。区内构造简单，地层缓向西倾，平均倾角<1°，无褶皱、断层发育。

2^{-2} 煤和 3^{-2} 煤原煤空气干燥基水分（M_{ad}）平均值分别为 9.87% 和 9.76%，灰分平均值分别为 5.99% 和 6.29%，挥发分平均值分别为 35.58% 和 35.65%，硫分平均值分别为 0.29% 和 0.30%，属特低灰分、特低硫分、中高挥发分的动力煤。

建新煤矿累计查明资源储量 20281 万吨，累计开采矿石 958.4 万吨，累计动用储量 1506.7 万吨。

39.3 开采基本情况

39.3.1 矿山开拓方式及采矿工艺

建新煤矿开拓方式为斜井开拓，煤矿建设工程包括地面工程和井下工程。地面工程为工业场地，面积 5.99km²，井下工程主要有主、副及回风斜井，主、副运输及回风大巷，工作面顺槽等。该矿先期开采 2^{-2} 煤层，计划时间 10 年，然后再凿 3 个暗斜井，与 3^{-2} 煤层 3 条大巷形成开拓系统，开采 3^{-2} 煤层。该矿按 2^{-2}、3^{-2} 煤层的赋存情况划分了 2 个水平，4 个盘区，采用倾斜长壁后退式采煤法，综采工艺，顶板管理采用全部跨落法管理。井田边界和工作面顺槽间煤柱 20m，老窑采空区及大巷边界煤柱 30m，井筒煤柱 50m，工业场地围护带宽度按 15m 留设。

39.3.2 矿山主要生产指标

该矿设计矿井回采率为 65.9%。2011 年采区采出量为 205.9 万吨，工作面回采率 79.68%、采区回采率为 76.1%。2012 年采区采出量为 290 万吨，工作面回采率 93.12%、采区回采率为 75.8%。2013 年采区采出量为 376 万吨，工作面回采率 93.01%、采区回采率为 76.3%。

39.4 选煤情况

建新煤矿选煤厂为建新矿井配套选煤厂，设计生产能力 500 万吨/a，选煤工艺为跳汰选煤。2012 年与 2013 年原煤入选率达 100%。

39.5　矿产资源综合利用情况

2013 年利用煤矸石 73 万吨，矿井水 $5.85 \times 10^{4} m^{3}$。

39.6　技术改进及设备升级

易自燃煤层综采放顶煤工作面防火问题一直是建新煤矿工作面安全管理的重点。建新煤矿综采放顶煤工作面的回风巷利用压注阻化剂水溶液，把巷道高冒区内高温煤体降低到常温状态。工作面采用以黄泥灌装、注氮防灭火为主，气雾阻化、胶体泥装为辅的综合防灭火措施，保证综放工作面回采的顺利进行。

（1）工作面回风巷压注胶体泥浆防灭火技术。以充填为主的防灭火方法是解决煤层自然发火的主要途径，胶体泥浆具有充填量大、流动性好、凝结时间短（可调）、成本低、物理化学性质稳定的特点，被广泛应用。

胶体泥浆材料是一种特殊的混合物，它由主料黄土、配料水玻璃、促凝剂碳酸氢氨和水组成，主料和配料按一定比例加水稀释后，搅拌成水玻璃泥浆，该浆液具有很好的流动性能，可实现长距离输送，不堵管、不凝结。当水玻璃泥浆与促凝剂混合后发生化学反应时迅速凝固，生成固结性胶体材料。

利用地面灌浆站，将主料和配料与水混合搅拌后，由灌浆系统把水玻璃泥浆输送到井下，在井下利用泥浆泵将促凝剂加入胶体泥浆中，混合后用橡胶管将胶体泥浆压注到钻孔中。

（2）工作面回采注氮工艺。首先两巷非煤墙侧超前后部输送机 5m 扩帮，将长期氧化煤提前清除，直至硬帮为止。采用间隔性注氮。由井下移动制氮站→4102 运输巷施工巷→4102 运输巷→采空区。每班不间断地从下巷向采空区注氮气，注氮量为 $1535.2 m^{3}/h$。回采工作面采空区采用埋管注氮，给工作面运输巷铺设一趟注氮管，当管路埋入采空区 10m 时开始注氮，当管路埋入 40m 时，开始埋设第二趟管路，当第二趟管路埋入 10m 时向采空区注氮，同时停止第一趟管路注氮，这样循环往复，直至工作面采完为止。

采用胶体泥浆对工作面回风巷高冒区进行处理，工作面在生产过程进行了黄泥灌浆，在建新矿 4102 综放工作面首次尝试取得成功，为今后工作面防灭火提供了宝贵的实践经验，其经济效益十分明显。

40　锦　界　煤　矿

40.1　矿山基本情况

锦界煤矿是国家西部大开发的重要组成部分，是榆林市能源化工基地建设进入大开发的标志性项目。锦界煤矿于 2004 年 4 月 1 日开工建设，2006 年 9 月 30 日建成并试生产，设计生产能力 2000 万吨/a。自投产以来，一直边生产、边建设，核定生产能力 1800 万吨/a。矿山开发利用简表见表 40-1。

表 40-1　锦界煤矿开发利用简表

基本情况	矿山名称	锦界煤矿	地理位置	陕西省神木县
地质资源	开采煤种	长焰不黏煤	累计查明资源储量/万吨	215444
	主要可采煤层	31、42、52		
开采情况	设计生产能力/万吨·a⁻¹	2000	开采方式	地下开采
	开拓方式	斜井开拓	采煤工艺	综合机械化一次采全高，全部垮落式管理顶板
	原煤产量/万吨	642.6	开采回采率/%	88.3
选煤情况	选煤厂规模/万吨·a⁻¹	1000	原煤入选率/%	100
	主要选煤方法	重介浅槽		
综合利用情况	煤矸石利用量/万吨	12.57	废水利用量/万立方米	1819.15

锦界井田位于陕西省神木县西南方向，井田东与凉水井井田毗邻，南与锦界小煤矿开采区为邻，西与榆神矿区一期规划区隔河相望，北与神东矿区相接。井田东西宽 12km，南北长 12.5km，面积 137km²。

锦界煤矿地处陕西省神木县瑶镇乡和麻家塔乡境内，位于榆神矿区东北部，二期规划区西部，行政区划隶属神木县瑶镇乡管辖。矿区交通方便，位于我国东西部的结合地带，地处陕西"米"字形公路网内，榆神高速、神（木）延（安）铁路等并行通过井田东南边界附近，各线路基本沟通了矿区与外省的交通运输。

锦界井田地处于西北内陆，气候属半干旱大陆性季风气候，受到极地大陆冷气团较长时间的控制。气候特点是温差悬殊，干旱少雨，蒸发量大，降水不均匀，7~9 月份的降水量大约占全年降水的 60% 以上。矿区进入 10 月就开始上冻，到第二年 4 月份才解冻，全年的无霜期非常短。矿区的多年平均降水量仅为 435.7mm，但多年平均蒸发量却达到了

2111.2mm。神木县和陕北的风沙区是陕西省四个暴雨中心地区其中的一个，不仅短历时的暴雨出现频次高，而且强度非常大，尤其是在每年7~9月份的汛期，暴雨是出现频次比较多的天气现象，绝大部分年降水量是由汛期的暴雨组成。

40.2 地质资源

矿区地层由老至新依次为：三叠系上统永坪组（T_{3y}），侏罗系中统延安组（J_{2y}）、直罗组（J_{2z}），新近系上新统保德组（N_{2b}），第四系中更新统离石组（Q_{21}）、上更新统萨拉乌苏组（Q_{3s}）、全新统风积沙（Q_4^{eol}）及冲积层（Q_4^{al}）。

主采31煤、42煤、52煤，目前开采的31煤层稳定，倾角小于30°，其覆盖厚度一般为90~120m，基岩厚度一般小于60m，主要特征概括为浅埋深、薄基岩、厚松散覆盖层，为典型的浅埋煤层。

井田煤质优良，具有低灰、低硫、低磷、高挥发分、中高发热量等特点，属于长焰不黏煤，是优质动力、化工和工业用煤。

锦界煤矿累计查明资源储量215444万吨，累计开采矿石6499.4万吨，累计动用储量7783.76万吨。

40.3 开采基本情况

40.3.1 矿山开拓方式及采矿工艺

矿井采用斜井开拓方式，大巷布置在井田中央，工作面沿大巷（集中巷）条带式布置。采用综合机械化一次采全高，全部垮落式管理顶板。

矿井主要大巷布置在煤层中，回采巷道采用条带式布置；掘进采用连续采煤机掘进，万吨煤掘进为58m；回采采用长壁综合机械化开采技术，装备高阻力液压支架、大功率采煤机。一次采全高，工作面回采率为98%。

矿井现有2个高产高效综采工作面，3个连采工作面，连采主要用来综采面准备和大巷开拓。

高产高效综采工作面采用条带式开采，工作面引进全套综采设备。装备了美国7LS-2A电牵引双滚筒采煤机，功率1177kW，生产能力每小时2800~3000t。综采面装备有生产两柱掩护式液压支架，对煤层顶板适应性强，防窜矸性能好，额定工作阻力为8824kN，中心距宽，稳定性好，整机质量轻，使用寿命长，采用电液控制系统，可实现双向邻架自动顺序控制和成组顺序控制，并能按照采煤机运行位置和方向实现全工作面液压支架的自动控制，提高了移架速度。设计使用大功率刮板运输机、转载机和破碎机，刮板机装机功率为3×855kW。该刮板机采用交叉侧卸机头，配备双速电机，具有大运量、高强度、重型化、坚固耐用的特点。

连采工作面采用引进的12CM15型连续采煤机，功率强大，每分钟落煤18~20t，最大采高5.5m，月进尺最高可达2000m。顶板支护采用4E00-2250-WT型锚杆机，全液压、全自动、性能可靠，工作效率高。配套梭车机动灵活，及时将煤运至转载点，卸给破碎机，经破碎后均匀地转卸到运输机上。LA488型铲车用于材料准备和巷道底板清理,可以完成装运卸三种作业,提高了生产效率。

40.3.2　矿山主要生产指标

设计矿井回采率为71.32%。2011年采区采出量为643.5万吨,工作面回采率99.4%、采区回采率为85.7%。2012年采区采出量为651.3万吨,工作面回采率97.0%、采区回采率为87.4%。2013年采区采出量为642.6万吨,工作面回采率96.6%、采区回采率为88.3%。

40.4　选煤情况

锦界选煤厂是与锦界煤矿矿井配套的选煤厂,设计生产能力为1000万吨/a,选煤工艺为重介浅槽。现有选煤厂生产系统包括原煤仓、筛分破碎车间、主厂房、浓缩车间、产品装车仓等,生产工艺为块煤重介浅槽分选末煤不分选,精煤主要供神木化工厂,末煤供临近的锦界电厂。

锦界选煤厂重介质分选工艺为:入选原煤经分级后,块煤入选,末煤不入选,25~200mm粒级经配煤刮板进入两套重介质浅槽分选机,以单一密度分选出精煤和矸石两种产品;精煤经振动筛、离心机(二层筛精煤)脱介、脱水后,作为最终产品,矸石经振动筛脱介、脱水后,作为最终产物;筛下的合格介质返回合格介质桶,稀介质进入稀介桶,经磁选机后,磁选精矿返回合格介质桶,尾矿进入煤泥水系统,煤泥水经过分级旋流器组分级后,粗煤泥采用立式离心机直接回收,细煤泥浓缩后采用加压过滤机回收,粗细煤泥产品均掺入原煤分级筛筛下混煤中,洗水实现一级闭路循环。两套重介质浅槽分选系统共用一个合格介质桶、一个稀介质桶和一个煤泥桶。

2011~2013年原煤入选率均达100%。

40.5　矿产资源综合利用情况

2013年利用煤矸石12.57万吨,矿井水1819.15×10^{4}m^3。

41　凉水井煤矿

41.1　矿山基本情况

凉水井煤矿成立于 2005 年 8 月，设计生产能力 400 万吨/a，矿区面积 73.2km²。矿山开发利用简表见表 41-1。

表 41-1　凉水井煤矿开发利用简表

基本情况	矿山名称	凉水井煤矿	地理位置	陕西省神木县
地质资源	开采煤种	褐煤	累计查明资源储量/万吨	66487
	主要可采煤层	3^{-1}、4^{-2}、4^{-3}、5^{-2} 和 5^{-3}		
开采情况	矿山规模/万吨·a^{-1}	400	开采方式	地下开采
	开拓方式	斜井开拓	采煤工艺	单斗-卡车-地面固定破碎站-带式输送机
	原煤产量/万吨	400.08	采区回采率/%	87.7
选煤情况	选煤厂规模/万吨·a^{-1}	400	原煤入选率/%	80.6
	主要选煤方法	重介质浅槽分选、重介质旋流器分选、螺旋分选机分选		
综合利用情况	煤矸石利用量/万吨	27.11	废水利用量/万立方米	29.47

凉水井井田位于榆神矿区东北部，行政区划属神木县西沟办事处、麻家塔乡及锦界镇管辖。矿井周围既有公路主要有 S204 省道、榆神高速公路和神锦大道，井田西南角为西包铁路线黄土庙车站。神锦大道从井田内东北到西南方向穿过，距离二号风井场地仅 1.5km。交通条件较为便利。

41.2　地质资源

凉水井煤矿可采与局部可采煤层 5 层，自上而下编号为 3^{-1}、4^{-2}、4^{-3}、5^{-2} 和 5^{-3} 煤层，其中 4^{-2}、5^{-2} 和 5^{-3} 基本上全区可采，3^{-1}、4^{-3} 为局部可采煤层。

井田水文地质条件简单，开发开采条件优越，煤质优良。矿井地质构造简单，属低瓦斯矿井，煤质为低灰、低硫、低磷、高发热量的电力和气化用煤。

凉水井煤矿累计查明资源储量 66487 万吨，累计开采矿石 1985 万吨，累计动用储量 2780 万吨。

41.3 开采基本情况

41.3.1 矿山开拓方式及采矿工艺

矿井采取斜井开拓,以两个水平开拓全井田,全矿井布置一个长壁综采工作面,中央并列式通风。

41.3.2 矿山主要生产指标

设计矿井回采率为61%。2011年采区采出量为387.13万吨,工作面回采率97.9%、采区回采率为88.3%。2012年采区采出量为360.03万吨,工作面回采率97.5%、采区回采率为87.6%。2013年采区采出量为400.08万吨,工作面回采率97.6%、采区回采率为87.7%。

41.4 选煤情况

凉水井选煤厂为矿井型动力煤选煤厂,入选原煤全部来自凉水井矿井,设计生产能力为400万吨/a。

选煤厂工艺流程为:200~30mm块原煤通过块煤洗选系统进行分选,-30mm末原煤进入末煤洗选系统进行分选,200~30mm重介质浅槽分选,30~1.50mm两产品重介质旋流器分选,1.50~0.25mm螺旋分选机分选,-0.25mm煤泥压滤直接回收的联合工艺流程。

2011~2013年原煤入选率分别为98%、89%、80.6%。

41.5 矿产资源综合利用情况

2013年利用煤矸石27.11万吨,矿井水29.47万立方米。

41.6 技术改进及设备升级

凉水井煤矿42109综采工作面坚硬难冒顶板采用深孔预裂爆破强制放顶技术,炮眼采用连续耦合方式装药,引爆采用双雷管双导爆索引爆,炸药、炮泥、导爆索均安装在PVC管中,炸药采用煤矿用水胶炸药,雷管使用煤矿用毫秒延期电雷管,起爆方式选用毫秒延期雷管导爆索起爆,炮泥用黄泥制作,木楔封堵炮眼。

自凉水井矿采用该技术以来,有效地控制工作面顶板来压,未出现工作面压架和飓风冲击伤人事故,强制放顶效果显著。

42　辽阳红阳三煤矿

42.1　矿山基本情况

辽阳红阳三矿始建于 1991 年 12 月 26 日，2000 年 12 月 26 日正式投产。设计生产能力为 150 万吨/a，2013 年核定生产能力为 500 万吨/a。矿山开发利用简表见表 42-1。

表 42-1　辽阳红阳三矿开发利用简表

基本情况	矿山名称	辽阳红阳三矿	地理位置	辽宁省沈阳市
地质资源	开采煤种	瘦煤、贫瘦煤	累计查明资源储量/万吨	35470.7
	主要可采煤层	7、12^{-1}、12^{-2}		
开采情况	矿山规模/万吨·a^{-1}	500	开采方式	地下开采
	开拓方式	立井单水平上下山开拓	采煤工艺	走向长壁采煤法、倾斜长壁（条带）采煤法
	原煤产量/万吨	271	采区回采率/%	83
	煤层气累计采出量/亿立方米	2.61	开采深度/m	-650～-1320
	煤矸石年产生量/万吨	21	矿井水年产生量/万立方米	57.82
选煤情况	选煤厂规模/万吨·a^{-1}	150	原煤入选率/%	100
	主要选煤方法	跳汰-浮选联合工艺		
	原煤入选量/万吨	126	精煤产品产率/%	55
综合利用情况	煤层气累计利用量/亿立方米	0.559	煤层气累计利用率/%	21.4
	煤矸石年利用率/%	100	矿井水年利用率/%	58.80
	煤矸石利用方式	铺路	矿井水利用方式	井下消防、洗煤生产补充水

该煤矿为辽宁省属国有重点煤矿，矿区面积为 49.1116km²，开采深度由 -650m 至 -1320m 标高，开采方式为地下开采。

红阳三矿井田位于辽宁省沈阳市南 25km，灯塔市西北 12km，行政区划属沈阳市苏家屯区红菱镇及辽阳灯塔市柳条镇管辖。

红阳三矿已有专用铁路与国铁张台子火车站相接，距张台子火车站 15km，北距沈阳站 40km，南距灯塔站 12km，辽阳站 23km，鞍山站 45km。哈大公路通过矿区东侧，距井田中心 5km。矿区内各村镇均有公路相通，交通较为便利。

42.2　地质资源

区内褶皱和断裂均呈北东向平行斜列，呈雁行状，北东向断裂又多为高角度压扭性断裂，并伴生有北西向北东向的低序次张性与张扭性断裂，具有"多"字形构造特征。岩石主要成分：基性斜长石占55%、普通辉石占15%、橄榄石占27%、铁矿物及其他3%，定名橄榄辉绿岩。该辉绿岩以断层为通道，多沿煤层或软弱地层呈岩床和岩脉分别侵入到煤系地层和煤层中，不同程度的破坏煤层和煤质。该矿山可采煤层为3、7、12^{-1}、12^{-2}和13共5个煤层。

该煤矿截至2013年底，累计查明煤炭资源储量为35470.7万吨，保有资源储量为31492.7万吨，设计永久煤柱量为1790.5万吨。截至2013年底，累计矿井动用储量为3978.0万吨，累计矿井采出量为2819.4万吨，累计矿井损失量为1158.6万吨。

42.3　开采基本情况

42.3.1　矿山开拓方式及采矿工艺

该矿山开采方式为地下开采，采煤方法为走向长壁采煤法、倾斜长壁（条带）采煤法。

矿井采用立井单水平上下山开拓。主要大巷布置方式：分组大巷采区上下山布置方式。井田内共布置了三个工业场地，分别为主、副井工业场地，北风井工业场地，南风井工业场地。浅部区由于开拓大巷已形成，维持不变。开拓方式采用立井单水平上下山开拓，浅部区达产。井田浅部区煤层赋存标高-70～-1000m，深部区煤层赋存标高-1000～-1320m。矿井采用一个水平，上下山开采。

矿井共划分18个采区，即北一$^{上(下)}$、北二、北三、西一$^{上(下)}$、西二、西二^3、南一$^{上(下)}$、西三$^{上(下)}$、西四$^{上(下)}$、西五$^{上(下)}$和西六$^{上(下)}$采区。

目前生产（达产）采区为西一^{上}采区、西二采区。红阳三矿目前有两个综采工作面，即西一^{上}采区7煤716综采工作面（首采工作面），西二采区12煤1209大采高综采工作面（首采工作面）。布置6个掘进工作面。矿山开采煤层数为3层，开采煤层情况见表42-2。

表42-2　实际开采煤层情况

煤层号	煤牌号	厚度/m	倾角/(°)	煤层稳定性	可选性	设计可采储量/万吨	设计工作面回采率/%	设计采区回采率/%
7	瘦煤SM	1.51	6	较稳定	易选煤	3708.2	95	80
12^{-1}	贫瘦煤PS	1.55	6	较稳定	易选煤	4685.6	95	80
12^{-2}	贫瘦煤PS	1.6	6	较稳定	易选煤	4143.8	95	80

42.3.2　矿山主要生产指标

该煤矿煤层属于中厚煤层，构造复杂程度为中等构造，开采技术条件为工程地质问题为主的矿床。矿山设计生产能力为 500 万吨/a，2011 年实际生产原煤 275.04 万吨，2013 年实际生产原煤 271 万吨。矿山设计工作面回采率为 95%，设计采区回采率为 80%，设计矿井回采率为 64%。

该矿山 2011 年实际工作面、采区、矿井回采率分别为 97%、80.2%、80.2%；2013 年实际工作面、采区、矿井回采率分别为 97%、83%、83%。该矿山年度开采回采率情况见表 42-3。

表 42-3　辽阳红阳三矿开采回采率情况

年度	工作面回采率/%	采区损失量/万吨	采区采出量/万吨	采区回采率/%	全矿井采出量/万吨	全矿井损失量/万吨	矿井回采率/%
2011	97	67.9	275.04	80.2	275.04	67.9	80.2
2013	97	55.5	271	83	271	55.5	83

42.4　选煤情况

辽阳红阳三矿选煤厂，设计选煤能力为 150 万吨/a。选煤工艺为跳汰-浮选联合工艺。

（1）跳汰洗煤系统：由主井提上来的毛煤，经过手选皮带、50mm 的分级筛，去掉 +50mm 矸石，其余由入仓皮带进原煤仓成为原煤，再由入选皮带、锚链进入缓冲仓后，进入跳汰机入选。

原煤经过 3 台跳汰机后，重产物是大块矸石，由一段排料口排出；中煤和精煤进入第二段继续进行分选，最后由第二段排料口排出，精煤由跳汰机溢流堰进入下一工序。筛下物进入末精煤斗子捞坑，经 3 台末精煤斗式提升机提起的物料由 2 台立式脱水机和 1 台卧式离心机脱水后成为末精煤，捞坑溢流去浮选系统，浮选后成为浮选精煤。精煤合在一起成为总精煤，由皮带灌入精煤仓后装车销售。混煤直接落入混煤地，用汽车外运。浮选尾矿去浓缩耙子后打入压滤机后成为煤泥副产品落地。

（2）重介洗煤系统：主井井下原煤经皮带进入原煤仓，再经皮带进入 6 楼配煤锚链，进入脱泥筛脱泥，+1mm 进入三产品精煤脱介、卧式脱水机脱水后，经精煤皮带进入精煤仓，装火车外运销售；混煤和矸石经矸石筛脱介，经皮带进入矸石山。1~0.5mm 进入 TBS 分选机，TBS 溢流进入弧形筛脱水，弧形筛筛上物进入 3 号弧形筛脱水，3 号弧形筛筛上物进入卧式脱水机脱水，经精煤皮带进入精煤仓，装火车外运销售；TBS 底流经高频筛脱水，直接进入混煤场，装汽车外运。

（3）浮选系统和尾煤压滤系统：跳汰车间煤泥进入旋流器组，旋流器组溢流进入浮选机，浮选机出两种产品：精煤和尾煤，精煤经 1 台加压过滤机脱水进入加压精煤皮带，经皮带进入精煤仓。

重介车间煤泥水进入旋流器组，旋流器组溢流进入浮选机，浮选机出两种产品：精煤和尾煤，精煤经 3 台加压过滤机脱水，经精煤皮带进入精煤仓。

跳汰车间和重介车间的浮选尾煤都进入 3 台耙式浓缩机，经耙式浓缩机浓缩后，用煤泥泵打到压滤车间的搅拌桶，经 10 台压滤机脱水后，经煤泥皮带进入煤泥场，装汽车外运。该矿原煤入选情况见表 42-4。

表 42-4　辽阳红阳三矿原煤入选情况

年度	原煤产量/万吨	入选原煤量/万吨	原煤入选率/%	精煤产品产率/%
2011	275.04	275.04	100	55
2013	271	271	100	55

42.5　矿产资源综合利用情况

该矿共生矿产为煤层气，煤层气利用情况见表 42-5。

表 42-5　辽阳红阳三矿煤层气利用情况

年度	累计采出量/亿立方米	年利用量/亿立方米	累计利用量/亿立方米	累计利用率/%	年利用产值/万元
2011	2.3	0.3	0.345	15	255
2013	2.61	0.11	0.559	21.4	93.5

该矿山排放的煤矸石用于铺路，2011 年、2013 年煤矸石利用情况见表 42-6。

表 42-6　煤矸石利用情况

年度	年排放量/万吨	累计排放量/万吨	年利用量/万吨	累计利用量/万吨	利用率/%
2011	20	174	20	174	100
2013	21	195	21	195	100

该矿山排放的矿井水利用方式为井下消防、洗煤生产补充水。2011 年、2013 年矿井水利用情况见表 42-7。

表 42-7　矿井水利用情况

年度	年排放量/万立方米	累计排放量/万立方米	年利用量/万立方米	累计利用量/万立方米	累计利用率/%
2011	57	684	34	410	59.94
2013	57.82	799.64	34	479.4	58.80

43　林　盛　煤　矿

43.1　矿山基本情况

林盛煤矿始建于 1970 年 10 月 15 日，1981 年 12 月 25 日投产，设计年生产能力 90 万吨，2007 年核定生产能力为 120 万吨/a，2016 年去产能调整为 101 万吨/a。矿山开发利用简表见表 43-1。

表 43-1　林盛煤矿开发利用简表

基本情况	矿山名称	林盛煤矿	地理位置	辽宁省沈阳市苏家屯区
地质资源	开采煤种	气煤、肥煤、焦煤	累计查明资源储量/万吨	13435.2
	主要可采煤层	7^{-1}、12^{-2}		
开采情况	矿山规模/万吨·a^{-1}	101	开采方式	地下开采
	开拓方式	立井分水平、分东西翼、分采区开拓	采煤工艺	走向长壁采矿法
	原煤产量/万吨	73.9	开采回采率/%	90.5
	煤层气累计采出量/亿立方米	1.81	开采深度/m	80.59 ~ -1100
	煤矸石年产生量/万吨	17	矿井水年产生量/万立方米	4
选煤情况	选煤厂规模/万吨·a^{-1}	90	原煤入选率/%	100
	主要选煤方法	块、末煤全重介质-煤泥浮选		
	原煤入选量/万吨	73.9	精煤产品产率/%	61.75
综合利用情况	煤层气累计利用量/亿立方米	0.085	煤层气累计利用率/%	4.7
	煤矸石年利用率/%	95.88	矿井水年利用率/%	77.5
	煤矸石利用方式	制砖、铺路	矿井水利用方式	井下生产用水

林盛煤矿矿区南北走向长 12.6km，东西走向宽 0.61 ~ 3km，面积为 29.2km²。开采深度由 80.59m 至 -1100m 标高，开采方式为地下开采。

林盛煤矿位于沈阳市苏家屯区林盛堡和沙河铺两镇之间，北起苏家屯，南经柳三家，西起四方台、林盛堡、吉祥屯，东至官屯、乱木屯、吴八家子。哈大铁路从本井田中央南北通过，矿区专用铁路线在林盛堡站与国铁相连接，以林盛堡车站为中心，南距辽阳 33km，北距沈阳 25km，井田西临沈大高速公路，于十里河、苏家屯设切入口，可通行全国，客货运输极为方便。在矿井东部有沈阳桃仙国际机场及沈营公路，距沈阳桃仙国际机场 35km，距沈营公路 7.5km，沈阳桃仙国际机场为东北最大的航空港。矿区内有矿区专用铁路线，和哈大铁路线相连接，距林盛堡火车站 0.5km，在张台子火车站设 500 万吨/a 运输能力编组站。该专用线从矿井北端通过。交通便利。

43.2　矿床地质特征

矿区地处辽河平原东部，其东北最高+41.40m，西南最低+33.33m，地势坡度为千分之零点七二。地面平均标高+37.33m，总观全区为平缓的地形。为 100 多米厚的第四系地层覆盖，不存在岩体滑坡和泥石流等地质自然灾害。

本井田含煤地层为下二叠系山西组及上石炭系的太原组，共计含煤 14 层。1^{-7}煤层赋存于山西组，8^{-14}煤层赋存于太原组，12^{-2}煤层全区发育且稳定，其储量占矿井储量近74.53%，7^{-1}煤层为大面积可采煤层。余者皆为沉积不稳定煤层，虽有局部可采点，但因构不成较大块段均无法开采。

本井田煤层可划分出气煤、肥煤、焦煤三个煤类，其中气煤浮煤挥发分含量为32.73%~34.73%，一般为 34.72%，胶质层厚度（Y）为 17.00~22.66mm，一般为19.79mm。肥煤浮煤挥发分含量为 22.74%~38.19%，一般为 30.81%，胶质层厚度（Y）为 25.10~48.00mm 之间，一般为 33.65mm。焦煤浮煤挥发分含量为 18.85%~29.97%，一般为 26.01%，胶质层厚度为 9.00~25.00mm，一般为 20.97mm。

矿区煤类主要产品为十级冶炼精煤，主要用于冶金工业，为钢铁厂提供炼焦精煤，供应鞍山、本溪等省内钢铁企业；副品混煤用途为动力煤，比如锅炉用煤，洗矸石为烧砖的主要原料。但矿区 7^{-1}、12^{-2}煤层全硫含量较高，根据国家环保要求和炼焦用煤要求，需采取相应措施降硫后使用。

截至 2013 年底，林盛煤矿累计查明煤炭资源储量为 13435.2 万吨，保有资源储量为10137.8 万吨，设计永久煤柱量为 2449.9 万吨，三下压煤量为 5197 万吨。累计查明共生矿产煤层气资源储量为 10.08 亿立方米，保有煤层气资源储量为 7.6 亿立方米。

截至 2013 年底，矿井累计动用储量为 3040.9 万吨，矿井累计采出量为 1688.6 万吨，矿井累计损失量为 1352.4 万吨。

43.3　开采基本情况

43.3.1　矿山开拓方式及采矿工艺

矿井开拓方式为立井分水平、分东西翼、分采区开拓。井田中央开凿一对立井，两翼分别开凿东风井、西风井。主井净直径 6.0m，提升高度 493m，担负全矿煤炭提升任务。副井净直径 7.0m，提升高度 438.5m，安装两台多绳摩擦式提升机，担负全矿井升降人员、矸石、物料、设备等辅助提升及全矿井进风任务。在矿井的东西两翼分别布置专用回风井，净直径为 5.0m，担负回风任务。

矿井现有 5 个生产采区，2 个开拓准备采区。生产采区：西一区、西二区、下西二区、-675m 下延区和下东六区；开拓准备采区为西六区和东四区。全矿现有 5 个采煤工作面，分别为-675m 下延区 502 工作面、-675m 下延区 1203 工作面、下东六区 1219 工作面、西二区 1203 工作面、西一区 1209 工作面。共 10 个掘进组，分别为东四区 1 个组，下东六区 2 个组，下西二区 2 个组，西六区 2 个组，-675m 下延区 3 个组。

矿山开采煤层数 2 层，煤层均为较稳定煤层，煤种均为肥煤，煤层设计采用走向长壁采矿法，具体情况见表 43-2。

表 43-2　煤层设计开采情况

煤层号	厚度/m	倾角/(°)	可选性	设计可采储量/万吨	设计工作面回采率/%	设计采区回采率/%
7^{-1}	1.1	25	易选煤	1908.3	97	88
12^{-2}	2.6	25	易选煤	8078.5	95	83

43.3.2　矿山主要生产指标

林盛煤矿煤层属于薄煤层-中厚煤层，构造复杂程度为中等构造，开采技术条件为工程地质问题为主的矿床。矿山设计工作面回采率为 95%~97%，设计采区回采率为 83%~88%，设计矿井回采率为 53.5%。

该矿 2011 年实际工作面、采区、矿井回采率分别为 95.5%、85.5%、85.5%。2013 年实际工作面、采区、矿井回采率分别为 96.1%、90.5%、90.5%。该矿年开采回采率情况见表 43-3。

表 43-3　林盛煤矿开采回采率情况

年度	工作面回采率/%	采区损失量/万吨	采区采出量/万吨	采区回采率/%	矿井回采率/%
2011	95.5	9.7	57.3	85.5	85.5
2013	96.1	7.8	73.9	90.5	90.5

43.4　选煤情况

林盛煤矿选煤厂，设计选煤能力为 90 万吨/a，入选原煤灰分为 46.5%，入选原煤硫分为 2%，原煤发热量为 18.8MJ/kg。选煤工艺为块、末煤全重介-煤泥浮选工艺，选煤主要产品为焦煤精煤、混煤、煤泥。

井下原煤通过皮带运输到原煤仓内，再通过给煤机和皮带运输到手选吊筛（50mm），分级成+50mm 部分和-50mm 部分，+50mm 部分通过手选选出大块矸石及杂物后进入原煤皮带，-50mm 部分直接进入原煤皮带。

原煤皮带原煤通过分级筛分级成+13mm 部分和-13mm 部分。+13mm 部分原煤进入主洗斜轮进行分选，分选出块精煤和块矸石，并手选选出块矸石中的块中煤。

-13mm 部分通过脱泥筛（0.5mm）分级成 13~0.5mm 部分和-0.5mm 部分。13~0.5mm 部分原煤通过三产品旋流器进行分选，分选成末精煤、末中煤和末洗石。末精煤通过振动筛和离心脱水机脱水进入精煤系统，筛下水和离心液经过浓缩旋流器分选出回收精煤。

-0.5mm 部分煤通过浮选机进行分选，分选成浮选精煤和浮选尾矿。浮选精煤通过加压过滤机、快开压滤机进行脱水，成为总精煤的一部分，浮选尾矿通过耙式浓缩机浓缩后再通过快开压滤机进行脱水，成为副产品煤泥。

精煤由块精煤、末精煤、回收精煤和浮选精煤四部分组成，末中煤成为副产品中煤，浮选尾矿成为煤泥，大洗石和小洗石成为洗石。

43.5 矿产资源综合利用情况

该矿共生矿产为煤层气，煤层气利用情况见表 43-4。

表 43-4 林盛煤矿煤层气利用情况

年度	累计采出量/亿立方米	年利用量/亿立方米	累计利用量/亿立方米	累计利用率/%	年利用产值/万元
2011	1.65	0.0255	0.0765	4.64	255
2013	1.81	0.0035	0.085	4.7	35.3

该矿山排放的煤矸石用于制砖、铺路，2011 年、2013 年煤矸石利用情况见表 43-5。

表 43-5 煤矸石利用情况

年度	年排放量/万吨	累计排放量/万吨	年利用量/万吨	累计利用量/万吨	年利用率/%	年利用产值/万元
2011	18	520	16.8	503	93.33	8
2013	17	556.6	16.3	536.8	95.88	9

该矿山排放的矿井水利用方式为作为矿井生产用水。2011 年、2013 年矿井水利用情况见表 43-6。

表 43-6 矿井水利用情况

年度	年排放量/万立方米	累计排放量/万立方米	年利用量/万立方米	累计利用量/万立方米	利用率/%	年利用产值/万元
2011	3.2	96	2	30	62.5	24
2013	4	103	3.1	35.9	77.5	36

43.6 技术改进及设备升级

井田地质构造复杂，地质损失严重，永久及"三下"煤柱压煤量较大，可供开采利用的资源有限。为了合理有效地开发利用煤炭资源，提高资源回收率，延长矿井寿命，从提高开采技术与改善采煤工艺入手，提高资源的回收率。

（1）对于缓倾角的中厚度的 12 煤层，适合采用综合机械化采煤法的块段尽量采用综合机械化采煤法采煤，一次采全高，不能采用综合机械化采煤法的块段采用 2.8m 单体液压支架，加上铁鞋高度，二次升压后空巷底煤也可按浮煤回收。这种采煤工艺采高可达到

3m 左右，基本上一次采全高。

（2）对大倾角的中厚煤层，采用柔性掩护支架采煤方法，可一次采全高。

（3）加大采煤区段长度，减少倾向阶段防火隔离煤柱损失；加长工作面走向长度，减少走向防火隔离煤柱和石门保护煤柱的损失。

（4）为了合理、有效地开发利用煤炭资源，提高资源回收率，延长矿井服务年限，在安全技术条件可行的情况下，该矿对表外量西翼深部采区的 5 号煤进行了巷探及西一区、西三区 12^{-2} 煤进行了复采，通过上述工作，2012 年度多回收煤炭资源 9.6 万吨，其中 5 煤 1.5 万吨，12^{-2} 煤复采 8.1 万吨。2013 年度多回收煤炭资源 9.3 万吨，其中 5 煤 1.7 万吨，12^{-2} 煤复采 7.6 万吨。

44　灵　新　煤　矿

44.1　矿山基本情况

灵新煤矿矿井于 1985 年 12 月开工建设，1999 年 12 月建成投产，矿井设计生产能力为 240 万吨/a。矿山开发利用简表见表 44-1。

表 44-1　灵新煤矿开发利用简表

基本情况	矿山名称	灵新煤矿	地理位置	宁夏回族自治区灵武市
	矿山特征	第一批国家级绿色矿山试点单位		
地质资源	开采煤种	不黏结煤	地质储量/万吨	34544.7
	主要可采煤层	2、6、13、14、15、16		
开采情况	矿山规模/万吨·a⁻¹	240	开采方式	地下开采
	开拓方式	斜井单水平上、下山开拓	采煤工艺	走向长壁综合机械化全部跨落采煤
	原煤产量/万吨	244.7	开采回采率/%	80.57
选煤情况	选煤厂规模/万吨·a⁻¹	240	原煤入选率/%	100
	主要选煤方法	跳汰分选		
综合利用情况	矿井水利用量/万立方米	197.1		

灵新煤矿井田南北走向长 11km，东西倾斜宽 2.53km，矿区面积 12.09km²。

灵新煤矿位于宁夏回族自治区灵武市磁窑堡镇境内，井田至省府银川市 50km，西距灵武市 39km。灵（武）-盐（池）公路从井田北缘穿过，井田北端距银（川）-古（窑子）-磁（窑堡）公路终点古窑子 6km，矿区铁路专用支线（大坝-古窑子）全长 70km，在大坝与包（头）-兰（州）铁路接轨。公路、铁路交通极为方便。

44.2　地质资源

井田范围内地形起伏不大，略呈南高北低，周围高中间低之势，标高一般在海拔 +1290~+1350m 之间，相对高差达百米左右。最高点为井田西南五疙瘩山，标高为 +1409.6m，最低点在第四勘探线西天河两侧，标高为 +1282m，井田内沙丘广布，常见新月沙丘，四周多由各厚层沙体组成的高低残丘环绕，因此矿区属低缓丘陵地带。

灵新井田地质条件简单，整体为简单向斜构造，生产采区在向斜轴西翼，属单斜构造，南北走向，向东倾斜，倾角 14°左右。井田含煤地层为侏罗系中下统延安组煤系地层，煤系地层厚 355.6m，含煤 37 层，其中编号的有 17 层，平均总厚度 21.65m，含煤系数 6.1%。主要可采煤层六层（2、6、13、14、15、16 号煤层），目前开采煤层为上组煤 2 号煤、6 号煤，下组煤 14 号煤、15 号煤、16 号煤，其中 2 号煤平均厚度为 7.7m、6 号煤平均厚度为 2.4m、14 号煤平均厚度为 2.7m、15 号煤平均厚度为 3.18m、16 号煤平均厚度为 4.7m，煤层倾角 14°左右。

各煤层均属于低变质的烟煤，煤种为不黏结煤，精煤挥发分在 30%~37% 之间，各煤层灰分在 6.5%~10.59% 之间，硫分含量在 0.31%~1.17% 之间，原煤发热量在 26.0~29.1kJ/g（6200~6950 卡/g）之间，各煤层均属于特低灰、特低硫、特低磷、较高水分的不黏结煤。

灵新煤矿累计查明资源储量 34544.7 万吨，累计开采矿石 3260.59 万吨，累计动用储量 4905.93 万吨。

44.3　开采基本情况

44.3.1　矿山开拓方式及采矿工艺

灵新煤矿矿井采用斜井单水平上、下山开拓方式进行开采，运输水平+1050m，主斜井皮带运输提升，全矿井共划分为 7 个采区，现生产的有一、二、三采区，在建采区为四、五采区，矿井生产系统及采掘装备优良，实现了采掘、运输、洗选等生产环节的机械化作业，矿井安全监测、监控系统实现了现代化管理。矿井采用走向长壁综合机械化全部垮落采煤法。

44.3.2　矿山主要生产指标

2011 年采区采出量为 273.36 万吨，工作面回采率 95%、采区回采率为 81.53%。2012 年采区采出量为 265.53 万吨，工作面回采率 95%、采区回采率为 82.15%。2013 年采区采出量为 244.7 万吨，工作面回采率 95%、采区回采率为 80.57%。

44.4　选煤情况

选煤厂设计生产能力 240 万吨/a，选煤工艺为跳汰分选。2011~2013 年原煤入选率达 100%。

44.5　矿产资源综合利用情况

2013 年利用矿井水 197.1×10^4m^3。

45　龙家堡煤矿

45.1　矿山基本情况

龙家堡煤矿始建于 2005 年 5 月 1 日，2008 年 12 月 26 日正式投产。设计生产规模为 300 万吨/a。矿山开发利用简表见表 45-1。

表 45-1　龙家堡煤矿开发利用简表

基本情况	矿山名称	龙家堡煤矿	地理位置	吉林省长春市
	矿山特征	第三批国家级绿色矿山试点单位		
地质资源	开采煤种	长焰煤	累计查明资源储量/万吨	17993.6
	主要可采煤层	2、3		
开采情况	矿山规模/万吨·a⁻¹	300	开采方式	地下开采
	采煤工艺	走向长壁采煤法		
	原煤产量/万吨	183.0	开采回采率/%	88.61
	煤矸石年产生量/万吨	30	矿井水年产生量/万立方米	16.1
选煤情况	选煤厂规模/万吨·a⁻¹	300	原煤入选率/%	100
	主要选煤方法	重介洗煤	精煤产品产率/%	59.69
综合利用情况	煤矸石利用率/%	100	废水利用率/%	100
	煤矸石利用方式	制砖	废水利用方式	处理后用于生产生活

龙家堡煤矿为地下开采的大型煤矿，矿区面积为 9.2976km²。

龙家堡煤矿位于吉林省长春市东部九台市龙家堡境内，行政区划属龙家堡镇。井田距离长春市 18km，距离九台 36km，西南 3.6km 为长吉高速公路，东南 1km 紧邻龙嘉国际机场，北面 7km 有长吉北线一级公路和长吉铁路，铁路专用线在龙家堡车站接轨，矿区专用线全长约 8km。交通条件十分便利。

45.2　地质资源

井田位于松辽平原东南缘，属平原和丘陵地形，总体地貌为南高北低，地面起伏不大，地面海拔标高 +189.3~+224.0m。相对高差 54.7m。

龙家堡矿区为羊草沟煤田深部，煤层埋藏深度为 510~1450m。煤层走向长平均 3000m，倾斜长 6500m。龙家堡矿区含四个煤层，煤层总厚度 0.80~25.35m 之间，平均厚

7.50m，煤组夹有1~8层夹矸，岩性为黑色的砂岩、粉砂岩。

自上而下划分为4号、3号、2号、1号四个分煤层，2号、3号煤层为主采煤层，1号煤层局部可采，4号煤层不可采。本井田煤层赋存状态为缓倾斜近距离中厚煤层，倾角为5°~15°，平均为8°左右。煤系地层含煤3层，但主要可采煤层为2、3两个煤层，煤层组总厚度21.90m，单层平均厚度1.45~12.36m。从可采煤层发育情况分析，由南向北变薄，上部煤层比下煤层相对稳定，各煤层可采范围由下至上逐渐增大，结构亦相对简单，灰分是上部煤层比下部煤层低。煤层间距一般在0.4~1.95m。

矿井煤类为长焰煤，中高发热量，低磷低硫，可作为优质的动力和化工用煤。

截至2013年底，该矿累计查明煤炭资源储量为17993.6万吨，保有资源储量为16973.9万吨，设计永久煤柱量为4.54万吨，无共伴生矿产。

截至2013年底，该矿山累计矿井动用储量为1019.7万吨，累计矿井采出量为903.1万吨，累计矿井损失量为116.6万吨。

45.3　矿山开采基本情况

45.3.1　矿山开拓方式及采矿工艺

该煤矿煤层属于薄煤层-中厚煤层-厚煤层，构造复杂程度为中等构造，开采技术条件为中等。龙家堡煤矿采煤方法为走向长壁采煤法，开采煤层数为3层，各煤层均为较稳定煤层，各煤层开采情况见表45-2。

表45-2　煤层设计开采情况

煤层号	煤牌号	厚度/m	倾角/(°)	可选性	设计可采储量/万吨	设计工作面回采率/%	设计采区回采率/%
1	长焰煤CY	1.25	15	易选煤	419.00	97	85
2	长焰煤CY	6.26	15	易选煤	9340.6	93	75
3	长焰煤CY	3.52	15	易选煤	7214.3	95	80

45.3.2　矿山主要生产指标

矿山设计工作面回采率为93%~97%，设计采区回采率为75%~85%，设计矿井回采率为75%。

该矿2011年实际工作面、采区、矿井回采率分别为93.21%、89.33%、89.33%。2013年实际工作面、采区、矿井回采率分别为93%、88.61%、88.53%。该矿山2013年度开采回采率情况见表45-3。

表45-3　2013年度龙家堡煤矿开采回采率情况

工作面回采率/%	采区损失量/万吨	采区采出量/万吨	采区回采率/%	全矿井采出量/万吨	全矿井损失量/万吨	矿井回采率/%
93.0	23.5	182.8	88.61	183.0	23.7	88.53

45.4 选煤情况

龙家堡煤矿选煤厂设计选煤能力为300万吨/a，入选原煤为动力煤，灰分为38.14%，硫分为0.51%，原煤发热量为17.44MJ/kg。选煤工艺为重介洗煤。块、末煤分别入选，其中13~200mm原煤进入重介质浅槽分选机；2~13mm末原煤部分进入重介质旋流器系统、部分分流。0~2mm以下粒级煤进入螺旋分选机入选。煤泥水两次浓缩：煤泥一次浓缩旋流器的底流采用煤泥离心机脱水，溢流由泵输送至煤泥二次浓缩旋流器；煤泥二次浓缩旋流器的底流进入加压过滤机回收，溢流进入高效浓缩机，浓缩机底流采用加压过滤机回收。煤泥水实现了闭路循环，煤泥全部烘干。洗小块、洗中块、洗末煤、洗矸石分别由胶带运输机运至各产品仓（洗末精煤2个仓，洗小块1个仓，洗中块1个仓，洗矸石1个仓，共计5个仓）储存，等待外运装车。

45.5 矿产资源综合利用情况

该矿排放的煤矸石用于制砖，2011年、2013年煤矸石利用情况见表45-4。矿山排放的矿井水利用方式为污水站处理后用于生产生活。2011年、2013年矿井水利用情况见表45-5。

表 45-4　煤矸石利用情况

年度	年排放量 /万吨	累计排放量 /万吨	年利用量 /万吨	累计利用量 /万吨	利用率 /%	年利用产值 /万元
2011	10	30	10	30	100	110
2013	30	120	30	120	100	340

表 45-5　矿井水利用情况

年度	年排放量 /万立方米	累计排放量 /万立方米	年利用量 /万立方米	累计利用量 /万立方米	利用率 /%	年利用产值 /万元
2011	17.5	52.5	17.5	52.5	100	35
2013	16.1	86.4	16.1	86.4	100	32

46   梅花井煤矿

46.1   矿山基本情况

梅花井煤矿设计生产能力 1200 万吨/a，是宁夏单井设计产能最大的矿井。矿山开发利用简表见表 46-1。

表 46-1   梅花井煤矿开发利用简表

基本情况	矿山名称	梅花井煤矿	地理位置	宁夏回族自治区灵武市
	矿山特征	第三批国家级绿色矿山试点单位		
地质资源	开采煤种	不黏煤、长焰煤	累计查明资源储量/万吨	242236
开采情况	矿山规模/万吨·a⁻¹	1200	开采方式	地下开采
	开拓方式	斜井开拓	采煤工艺	走向长壁法
	原煤产量/万吨	761.63	采区回采率/%	78.53
选煤情况	选煤厂规模/万吨·a⁻¹	1200	原煤入选率/%	26.34
	主要选煤方法	浅槽重介分选		
综合利用情况	煤矸石利用量/t	362984	废水利用量/万立方米	120

梅花井煤矿井田南北走向长约 11km，东西倾向宽约 6.5km，矿区面积 78.9642km²。

梅花井煤矿位于宁夏回族自治区首府银川市以东 68km 处，距宁东能源化工基地 15km，处于鸳鸯湖矿区北部，矿井行政划属灵武市宁东镇管辖。银(川)-青(岛)高速公路及国道 307 线沿本井田北部东西向穿过，井田西侧有磁窑堡到马家滩三级公路。矿区内还有黎家新庄中心区至古窑子辅助企业的二级公路及古窑子至灵新煤矿、羊场湾煤矿工业场地的三级公路。在梅花井井田西边界外新建有一条鸳(鸯湖)-冯(记沟)二级公路，该公路南北向从梅花井煤矿工业场地西侧经过。包(头)-兰(州)国铁干线于矿区西部约 70km 处南北向通过，灵武铁路支线（大坝-古窑子）在包兰铁路的大坝站接轨，延至矿区古窑子（矿区辅助企业区）车站。矿区有接轨于大古铁路古窑子车站的灵新煤矿和羊场湾煤矿的铁路专用线。规划建设的鸳鸯湖矿区铁路专用线从井田西边界通过。交通便利。

矿区属半干旱半沙漠大陆性气候。年最高气温 41.40℃，最低-28℃，气候干热，昼夜温差大。井田居鄂尔多斯盆地西缘断褶带中部，属吴忠地震活动带，地震基本烈度为Ⅶ度。

46.2　地质资源

井田内大部分地区被第四系（Q）风积砂所覆盖，仅在井田西南部有零星基岩出露。经钻孔揭露井田内地层由老至新依次有：三叠系上统上田组（T_{3s}）；侏罗系中统延安组（J_{2y}）、直罗组（J_{2z}）；侏罗系上统安定组（J_{3a}）；白垩系下统宜君组（K_{1y}）；古近系渐新统清水营组（E_{3q}）和第四系（Q）。

梅花井井田位于鸳鸯湖背斜东翼的中南部，井田内构造整体呈近南北走向，由西向东倾伏的单斜构造，本井田构造属于中等偏简单类型。

井田内延安组含煤地层平均总厚299.21m，共含煤层22层，其中可采煤层17层，不可采煤层5层。可采煤层平均总厚28.19m，可采含煤系数9.42%。根据成因地层单位将含煤地层划分为五个含煤段。

煤种以不黏煤及长焰煤为主。梅花井煤矿累计查明资源储量242236万吨，累计开采矿石1348.32万吨，累计动用储量1732.25万吨。

46.3　开采基本情况

46.3.1　矿山开拓方式及采矿工艺

梅花井煤矿井田用一个水平开拓，开拓水平标高+850m；分+850m以上及以下两个开采区域生产，+850m水平以上开采区域煤层倾角为10°～25°，形成的生产规模为400万吨/a，+850m水平以下开采区域煤层倾角较小，一般为3°～8°，形成的生产规模为800万吨/a；矿井开拓方式为主斜井、副斜井开拓，主斜井采用带式输送机运输煤炭，副斜井用于人员、设备、材料及矸石的升降；井下主运输为带式输送机运输，辅助运输为无轨胶轮车；矿井通风方式为分区抽出式。

46.3.2　矿山主要生产指标

2011年采区采出量为223.94万吨，工作面回采率99.44%、采区回采率为73.16%。2012年采区采出量为362.75万吨，工作面回采率99.41%、采区回采率为79.49%。2013年采区采出量为761.63万吨，工作面回采率97.57%、采区回采率为78.53%。

46.4　选煤情况

宁东洗煤厂梅花井分厂是一座特大型现代化矿井型选煤厂，于2011年5月投产，设计能力为1200万吨/a，采用200～25mm粒级块煤浅槽重介分选机分选，25～4mm粒级末煤不分选，-0.4mm煤泥分级回收的联合工艺，全厂实现洗水一级闭路循环。主要产品包括洗大块（200～50mm）、洗中块（50～25mm）、混煤（-25mm），洗大块和洗中块地销民用，混煤主要用于国内各大电力企业发电。

2011～2013年原煤入选率分别为33.85%、31.62%、26.34%。

46.5　矿产资源综合利用情况

2013 年利用煤矸石 36.2984 万吨，矿井水 $120 \times 10^4 \mathrm{m}^3$。

47 南 梁 煤 矿

47.1 矿山基本情况

南梁煤矿矿井始建于1987年，1995年正式投产，设计能力15万吨/a，改扩建后生产能力达到120万吨/a。矿山开发利用简表见表47-1。

表47-1 南梁煤矿开发利用简表

基本情况	矿山名称	南梁煤矿	地理位置	陕西省府谷县
	矿山特征	第四批国家级绿色矿山试点单位		
地质资源	开采煤种	不黏煤、长焰煤	累计查明资源储量/万吨	4292
	主要可采煤层	2^{-2}、3^{-1}、5^{-1}		
开采情况	矿山规模/万吨·a^{-1}	120	开采方式	地下开采
	开拓方式	斜井平硐联合开拓	采煤工艺	综合机械化开采
	原煤产量/万吨	123.2	采区回采率/%	81.73
选煤情况	选煤厂规模/万吨·a^{-1}	300	原煤入选率/%	100
	主要选煤方法	块煤重介浅槽分选，末煤脱泥重介旋流器分选，煤泥螺旋分选机分选		
综合利用情况	煤矸石利用量/万吨	16.05	废水利用量/万立方米	14.4
	煤泥利用量/万吨	4.0		

南梁煤矿井田西以神木和府谷两县县界为界，新民开采区的中部，西部与石岩沟煤矿相邻；北部与青龙寺井田相邻，局部相叠合，东北部与沙沟岔井田相邻；南部与地方小煤矿相接，井田东西长3.0~5.5km，南北宽约4.5km，面积19.3364km²。

南梁煤矿行政区划隶属于府谷县老高川乡管辖，地处府谷、神木两县交界处的黄羊城沟北侧，东距府谷县城52km，南距神木县城37km。野大公路（野芦沟至大柳塔）穿过该煤矿北部边界，且与周围的主干公路如府谷-榆林、府谷-东胜-包头等相互贯通，神-朔铁路在该矿南侧3km处穿过，西南有神-延、神-包铁路，并与全国铁路网线相连，南梁煤矿所处区域交通可谓四通八达，公路、铁路和航空运输快捷方便。

矿区地处陕西北部，为典型的中温带半干旱大陆性气候。其主要特点为：冬、春季寒冷多风，夏、秋炎热多雨，四季温差变化较大；蒸发量远大于降雨量，区内降雨多集中在7、8、9三个月，雨量充沛，其余月份干旱少雨。无霜期较短，10月上冻，次年4月解冻。

47.2　地质资源

南梁煤矿井田地层由老到新为三叠系上统永坪组、侏罗系下统富县组、侏罗系中统延安组、第三系上新统、第四系松散层。

矿区内无较大的断裂和褶曲以及岩浆活动，构造属简单类。矿区表现出极为宽缓的波状起伏，在矿区南部沿地层倾向有一鼻状隆起，而在其北部有一凹陷的向斜构造，轴线两侧地层北侧平缓，南侧起伏较大。这是由于沉积物的厚度和成岩过程中的差异压实所致，并非构造运动的结果。

南梁煤矿井田地质构造简单，煤层赋存稳定，主要可采煤 3 层：2^{-2}、3^{-1}、5^{-1}，厚度均在 2m 以上，煤炭产品品质优良，为特低灰、特低硫、特低磷、高发热量、可选性好的动力燃料和工业气化用煤。

（1）2^{-2}煤层。该煤层位于延安组第四段顶部，基本全区可采；在井田北部满瓮沟及西北部杨山沟沟谷两侧遭受后期剥蚀出露且沿露头自燃形成带状自燃区，在东南部遭受冲刷剥蚀，可采面积约 15.39km^2（不含采空区）。煤层西北部厚，东部及南部薄，基本呈由西北向东南逐渐变薄的趋势，规律明显。煤层厚度为 1.03~2.67m，平均厚度为 2.06m，变异系数 0.22，赋存区面积可采率为 96.1%；该煤层结构单一，一般不含夹矸，个别含一层夹矸，厚度分别为 0.02~0.20m，岩性为炭质泥岩、粉砂岩和细粒砂岩，其余均不含夹矸。煤层埋深较浅，大部分在侵蚀基准面以上，埋深为 0~177.94m，平均 85.70m，底板标高为+1135~+1195m。

2^{-2}煤层为中厚煤层，基本全区可采，厚度变化小，基本呈由西北向东南逐渐变薄之趋势，规律明显，结构简单。以不黏煤 31 号为主，长焰煤 41 号次之。煤质变化较小，属稳定煤层。

（2）3^{-1}煤层。该煤层位于延安组第三段顶部，全区可采；在煤矿北部杨山沟、小板兔川出露，且沿露头自燃形成带状自燃区，可采面积约 22.44km^2（不含采空区）。

全区煤层厚度为 1.47~4.62m，平均厚度为 2.92m，变异系数 0.37，赋存区面积可采率为 100%，煤层埋深 0~222.81m，平均 117.45m，底板标高为+1100~+1160m。煤类以不黏煤 31 号（NB31）为主，长焰煤 41 号（CY41）次之。

全区 3^{-1}煤沿煤层分岔复合线将 3^{-1}煤划分为井田北、西北部的中厚煤层分岔区和井田东南部的中厚、厚煤层复合区。分岔区见煤点 27 个，煤厚 1.47~2.88m，平均煤厚 2.06m，变异系数 0.17，该煤层结构较复杂，在井田西南部含 1 层夹矸，中部含 2~3 层夹矸。复合区见煤点 16 个，煤厚 3.63~4.62m，平均厚度 4.16m，变异系数 0.27，复合区南部含 1 层夹矸，北部含 2~4 层夹矸；矸石岩性多为粉砂岩，其次为泥岩、砂质泥岩、炭质泥岩。

3^{-1}煤层以中厚-厚煤层为主，全区可采；变化规律明显，结构较复杂但清晰。全区可采，以不黏煤 31 号为主，长焰煤 41 号次之。煤质变化较小，属稳定煤层。

（3）5^{-1}煤层。可采区位于下峁梁-石窑沟以南区域，在小则沟、红草沟一带赋存良好，可采面积 10.08km^2。

区内见煤点 18 个，其中可采点 10 个，煤层厚度为 0.10~2.81m，平均厚度 1.74m，变异系数 0.62。仅在东木瓜山一带含 1~3 层夹矸，夹矸厚 0.09~0.60m，岩性为泥岩。

煤层埋藏深度 106.00~263.11m，煤层底板标高 1020~1080m。该煤层以薄-中厚煤层，厚度有一定变化，结构简单，煤类以 BN31 号为主，个别 CY41 号，属较稳定煤层。

煤矿累计查明资源储量 4292 万吨，累计开采矿石 1451.46 万吨，累计动用储量 1958.78 万吨。

47.3 开采基本情况

47.3.1 矿山开拓方式及采矿工艺

南梁矿井采用斜井平硐联合开拓，两个水平开采，一水平设在 2^{-2} 煤层中，二水平开采 3^{-1} 煤及 $3^{-1下}$ 煤层，主水平设在 3^{-1} 煤层中，5^{-1} 煤采用斜巷与二水平相连进行开采。在一、二水平间设容量为 1300t 集中煤仓，利用 3^{-1} 煤运输大巷和主斜井铺设一条胶带输送机，形成工作面煤炭由运输顺槽可伸缩胶带输送机直接交于 2^{-2} 煤大巷胶带输送机卸入集中煤仓，经煤仓下放到 3^{-1} 煤大巷后再由主斜井胶带输送机提升至地面进入矿井筛分破碎车间处理后装入地面筒仓，然后由筒仓装汽车外运。

煤层进行的综合机械化采煤，集"采、装、运"功能于一身，配备自动化控制系统实现无人工作面全自动化采煤。其工艺流程为：刨煤机落煤、装煤→可弯曲刮板输送机运煤→电液控制系统控制顺序推移刮板输送机→电液控制系统控制液压支架按锯齿形布置方式分组间隔交错式自动拉移支架→支护顶板。

刨煤机的型号为 BH38/2×400，刨头外形尺寸 2700mm×860mm×（880~1650）mm，装机功率 2×400kW，刨煤方式为混合/超速方式，刨煤调速范围 0~3.3m/s，刨煤机深度 ≤120mm，采用自动化、远程集中控制，刨煤机拖倒方式采用变频拖动自动控制。刨削深度 ≤120mm。本项目是我国首套装机功率 2×400kW、理论生产能力 800t/h、在采高 0.9~1.7m 的煤层条件下年生产能力达到 100 万吨的具有自主知识产权的大功率、全自动化、高可靠、长寿命、高效率、紧凑型全自动化强力刨煤机工作面成套设备，实现刨煤机、液压支架、工作面输送机以及顺槽设备的智能化、自动化控制，实现工作面采煤无人自动化运行，实现全自动刨煤机成套设备与技术的国产化，达到国际先进水平，打破国外对中国市场的垄断，填补国内空白、替代进口成套设备，对中国薄煤层刨煤机开采技术发展起到示范作用。

47.3.2 矿山主要生产指标

2011 年采区采出量为 109.33 万吨，工作面回采率 95%、采区回采率为 80.68%。2012 年采区采出量为 184.2 万吨，工作面回采率 95.5%、采区回采率为 85%。2013 年采区采出量为 123.2 万吨，工作面回采率 95%、采区回采率为 81.73%。

47.4 选煤情况

南梁煤矿选煤厂为南梁矿井配套建设选煤厂，建于 2011 年，设计生产能力为 300 万吨/a。选煤工艺流程为：200~13mm 块煤采用重介浅槽分选，13~1.5mm 末煤脱泥后由有压两产品重介旋流器分选，1.5~0.15mm 粒级粗煤泥采用螺旋分选机分选，煤泥由快开压滤机脱水回收。2013 年原煤入选率达 100%。

47.5　矿产资源综合利用情况

2013 年利用煤矸石 16.05 万吨，矿井水 $14.4×10^4 m^3$，煤泥 4.0 万吨。

47.6　技术改进及设备升级

煤层进行的综合机械化采煤，集"采、装、运"功能于一身，配备自动化控制系统实现无人工作面全自动化采煤。

该项目系原国土资源部、财政部 2011 年度矿产资源节约与综合利用奖励资金项目。项目成套设备自动化程度高、块煤率较高、效率高、人工少，为薄煤层安全开采提供保障。在南梁煤矿工业性试验期间，工作面最大小时产量 378t，最大班产量 945t，刨煤机工艺能力达到 78.6t/工，使薄煤层采区回采率得到了较大提升。

48 柠条塔煤矿

48.1 矿山基本情况

柠条塔煤矿 2009 年 3 月初试生产，矿井设计生产规模 1200 万吨/a。矿山开发利用简表见表 48-1。

表 48-1 柠条塔煤矿开发利用简表

基本情况	矿山名称	柠条塔煤矿	地理位置	陕西省神木县
	矿山特征	第四批国家级绿色矿山试点单位		
地质资源	开采煤种	无黏结性煤	地质储量/万吨	261977
	主要可采煤层	1^{-2}、2^{-2}、3^{-1}、4^{-2}、4^{-3}、5^{-2}		
开采情况	矿山规模/万吨·a^{-1}	1200	开采方式	地下开采
	开拓方式	斜井开拓	采煤工艺	综合机械化采煤，全垮落式管理顶板
	原煤产量/万吨	1420.68	采区回采率/%	78.99
选煤情况	选煤厂规模/万吨·a^{-1}	1200	原煤入选率/%	61.64
	主要选煤方法	块煤重介质浅槽分选		
综合利用情况	煤矸石利用量/万吨	49.2	矿井水利用量/万立方米	317.6

柠条塔煤矿井田东西宽约 8.3km，南北长约 17.6km，面积约 136.1km²。该矿东部与孙家岔井田、张家赤煤矿、崔家沟合伙村办煤矿、隆岩煤业有限公司煤矿、孙家岔镇河西联办煤矿等七个地方整合煤矿相邻；南部与红柳林煤矿相接；西部与榆神府找煤区相邻；北部与朱盖塔井田毗邻。

柠条塔煤矿位于陕西省神木县孙家岔镇境内，距神木县城约 36km。矿区交通便利，周边铁路有包神线、神延线、西延线、神朔线等，另有在建的包西复线和红柠铁路专用线。公路有省道府新二级公路沿考考乌素沟从井田中部通过，省道包神榆二级公路从井田以东约 20km 处以南北向通过，另 210 国道西包公路从井田西侧约 60km 处通过。

矿区地处我国西部内陆，为典型的中温带半干旱大陆性季风气候。气候特点冬季寒冷，春季多风，夏季炎热，秋季凉爽，四季冷热多变，昼夜温差悬殊。干旱少雨，蒸发量大，降雨多集中在 7、8、9 三个月，全年无霜期短，10 月初上冻，次年 4 月解冻。年平均气温为 8.8℃，多年平均降雨量为 436.6mm。矿区地壳活动相对微弱，属地震微弱区。

48.2　矿床地质特征

柠条塔井田属于陕北侏罗纪煤田神府矿区，其位于华北板块西部鄂尔多斯台拗东胜—靖边单斜构造的陕北斜坡之上。柠条塔井田以考考乌素沟为界分为南北两翼，南部地表大部分被现代风积沙及萨拉乌苏组沙层所覆盖，井田北部地表大部分出露第四系黄土及新近系红土，基岩零星出露于考考乌素沟及肯铁岭沟等主要沟谷两侧。区内地层由老至新依次有：上三叠统永坪组，中侏罗统延安组、直罗组、安定组、新近系上新统保德组，第四系中更新统离石组和萨拉乌苏组，第四系全新统风积沙和冲积层。

柠条塔井田位于鄂尔多斯台向斜的宽缓东翼-陕北斜坡北部。除新生界外各时代地层为整合或假整合接触关系。煤系地层地表露头近乎水平展布，下伏煤层底板以 4%～10% 的坡降向西倾斜，整体上为一向西倾斜的单斜构造。

矿区的含煤地层是延安组，其含煤地层为大型浅水湖泊三角洲沉积，主要煤层多是三角洲碎屑沉积体周期性淤浅废弃、广泛泥炭沼泽化聚集的。横向变化大，垂向上具有明显的层序韵律结构，依据煤岩层组合特征、古生物和孢粉特征、岩相特征等，把井田煤系自下而上划分为 5 个岩性段，每段分别含 1 个煤组，煤层位于岩段上部。井田内可采煤层为 1^{-2}、2^{-2}、3^{-1}、4^{-2}、4^{-3}、5^{-2} 煤层，矿井地质条件简单，煤层倾角不超过 10°。

煤质为低灰、特低硫、低磷分、中高挥发、特高热值无黏结性煤。矿井为低瓦斯矿井，各煤层均为自燃-易自燃发火煤层，煤尘具有爆炸危险性。

柠条塔煤矿累计查明资源储量 261977 万吨，累计开采矿石 4957.79 万吨，累计动用储量 7738.9 万吨。

48.3　开采基本情况

48.3.1　矿山开拓方式及采矿工艺

柠条塔煤矿矿井采用斜井开拓，综合机械化采煤，全垮落式管理顶板。

斜井开拓方案设计分两个水平开采全井田（一井两面）。采用长壁综采工作面一次采全高、全部垮落法管理顶板，以大采高综采为主，分层综采为辅的方式开采；根据煤层赋存状况及开拓布置，一水平开采 1^{-2}、2^{-2} 和 3^{-1} 号煤层，二水平开采 4^{-2}、4^{-3}、$5^{-2上}$、5^{-2} 号煤层。

目前矿井正在开采 1^{-2}、2^{-2} 三层煤，北翼开采煤层为 1^{-2} 煤和 2^{-2} 煤，其中 1^{-2} 煤已采完 N1106 和 N1108 两个工作面；2^{-2} 煤采完 N1201、N1203、N1205 和 N1207 四个工作面；目前正在回采的工作面为 N1110 和 N1200 两个工作面，正在安装的工作面为 N1209 工作面，正在掘进的工作面为 N1202 和 N1112 两个工作面；南翼生产的工作面较少，2011 年 5 月，开采 2^{-2} 煤的 51210 工作面，已回采至 61m 处，因突水停采，之后从南翼北部开始其他工作面的生产。

48.3.2　矿山主要生产指标

2011 年采区采出量为 963.04 万吨，工作面回采率 96.02%、采区回采率为 79.5%。

2012 年采区采出量为 1266.44 万吨，工作面回采率 95.5%、采区回采率为 79.13%。2013 年采区采出量为 1420.68 万吨，工作面回采率 95.8%、采区回采率为 78.99%。

48.4 选煤情况

柠条塔矿洗煤厂是与矿井配套建设的，设计生产能力为 1200 万吨/a。洗煤厂采用块煤重介质浅槽工艺，入选 200~25mm 块煤，入选能力为 800t/h。系统主要由清水系统、循环水系统、煤泥水系统、介质系统和煤流系统组成。

（1）清水系统。重介浅槽工艺的清水系统，主要用于为循环水池补水、给絮凝剂添加水、为水封泵提供水封水、加压过滤机的冲洗水和清扫水管的补水。

（2）循环水系统。循环水源自澄清水池。主要用在：浓缩池各底流管冲洗管路（稀释水管）、清扫地板水、合格泵入料管冲水、合格泵密度调节水、稀介桶补水、加介桶制介用水、精煤脱介筛 3 道喷水、矸石脱介筛 2 道喷水、煤泥桶补水、脱泥筛喷水、入料刮板输送机冲水、分级旋流器底流槽冲水、煤泥桶自动加水、稀介桶自动加水和合格泵入料管自动加水等。

（3）煤泥水系统。所有煤泥水都汇积于浓缩池，以便加压过滤机处理。浓缩池中煤泥水的来源主要有：

1）来自脱泥筛。这部分煤泥水主要来自循环用水和磁选机尾矿水。其中，循环用水主要是喷水和水刮板输送机中的冲水，而磁选机中的尾矿水只是水刮板输送机中冲水的一部分。

2）旋流器的溢流水，为浓缩池的主要入料来源。

3）弧形筛的筛下水和离心机的离心液。

4）加压过滤机的滤液水和两浓缩池的互相转排。

5）当加压过滤机入料阀关闭后，浓缩池底流将循环于系统返回浓缩池。

（4）介质系统。由合介部分、稀介部分及加介部分组成。合介部分存于合格介质桶内。分选后，浅槽溢流进入脱介作业。先经固定筛，后进入精煤脱介筛。固定筛筛下物及精煤筛合介返回合介桶；浅槽中的矸石由刮板刮入矸石脱介筛，其合格介质也返回合介桶。

（5）煤流系统。

1）设定值为上限 200mm，粒度范围 200~5mm。

2）超大粒物料进入系统，易造成机头刮板输送机堵塞，有时有杂物和大块进入后，暂不会堵塞，但有后患。

3）效率低时，将会给系统带来大量末煤和煤泥。此时，应适当减少入料量。

2011~2013 年原煤入选率达 65.5%、63.44%、61.64%。

48.5 矿产资源综合利用情况

2013 年利用煤矸石 49.2 万吨，矿井水 $317.6×10^4 m^3$。

49　裴 沟 煤 矿

49.1　矿山基本情况

裴沟煤矿原设计生产能力为年产 60 万吨，1960 年 8 月建井，经过改扩建，2011 年生产能力核定为 205 万吨/a。矿山开发利用简表见表 49-1。

表 49-1　裴沟煤矿开发利用简表

基本情况	矿山名称	裴沟煤矿	地理位置	河南省新密市
地质资源	开采煤种	贫煤	地质储量/万吨	153785.59
	主要可采煤层	二$_1$、一$_1$		
开采情况	矿山规模/万吨·a^{-1}	205	开采方式	地下开采
	开拓方式	立井多水平上、下山开拓	采煤工艺	走向长壁冒落采煤
	原煤产量/万吨	179.80	采区回采率/%	79.26
	煤矸石年产生量/万吨	25	矿井水年产生量/万吨	1007.4
综合利用情况	煤矸石年利用率/%	100	矿井水利用率/%	7.84
	煤矸石利用方式	生产矸石砖	矿井水利用方式	生产生活

裴沟煤矿开采二$_1$、一$_1$煤层，现阶段主要开采二$_1$煤。矿区总面积 48.7555km^2。

裴沟矿位于河南省新密市来集镇，行政区划隶属新密市来集镇管辖。煤矿地理位置优越，矿井东北距郑州市 35km，西北距新密市 8.5km，接近京港澳、京珠、陇海、京九、连霍、107 国道、郑少等公路、铁路大动脉；裴沟煤矿铁路专用线和新密铁路支线、宋（寨）-大（冶）铁路专用线、郑州煤炭工业集团专用铁路与郑州枢纽直接相连。向东北与新郑-新密地方铁路交会后再向东直达京广铁路新郑车站；登（封）-杞（县）地方小铁路在距裴沟煤矿南部 7km 处经过。北距郑（州）-密（县）（S316）公路 3km；密（县）-杞（县）（S321）公路在该矿北部经过。新密-新郑县际公路是新密市南部的交通要道，它从西北向东南斜穿井田中部。交通运输条件得天独厚。此外区内各村镇之间乡间公路纵横交织，交通运输十分便利。

裴沟煤矿位于新密煤田东南部，属丘陵向平原过渡地形。地形总体表现为中部高，东、西部低，北高南低；西部、北部发育近南北向冲沟，南部发育近东西向河流，地面高程+146.7～+241.5m，最大相对高差 94.8m。

49.2　地质资源

裴沟煤矿由裴沟井田、杨河井田、樊寨井田三部分组成。1998 年底，－110m 水平以上浅部区煤炭资源已枯竭，经技术论证，采取措施使 32 石门和 34 采区－110m 水平西大巷顺利通过油坊沟断层，进入深部区开发杨河井田西翼，实现了杨河井田与裴沟井田的合并开采，使矿井接替有了保证。目前，矿井开采－300m 水平杨河井田西翼 32 采区、31 采区和樊寨井田首采区 42 采区，32 采区布置机采工作面，31 采区东翼布置综采、西翼布置机采工作面，42 采区布置机采工作面。裴沟煤矿开采区域属华北型地层，所采煤层为二叠系下部的二₁煤层，该区域为一单斜构造，由于受沉积基底不平影响，煤层顶底板有不同程度的起伏现象，局部有小断层发育，煤岩层产状倾向 160°～180°，倾角 4°～27°，一般 8°～15°，煤层局部有伪顶炭质泥岩，厚度 0.5m 左右，随采随落，直接顶为泥岩或砂质泥岩，平均 6m 左右，老顶为大占砂岩（中细粒长石石英砂岩），平均 7m 左右，直接顶随回采放顶逐步垮落，底板为泥岩或砂质泥岩，平均 6m 左右。

该区域水文地质条件复杂，以底板涌水和顶板淋水为主，相对瓦斯涌出量 6～10m³/t，煤层自燃倾向三级，煤尘具有爆炸危险性，爆炸性指数 14.99%。2007 年 10 月被定为煤与瓦斯突出矿井。

含煤层为裴沟煤矿属石炭系上统太原组、二叠系下统山西组和下石盒子组、二叠系上统上石盒子组含煤地层，划分为九个含煤组段，总厚 675.57m，含煤 22 层，煤层总厚 13.26m，含煤系数 1.96%。太原组含煤 9 层，其中一₁煤层为局部可采煤层；山西组为主要含煤地层，发育二₀、二₁等 2 煤层，下部的二₁煤层为大部可采煤层，其余煤层均不可采；上、下石盒子组分别含煤 8、3 层，均不可采。矿区可采煤层总厚 7.30m，可采煤层含煤系数为 1.08%。

矿区主要可采煤层为山西组二₁煤层，太原组一₁煤层。二₁煤层为大部可采煤层，一₁煤层为局部可采煤层。

依据《中国煤炭分类国家标准》（GB 5751—86），二₁煤为贫煤，仅个别点为无烟煤；一₁煤层以贫煤为主，局部为贫瘦煤。矿区二₁、一₁煤均为贫煤，属非炼焦用煤。

截至 2012 年底，矿井剩余二₁煤保有储量：20296.71 万吨（其分布为裴沟井田 2806 万吨，杨河井田 7167.71 万吨，樊寨井田 10323 万吨）。其中探明的（可研）经济基础储量（111b）9017.44 万吨，控制的经济基础储量（122b）5549.98 万吨，推断的内蕴经济资源量（333）5729.29 万吨。

49.3　开采基本情况

49.3.1　矿山开拓方式及采矿工艺

该矿采用立井多水平上、下山开拓，走向长壁冒落采煤法，共有五个立井，分别是主井（井深 212m，井口标高＋224.8m，井底标高＋12.8m，φ4.5m），副井（井深 176m，井口标高＋224.8m，井底标高＋48.6m，φ6.5m），中央风井（井深 176m，井口标高

+224.7m，井底标高+48.7m，ϕ5m），陈沟风井（井深 112.4m，井口标高+209.1m，井底标高+96.7m，ϕ5m）和深部副立井（井深 536.7m，井口标高 224.1m，井底标高−312.6m，ϕ6m）。共有+5m、−110m 和−300m 三个生产水平。+50m 水平采掘活动已全部结束，现有生产全部集中在−110m 水平以下−300m 水平以上。

裴沟煤矿现生产采区为杨河井田 32、31 和樊寨井田首采区 42 采区。

（1）放顶煤综采。国内综采放顶煤在煤层厚度 5~12m，倾角小于 15°的条件下已取得了成功的经验，如兖州、郑州矿区。放顶煤综采与分层开采相比，具有产量高，效率高，巷道掘进率低，搬家次数少，工作面吨煤成本低，经济效益好的优点。

（2）分层综采。分层综采适用于煤层顶板不十分坚硬，易于垮落，直接顶具有一定厚度的缓倾斜及倾斜厚煤层。我国自 1974 年在开滦矿务局唐山矿试验成功缓倾斜厚煤层下行垮落金属网假顶综合机械化采煤以后，分层开采的综合机械化采煤工艺已在十多个矿区得到广泛应用，积累了较丰富的经验。随着大采高分层综采技术的应用，工作面单产水平已有了进一步提高。

矿井可以布置综采的区段采用走向长壁综合机械化放顶煤，不适合布置综采的区段采用走向长壁炮采放顶煤。

该矿实现采煤机械化程度为 70%，掘进机械化程度为 91%。

49.3.2　矿山主要生产指标

该矿自 1996 年投产以来，一直开采二$_1$煤，自 1989 年 1 月 1 日至 2012 年 12 月 31 日，累计动用储量 4008.82 万吨。2014 年度生产主要集中在−110m 水平以下−300m 水平以上的 32、31 和 42 采区，共有 3 个工作面生产，分别为 32004 炮采工作面、31131 综采工作面和 42051 机采工作面。一一井、一四井储量暂未动用。

裴沟煤矿核定生产能力 205 万吨/a，实际生产能力 179.80 万吨/a。核定生产率为 78%，实际回采率 79.26%。设计工作面回采率 93%，实际工作面回采率达到 93%以上。裴沟矿 2009~2013 年储量动用及回采率见表 49-2。

表 49-2　裴沟矿 2009~2013 年储量动用及回采率一览表

年度	工作面回采率/%	年度采出量/万吨	全矿井损失量/万吨	采区损失量/万吨	累计动用量/万吨	累计查明量/万吨	采区回采率/%
2009	88.56	151.6	34.9	34.9	3404.6	21331.24	81.28
2010	86.54	157.8	31.0	31.0	3593.4	21332.93	83.58
2011	88.84	178.67	41.99	41.99	3814.06	21370.86	80.97
2012	91.25	159.93	86.12	35.43	4009.42	21381.87	81.86
2013	93.41	179.80	96.82	47.05	4236.27	21383.16	79.26

49.4　选煤情况

裴沟煤矿无选煤厂，只有筛选厂进行筛分，年筛选原煤量为 210 余万吨，整个筛选系统包括筛分、手拣、装车环节。原煤从井下提升上来之后，经给煤机定量给至皮带，由皮带运至螺旋筛进行筛选。

49.5　矿产资源综合利用情况

49.5.1　共伴生组分综合利用

共伴生组分综合利用如下：

（1）铝土质泥岩。赋存于石炭系上统本溪组（C_{3b}）地层中，厚度 2.49~29.12m，一般厚 9m 左右，密度 2.67g/cm³。岩石呈浅灰色、灰紫色，质地坚硬，以豆状、鲕状、块状结构为主。其矿物成分主要是硬水铝石、高岭石、绿泥石和黄铁矿等。共采取 16 孔 48 个样品，埋藏深度在 183.60~735.54m 之间，一般在 300~400m 以深。经测试分析，除 4611 孔（埋深超过 600m）可达工业品位（Al_2O_3/SiO_2 为 4.66）外，其他样点均达不到工业品位，总体而言矿区本溪组铝土质泥岩近期无工业价值。

（2）黏土岩。黏土岩赋存于上石盒组地层中，呈紫红色，经 X 射线鉴定，其成分以高岭石为主，绿泥石次之，含少量石英、伊利石和黄铁矿等。各种矿物含量均未达到工业品位要求。

（3）稀有元素。铝土质泥岩、煤层及其夹矸中稀有元素分析结果：煤层中锗、镓、铀均未达到工业品位。一₁煤层中镓元素仅个别达到工业品位，另在二₁煤层和一₁煤层夹矸以及铝土质泥岩中镓的含量稍高，达到最低工业品位，但是采样点太少，仅 4~5 个点，没有代表性。

49.5.2　其他组分综合利用

其他组分综合利用如下：

（1）瓦斯。裴沟矿井为高瓦斯矿井，随着开采深度的增加，瓦斯含量有增大趋势。因此，矿井考虑了瓦斯抽采和利用。瓦斯是一种高效、洁净的能源，瓦斯的综合利用既解决了瓦斯排放造成大气污染问题，又充分利用了资源。其利用方式基本可分为两大类型：一种是直接民用作燃料；另一种是作工业燃料，在工业上可用于烧锅炉、发电、干燥室烘干和化工原料。

矿井瓦斯抽采量约 76m³/min（30%混合气），日抽气量约 109000m³（混合气），供气损失按 10%考虑，日供气量 98000m³。设计考虑将这些瓦斯作为瓦斯发电燃料，加以合理利用。

矿井在深部副井工业场地设置了地面瓦斯发电站，并安设 2 台 500kW·h 的燃瓦斯气的发电机组，待运行稳定后，再增加 6 台发电机组。为今后加大瓦斯利用，预留了增加发电机组和 1 台 5000m³ 湿式螺旋储气罐的安装位置和场地。

（2）矿井水和生活用水治理利用。目前，已在南井工业区建成矿井水净化工程，各项净化指标达标，净化设备处理水量近 350.4 万吨/a，裴沟矿井下正常涌水量为 1007.4 万吨/a，采用穿孔旋流反应斜管沉淀池处理，处理后约 79.0 万吨/a 用作矿井生产生活水源，其余达标外排；生产生活污水产生量约 63.2 万吨/a，采用化粪池处理后，一部分用于场地绿化及周围农田灌溉，其余外排。污水处理过程中产生的少量污泥拟用于改良土壤，为植被生长提供养分。其余经明渠排入杨河，并最终汇入双洎河。

（3）煤矸石堆存治理利用。目前，裴沟矿矸石产生量为 25 万吨/a，主要以矸石山的形式堆存，矸石累计堆存量为 260 万吨。裴沟矿已建成占地 37.1 亩，总建筑面积 1.5 万平方米，投资 3132 万元，规模为 10000 万块/a 生产能力的矸石砖厂，该砖厂每年可消耗该矿堆存的矸石 25 万吨，2009~2013 年累计消耗利用 62 万吨煤矸石，制成的煤矸石空心砖可以在取得经济效益的同时取得良好的社会效益。厂年利用产值达 2500 余万元，利税 500 余万元。另有一部分矸石在沉陷区复垦和土石填方上加以利用。减少了土地占用，节约了资源，有效地保护了生态平衡，而且促进了当地经济发展。

50　平禹煤矿六矿

50.1　矿山基本情况

平禹煤矿六矿始建于1970年，1975年简易投产，2006年进行第二次技术改造，设计生产能力45万吨/a。矿山开发利用简表见表50-1。

表 50-1　平禹煤矿六矿开发利用简表

基本情况	矿山名称	平禹煤矿六矿	地理位置	河南省禹州市
地质资源	开采煤种	烟煤	累计查明资源储量/万吨	3293.44
	主要可采煤层	七$_2$、六$_2$、五$_2$、二$_1$		
开采情况	矿山规模/万吨·a^{-1}	45	开采方式	地下开采
	开拓方式	斜井多水平开拓	采煤工艺	综合机械化采煤工艺，一次采全高，后退式长壁采煤法，全部垮落法管理采空区顶板
	原煤产量/万吨	35.32	采区回采率/%	82.5

平禹六矿矿区面积为8.9333km^2，东西长3.4~5km，南北宽1.2~2.6km。

井田行政区划隶属禹州市神后镇、郏县安良镇管辖。井田有公路与外界相通，东北距禹州市30km，至许昌市65km，禹州市南至平顶山市有地方铁路与漯宝铁路相连，禹州市与新郑市、许昌市、郏县、平顶山市均有公路相连，交通十分便利。

50.2　地质资源

井田内含煤地层为上石炭统太原组、下二叠统山西组和下石盒子组及上二叠统上石盒子组，含煤地层总厚度705m；划分为九个煤段，共含煤及炭质泥岩37层，山西组和下石盒子组为主要含煤地层。太原组含煤及炭质泥岩12层，均不可采；山西组含煤及炭质泥岩3层，其中二$_1$煤为大部可采煤层，其余煤层均不可采，二$_2$煤层偶达可采厚度；下石盒子组含煤13层，四$_2$、五$_2$、五$_3$、六$_2$煤层较发育，五$_2$煤层局部可采，六$_2$煤层大部可采；上石盒子组含煤及炭质泥岩9层，其中七$_2$、七$_3$、八$_3$煤层较发育，七$_2$煤层大部可采。井田内可采煤层4层（二$_1$、五$_2$、六$_2$、七$_2$），分布于山西组、下石盒子组五、六煤段及上石盒子组七煤段。六$_2$、七$_2$煤层为主要可采煤层，二$_1$、六$_2$、七$_2$煤层为大部可采煤层，五$_2$煤层局部可采，其余煤层均为不可采煤层，四$_2$、七$_3$煤层偶达可采厚度。煤层总厚度约17.90m，含煤系数2.54%。可采煤层总厚度4.82m，可采含煤系数0.68%。井田煤层发育情况一览表见表50-2。

表 50-2　井田煤层发育情况一览表

地层单位	煤段		含煤层数	常见煤层	主要煤层	矿区范围内主要煤层发育情况
	名称	厚度/m				
二叠系上石盒子组	九煤段	110	2			
	八煤段	65	4	八$_3$		
	七煤段	100	3	七$_2$、七$_3$	七$_2$	较稳定，大部可采
二叠系下石盒子组	六煤段	75	1	六$_2$	六$_2$	较稳定，大部可采
	五煤段	80	5	五$_2$、五$_3$	五$_2$	不稳定，局部可采
	四煤段	70	5	四$_2$		
	三煤段	65	2			
二叠系山西组	二煤段	80	3	二$_1$	二$_1$	较稳定，大部可采
石炭系太原组	一煤段	60	12	一$_4$		

截至 2013 年底，累计查明资源储量 3293.44 万吨，矿井累计采出 680.032 万吨，剩余保有资源储量 2206.36 万吨。矿井保有资源储量中，（121b）66 万吨，（122b）563.25 万吨，（333）1016.88 万吨，（334）560.23 万吨。矿井属瓦斯矿井，可采煤层有二$_1$、五$_2$、六$_2$、七$_2$，该矿设计开采煤层二$_1$、五$_2$、六$_2$、七$_2$，目前只开采六$_2$煤。

50.3　开采基本情况

50.3.1　矿山开拓方式及采矿工艺

矿井采用斜井多水平开拓，布置主井、副井、北风井共三个井筒。矿井采用综合机械化采煤工艺，一次采全高，后退式长壁采煤法，全部垮落法管理采空区顶板。

50.3.2　矿山主要生产指标

平禹六矿 1975 年正式投产生产。矿井自投产以来开采合理有序，采区回采率一直保持较高水平。具体数据见表 50-3。

表 50-3　平禹六矿 2009~2013 年储量动用及回采率一览表

年度	年度采出量/万吨	采区损失量/万吨	累计矿井损失量/万吨	累计矿井采出量/万吨	累计查明量/万吨	采区回采率/%	矿井回采率/%
2009	36.6	5.9	335.8	540.634	3275.9	86.1	61.7
2010	43.8	7.1	342.9	584.434	3283.05	86	63
2011	41.088	6.6	349.5	625.522	3287.25	86.2	64.2
2012	19.19	2.26	351.76	644.712	3290.18	89.4	64.6
2013	35.32	7.456	359.216	680.032	3293.44	82.5	65.4

50.4　选煤情况

平禹六矿无选矿。各煤层的自然类型为腐植煤类型，工业类型为烟煤系列。

二$_1$煤属变质程度较高的贫瘦煤，工业品级属以中灰、中硫为主，高热值煤，可选性较差，工业用途以动力用煤及炼焦配煤为主。

五$_2$煤属变质程度中等的焦煤，工业品级属以中灰、特低硫为主，中热值煤，工业用途为动力用煤。

六$_2$煤属变质程度中等的焦煤，工业品级属以高灰、中硫为主，低热值煤。可选性差，工业用途为动力用煤。

七$_2$煤属变质程度中等的焦煤，工业品级属以中灰、特低硫为主，高热值煤。可选性差，工业用途为动力用煤。

50.5　矿产资源综合利用情况

50.5.1　共伴生组分综合利用

平禹六矿含煤岩系中，与煤伴生的主要有铝质泥岩及高岭土、煤层气、稀散元素等。现据已有资料分述如下：

（1）铝质泥岩及高岭土。赋存于石炭系上统本溪组及二叠系下统下石盒子组中，区域上成矿条件好的地段，有铝土矿、硬质黏土矿产出。未利用。

（2）煤层气。主要指赋存于煤层中的共生可燃气体，矿区二$_1$煤层孔内煤层气的含量较高，具有一定的资源潜力，但煤层渗透系数小，地面抽取利用困难。若井下在预采工作面内打孔，预埋管道抽放，并集中储存，可作为一种洁净能源利用，既能化害为利，又能保护环境。

（3）稀散元素。据勘探资料结果，各煤层中稀散元素 Ga、Ge、U、V 含量均低于工业品位，综合利用价值较小。

50.5.2　其他组分综合利用

（1）瓦斯综合利用。平禹六矿目前开采六$_2$煤层，现开采最深标高为 -200m，由历年瓦斯资料可知：随着采深及采面的扩大，瓦斯绝对涌出量总体是逐渐增大的，瓦斯相对涌出量也随着增加，但其值仍在 $10m^3/(t \cdot d)$ 以下，为低瓦斯矿井。瓦斯利用价值不大，未利用。

（2）矿井水循环再利用。2009 年平禹六矿建立了一套完整的矿井水处理系统，对排至地面的矿井水按照环保处理要求，进行沉淀并加药使浊度达标后，经矿二级供水站专用供水管道一部分排至地面水塔中，用于井下防尘、生产，另一部分排入神垕河。目前平禹六矿矿井总涌水量约 $25m^3/h$，矿井水通过该系统供井下生产及地面灌溉，实现了矿井废水的再利用。

另外平禹六矿还投资建造了一套生活污水处理系统，该系统主要安装设备有两台加药机，两台提升泵，两台反冲泵，两台给水泵，四台泥浆泵，两台 ClO_2 发生器。采用了国内先进的生化工艺，培养菌种利用微生物消化功能的净化原理进行了污水处理，将净化后的地面生活污水作为井下生产用水及地面灌溉用水。

（3）煤矸石综合利用。平禹六矿矸石产量每年达到 7 万吨，为了更好地体现资源的综合利用，变废为宝，实现资源利用效益最大化，平禹六矿对矸石进行了综合利用。首先对矸石进行分类，对于泥岩、炭质泥岩等低发热量的煤矸石全部供矸石砖厂进行制砖，部分用于修路，剩余部分集中堆放并进行绿化治理，体现了对煤炭资源充分利用的发展理念，取得了较大的环境效益。

50.6　技术改进及设备升级

（1）优化采区边界，减少煤柱损失。由于平禹六矿断层及露头保护煤柱分布较广，在进行采区划分时，设计人员充分考虑煤柱损失，尽可能的将采区边界与已有的保护煤柱重合，减少煤柱所占采区储量比重。

（2）推广沿空掘巷，减少煤柱损失。平禹六矿回采工作面多为预留煤柱进行沿空掘巷，通过分析研究矿压显现规律、巷道支护强度等相关参数，结合矿井的实际情况，将两巷煤柱由原设计时的 8m 缩短为 6m，有效提高了工作面煤柱回收率。

（3）增加工作面几何面积，提高采区回采率。在采区储量计算中各类煤柱所占比重较大，在采区各类煤柱保持不变的情况下，合理加大工作面的几何尺寸便能使煤柱所占储量比重降低，有效提高采区回采率。因此平禹六矿在条件适宜的情况下广泛布置大综采工作面。同时因工作面面积增加，工作面个数的减少，有效降低了综采工作面在回撤期间的资源浪费。

51 七台河龙湖煤矿

51.1 矿山基本情况

七台河龙湖煤矿始建于1991年10月12日，1998年2月25日正式投产，设计生产规模为130万吨/a。矿山开发利用简表见表51-1。

表51-1 七台河龙湖煤矿开发利用简表

基本情况	矿山名称	七台河龙湖煤矿	地理位置	黑龙江省七台河市
	矿山特征	第二批国家级绿色矿山试点单位		
地质资源	开采煤种	肥煤、1/3焦煤、焦煤	累计查明资源储量/万吨	21150.5
	主要可采煤层	40、44、54^{上}、54A、57^{上}、57、58^{上}、58、59、62C、63、65B、67^{上}、68、71、87		
开采情况	矿山规模/万吨·a^{-1}	130	开采方式	地下开采
	开拓方式	立井多水平主要大巷分区石门的开拓方式	采煤工艺	走向长壁采煤法
	原煤产量/万吨	115.4	开采回采率/%	88.2
	煤矸石年产生量/万吨	45	矿井水年产生量/万立方米	150
选煤情况	选煤厂规模/万吨·a^{-1}	200	原煤入选率/%	100
	主要选煤方法	原煤手选破碎-重介精选-煤泥浮选-尾煤压滤联合		
综合利用情况	煤矸石年利用率/%	33.3	矿井水年利用率/%	67
	煤矸石利用方式	铺路、回填采空区、制砖	矿井水利用方式	矿井生产用水

七台河龙湖煤矿开采方式为地下开采，矿区面积为27.3597km^2，开采深度由230m至-600m标高。

龙湖井田位于七台河市东部，距七台河市中心25km，行政区划属黑龙江省七台河市勃利县北兴农场。井田东西走向长约5.5km，南北倾斜宽约5km。矿区内有矿用铁路专用线与勃七线、牡佳线接轨，省308公路横贯区内，交通便利。

矿区西部发育有龙湖河，发源于龙湖东沟，全长19km，流向北西，注入倭肯河，无固定河道，河谷沼泽相连。该河12月至翌年3月冻结，属季节性河流。

区内11月至翌年4月为冻结期，最大冻结深度为1.5~2.0m，最高气温28~32℃，年平均气温3~3.5℃。年降雨量350~700mm，属寒温带大陆性气候。年间以西北风为最多，风力一般为3~5级，最大可达7~8级。

51.2　地质资源

矿区地貌为低山、丘陵地形，地面被第四系残积、坡积及洪积层所覆盖。地势总的趋势是东南高、西北低，地面最低标高为 90.00m，最高标高为 382.92m，平均标高为 230.00m。

矿区含煤地层为上侏罗统七台河群滴道组和城子河组。煤系地层总厚 2060m。含煤 105 层。煤层总厚度 73.77m，含煤系数为 3.76%，其中可采和局部可采煤层 41 层，可采煤层总厚 40.93m，除 57 号煤层局部为中厚煤层外，其余均为薄煤层。

矿区煤系地层共含可采和局部可采煤层 41 层，自上而下分别为 32、35、37、39、40、44、44^{下}、46、48、49、51、54^{上}、54、54A、55、56、57^{上}、57、58^{上}、58、59、60^{上}、62A、62C、62D、63、64、65A、65B、67^{上}、67^{下}、68、71、87、90、92、94、95、95^{下}、109、110，其中主要可采煤层有：40、44、54^{上}、54A、57^{上}、57、58^{上}、58、59、62C、63、65B、67^{上}、68、71、87，计 16 层。占全区总储量的 76.9%

矿区煤层煤种主要以肥煤、1/3 焦煤、焦煤为主，煤的变质作用以区域变质作用为主，局部为接触变质作用。

全区煤灰分最低为 8.04%，最高为 39.85%，平均值为 23.69%，以中灰煤为主，上部煤层及部分中部煤层以肥煤、1/3 焦煤为主，部分为焦煤，多为中灰煤，特低硫，而下部和部分中部煤层以焦煤为主，以富灰煤和低硫煤居多，发热量 26.02MJ/kg，磷含量属低磷-中磷。主要工业用途以炼焦用煤为主。

截至 2013 年底，该矿山累计查明煤炭资源储量 21150.5 万吨，保有煤炭资源储量 17508.3 万吨；设计永久煤柱量 6205.4 万吨；"三下"压煤量 605.7 万吨。该矿无共伴生矿产。矿井瓦斯鉴定为低瓦斯矿井（高管），随着开采深度增加，瓦斯量逐渐加大，各采区瓦斯分布不均，其中三采区、右三准备区瓦斯量较大，目前已经配齐移动抽放系统。

截至 2013 年底，累计矿井动用储量为 3591.6 万吨，累计矿井采出量为 1866.3 万吨，累计矿井损失量为 1725.3 万吨。

51.3　开采基本情况

51.3.1　矿山开拓方式及采矿工艺

七台河市龙湖煤矿为地下开采，开采煤层数 41 层，各煤层为较稳定煤层，各煤层煤炭可行性均为中等可选煤，该煤矿煤层属于薄煤层-中厚煤层，构造复杂程度为复杂构造，开采技术条件为复杂，采煤方法为走向长壁采煤法。实际开采煤层情况见表 51-2。

表 51-2 实际开采煤层情况

煤层号	煤牌号	厚度/m	倾角/(°)	设计可采储量/万吨	设计工作面回采率/%	设计采区回采率/%
63	肥煤 FM	1.05	34	572.1	97	85
64	焦煤 JM	0.83	29	109.3	97	85
65A	焦煤 JM	0.74	27	69.5	97	85
65B	肥煤 FM	1.22	27	430.7	97	85
67上	焦煤 JM	1.45	31	709.3	95	80
67下	焦煤 JM	0.75	28	81.7	97	85
68	焦煤 JM	1.5	29	517.5	95	80
71	焦煤 JM	1.06	28	650.9	97	85
87	焦煤 JM	1.22	36	235	97	85
90	焦煤 JM	1.24	49	98.4	97	85
92	焦煤 JM	0.66	53	32.8	97	85
94	焦煤 JM	1.35	58	39.3	95	80
95	焦煤 JM	0.67	53	39.7	97	85
95下	焦煤 JM	1.24	53	33.5	97	85
109	焦煤 JM	1.9	54	104.7	95	80
110	焦煤 JM	1.49	54	35.3	95	80
32	1/3 焦煤	0.86	30	80	97	85
35	1/3 焦煤	0.81	30	31	97	85
37	肥煤 FM	0.79	30	156.2	97	85
39	肥煤 FM	0.75	30	79.5	97	85
40	肥煤 FM	1.12	31	155.2	97	85
44	肥煤 FM	1.04	35	159	97	85
44下	肥煤 FM	0.93	30	33.2	97	85
46	肥煤 FM	0.96	52	133.3	97	85
48	肥煤 FM	0.75	59	98.8	97	85
49	肥煤 FM	1.18	44	442.3	97	85
60上	肥煤 FM	0.75	47	108.2	97	85
62A	肥煤 FM	0.71	35	76.2	97	85
62C	肥煤 FM	1.18	26	180.6	97	85
62D	焦煤 JM	0.73	27	8.6	97	85
51	肥煤 FM	0.61	50	69.5	97	85
54上	肥煤 FM	1.04	51	172.6	97	85
54	肥煤 FM	0.68	62	51.4	97	85
54A	肥煤 FM	0.77	32	164.9	97	85
55	1/3 焦煤	0.73	28	19.5	97	85

煤层号	煤牌号	厚度/m	倾角/(°)	设计可采储量/万吨	设计工作面回采率/%	设计采区回采率/%
56	肥煤 FM	0.68	42	203.7	97	85
57上	肥煤 FM	1	32	94.2	97	85
57	肥煤 FM	1.7	36	1091.3	95	80
58上	肥煤 FM	1.14	28	255.1	97	85
58	肥煤 FM	0.81	32	140.3	97	85
59	肥煤 FM	0.88	34	204.3	97	85

51.3.2　矿山主要生产指标

矿山设计生产能力 130 万吨/a，2013 年实际生产能力 115.4 万吨。矿山设计工作面回采率为 95%~97%，设计采区回采率为 80%~85%，设计矿井回采率为 50%。

该矿山 2011 年实际工作面、采区、矿井回采率分别为 97.3%、89.6%、60.5%。2013 年实际工作面、采区、矿井回采率分别为 97.1%、88.2%、59.1%。该矿山年度开采回采率情况见表 51-3。

表 51-3　龙湖煤矿开采回采率情况

年度	工作面回采率/%	采区损失量/万吨	采区采出量/万吨	采区回采率/%	全矿井采出量/万吨	全矿井损失量/万吨	矿井回采率/%
2011	97.3	11	95	89.6	95	62	60.5
2013	97.1	15.5	115.4	88.2	115.4	79.9	59.1

51.4　选煤情况

该矿山配套建有龙湖选煤厂，选煤能力为 200 万吨/a，入选龙湖矿、铁东矿、富强矿原煤。选煤工艺为原煤手选破碎-重介精选-煤泥浮选-尾煤压滤联合工艺流程。

龙湖选煤厂原煤中 3~0.5mm 级含量较大，最高可达 20%。原煤经跳汰机粗选后，1 段矸石废弃，2 段中煤经脱水分级筛分成洗中块和洗末煤；跳汰机溢流+13mm 级煤全部掺入选中块，成为最终洗混中块产品；其溢流中 13~0.5mm 级煤和粗精煤入二产品重介旋流器精选；煤泥水经水力分级旋流器分级后，其溢流入浮选系统，底流经振动筛脱水后作为粗精煤掺入二产品重介旋流器精选。-0.5mm 级给入浮选，浮选尾煤浓缩压滤。该矿山原煤入选情况见表 51-4。

表 51-4　龙湖煤矿原煤入选情况

年度	原煤产量/万吨	入选原煤量/万吨	原煤入选率/%	精煤产品产率/%
2011	95	67.76	71.33	40.54
2013	115.4	115.4	100	40.82

51.5 矿产资源综合利用情况

矿山排放的煤矸石用于铺路、回填采空区、制砖，2011 年、2013 年煤矸石利用情况见表 51-5。矿山排放的矿井水利用方式为矿井生产用水，2011 年、2013 年矿井水利用情况见表 51-6。

表 51-5 煤矸石利用情况

年度	年排放量/万吨	累计排放量/万吨	年利用量/万吨	累计利用量/万吨	利用率/%	年利用产值/万元
2011	40	705	14	237	35	45
2013	45	790	15	267	33.3	45

表 51-6 矿井水利用情况

年度	年排放量/万立方米	累计排放量/万立方米	年利用量/万立方米	累计利用量/万立方米	利用率/%	年利用产值/万元
2011	141	2885	96.4	1975	68.4	206
2013	150	3175	100.5	2175	67	220

51.6 技术改进与设备升级

（1）龙湖选煤厂全面实现自动化管理，生产车间采用国际先进的传感器及新型电动执行器对系统进行全程监控和实际执行操作。采用先进的数字仪表，可编程控制器和上位机对现场采集的信息进行集中处理和下达指令，完成主动控制，使操用及时、准确、可靠。调度指挥中心指挥生产全部由电脑操控，商品煤外运采用电子计量。

（2）龙湖选煤厂煤泥水全部达到一级闭路循环，实现零排放。浮选煤泥水处理是实现洗水闭路循环的关键，龙湖选煤厂强化粗粒煤回收，严格控制浮选入料粒度下限，降低尾煤产率，采用浓缩设备，使溢流水循环复用，强化生产管理，实现洗水平衡。生活用水全部排放到龙湖矿污水处理厂处理。建厂 17 年来没有外排污水，全面实现洗水一级闭路循环。

52 钱营孜煤矿

52.1 矿山基本情况

钱营孜煤矿于 2006 年 11 月开工建设, 2010 年 6 月 8 日正式投产, 2011 年申请调整生产系统能力由 180 万吨/a 到 385 万吨/a。2012 年 3 月 1 日核定生产能力为 385 万吨/a。矿山开发利用简表见表 52-1。

表 52-1 钱营孜煤矿开发利用简表

基本情况	矿山名称	钱营孜煤矿	地理位置	安徽省宿州市
	矿山特征	第三批国家级绿色矿山试点单位		
地质资源	开采煤种	气煤、1/3 焦煤	累计查明资源储量/万吨	46123.8
	主要可采煤层	东一、西一、西二		
开采情况	矿山规模/万吨·a^{-1}	385	开采方式	地下开采
	采煤工艺	走向长壁、倾斜长壁采煤		
	原煤产量/万吨	275.1	采区回采率/%	88
	开采深度/m	-150~-1200		
选煤情况	选煤厂规模/万吨·a^{-1}	240	原煤入选率/%	94.54
	主要选煤方法	动筛-重介质-浮选联合分选		
	原煤入选量/万吨	260.09	精煤产量/万吨	51.12
	洗矸产量/万吨	72.43	煤泥产量/万吨	29.71
综合利用情况	煤矸石利用量/万吨	28	煤矸石利用方式	煤矸石烧结砖

钱营孜煤矿面积 74.1237km^2, 开采深度由 -150m 至 -1200m 标高。钱营孜煤矿位于宿州市西南, 其中心位置距宿州市约 15km, 行政区划隶属宿州市和淮北市濉溪县。区内有南坪集至宿州市的公路和四通八达的支线与任楼、许疃、临涣、童亭、桃园等矿井相连。青疃-芦岭矿区铁路支线从勘查区南部由西向东穿过, 向东与京沪线、向西与濉阜线沟通。合徐高速公路从勘查区东北部穿过, 交通十分便利。

矿区属季风暖温带半湿润性气候, 年平均降水量 850mm 左右, 年最小降水量为 520mm, 雨量多集中在 7、8 两个月; 年平均气温 14~15℃, 最高气温 40.2℃, 最低 -14℃; 春秋季多东北风, 夏季多东南风, 冬季多西北风。

52.2　矿床地质特征

井田内地层自下而上划分为奥陶系（O）、石炭系（C）、二叠系（P）、古近系（E）、新近系（N）和第四系（Q）。

矿区处在华北古大陆板块东南缘，豫淮坳褶带东部、徐宿弧形推覆构造南端。东、南两侧板缘活动带控制着淮北煤田的区域基底构架，总体表现为受郯庐断裂控制的近南北向褶皱断裂，叠加并切割早期东西向构造，形成了许多近似网块断块式的隆坳构造系统。

该矿床规模为大型，矿床类型为沉积矿床，主要开采矿种以中变质的气煤为主，1/3焦煤次之，另有少量的不黏煤、贫煤、焦煤、弱黏煤及天然焦。各煤层为中灰、中等-高挥发分煤；特低-中硫、特低-低磷、特低氯、一级-二级含砷煤；较高软化温度灰，结渣指数低等；中-高热值煤，中-强黏结性，具中等结焦性能，属富油煤；可选性为易选-极难选，但以极难选为主。因此，矿区煤层质量良好，其洗浮煤是较为理想的炼焦用煤，洗中煤或原煤可作为动力用煤，天然焦可作为一般燃料之用。

截至2013年底，矿井累计查明资源储量46123.8万吨。

52.3　开采基本情况

52.3.1　矿山开拓方式及采矿工艺

采煤方法及工艺为走向长壁加倾斜长壁采煤方法，综合机械化采煤工艺。

52.3.2　矿山主要生产指标

2013年度产量为275.1万吨，累计产量1160.9万吨。矿井动用资源储量441.5万吨，其中采出量275.1万吨，损失量166.4万吨（采区损失37.5万吨、永久煤柱摊销123.5万吨），矿井回采率62.3%；采区动用量312.6万吨，采出量275.1万吨，损失量37.5万吨，采区回采率88.0%。历年累计动用资源储量1674.8万吨，其中采出量1022.1万吨，损失量652.7万吨。表52-2为钱营孜煤矿2013年煤炭资源开采利用情况。

表52-2　钱营孜煤矿2013年煤炭资源开采利用情况　　　　　　（万吨）

采区				工作面			
名称	动用量	采出量	损失量	回采率/%	名称	动用量	采出量	损失量	回采率/%
东一	31.5	25.4	6.1	80.5	E3211	28.4	25.0	3.4	87.9
西一	111.0	96.2	14.8	86.6	W3214	99.4	92.9	6.5	93.4
西二	170.1	153.5	16.6	90.3	W3227	156.2	149.3	6.9	95.6
合计	312.6	275.1	37.5	88.0	合计	284.0	267.2	16.8	94.1

52.4　选煤情况

钱营孜选煤厂年设计生产能力240万吨/a，生产工艺为：50~300mm动筛分选，

0.75~50mm 有压二产品重介主再洗，0.25~0.75mm 粗煤泥分选机分选，-0.25mm 由浮选机浮选，尾煤压滤的联合生产工艺流程。2013 年洗选回收率 72.24%。2013 年选煤厂指标见表 52-3。

表 52-3　2013 年选煤厂指标

煤类名称	产量/t	产率/%	灰分/%
入选原煤	2609489	94.54	41.76
洗精煤	511241	19.59	9.82
洗中煤	1076849	41.27	29.06
煤泥	297085	11.38	41.26
洗矸	724318	27.76	83.39

52.5　矿产资源综合利用情况

52.5.1　共伴生组分综合利用

钱营孜煤矿伴生有铝质泥岩。区内 8 煤层下 10~30m 处发育有 1~2 层铝质泥岩，厚度一般 3~8m，层位稳定，一般呈浅灰-乳灰色，细腻，具滑感。SiO_2 含量在 17.74%~65.36% 之间，平均含量为 44.79%，Al_2O_3 含量为 11.62%~34.80%，平均含量为 29.02%，Fe_2O_3 含量为 2.64%~38.75%，平均含量为 8.23%，TiO_2 含量为 0.50%~2.15%，平均含量为 0.96%，铝硅比 0.30~0.83 之间，$Fe_2O_3+TiO_2$ 含量最高可达 27.52%，达不到铝土矿或高岭土矿最低工业品位，不能作为铝土矿或高岭土矿开采。个别钻孔或局部层位虽达到或接近硬质高岭土矿工业品位，但难以构成有工业价值的矿产。铝质泥岩中镓含量虽达 $30×10^{-6}$ 以上，因其铝质泥岩本身无工业价值，也无法回收。各煤层中微量元素镓平均含量为 $(10.4~16.9)×10^{-6}$，锗平均含量为 $(1.6~2.2)×10^{-6}$，铀平均含量为 $(2.4~3.4)×10^{-6}$，钍平均含量为 $(1.6~2.1)×10^{-6}$，钒平均含量为 $(7.7~32.3)×10^{-6}$。上述各微量元素含量均未达到相应矿产的工业品位要求。

52.5.2　其他组分综合利用

矿井筹资兴建的一期年产 1.2 亿标块煤矸石烧结砖已正式投产，每年可消耗煤矸石 28 万吨。规划建设煤泥矸石电厂，对选煤厂的副产品煤泥、煤矸石进行综合利用。

52.6　技术改进及设备升级

钱营孜煤矿自建矿以来不断加大自主创新的科技攻关力度，推广应用"四新技术"，积极开展各类创新创效活动，加速成果转化，以科技创新促进安全高效科技建设。加大与高校产、学、研合作力度，与中国矿业大学合作实施"钱营孜没空锚网支护参数运用"研究、"钱营孜煤矿东一采区推覆体水文地质条件及安全开采"研究；与山东科技大学合作实施"钱营孜煤矿东一采区安全煤岩柱合理留设"研究；与中煤科工集团西安研究院合作实施"钱营孜煤矿井下巷道过 F_{22} 断层可行性研究"等等。

53　青 山 煤 矿

53.1　矿山基本情况

青山煤矿始建于 1967 年，2005 年经过重组改制后形成机械化生产、连续化运输、高度集中化管理的矿山企业。生产规模 90 万吨/a。矿山开发利用简表见表 53-1。

表 53-1　青山煤矿开发利用简表

基本情况	矿山名称	青山煤矿	地理位置	黑龙江省牡丹江市
地质资源	开采煤种	气煤	累计查明资源储量/万吨	5869.79
	主要可采煤层	6 号、7 号、18 号、20 号		
开采情况	矿山规模/万吨·a^{-1}	90	开采方式	地下开采
	开拓方式	集中斜井开拓	采煤工艺	走向长壁后退式采煤
	原煤产量/万吨	48.51	采区回采率/%	96.6
	煤矸石年产生量/万吨	2.80	开采深度/m	+380~-400
	煤层气累计产生量/万立方米	4860	矿井水年产生量/万立方米	263
选煤情况	选煤厂规模/万吨·a^{-1}	90	原煤入选率/%	41.20
	主要选煤方法	重介-浮选联合		
	原煤入选量/万吨	126	原矿品位/%	9.78
	精矿产量/万吨	36.41	精矿品位/%	29.63
	尾矿产生量/万吨	89.59	尾矿品位/%	1.71
综合利用情况	煤层气累计利用率/%	86.11	煤层气利用方式	发电
	煤矸石年利用率/%	92.86	煤矸石利用方式	铺路、回填采空区
	矿井水年利用率/%	38.78	矿井水利用方式	生产生活用水

青山煤矿矿区面积为 46.8256km^2，开采方式为地下开采，煤矿开采深度为 +380 ~ -400m 标高。

青山煤矿位于黑龙江省牡丹江市林口县青山火车站西北 1.5km，南距林口县城 45km，北距勃利县城 50km，行政区划属林口县青山乡管辖。矿区附近有牡佳铁路经过，公路可通往林口县等地，交通较为便利。

53.2 地质资源

青山煤矿煤炭赋存产于中生界白垩系下统城子河组（K_{1c}）的煤系地层中，属陆相含煤碎屑岩系。

矿区城子河组共含煤 24 层，可采煤层为 13 层，煤层号分别为 6 号、7 号、8 号、9 号、11 号、12 号、14 号、15 号、16 号、17 号、18 号、20 号、21 号，其中 6 号、11 号煤层是主要可采层，7 号、8 号、9 号、12 号、14 号、15 号、16 号、17 号、18 号、20 号、21 号是局部可采层或小范围可采层。可采煤层平均总厚为 4.30m，含煤系数为 1.5%。可采煤层特征见表 53-2。

表 53-2　可采煤层特征一览表

煤层号	纯煤厚度/m	一般厚度/m	顶板岩性	底板岩性	煤层结构	备注
6	0.44~2.91	0.80~1.00	砂岩 粉砂岩	粉砂岩	复杂	大部可采
7	0.35~1.30	0.80	粉砂岩	细砂岩	复杂	局部可采
8	0.40~0.87	0.50~0.70	泥岩 粉砂岩	泥岩	单一	局部可采
9	0.30~0.90	0.65	砂岩	砂岩	单一	小范围可采
11	0.25~2.05	0.90~1.20	砂岩	粉砂岩 细砂岩	复杂	全区可采
12	0.46~0.95	0.70	粉砂岩	细砂岩	单一	小范围可采
14	0.34~1.65	0.60~1.20	凝灰岩	粉砂岩	单一	较大范围可采
15	0.40~1.20	0.70	细砂岩	粉砂岩	单一	小范围可采
16	0.27~1.06	0.70	粉砂岩	细砂岩	单一	小范围可采
17	0.45~1.35	1.00	泥岩	细砂岩	复杂-简单	局部可采
18	0.45~2.27	0.90~1.60	粉细砂岩	粉砂岩	复杂-简单	较大范围可采
20	0.58~1.03	0.75	泥岩 粉砂岩	泥岩	复杂	小范围可采
21	0.47~1.74	1.10	泥岩 粉砂岩	粉细砂岩	单一	小范围可采

青山煤矿处于北东向张广才岭隆起褶皱带上。受基底太古代麻山群古地理环境的影

响，其上沉积的早白垩世煤系地层，具有明显的继承性，形成了一个大的北东向的向斜含煤盆地，即青山煤盆地。

矿区煤类以气煤类为主，属低硫、低磷、高熔灰分煤层，理应作配焦用煤。但根据6号煤层大样试验结果和各煤层化验指标，灰分含量较高，可选性差，回收率较低，仅适宜于作动力用煤和民用煤，一般直接送往发电厂或用于直接销售。

截至2013年底，该矿山累计查明煤炭资源储量为5869.79万吨，保有资源储量为5378.34万吨。矿山设计永久煤柱量为480.05万吨，三下压煤量为237.34万吨。生产的原煤为气煤（QM），煤矿中共伴生矿产为煤层气，煤层气资源储量未查明。

53.3　矿山开采基本情况

53.3.1　矿山开拓方式及采矿工艺

矿井开拓方式为集中斜井开拓方式。采用走向长壁后退式采煤方法，机械落煤。回采工作面顶板管理方式为全部垮落法。主井原来为串车提升井，为适应改扩建后的矿井生产能力，现在已经改为胶带运输机提升井，该胶带运输机的提升能力为180万吨/a，完全满足矿井年产90万吨的需要。

该煤矿煤层属于薄煤层-中厚煤层，构造复杂程度及开采技术条件简单。青山煤矿开采煤层数为4层，现在生产的矿井有四个，为一井、二井、六井、八井，井下共布置两个普通机械化采煤工作面和两个炮采工作面，同时配备了10个掘进工作面。实际开采煤层情况见表53-3。

表53-3　实际开采煤层情况

煤层号	煤牌号	厚度/m	倾角/(°)	煤层稳定性	可选性	设计可采储量/万吨	设计工作面回采率/%	设计采区回采率/%
6	气煤	1.07	19	稳定	难选煤	1404.09	97	85
7	气煤	0.93	13	不稳定	难选煤	162.44	97	85
18	气煤	1.48	11	稳定	难选煤	484.53	95	80
20	气煤	0.78	28	不稳定	难选煤	110.28	97	85

53.3.2　矿山主要生产指标

矿山设计生产能力为90万吨/a，2011年实际生产原煤67.75万吨，2013年实际生产原煤48.51万吨。截至2013年底，累计矿井动用储量为491.45万吨，累计矿井采出量为455.85万吨，累计矿井损失量为35.6万吨。矿山设计工作面回采率为95%~97%，设计采区回采率为80%~85%，设计矿井回采率为85%。

该矿山2011年实际工作面、采区、矿井回采率分别为97%、93.31%、93.31%。2013年实际工作面、采区、矿井回采率分别为97%、96.6%、95.14%。2013年采区回采率比2011年采区回采率提高3.29%。该矿山年度开采回采率情况见表53-4。

表 53-4   青山煤矿开采回采率情况

年度	工作面回采率/%	采区损失量/万吨	采区采出量/万吨	采区回采率/%	全矿井采出量/万吨	全矿井损失量/万吨	矿井回采率/%
2011	97.00	4.86	67.75	93.31	67.75	4.86	93.31
2013	97.00	1.71	48.51	96.60	48.51	2.48	95.14

53.4   选煤情况

该矿山选煤厂设计选煤能力为 90 万吨/a。采用的选煤工艺为重介-浮选联合工艺。该矿山原煤入选情况见表 53-5。

表 53-5   青山煤矿原煤入选情况

年度	原煤产量/万吨	入选原煤量/万吨	原煤入选率/%
2011	67.75	47.03	69.42
2013	48.51	20.00	41.20

53.5   矿产资源综合利用情况

该煤矿共伴生矿产为煤层气。2011 年、2013 年煤层气利用情况见表 53-6。煤层气利用方式为发电。

表 53-6   青山煤矿煤层气利用情况

年度	累计采出量/亿立方米	年利用量/亿立方米	累计利用量/亿立方米	累计利用率/%	年利用产值/万元
2011	0.30	0.08	0.24	80.00	200.00
2013	0.486	0.0985	0.4185	86.11	246.00

矿山排放的煤矸石用于铺路、回填采空区，2011 年、2013 年煤矸石利用情况见表 53-7。矿山排放的矿井水利用方式为生产生活用水，2011 年、2013 年矿井水利用情况见表 53-8。

表 53-7   煤矸石利用情况

年度	年排放量/万吨	累计排放量/万吨	年利用量/万吨	累计利用量/万吨	利用率/%	年利用产值/万元
2011	3.50	25.50	3.50	25.50	100	10.50
2013	2.80	30.80	2.60	29.40	92.86	7.80

表 53-8　矿井水利用情况

年度	年排放量 /万立方米	累计排放量 /万立方米	年利用量 /万立方米	累计利用量 /万立方米	利用率 /%	年利用产值 /万元
2011	400.00	800.00	140.00	280.00	35.00	280.00
2013	263.00	1369.00	102.00	500.00	38.78	204.00

53.6　技术改进与设备升级

该矿为了提高煤炭资源开采回采率，对矿山开采情况进行了系统改造，根据其自身的特点，采用无链牵引 MG132/310-BW 型采煤机，配备双速、侧卸式刮板运输机等设备和工艺，使工作面单产、效率和效益上了一个新台阶。

54 桑树坪煤矿

54.1 矿山基本情况

桑树坪煤矿始建于 1975 年 9 月，1977 年 12 月 26 日建成投产。矿井设计生产能力 300 万吨/a，现核定生产能力为 210 万吨/a。矿山开发利用简表见表 54-1。

表 54-1 桑树坪煤矿开发利用简表

基本情况	矿山名称	桑树坪煤矿	地理位置	陕西省韩城市
地质资源	开采煤种	贫煤	累计查明资源储量/万吨	74965.6
	主要可采煤层	2、3、11		
开采情况	矿山规模/万吨·a⁻¹	210	开采方式	地下开采
	开拓方式	斜井、平硐联合开拓	采煤工艺	倾斜长壁分层开采、走向长壁分层开采
	原煤产量/万吨	110.2	采区回采率/%	78.1
选煤情况	选煤厂规模/万吨·a⁻¹	150	原煤入选率/%	93.3
	主要选煤方法	预先脱泥、重介旋流器主再洗分选、煤泥微泡浮选柱浮选、浮选精煤加压过滤脱水、尾煤压滤回收		
综合利用情况	煤层气年利用量/万立方米	5200		
	煤矸石年利用量/万吨	10.1		
	矿井水年利用量/万立方米	60		

桑树坪煤矿井田走向长 13km，倾斜宽 5km，总面积约 63.3km²。

桑树坪煤矿位于韩城市北部的桑树坪镇，距市区 46.5km。韩（城）宜（川）公路和韩（城）乡（宁）公路运煤专用线穿矿而过。与下（峪口）桑（树坪）铁路专用线和西（安）侯（马）线接轨，交通便利。

54.2 矿床地质特征

桑树坪煤矿主要含煤地层为下二叠统山西组和上石炭统太原组。井田内共有可采煤层 3 层，即 2、3 和 11 煤层。

煤系地层的岩性在下二叠统山西组由浅灰、灰绿、黄绿色砂岩、粉砂岩，深灰色砂质泥岩、泥岩及煤层组成。而在上石炭统太原组由灰黑色中-细粒砂岩、石英砂岩、泥岩、海相石灰岩及煤层组成，含大量动植物化石。

桑树坪煤矿以贫煤为主，有少量瘦煤，大部分属动力煤，3 煤部分为配焦煤，低硫（含硫量小于 1%）中灰（灰分 20%～25%），发热量高（25～26.5MJ/kg）。2005 年 11 月建成年入选原煤 150 万吨的高炉喷吹洗煤厂。

目前桑树坪矿商品煤为粒度小于 50mm 混煤，发热量在 22.8MJ/kg 以上，主要用于电厂发电。主要用户为秦岭电厂、新海电厂、青岛电厂等。

桑树坪煤矿累计查明资源储量 74965.6 万吨，累计开采矿石 3856.2 万吨，累计动用储量 5375.6 万吨。

54.3　开采基本情况

54.3.1　矿山开拓方式及采矿工艺

桑树坪井田由斜井、平硐两个自然井组成，以联合矿井的开拓方式开发全井田。平硐井口设计生产能力 90 万吨/a，采用平硐、主石门、单水平分区上下山开采。大巷标高 +447m，共布置有平一、平二两个采区。其中平一采区主采 11 煤层，截至 1992 年已回采完毕；平二采区现主采 3 煤层。斜井井口设计生产能力 210 万吨/a，采用斜井、多水平、分区上下山开采，现生产+280m 第一水平。上界以 3 煤层+410m 底板等高线与平硐为界，下界为 3 煤层底板+220m 等高线，自南而北现有南一、北一、北二 3 个生产采区，目前均主采 3 煤层。

采煤方法：3 煤层采用分层金属网假顶下行全部陷落法，其中平硐 3 煤层主要为倾斜长壁分层开采，斜井 3 煤层主要为走向长壁分层开采。目前开采工艺主要为综采及高档普采两种。通风方式平硐采用中央边界式，斜井采用分区式。

54.3.2　矿山主要生产指标

2011 年采区采出量为 83.5 万吨，工作面回采率 96.8%、采区回采率为 75.8%。2012 年采区采出量为 35.3 万吨，工作面回采率 96.1%、采区回采率为 80.8%。2013 年采区采出量为 110.2 万吨，工作面回采率 95.6%、采区回采率为 78.1%。

54.4　选煤情况

桑树坪矿选煤厂 2005 年 4 月建成投产，设计入选能力 150 万吨/a。入选原煤主要为桑树坪矿斜井生产的贫煤、贫瘦煤种。洗选工艺采用预先脱泥、重介旋流器主再洗分选、煤泥微泡浮选柱浮选、浮选精煤加压过滤脱水、尾煤压滤回收、洗水闭路循环等主要过程。主要产品为高炉喷吹精煤，主要供应武钢、宝钢等大型钢厂作高炉喷吹用煤。选煤厂主要设备进口，辅助设备性能达到国内先进水平，生产过程实现自动化控制，是一座较高标准的现代化选煤厂。

2011～2013 年原煤入选率分别为 67.7%、100%、93.3%。

54.5　矿产资源综合利用情况

共伴生矿产为煤层气，查明储量为 $49.24 \times 10^8 \text{m}^3$，2013 年利用 $0.52 \times 10^8 \text{m}^3$。2013 年利用煤矸石 10.1 万吨，矿井水 $60 \times 10^4 \text{m}^3$。

54.6 技术改进及设备升级

桑树坪煤矿采面煤层打眼深度要求在 80m，然而因种种原因导致下护孔管深度只有 50m，同时没有下护孔管的钻孔区域在受到煤层压力影响后，出现塌孔现场，严重影响了瓦斯抽放浓度的提高，经过长时间的现场调研和探索，矿上打破以往操作工艺，将钻孔护孔管首根管前段进行人工密封，从而减轻了下护孔管过程中的质量和阻力，确保下管深度达到了 90% 以上，基本上实现了全程下套管的要求，同时在该矿 4319 综采面下运输顺槽本煤层抽放孔施工的单孔深度达到了 100m，下套管也达了 90m 以上。在卸压钻孔施工上，严格按照方案进行施工，现场监督，其中在 3314 瓦斯底板抽放巷，首次采用下部抽采巷对 3 号煤底板施工卸压抽放钻孔，从实施开采以来，卸压瓦斯月平均浓度都在 15% 以上，同时矿井地面 250 瓦斯抽放泵站、井下 4219 薄煤层综采面瓦斯抽放系统浓度分别也都达到了 10% 以上，4316 综放面瓦斯抽放浓度也在逐步上升，全矿平均月打抽放孔也达到 8500m。

近年来，该矿不但实现了瓦斯零超限，杜绝了重大安全隐患，瓦斯抽放也完成计划的 102%，瓦斯抽采工程完成 130%，为矿井的安全生产和产能提升奠定了坚实的基础。

55　山脚树煤矿

55.1　矿山基本情况

山脚树煤矿分为南北两个矿井，1969 年 3 月南井开始建井，1974 年 9 月 25 日投产，设计能力 30 万吨/a。1970 年 6 月北井开始建井，1973 年 7 月 1 日投产，设计能力 15 万吨/a。2007 年，扩建后矿井设计生产能力为 180 万吨/a，其中南北井各为 90 万吨/a。矿山开发利用简表见表 55-1。

表 55-1　山脚树煤矿开发利用简表

基本情况	矿山名称	山脚树煤矿	地理位置	贵州省盘县
地质资源	开采煤种	1/3 焦煤、肥煤	累计查明资源储量/万吨	24805
	主要可采煤层	12、10、15、17、18、18^{-1}、19、20		
开采情况	矿山规模/万吨·a^{-1}	180	开采方式	地下开采
	开拓方式	斜井开拓	采煤工艺	走向长壁法采煤
	原煤产量/万吨	158.9	开采回采率/%	89.47
	煤矸石累计产生量/万吨	1252	煤层气累计产生量/万立方米	94848
	矿井水累计产生量/万立方米	17255		
选煤情况	选煤厂规模/万吨·a^{-1}	300	原煤入选率/%	92.2
	主要选煤方法	重介质+浮选		
综合利用情况	煤层气累计利用率/%	16.29	煤层气利用方式	瓦斯发电、民用瓦斯
	煤矸石累计利用率/%	1.82	煤矸石利用方式	铺设矿区公路
	矿井水累计利用率/%	24.48	矿井水利用方式	矿山生产用水

山脚树煤矿北至 F_{15-1} 断层，西起煤层露头，东至 +1100m 标高，走向长 3.5km，矿区面积 22.7709km²。

山脚树煤矿位于贵州省盘县县城以北 30km 的断江镇境内，隶属盘县断江镇管辖。界于老屋基矿和月亮田矿之间，矿区内有内昆铁路（红果至水城）及盘水公路通过，距盘关火车站 0.5~1.0km，交通方便。

55.2　地质资源

矿区含煤地层为二叠系上统龙潭组（P_{3l}），总厚度为 220~260m，平均厚度 240m，为灰、浅灰、灰黑色薄层状粉砂岩、泥质粉砂岩、粉砂质泥岩、炭质泥岩、块状泥岩、中厚层状细砂岩、夹灰岩；含煤 40~60 余层，矿区可采及局部可采煤层 8 层。

山脚树矿全区稳定可采的煤层一层，即 12 煤层；较稳定，大部可采的为 10、15、17、18、18^{-1}、19、20 号七个煤层。区内各煤层均为简单结构的缓倾斜煤层。矿区各煤层特征详见表 55-2。

表 55-2 矿区煤层特征一览表

煤层编号	间距/m	全层厚度/m	夹矸层数	可采情况	对比可靠程度	结构复杂程度	稳定程度
顶界	74.15						
10		0.30~2.58 1.28	0~1 1	全区可采	可靠	简单	稳定
	14.17~26.08 19.00						
12		0.27~4.89 2.86	1~2 0~1	全区可采	可靠	简单	稳定
	14.49~32.24 22.00						
15		0.28~3.91 1.55	0~4 0~2	大部可采	可靠	简单	较稳定
	4.98~12.27 12.00						
17		0.17~3.55 1.24	0~4 0~2	大部可采	可靠	简单	较稳定
	6.12~21.74 14.00						
18		0.30~2.66 1.43	0~3 0~1	大部可采	可靠	简单	较稳定
	1.26~12.50 4.00						
18^{-1}		0.15~2.80 1.31	0~3 0~1	全区可采	可靠	简单	稳定
	1.53~10.80 4.00						
19		0.15~1.80 1.23	0~2 0~1	大部可采	可靠	简单	较稳定
	2.12~12.10 7.00						
20		0.18~2.00 1.43	0~3 1~2	大部可采	可靠	较简单	较稳定
底界	84.00						

山脚树煤矿内各可采煤层采样为 9.26%~45.88%，全矿平均 24.36%，属中灰煤。

15、17、19 煤层原煤硫分分别为 0.10%、0.47%、0.42%，属特低硫煤；10、18^{-1} 煤层原煤硫分分别为 0.76%、0.81%，属低硫煤；12、18 煤层原煤硫分分别为 0.98%、1.03%，属中硫煤；20 煤层原煤硫分为 2.01%，属中高硫煤。

10、12、15、17、18、18^{-1}、19 煤层的 V_{daf} 值介于 28.0%~37.0%、$Y \leqslant 25.0$，煤类为 1/3 焦煤；20 煤层的 V_{daf} 值介于 28.0%~37.0%，$Y > 25.0$，为肥煤。

山脚树矿累计查明资源储量 24805 万吨。其中，（111b）5086.2 万吨，占比 20.50%；（122b）2217 万吨，占比 8.94%；（331）1062 万吨，占比 4.28%；（333）16439.8 万吨，占比 66.28%。具体见表 55-3。

截至 2013 年底，全矿井累计动用煤炭资源量 4724.3 万吨。其中，2011 年、2013 年矿井动用煤炭资源储量分别为 252.7 万吨、188.9 万吨。

表 55-3　矿山累计查明资源储量表

资源储量类别	资源量/万吨	占比/%
111b	5086.2	20.50
122b	2217	8.94
331	1062	4.28
333	16439.8	66.28
合计	24805	100

截至 2013 年底，矿山保有煤炭资源储量 20080.7 万吨。其中，（111b）2290.8 万吨，占比 11.41%；（122b）1118.6 万吨，占比 5.57%；（331）1062 万吨，占比 5.29%；（333）15609.2 万吨，占比 77.73%。具体见表 55-4。

表 55-4　矿山保有资源储量表

资源储量类别	资源量/万吨	占比/%
111b	2290.9	11.41
122b	1118.6	5.57
331	1062	5.29
333	15609.2	77.73
总计	20080.7	100

55.3　开采基本情况

目前，矿山采用地下开采方式，矿井划分为南井和北井，南、北两个井均为斜井开拓，分别各设有三个斜井为南、北井服务，矿井采煤方法均为走向长壁采煤法，矿井采煤工艺选择综采，掘进以综掘为主，炮掘为辅。主要采煤工艺如下：

（1）综采工作面采、装、运煤方式。综采工作面选用 MG-300AW 型可调高双滚筒采煤机落煤、装煤，SGZ-764/264A 型可弯曲刮板输送机运煤。

（2）综采工作面支护。综采工作面采用 ZZ4400/14/32 型支撑掩护式液压支架支护，上、下端头选用 ZT7500/18/36 型端头液压支架支护。

2011、2013 年实际生产原煤分别为 189.4 万吨、158.9 万吨。

55.4　选煤情况

山脚树矿生产原煤主要售往公司所属老屋基选煤厂处理。老屋基选煤厂设计生产能力 300 万吨/a，属大型选厂。老屋基选厂采用重介质+浮选选煤技术。

2011 年，矿山原煤产量 189.4 万吨，入选量 179.4 万吨；2013 年，原煤产量 158.9 万吨，入选量 146.5 万吨。

55.5 矿产资源综合利用情况

55.5.1 共伴生组分综合利用

目前，矿山开发利用的共伴生矿产资源主要是煤层气。利用方式主要为瓦斯发电和民用瓦斯。

截至 2013 年底，矿井煤层气累计抽采量为 94848 万立方米，累计利用量为 15455 万立方米。其中，2011 年、2013 年煤层气抽采量分别为 5031 万立方米、5408 万立方米，利用量分别为 1160 万立方米、1178 万立方米。

煤炭共伴生锗、镓、铀、钍等稀有元素及放射元素，含量较低，尚无利用价值；铝土质泥岩位于煤系地层的底部，厚度不太稳定，三氧化二铝、二氧化钛含量达到软质耐火黏土三级品位要求，但三氧化二铁、氧化钙和氧化镁含量偏高，致使耐火度偏高，无利用价值。

矿井西部和东部边缘地带广布茅口灰岩和永宁镇灰岩，为良好的天然建筑材料，可作烧制石灰的原料。

55.5.2 其他组分综合利用

矿山煤矸石主要集中堆放在矸石场，少量用于铺设矿区公路。截至 2013 年底，煤矸石累计排放量 1252 万吨，累计利用量 22.81 万吨。其中，2011 年、2013 年排放量分别为 51.53 万吨、211.3 万吨，利用量分别为 1.81 万吨、0.12 万吨。

矿井水主要是处理达标后直接排放，少量用于矿山生产用水。截至 2013 年底，矿井水累计排放量 17255 万立方米，累计利用量 4224 万立方米。其中，2011 年、2013 年排放量分别为 135.3 万立方米、307.4 万立方米，利用量分别为 54.3 万立方米、28.9 万立方米。煤矸石及矿井水利用情况见表 55-5。

表 55-5 煤矸石及矿井水利用情况

名称	单位	累计排放量	累计利用量	2011 年		2013 年	
				排放量	利用量	排放量	利用量
煤矸石	万吨	1252	22.81	51.53	1.81	211.3	0.12
矿井水	万立方米	17255	4224	135.3	54.3	307.4	28.9

56　上 湾 煤 矿

56.1　矿山基本情况

上湾煤矿位于内蒙古鄂尔多斯市伊金霍洛旗乌兰木伦镇境内，设计生产规模 1300 万吨/a，采用地下开采。上湾煤矿成功创建了世界上首个 1000 万吨综采工作面、首个 300m 加长大采高综采工作面、首个 6.3m 大采高重型加长工作面，应用世界最大的 7m 大采高重型综采工作面开采技术装备，创造出井工矿单井单面原煤生产最高效率，上湾煤矿创建了安全高效矿井的全新模式，创造了多项全国第一、世界领先的经济技术指标。矿山开发利用简表见表 56-1。

表 56-1　上湾煤矿开发利用简表

基本情况	矿山名称	上湾煤矿	地理位置	内蒙古鄂尔多斯市
	矿山特征	第一批国家级绿色矿山试点单位		
地质资源	开采煤种	长焰煤、不黏煤	累计查明资源储量/万吨	50785
	主要可采煤层	12、22		
开采情况	矿山规模/万吨·a⁻¹	1300	开采方式	地下开采
	开拓方式	斜井-平硐-立井联合开拓	采煤工艺	长壁后退式综合机械化开采
	原煤产量/万吨	1216.10	开采回采率/%	80.20
	煤矸石产生量/万吨	80	开采深度/m	+1130~+1105
选煤情况	选煤厂规模/万吨·a⁻¹	1400	原煤入选率/%	100
	主要选煤方法	重介浅槽		
综合利用情况	煤矸石利用率/%	100	矿井水利用率/%	90
	煤矸石处置方式	井下排矸充填，煤炭洗矸发电	矿井水利用方式	消防、绿化

上湾煤矿面积为 25.8701km²，开采高程+1130~+1105m。

上湾煤矿交通较为便利。向北至鄂尔多斯市 100km，至包头市 170km，至呼和浩特市约为 345km；向南至神木县约 80km，经大柳塔至榆林市全程约为 160km。包(头)-神(木)铁路从矿区东侧到黑炭沟集装站约 3km。

矿区气候冬冷夏热，年温差大，降水集中，四季分明，年降雨量较少。

56. 2   地质资源

上湾煤矿区内地层由老至新有：上三叠统延长组（T_{3y}）、中下侏罗统延安组（J_{1-2y}）、中侏罗统直罗组（J_{2z}）、中侏罗统安定组（J_{2a}）、上侏罗-下白垩统志丹群（J_3-K_{1zh}）、第三系（N_2）及第四系（Q）。上湾煤矿位于鄂尔多斯台向斜东胜隆起之东南边缘地带，地质构造简单，区内未发现岩浆岩侵入。基本构造形态表现为一单斜构造，具有宽缓的波状起伏，断层不发育。

井田中下侏罗统延安组共含煤6层。根据成煤环境在垂直层序列上所反映的特征，自上而下为1、2、3三个煤组。1号煤组属于不稳定的次要可采煤层，2、3号两个煤层在全井田内可采，属于稳定的主要可采煤层。

该矿主采煤层为12层与22层。12煤层在井田西部厚度大且层位稳定，东部煤层厚度小且分叉甚至尖灭。22层煤的最大特点是：层位稳定，结构简单，煤层厚度变化小，煤质比较优良，为上湾井田的重点开发对象。

井田内煤层的瓦斯含量甚微，矿井为低瓦斯矿井。各主要可采煤层均有爆炸危险，且为易自燃煤层。井田地温为12.5~20.4℃，平均地温梯度为1.7℃/hm，未发现地温异常，对矿井无地热危害。矿井水文地质条件简单，地下水以孔隙为主、风化裂隙为辅的孔隙-裂隙水，复杂程度为一类一型，近河地段为一类二型。

煤质具有低灰、低硫、低磷和中高发热量特点，属高挥发分长焰煤和不黏结煤，是优质动力、化工和冶金用煤。

截至2003年12月底，上湾煤矿累计查明资源储量50785万吨，其中111b资源量为27487万吨，122b资源量为22396万吨，333资源量为902万吨。

56. 3   开采基本情况

矿井采用斜井-平硐-立井联合开拓方式布置，连续采煤机掘进，装备先进的高阻力液压支架和大功率采煤机，长壁后退式综合机械化开采，实现了主要运输系统皮带化、辅助运输胶轮化、生产系统远程自动化控制和安全监察监控系统自动化，煤矿安全、生产、运输及"六大"系统全部实现了信息化、自动化。2018年3月，8.8m超大采高综采面在上湾煤矿投产。

井下沿煤层布置大巷，垂直大巷布置条带式综采工作面。矿井引进一套大采高综采设备和两套连续采煤设备，设备装机功率大，性能稳定，采煤工艺先进，主要生产设备实现重型化，主要运输胶带化，辅助运输无轨胶轮化。工作面长度达到300m，采高达到5.4m。

56. 4   选煤情况

上湾选煤厂承担神东集团上湾煤矿的洗选加工任务，设计生产能力1000万吨/a，2010年改造后生产能力达1400万吨/a。选煤工艺为+25mm重介浅槽、-25mm末煤不入选。洗选工艺流程为：原煤经双层分级筛分级，筛下 -25mm 末煤进入末煤转载胶带机，最终进入混煤皮带上仓。200~25mm 的块原煤经过 3mm 的脱泥筛脱泥后进入主洗重介浅槽分选，轻产物经脱介、脱水后进行分级，分级后 +50mm 洗大块作为块精煤产品，分级段筛下物 50~2mm 的末精煤经离心机二次脱水后成为洗末煤掺入混煤。主洗重介浅槽分选出的重产物脱介、脱水后作为矸石外排。

56.5　矿产资源综合利用情况

56.5.1　共伴生组分综合利用

上湾煤矿各煤层中镓的含量为 $(2~8)×10^{-6}$；顶板为 $(15~27)×10^{-6}$；夹矸为 $(17~30)×10^{-6}$；底板为 $(22~28)×10^{-6}$。部分取样已达到了工业品位之要求。目前矿山尚未对其进行利用。

56.5.2　其他组分综合利用

上湾煤矿利用矸石充填井下排矸巷，煤炭洗选矸石用于发电，地面排矸场通过分层排放、分层覆土、填沟造地，植树种草，再造绿地等，利用率达到 100%。

矿井井下排水量正常为 110m³/h。在工业场地设矿井水处理站一座，处理能力 150m³/h，通过井下采空区过滤净化等创新技术，提高废水复用率，减少污水外排，矿井水利用率为 90%。

56.6　技术改进及设备升级

为进一步提高资源回收效率，公司及矿山积极进行新设备、新工艺的研究。目前，主要研究成果是：

（1）7m 大采高综采工作面。上湾煤矿部分煤层厚度在 7m 以上，进行煤量回收，进一步提高回采率，减少煤炭损失。

（2）沿空留巷。沿空留巷是合理开发煤炭资源，提高煤炭回收率，改善巷道维护，减少巷道掘进量，有利于矿井安全生产和改善矿井技术经济效益的一项先进的地下开采技术。推行沿空留巷，不仅对生产矿井进行技术改造、缓和采掘关系和延长矿井寿命具有现实意义，而且也是使煤炭企业改善安全条件和技术经济指标，增产、增盈的主要途径之一。

57　胜利一号露天矿

57.1　矿山基本情况

胜利一号露天矿矿区面积为 34.3608km²，开采深度由 1090m 至 640m 标高。核准建设规模为 2000 万吨/a，分二期建设：一期 1000 万吨，二期新增 1000 万吨。一期工程 2008 年达产，2009 年通过验收；二期工程 2011 年达产，2013 年通过验收。矿山开发利用简表见表 57-1。

表 57-1　胜利一号露天矿开发利用简表

基本情况	矿山名称	胜利一号露天矿	地理位置	内蒙古锡林浩特市
地质资源	开采煤种	褐煤	累计查明资源储量/万吨	212126
	主要可采煤层	5、6		
开采情况	矿山规模/万吨·a⁻¹	2000	开采方式	露天开采
	剥离工艺	单斗-卡车剥离	采煤工艺	单斗-卡车-地面半固定式破碎机-带式输送机半连续开采
	原煤产量/万吨	1600.44	开采回采率/%	97.24
	煤矸石产生量/万吨	1.5	矿坑水年排放量/万立方米	646
综合利用情况	煤矸石利用率/%	0	废水利用率/%	80
	煤矸石处置方式	废石场堆存	废水利用方式	采煤、矿区洒水和矿区环境绿化用水

胜利一号露天煤矿位于锡林浩特市西北约 6km 处。行政区划隶属于内蒙古自治区锡林浩特市管辖。矿区铁路与锡（锡林浩特）-桑（桑根达来）-蓝（正蓝旗）铁路相连，并通过集通铁路与全国铁路网相连。

胜利煤田地处内蒙古高原中东部，大兴安岭西延的北坡，一号露天矿地处煤田西部的剥蚀堆积与侵蚀堆积地形的过渡地带，地势为西北部高，南东部低。矿区气候寒冷，极端最低温度-42℃，年平均 2.2℃，平均冻土深度 2.51m，最大积雪深度 27cm。

57.2　地质资源

57.2.1　矿床地质特征

矿区被第四系全部覆盖，地层无出露，矿区地层有：中生界白垩系下统大磨拐河组、伊敏组；新生界新近上新统，第四系下、中、上更新统及全新统。

矿区位于胜利煤田的西南部，为一宽缓的北东向向斜构造，向斜两翼倾角一般为小于5°，区内发育有北东向、北西向断层各 2 条。

胜利一号露天矿开采范围内可采煤层 4 层（5、$5_{下}$、6^{-1}、6 号煤层），其中 6 号煤层为主采煤层。6 号煤可采厚度平均为 36.64m，可采面积 17.63km^2。煤层由南向北逐渐增厚，20 线为聚煤中心，纯煤约 70m 左右；由此向北煤层急剧减薄，直至不可采。区内煤层较稳定，煤层结构较简单。

露天开采各煤层顶底板岩性以泥岩、粉砂岩、炭质泥岩为主，个别点有细砂岩、中砂岩及粗砂岩，构成露天矿的主要剥离物。

57.2.2　资源储量

矿区煤类为褐煤（HM2）。煤的灰分（A_d）在 14.53%~20.55%，属低灰煤，收到基低位发热量（$Q_{net,ar}$）13.40~14.22MJ/kg，是良好的动力用煤，主要用于火力发电。

截至 2012 年 11 月 30 日，胜利一号露天矿累计查明资源量 212126 万吨，其中：探明的（可研）经济基础储量（111b）5694 万吨；控制的经济基础储量（122b）78874 万吨；推断的内蕴经济资源量（333）127558 万吨。

57.3　开采基本情况

57.3.1　矿山开拓方式及采矿工艺

胜利一号露天煤矿一期工程，全部采用单斗-卡车剥离工艺，采用单斗-卡车-地面半固定式破碎机-带式输送机半连续开采工艺。二期工程，全部采用单斗-卡车剥离工艺，5 号煤层开采采用单斗-卡车-地面半固定式破碎机-带式输送机半连续工艺，6 号煤层采用单斗-卡车+可移式破碎机-巷道带式输送机半连续开采工艺。由于中厚、薄煤层非全区可采煤层，胜利一号露天煤矿当前仅开采 5、6 号主采煤层，5 号煤层平均厚度 18.16m，6 号煤层平均厚度 36.64m，均属稳定煤层。两层主采煤层均为厚煤层，倾角小于 5°，煤矿采用顶板露煤分层开采，开采条件良好。

矿坑工作面为剥离台阶水平分层，台阶高度小于 15m，采掘带宽度 40m，道路运输平盘宽度 40m，最小平盘宽度 80m，工作帮台阶坡面角 65°。5 号煤和 6 号煤采煤台阶高度分别为 8m 和 10m，采掘带宽度 40m，工作台阶坡面角 70°，最小平盘宽度 80m。开采参数见表 57-2。

表 57-2　开采参数表

序号	项　目	单位	剥离	采煤
1	台阶高度	m	15	8、10
2	台阶坡面角	(°)	65	70
3	最小工作平盘宽度	m	80	80
4	采掘带宽度	m	40	40

当前采区长度 2.5km，宽度 3km，工作线长 2.5km，最大开采深度 200m。现有剥离台阶 14 个，采煤台阶 5 个，5 号煤层采煤工作线长度 1850m，6 号煤层采煤工作线长度 1050m。

采用的设备主要有：6 台斗容 37m³ 的 WK-35 电铲，2 台斗容 14m³ 的 WK-10B 电铲，2 台斗容 15m³ 的 EX2500 电铲，2 台斗容 12m³ 的 EX1900 液压反铲，10m³ 以下反铲 7 台；29 台载重 91t、5 台 108t、50 台 220t 的自卸卡车；推土机、平路机、洒水车等配套辅助设备共 37 台。

57.3.2　矿山主要生产指标

胜利一号露天矿 2010 年采剥总量 4427 万立方米，2011 年完成土方剥离 7731 万立方米，2012 年采剥总量 11276 万立方米，自 2009 年底投产以来，矿山生产正常，年完成煤炭产销量 1800 万吨，产品直接供应附近电厂。胜利一号露天煤矿的采矿回采率为 97.24%。

57.4　选煤情况

胜利一号露天煤矿开采的煤种为褐煤，为不可选煤，矿山未建设洗选厂。

57.5　矿产资源综合利用情况

胜利一号露天煤矿为褐煤单一矿种煤矿，没有查明的其他共伴生矿产。区内各可采煤层有一定量的稀散元素锗（Ge）、钒（V）、镓（Ga）等，但含量较低，均未达到共伴生组分一般工业评价指标要求。

胜利一号露天煤矿生产中每年产生煤矸石约 1.5 万吨，目前累计排放量为 3.6 万吨，暂未利用，矿山正在做综合利用研究工作。

矿坑水年排放量约为 646 万立方米，主要用于采煤、矿区洒水和矿区环境绿化用水，利用率约为 80%，部分排放。

57.6　技术改进及设备升级

矿山设备类型较多，使用灵活，便于原煤选采和顶底板清扫。特别是运用小型采选设备，对 6^{上} 煤层厚度局部小于 1.5m 的部分进行了回采，增加了煤炭资源的回收和企业收入。

58　石圪台煤矿

58.1　矿山基本情况

石屹台煤矿始建于 20 世纪 80 年代，设计能力 120 万吨/a。2004 年 10 月，石屹台煤矿扩建项目启动，设计生产能力 1000 万吨/a。2005 年矿井改扩建后，核定生产能力 1200 万吨/a。矿山开发利用简表见表 58-1。

表 58-1　石屹台煤矿开发利用简表

基本情况	矿山名称	石屹台煤矿	地理位置	陕西省神木县
地质资源	开采煤种	长焰煤、不黏结煤	累计查明资源储量/万吨	82312.2
	主要可采煤层	1^{-2}、2^{-2}		
开采情况	矿山规模/万吨·a^{-1}	1200	开采方式	地下开采
	开拓方式	斜井-平硐联合开拓	采煤工艺	长壁后退式综合机械化开采
	原煤产量/万吨	1096	开采回采率/%	82.0
选煤情况	选煤厂规模/万吨·a^{-1}	300	原煤入选率/%	100
	主要选煤方法	块煤重介质浅槽+末煤重介质旋流器		
综合利用情况	煤矸石利用量/万吨	33.0	矿井水利用量/万立方米	464.7

石屹台煤矿位于陕西省榆林地区神木县北部，陕蒙边界乌兰木伦河东岸。标高 1351m，最低处位于乌兰木伦河河谷，标高约 1122m，相对高差 219m，一般标高 1250m。东西长约 10km，南北宽约 5km，井田面积 65.25km²。

石屹台煤矿行政区划隶属神木县大柳塔镇管辖，区内大面积属风沙地貌的沙丘地类型，沙丘、沙滩和平缓沙地交错分布。属北温带半干旱大陆性季节型气候，全年降雨集中，无霜期较短，年平均气温 8.5℃。多年平均降雨量 415.1~436.7mm，最大冻土深度 1.46m，冰冻期为 10 月初至次年 3 月。

58.2　地质资源

主采 1^{-2}、2^{-2} 煤。煤质优良，具有特低灰、特低硫、特低磷、富油（或含油）低熔灰，属高挥发分的长焰煤和不黏结煤。对 CO 还原率高、热稳定性好、抗碎强度高，可选性好的不黏 31 号（仅 2^{-2}、3^{-1}、4^{-2} 局部地段为长焰煤 41 号），是优质的动力用煤和民用煤。

煤矿累计查明资源储量 82312.2 万吨，累计开采矿石 5950.1 万吨，累计动用储量 7798.1 万吨。

58.3 开采基本情况

58.3.1 矿山开拓方式及采矿工艺

石屹台煤矿生产布局为一井一面，采用斜井-平硐联合开拓布置方式，22 煤及以上为一水平，31 煤及以下为二水平。连续采煤机掘进，长壁后退式综合机械化开采。

近距离煤层群下层煤开采技术主要是根据上下煤层不同层间距、层间有无关键层、上下煤层不同采深、下煤层巷道布置不同位置，采用数值模拟与相似模拟研究下煤层工作面巷道在回采期间围岩应力场的分布及巷道变形规律，确定不同条件下煤层回采巷道布置和煤柱宽度，制定防治水、防漏风及防灭火措施，实现近距离煤层群下层煤的开采。

（1）掘进工艺。掘进工作面采用连续采煤机掘进工艺。支护方式根据层间不同选择锚杆+钢筋网片+锚索、锚杆+钢筋网片+锚索+钢带或锚杆+钢筋网片+锚索+钢带+钢梁棚+棚钩+液压单体支柱支护方式。

（2）采煤工艺。采煤工作面采用综合机械化采煤工艺。在下层煤工作面每隔 15 架布置 1 个层间距探测孔，根据不同层间距制定支护方法，实现安全开采。

石圪台煤矿近距离煤层开采主要在一盘区的 $1^{-2上}$ 煤与 1^{-2} 煤、二盘区的 1^{-2} 煤与 $2^{-2上}$ 煤、三盘区的 $2^{-2上}$ 煤与 2^{-2} 煤，保有储量 13471 万吨。一盘区的 $1^{-2上}$ 煤煤层厚度为 0.73~2.31m，平均厚度为 2.1m，煤层埋深 51.24~74.71m，1^{-2} 煤煤层厚度为 1.8~3.3m，平均厚度为 2.9m，煤层埋深 57.72~82m，两层煤间距 2~14m。

自 2011 年开始，该矿已成功回采了 $1^{-2上}$ 煤 6 个工作面（$1^{-2上}$ 101、102、104、105、107 等工作面）和 1^{-2} 煤 7 个工作面（12102、12103、12104、12105、12106、12108 等工作面）近距离工作面（1^{-2} 煤工作面位于上覆 $1^{-2上}$ 煤层采空区下），提高了矿井近距离煤层资源的安全高效回收。

58.3.2 矿山主要生产指标

2011 年采区采出量为 264.1 万吨，工作面回采率 93.8%、采区回采率为 81.2%。2012 年采区采出量为 261.5 万吨，工作面回采率 94.1%、采区回采率为 81.6%。2013 年采区采出量为 265.2 万吨，工作面回采率 94.6%、采区回采率为 82.0%。2016 年采区采出量为 1096 万吨。

58.4 选煤情况

石屹台选煤厂是配套矿井建设的，设计生产能力为 300 万吨/a，选煤工艺为块煤重介质浅槽+末煤重介质旋流器。2011 年、2012 年、2013 年原煤入选率达 100%。

58.5　矿产资源综合利用情况

2013 年利用煤矸石 33.0 万吨，矿井水 464.7×10^4m^3。

58.6　技术改进及设备升级

石圪台煤矿缩短综采工作面回撤通道煤柱和主运输变频拖动技术两大科技成果，以显著的经济效益在神东、神华得到推广应用。2009 年 7 月 5 日，中厚偏薄煤层国产化设备的自动化工作面在石圪台煤矿首试成功。这标志着神东、神华乃至全国中厚偏薄煤层国产化综采工作面自动化技术取得重大突破。

中厚偏薄煤层综采工作面自动化开采技术主要是通过采煤机中央控制器监测摇臂传感器的角度变化计算滚筒位置，记录采煤机在工作面内任一位置对应的滚筒高度参数，并根据左右牵引部 D 齿轮上的速度传感器自动计算采煤机的位置和方向。记忆割煤时，采煤机根据记录的滚筒轨迹自动调整滚筒高度实现自动割煤，且可通过参数设置对工作面规律性的变化进行补偿。通过支架与采煤机联动，按照设定的程序，实现支架滞后采煤机一定距离自动完成移架和刮板输送机的推移动作，并在工作面两端头，支架配合采煤机实现斜切进刀。

59 双龙煤矿

59.1 矿山基本情况

双龙煤矿生产能力 60 万吨/a，井田东西宽 1.6~4km，南北长 2.9km，矿区面积 20.32km²。矿山开发利用简表见表 59-1。

表 59-1 双龙煤矿开发利用简表

基本情况	矿山名称	双龙煤矿	地理位置	陕西省黄陵县
地质资源	开采煤种	气煤	累计查明资源储量/万吨	5368.3
	主要可采煤层	2 号		
开采情况	矿山规模/万吨·a⁻¹	60	开采方式	地下开采
	开拓方式	斜井开拓	采煤工艺	走向长壁后退式采煤，全部垮落法控制顶板
	原煤产量/万吨	63.5	采区回采率/%	81.4
综合利用情况	煤矸石利用量/万吨	4.6	矿井水利用量/万立方米	19.2

矿区位于陕西省黄陵县双龙镇双龙街南侧，距黄陵县城51km，与210国道、包-茂高速相连。

59.2 地质资源

双龙井田位于黄陵矿区的中南部，井田总体构造形态为一开阔而平缓的不对称向斜构造。向斜轴向在井田中部近南北向，在井田北部和南部为北北东向，两翼地层倾角 1°~5°。该向斜构造是控制区内主采煤层 2 号煤空间展布及厚度变化的同沉积褶皱构造。井田内断层不发育，在煤矿开采过程中，在井田北部揭露出一条近东西走向的正断层，落差 1m，对煤矿生产有一定影响。

井田主要可采煤层为 2 号煤层，煤厚为 0.8~2.5m，平均 1.6m，倾角 2°~5°，煤层有自燃发火倾向，自燃发火期为 6~8 个月。煤层具有爆炸性危险，瓦斯成分以 CH_4 和 N_2 为主，2001 年相对瓦斯涌出量 21.23m³/t，2002 年为 6.32m³/t，为高瓦斯矿井。

煤炭品种属黄陇侏罗纪煤田中的优良品种，工业牌号以气煤为主，其主要特点是低灰、低硫、低磷、高发热量、高挥发、富油，有一定黏结性。广泛用于动力用煤、气化用煤、炼焦配煤和捣固焦用煤。

双龙煤矿累计查明资源储量 5368.3 万吨，累计开采矿石 529.4 万吨，累计动用储量 831 万吨。

59.3　开采基本情况

59.3.1　矿山开拓方式及采矿工艺

矿井采用一对斜井开拓，主斜井长 475m，倾角 23°，采用 2JK-2/20 型绞车，作为该矿井下材料、设备的提升。副斜井长 410m，倾角 23°，采用 2DKT-1.6/1.2-24 型绞车，专提升人车。全矿分为六个采区，现已投产两个采区（一个普通机采面和一个炮采面），有一个新采区正掘进。

综采面采用走向长壁后退式采煤法，全部垮落法控制顶板的综合机械化采煤工艺。(1) 双滚筒采煤机割煤（装煤）—刮板运输机运煤—液压支架支护顶板（放顶）—推移刮板运输机（上煤）。在顶板破碎时，先移架再割煤。(2) 工作面采用 SGZ-630/220 刮板运输机，运输巷采用 1 部刮板运输机和 2 部皮带运输机运煤。(3) 采煤机采用端头斜切进刀方式（割三角煤进刀方式），斜切进刀长度为 30m，进刀深度 0.6m。正常割煤时前滚筒在上割顶煤，后滚筒在下割底煤并装煤，采用双向割煤，往返两刀为一个循环，采煤机牵引方式为液压无链牵引。

双龙煤矿顶板控制：(1) 工作面安装 ZY-3400/11/24 型过渡支架 6 台，ZY-3400/11/24 型支架 92 台，对顶板进行全支护垮落法控制顶板。保证操作人员在安全位置作业。(2) 采用追机移架的方式对顶板及时进行支护。采用带压擦顶移架的方式移架，正常移架要滞后采煤机后滚筒 3 架，不得超过 5 架。顶板破碎时要紧跟前滚筒移架或人工操作超前移架，然后再进行其他操作，进刀深度 0.6m，移架步距为 0.6m。(3) 工作面运输顺槽、回风顺槽的超前支护均采用单体液压支柱配合 HDJB-1200 型铰接顶梁支护，支护距离不少于 30m。

支架采用"二柱双杆"设计，即综采支架为二柱掩护式轻型液压支架，并在二立柱上设置双机械加长杆，不仅保证了采场的宽畅安全，而且使支架高度调整范围大，同时配套了两组采煤机，提高了采煤工作面回采率，增加了矿井综合生产率，延长了矿井服务年限。

59.3.2　矿山主要生产指标

2011 年采区采出量为 31.6 万吨，工作面回采率 97.7%、采区回采率为 73%。2012 年采区采出量为 61.4 万吨，工作面回采率 97.5%、采区回采率为 79.7%。2013 年采区采出量为 63.5 万吨，工作面回采率 97.8%、采区回采率为 81.4%。

59.4　矿产资源综合利用情况

2013 年利用煤矸石 4.6 万吨，矿井水 $19.2×10^4 m^3$。

59.5　技术改进、设备升级

双龙煤矿采用中央并列式通风，主要通风机工作方法为抽出式，长期以来采煤工作面上隅角瓦斯超限问题一直困扰着该矿的安全生产工作，经分析研究，采用埋管法抽放工作面上隅角瓦斯，取得了较好的安全效果和经济效益。

采煤工作面上隅角埋管抽放法，即半封闭采空区瓦斯抽放方法，主要是采空区后部采用埋管抽放，将抽放瓦斯管埋设在采空区起采线附近，工作面回采结束后，还可对老空区进行全封闭抽放。并且可以通过实施钻孔在开切眼处与相邻已采工作面和未采工作面打通实现相邻采面的抽放，既可以降低未开采工作面的成本，也可以实现已采工作面的老空区抽放。上隅角埋管抽放对于消除上隅角局部瓦斯积聚和工作面回采结束后对易底臌、煤柱裂隙大采空区瓦斯治理具有明显的治理效果。

双龙煤矿上隅角埋管抽放法具体布置如下：双龙煤矿 1402 工作面采用倾向长壁采煤法开采，工作面倾向长度 1000m，工作面长度 120m，从开切眼处开始，按照图示埋设直径为 212.8cm（8 寸）钢管，管道延伸至+850m 瓦斯泵站（ZWY85/110）。管道布置必须紧靠回风顺槽煤柱侧，吊挂牢固，以尽可能保证管道不被砸坏和随顶板冒落而落地，同时在 1402 切眼处用 ZBY650 型钻机向 1401 采空区打 5~10 个 103mm 钻孔，在未开采的 1403 工作面开始回采前利用 ZBY650 型钻机向 1402 采空区打 5~10 个 103mm 钻孔将 1403 工作面与 1402 采空区沟通。另外对管道必须采取接地措施，每 60m 打接地极一个，接地电阻严格按照《煤矿安全规程》要求执行，当工作面回采完毕后，利用埋在采空区管路进行老空抽放瓦斯。

60　双鸭山集贤煤矿

60.1　矿山基本情况

双鸭山集贤煤矿始建于1968年1月1日，1974年10月1日正式投产。设计生产规模为120万吨/a。矿山开发利用简表见表60-1。

表 60-1　双鸭山集贤煤矿开发利用简表

基本情况	矿山名称	双鸭山集贤煤矿	地理位置	黑龙江省双鸭山市
地质资源	开采煤种	气煤	累计查明资源储量/万吨	23856.7
	主要可采煤层	3、9、17		
开采情况	矿山规模/万吨·a^{-1}	120	开采方式	地下开采
	原煤产量/万吨	126.6	采煤工艺	走向长壁法
	煤矸石年产生量/万吨	20	开采回采率/%	88
	矿井水年产生量/万立方米	881	开采深度/m	+40~-600
选煤情况	选煤厂规模/万吨·a^{-1}	180	原煤入选率/%	100
	主要选煤方法	跳汰		
综合利用情况	煤矸石年利用率/%	90	矿井水年利用率/%	97.6
	煤矸石利用方式	建筑、铺路	废水利用方式	民用、工业用水

集贤煤矿生产建设规模为大型，开采方式为地下开采，井田面积为43.1844km^2。矿山开采深度为+40~-600m标高。

集贤煤矿位于黑龙江省双鸭山市集贤县境内，行政区隶属于双鸭山市四方台区，向西南距双鸭山市约19km，属双鸭山矿区东北部。通往双鸭山市公路有东西两条，井田北侧约2.5km有哈同公路通过，南侧南部3.0km处有依饶高等级公路通过。矿区铁路直通矿井，并与国铁双佳线连通，交通便利。

矿区东部有二道河，此河为季节性无尾河，该河发源于沙岗山与太宝山，由南向北流经矿区东部，最后漫入湿地，河深2~3m，宽4~8m，最大流量46.464m^3/s，水位86.976m，矿区中部有"七一"排水水渠，渠深2m，宽2.5m，矿井水部分排入渠内，最后汇入二道河。

60.2　矿床地质特征

集贤煤矿位于松花江冲积平原的南部边缘地带，地势平坦，地面标高85~110m，西高东低。

集贤煤矿煤层编号自上而下为 3、5、9、12、15、16、17 号煤层。共计 7 个煤层，其中全区可采煤层 2 层，局部可采煤层 5 层。

井田范围内可采煤层集中在城子河组的中段，3 号煤层至 17 号煤层间距为 195~286m。一般层间距 242m。可采煤层在剖面上的分布间隔一般为 20~40m 一层。可采煤厚度一般在 0.80~3.98m，平均煤厚 0.95m。煤层结构为简单-较复杂，煤层多属于稳定和较稳定煤层。

矿区煤层通过钻孔化验和矿井生产的实际开采证实，煤层属中变质的气煤。

集贤煤矿煤层为低硫、低磷、低-中灰煤，高发热量中-高变的气煤二号可以作为民用及动力用煤，亦可作为少量配焦用煤。工业用途主要为动力用煤及少量配焦用煤。通过可选性试验，矿区煤的可选性良好。

各层煤含磷、含硫均很低，原煤硫含量为 0.02%~0.44%，平均 0.3%，属于特低硫煤，原煤磷含量为 0.0020%~0.1285%，平均 0.0242%，属低磷煤。

截至 2013 年底该矿山累计查明煤炭资源储量 23856.7 万吨，保有资源储量 1117.8 万吨；设计永久煤柱量 3745.3 万吨；"三下"压煤量 2686 万吨，该煤矿无共伴生矿产。

截至 2013 年底，累计矿井动用储量为 5118.8 万吨，累计矿井采出量为 3772 万吨，累计矿井损失量为 1346.8 万吨。

60.3 矿山开采基本情况

60.3.1 矿山开拓方式及采矿工艺

双鸭山市集贤煤矿为地下开采，该煤矿煤层属于薄煤层-中厚煤层，构造复杂程度为中等构造，开采技术条件为中等，采煤方法为走向长壁采煤法。开采煤层数为 3 层，各开采煤层情况见表 60-2。

表 60-2 实际开采煤层情况

煤层号	煤牌号	平均厚度 /m	煤层倾角 /(°)	可选性级别	设计可采储量 /万吨	设计工作面 回采率/%	设计采区开采 回采率/%
3	气煤 QM	0.7	9	中等可选煤	171.45	97	85
9	气煤 QM	1.55	10	中等可选煤	2853.9	95	80
17	气肥煤 QFM	1.55	10	中等可选煤	1929.59	95	80

60.3.2 矿山主要生产指标

矿山设计生产能力为 120 万吨/a，2011 年实际生产原煤 176 万吨，2013 年实际生产原煤 126.6 万吨。2013 年实际工作面、采区、矿井回采率分别为 98.5%、88%、77.7%。该矿年度开采回采率情况见表 60-3。

表 60-3　集贤煤矿开采回采率情况

年度	工作面回采率/%	采区损失量/万吨	采区采出量/万吨	采区回采率/%	全矿井采出量/万吨	全矿井损失量/万吨	矿井回采率/%
2011	98.6	24.79	176	87.7	176	62.4	73.8
2013	98.5	17.2	126.6	88	126.6	36.4	77.7

60.4　原煤入选情况

集贤矿选煤厂设计选煤能力为 180 万吨/a，选煤工艺为水洗跳汰。该矿山原煤入选情况见表 60-4。

表 60-4　集贤煤矿原煤入选情况

年度	原煤产量/万吨	入选原煤量/万吨	原煤入选率/%	精煤产品产率/%
2011	176	176	100	97
2013	126.6	126.6	100	97

60.5　矿产资源综合利用情况

矿山排放的煤矸石用于建筑、铺路，2011 年、2013 年煤矸石利用情况见表 60-5。矿山排放的矿井水利用方式为民用、工业用水，2011 年、2013 年矿井水利用情况见表 60-6。

表 60-5　煤矸石利用情况

年度	年排放量/万吨	累计排放量/万吨	年利用量/万吨	累计利用量/万吨	利用率/%	年利用产值/万元
2011	25	75	22	66	88	44
2013	20	118	18	100	90	36

表 60-6　矿井水利用情况

年度	年排放量/万立方米	累计排放量/万立方米	年利用量/万立方米	累计利用量/万立方米	利用率/%	年利用产值/万元
2011	876	2628	849	2575	96.9	2547
2013	881	4380	860	4248	97.6	2576

61 水帘洞煤矿

61.1 矿山基本情况

水帘洞煤矿始建于 1976 年，1980 年简易投产。先后经历了三次技术改造，生产能力为 90 万吨/a。矿山开发利用简表见表 61-1。

表 61-1 水帘洞煤矿开发利用简表

基本情况	矿山名称	水帘洞煤矿	地理位置	陕西省彬县
地质资源	开采煤种	不黏煤	累计查明资源储量/万吨	5640
	主要可采煤层	4		
开采情况	矿山规模/万吨·a^{-1}	90	开采方式	地下开采
	开拓方法	斜井开拓	采煤工艺	走向长壁、水平分段放顶法
	原煤产量/万吨	96.7	开采回采率/%	78
选煤情况	选煤厂规模/万吨·a^{-1}	150	原煤入选率/%	80
	主要选煤方法	大块原煤斜轮重介，中块原煤（或不脱泥末煤）三产品旋流器重介，末煤不入选（或煤泥压滤）的联合		
综合利用情况	煤矸石利用量/万吨	9.5	煤层气利用量/万立方米	3639
	矿井水利用量/万立方米	28		

水帘洞煤矿矿区面积 5.5151km^2，位于彬县县城西约 5km 的彬县城关镇，北与下沟煤矿接壤，东与火石咀煤矿为邻，南为虎神沟煤矿，西侧为大佛寺煤矿。矿区工业广场距西兰公路（312 国道）2.7km，距西安市 157km，向西至长武县 35km 与宝庆公路相交，向北距福银高速公路 3km，西平铁路正在建设中，交通较为便利。

61.2 地质资源

矿井分东区井田和扩大区井田两部分，东区生产已全部结束。扩大区主采煤层为 4 号煤层，平均厚度 12m。煤质为低中灰分、中高挥发分、低硫、低磷、高热值煤，属 31 号不黏煤。热稳定性和抗碎强度均优，是良好的动力燃料、工业气化、液化、水煤浆、低温干馏和高炉喷吹用煤。

水帘洞煤矿累计查明资源储量 5640 万吨，累计开采矿石 1155.5 万吨，累计动用储量 1714.9 万吨。

61.3　开采基本情况

61.3.1　矿山开拓方式及采矿工艺

水帘洞煤矿采用斜井开拓方式，采煤方法为走向长壁、水平分段放顶法。

61.3.2　矿山主要生产指标

2011 年采区采出量为 164 万吨，工作面回采率 83%、采区回采率为 77%。2012 年采区采出量为 180 万吨，工作面回采率 81%、采区回采率为 77%。2013 年采区采出量为 96.7 万吨，工作面回采率 83%、采区回采率为 78%。

61.4　选煤情况

水帘洞煤矿选煤厂属矿井型动力煤选煤厂，设计生产能力 150 万吨/a。选煤厂采用大块原煤斜轮重介+中块原煤（或不脱泥末煤）三产品旋流器重介+末煤不入选（或煤泥压滤）的联合工艺流程。该工艺稳定可靠，灵活性强，能够充分满足煤质及市场的变化；选煤设备采用质量可靠的合资企业或国内企业产品，以降低基建投资，同时也能保证选煤厂生产的稳定可靠。2013 年原煤入选率为 80%。

61.5　矿产资源综合利用情况

共伴生矿产为煤层气，查明储量为 $3.655×10^8m^3$，2013 年利用量 $0.3639×10^8m^3$。2013 年利用煤矸石 9.5 万吨，矿井水 28 万立方米。

61.6　技术改进及设备升级

水帘洞煤矿主采煤层为单一的 4 号煤，煤厚 8.31m，以往设计工作面间区段煤柱为 30m。通过理论研究、实测技术、仿真计算研究采动位移场和应力场、沿空实体煤破坏区、弹塑性区域，统筹考虑防治瓦斯、发火灾害、巷道支护，现场对留设合理煤柱（区段煤柱）进行工业性试验，确定工作面间区段合理煤柱为 8m。ZF3802 工作面与已采 ZF3801 工作面（空区）间区段净煤柱即按照 8.0m 留设，巷道布置取得成功，比原来设计工作面区段煤柱留设 30m 减少 22m 煤柱煤量，即节约煤柱煤量 65 万吨，仅 ZF3802 工作面区段节约煤柱产生经济效益达 $1.5×10^8$ 元。

按照生产规划在三采区共布置 8 处综放工作面，通过厚煤层区段合理小煤柱布置，工作面间煤柱由原来留设 30m 煤柱煤量减少至 8m 煤柱煤量，三采区共计 6 处区段煤柱，每段按照 22m 煤柱煤量计算，三采区工作面间区段煤柱共计节省煤量 394.53 万吨，能够产生约 $10×10^8$ 元的经济效益，极大节省煤炭资源储量，延长矿井服务年限。

62 酸刺沟煤矿

62.1 矿山基本情况

酸刺沟煤矿年设计生产能力 1200 万吨，为低瓦斯矿井。煤矿自 2005 年 6 月开始建设，2008 年 8 月 8 日试生产，2010 年 4 月通过国家发改委组织的综合竣工验收正式投产，是我国第一座超千万吨的地方煤矿。矿山开发利用简表见表 62-1。

表 62-1 酸刺沟煤矿开发利用简表

基本情况	矿山名称	酸刺沟煤矿	地理位置	内蒙古鄂尔多斯市
	矿山特征	第二批国家级绿色矿山试点单位		
地质资源	开采煤种	长焰煤	地质储量/万吨	143521
	主要可采煤层	4、6^{上}		
开采情况	矿山规模/万吨·a^{-1}	1200	开采方式	地下开采
	开拓方式	斜井开拓	采煤工艺	走向长壁法
	原煤产量/万吨	1982.94	开采回采率/%	78
	煤矸石产生量/万吨	236	矿坑水年排放量/万立方米	1000
选煤情况	选煤厂规模/万吨·a^{-1}	1200	原煤入选率/%	94
	主要选煤方法	块煤浅槽重介分选、末煤重介质旋流器分选		
综合利用情况	煤矸石利用率/%	0	矿坑水利用率/%	100
	煤矸石处置方式	废石场堆存	矿坑水利用方式	采煤、矿区洒水和矿区环境绿化

酸刺沟煤矿矿区东西宽 7.147km，南北长 7.323km，面积为 44.878km^2，开采深度高程 1060~520m。

酸刺沟煤矿位于内蒙古自治区鄂尔多斯市伊金霍洛旗薛家湾镇，行政属于薛家湾镇管辖。该矿向西 27km 有准(准格尔旗)-东(东胜)铁路沙圪堵站，由此向西至乌素沟站现已通车，由乌素沟站经红进塔至巴图塔站与包(包头)-神(神木)铁路接轨，由此向东北至薛家湾镇与大(大同)-准(准格尔旗)铁路线相接。矿区交通以公路为主，铁路为辅，交通便利。

矿区所在地区大陆性气候突出，属典型的半干旱地区。受季风影响，冬季多西北风，漫长而寒冷，夏季受偏南暖湿气流影响，短暂、炎热、雨水集中，春季风多、少雨，多干旱，秋季凉爽。

62.2　矿床地质特征

酸剌沟矿井大部分地表被第四系松散层覆盖，基岩层只在部分沟谷中出露，根据地表及钻孔揭露地层情况，矿区地层由老至新依次为奥陶系中统马家沟（O_{2m}）、石炭系上统本溪组（C_{2b}）及太原组（C_{2t}）、二叠系下统山西组（P_{1s}）及下石盒子组（P_{1x}）、二叠系上统上石盒子组（P_{2s}）及石千峰组（P_{2sh}）、新近系（N_2）、第四系（Q）。地层走向北北东，倾向北西西、倾角小于 10° 的单斜构造。

酸剌沟煤矿含煤地层为石炭系太原组和二叠系下统山西组，钻孔揭露两组地层总厚度 118.26~192.88m，平均 142.74m，区内含煤地层基本上保存完整，厚度变化不大，厚度变异系数 13%，由北向南有增厚之趋势。

井田内可采煤层共 5 层，即 4 煤层、5 煤层、$6^\text{上}$ 煤层、6 煤层、9 煤层。主采煤层 4 号层与 6 号上层。4 号煤层含夹矸 0~8 层，一般为 3 层，结构由简单到复杂。夹矸厚度为 0.02~0.96m，平均 0.39m，夹矸岩性多为泥岩或炭质泥岩。含煤面积 49.82km²，可采面积 48.79km²，面积可采指数 97.93%，煤层可采厚度为 0.86~5.28m，平均 3.15m，属中厚煤层，煤层由东向西有逐渐增厚的趋势。6 号上层煤层含夹矸 0~12 层，结构由简单到复杂。夹矸厚度为 0~1.75m，平均 0.71m。夹矸岩性多为泥岩、炭质泥岩。含煤面积 49.82km²，可采面积 49.82km²，面积可采指数为 100%，可采性指数为 100%。煤层可采厚度为 3.75~23.29m，平均 11.61m，属巨厚煤层。煤层厚度变化不大，总体由东北向西南变薄。

原煤为长焰煤，灰分 A_d13%~38.91%，挥发分 V_{daf}34.92%~46.05%，水分 M_{ad}2.3%~7.49%，硫分 $S_{t,d}$0.26%~2.96%，发热量 $Q_{b,d}$17.9~28.37MJ/kg。原煤具有灰分中等、挥发分高、发热量中高、硫含量低、热稳定性好、焦油含量高、有害元素少的特点。

截至 2013 年 12 月，酸剌沟煤矿探明的基础储量（121b）63430 万吨，控制的经济基础储量（122b）45045 万吨，推断的内蕴经济资源量（333）35046 万吨，合计 143521 万吨。

62.3　开采基本情况

矿井共分三个井筒，分别为主斜井、副斜井和回风立井，根据矿井煤层赋存条件，综采工作面采用全引进设备，选用大功率，大运量，高强度的采掘设备，矿井主运输为胶带输送机运输，辅助运输为无轨胶轮车运输，采用高度机械化的长壁开采方法，采用进口长壁工作面设备及国内一流的综采设备。

通风系统选用对旋式轴流通风机；排水系统为矿用耐磨多级离心式水泵，空气压缩系统为固定式风冷型螺杆空气压缩机。2013 年度回采率为 78%。

62.4　选煤情况

酸剌沟选煤厂是酸剌沟煤矿的配套选煤厂，生产能力为 1200 万吨/a。设计选用以块煤全部入选、末煤部分入选为主的入选方式，有三套块煤处理系统和两套末煤处理系统，其中第三套系统只洗选块煤，末煤直接作为商品煤销售；洗选工艺为 200~13mm 粒级块煤采用浅槽重介分选机分选、13~1mm 粒级末煤采用有压两产品重介质旋流器分选、煤泥采用板框压滤机和加压过滤机脱水的联合工艺。2011 年与 2013 年原煤入选率分别为 86.1% 和 94%。

62.5 矿产资源综合利用情况

酸刺沟煤矿为单一矿种煤矿，没有查明的其他共伴生矿产。

该矿矸石年排放量为 236 万吨，尚未利用。矿坑水年排放量约为 1000 万立方米，主要用于采煤、矿区洒水和矿区环境绿化，利用率约为 100%。

63　塔　山　煤　矿

63.1　矿山基本情况

塔山煤矿是我国"十一五"期间建设的第一个千万吨级矿井，设计年产量1500万吨，于2003年开工建设，2006年试产出煤，2009年达产。矿山开发利用简表见表63-1。

表 63-1　塔山煤矿开发利用简表

基本情况	矿山名称	塔山煤矿	地理位置	山西省大同市
	矿山特征	第三批国家级绿色矿山试点单位		
地质资源	开采煤种	1/3焦煤、气煤	累计查明资源储量/万吨	528207.39
	主要可采煤层	5（3~5）、8		
开采情况	矿山规模/万吨·a^{-1}	1500	开采方式	地下开采
	开拓方式	平硐-立井联合开拓	采煤工艺	综采开采工艺，倾斜长壁全部垮落一次采全高
	原煤产量/万吨	1964.9	开采回采率/%	77.8
	煤矸石产生量/万吨	818	开采深度/m	+1200~+800
选煤情况	选煤厂规模/万吨·a^{-1}	1500	原煤入选率/%	100
	主要选煤方法	重介洗选		
综合利用情况	煤矸石利用率/%	100	废水利用率/%	90
	煤矸石利用方式	发电和制砖	废水利用方式	井下生产、消防，选煤，地面绿化

塔山煤矿面积为170.9024km^2，开采深度高程+1200~+800m。

塔山矿井地处大同煤田东翼中东部边缘地带，在大同市南约30km，距同煤集团公司约20km。井田附近有国铁干线京包铁路、大秦铁路，东侧有北同蒲铁路，均交汇于大同市铁路枢纽，并与口泉沟、云岗沟两条铁路支线相连，通往同煤集团公司各矿。

矿区属大陆性季风气候，冬季漫长且寒冷干燥，夏季短暂且温热多雨，春秋凉爽，温差较大。

该煤矿结合矿区资源、伴生资源、废弃物利用，依托塔山循环经济园区，形成了资源-产品-废弃物-再生资源构成的反馈式循环产业链条，实现了物料闭路循环，资源综合利用，为煤炭行业建设绿色矿山探索出了一种全新的发展模式，塔山煤矿作为国家"十一五"期间建设的第一个千万吨级矿井，是我国目前煤炭行业产业链最完整、规模最大的循环经济园区龙头企业，先后荣获"全国先进基层党组织""首批国家绿色矿山""国家级安全高效矿井""中国最美矿山"等多项殊荣。

63.2 地质资源

塔山井田位于大同煤田的中东缘地带，属大同向斜的中东翼。为一走向北东，倾向北西的单斜构造，地层倾角一般在5°以内，井田外东部煤层露头处地层倾角较大，由南至北倾角40°~70°，局部直立、倒转。由煤层露头线向北西地层变缓到15°左右，水平距离约1000m，而边缘部分超过25°以上的水平距离不超过300m。井田内大部分地区的地层产状平缓，有缓波状的起伏，发育次级褶皱，塔山区主要有史家沟向斜，盘道背斜和老窑沟向斜，对煤层的开采影响不大。

区域地层由老至新为：上太古界五台群，古生界寒武系、奥陶系、石炭系、二叠系，中生界侏罗系、白垩系，新生界第四系。

煤层赋存情况：井田内赋存有侏罗系和石炭二叠系两套含煤构造。侏罗系含煤构造所剩储量不多。二叠系下统山西组和石炭系上统太原组为下部含煤建造，地层总厚86.2~177.20m，平均为157.93m，共含煤15层，煤层总厚38.25m，含煤系数24%。可采煤层为五层，从上到下依次为4号、太原组2号、3号、5（3~5）号、8号。主采煤层为5（3~5）号、8号层。5（3~5）煤层位于2号可采煤层之下0.8~15.71m，平均5.26m。煤层总厚1.63~29.21m，平均厚15.72m。煤层层位稳定，厚度大，全区可采。8号煤层位于7号煤层之下，一般15m左右，与5（3~5）号可采煤层的间距20.35~46.46m，平均34.82m，南部间距较大40m左右，向北东部变小为30m左右。煤层厚度0.60~14.59m，平均厚度6.12m，煤层层位较稳定，厚度变化不大，一般6m左右。是矿区主要的可采煤层之一。

煤矿开采的煤种为主要可采煤层以1/3焦煤和气煤为主，伴有零星的1/2中黏煤及弱黏煤。

截至2013年12月底，同煤塔山煤矿有限公司塔山矿全井田累计查明资源储量528207.39万吨。

63.3 开采基本情况

63.3.1 矿山开拓方式及采矿工艺

煤矿设计生产规模1500万吨/a，采用地下开采，综采放顶煤采煤方法，开拓方式为平硐-立井联合开拓。井下布置一套综采，一个连采掘进面，一个连采房采面。

井田划分为上、下两个水平开拓。3~5号煤层以上各可采煤层距离较近，称为上组煤，即上水平（1070水平）；8号煤层称为下组煤，即下水平（1030水平）。上组煤可采煤层分别为4号、2号、3号和5（3~5）号煤层，主采煤层为3号和5（3~5）号煤层。主、副平硐进入3~5号煤层后，大巷沿塔山区断层群北侧向西，直至挖金湾工业场地下，然后沿铁路保护煤柱向王村区方向延伸，直至井田西部边界。一盘区以大巷作为盘区巷道，实行大巷条带式单翼布置开采，工作面由北向南推进。二盘区沿井田东南边界布置二盘区巷道，工作面基本垂直盘区大巷沿倾向仰斜布置开采。三盘区从大巷拐角处向西北方向延伸，通过雁崖工业场地下，直至井田北部边界，作为三盘区盘区巷道。矿井前期上组煤主要大巷确定沿 3~5 号煤层布置，共布置 3 条大巷，其中，一条为胶带输送机运输大巷，一条为辅助运输大巷，另一条为回风大巷。因井田东部井底 3~5 号煤层见煤点标高在 1070m 左右，故一水平大巷统称为 1070 水平大巷。

主采煤层选用综采开采工艺，倾斜长壁全部垮落一次采全高的采煤方法。工作面的推进方向确定为后退式，主要设备有液压支架 ZZ4000/18/38、采煤机 SL500AC、刮板输送机 PF6/1142、PF6/1542 型转载机、PCM110 型破碎机、SSJ1000/2×160 型带式输送机。采煤机截深 0.8m，其工作方式为双向割煤，追机作业，工作面端头进刀方式。工作面用先移架后推溜的及时支护方式。

工作面设备采用每小时产运能力达到 3000t 的大功率综合机械化采煤机和世界一流的刮板运输机；主平硐采用每小时运量为 6000t 的带式输送机；无轨胶轮车将人员、物料从副平硐直接运送至工作面，不仅减少了工人的劳动强度，还极大地提高了生产效率；由环境监测、设备监测、井下人员跟踪定位监测等组成了严密的监测监控系统，确保了矿井安全生产系数；塔山矿井采煤综合机械化程度达 100%。

63.3.2 矿山主要生产指标

2011 年全矿动用储量 2853.6 万吨，采出 2195.9 万吨，永久煤柱 14.6 万吨，矿井回采率为 72.3%。2013 年全矿动用储量 2543 万吨，采出 1964.9 万吨，永久煤柱 14.7 万吨，矿井回采率为 72.9%，采区回采率为 77.8%。

63.4 选煤情况

塔山选煤厂是塔山煤矿配套项目，设计年入选原煤 1500 万吨，是目前国内较大型的、现代化程度较高的动力煤选煤厂。

塔山选煤厂主要采用重介洗选工艺。矿井生产出的原煤从工作面运至原煤储煤仓储存，原煤储煤仓储量 10 万吨，经仓下皮带运至原煤准备车间筛分破碎至 150mm 以下，经缓冲仓缓冲后通过三条仓下皮带分别运往主选车间的三套分选系统。原煤进入主选车间，首先经过原煤分级脱泥筛，将入选物料分成三个不同的粒级，大于 13mm 的进入块煤浅槽分选，分选出的块精煤和块矸石，大块矸石通过皮带进入手选压滤车间，经手选进一步分选出原煤中富含的高岭岩；13~1.5mm 的物料进入三产品重介旋流器，分选出末精煤、末中煤和末矸石；1.5mm 以下的进入煤泥分选机，分选出精矿和尾矿；0.2mm 以下的煤泥水进入浓缩池沉降后，底流进入加压过滤机和板框压滤机脱水回收，溢流作为循环水返回主厂房循环使用，形成洗水闭路循环，节约资源、降低污染、达到零排放。含有三个独立的分选系统和一个加压过滤系统，每个分选系统中包括原煤分级脱泥、块煤重介浅槽分选、末煤三产品重介旋流器分选、介质回收、粗煤泥分选以及煤泥脱水回收。

63.5 矿产资源综合利用情况

塔山煤矿为单一矿产煤矿，无共伴生矿产资源。

塔山煤矿煤矸石全部外运掺烧发电和制砖，2013 年共产生 818 万吨矸石，煤矸石总利用率100%。

矿井水部分注入采空区进行过滤，过滤后用于井下生产和消防；另一部分排至地面污水处理厂，经过处理后的水部分用于补充选煤厂选煤用水和地面绿化。2013年，矿井水共利用78万立方米，利用率为90%。

63.6 技术改进及设备升级

为了加大矿井瓦斯抽放能力，按照瓦斯治理规划要求，塔山矿2012年在二风井地面工业广场新建一座地面瓦斯抽放泵站，本着高技术、高标准、高水平的要求，着力打造信息化、智能化、数值化的现代化瓦斯抽放泵站。

泵站配备6台2BEC120型大功率、高流量瓦斯抽放泵，单台泵额定抽放能力为1275m³/min。泵站配套监测监控系统、自动控制等附属系统。

地面抽放泵站于2013年12月10日投入运行，地面瓦斯抽放系统运行状态稳定、正常。

64　天安煤矿一矿

64.1　矿山基本情况

天安煤矿一矿于 1957 年 12 月破土兴建，1959 年 12 月简易投产使用，现已有 50 多年的开采历史，原设计生产能力 150 万吨/a；1975 年至 1984 年经一期扩建，设计生产能力提高到 240 万吨/a；1986 年至 1989 年进行二期扩建，生产能力提高到 400 万吨/a。矿山开发利用简表见表 64-1。

表 64-1　天安煤矿一矿开发利用简表

基本情况	矿山名称	天安煤矿一矿	地理位置	河南省平顶山市
	矿山特征	第二批国家级绿色矿山试点单位		
地质资源	开采煤种	1/3 焦煤、肥煤	保有资源储量/万吨	22473.2
	主要可采煤层	五（丁）组、四（戊）组		
开采情况	矿山规模/万吨·a^{-1}	400	开采方式	地下开采
	开拓方式	竖井-斜井联合多水平综合开拓	采煤工艺	走向长壁采煤法
	原煤产量/万吨	399.6	采区回采率/%	85.7
选煤情况	选煤厂规模/万吨·a^{-1}	340	原煤入选率/%	87.57
	主要选煤方法	重介旋流器分选		
综合利用情况	煤矸石利用率/%	100	矿井水利用率/%	100

天安煤矿一矿矿区面积 29.3km²，矿井范围为矿井东以 26 勘探线为界与十矿相邻，西以 36 勘探线为界与四矿、六矿相邻，五（丁）组煤层南起老窑采空区下界（+45～+110m 之间），北至-600m 等高线；四（戊）组煤层南起露头北至-650m 等高线；二（己）组煤层南起-240m 北至-800m 等高线；一（庚）组煤层南起-250m 北至-800m 等高线。南邻二矿，开采深度由 150m 至-800m 标高。

一矿矿井位于平顶山市区的北部，距平顶山站 9km，通过矿区专用铁路可直达漯宝铁路。漯宝铁路连接京广、焦柳两大铁路干线。平顶山站至京广铁路 70km，至焦柳铁路 28km。以平顶山市为交通枢纽，有柏油公路沟通各县市，交通极为方便。

64.2　地质资源

矿井主采煤层五（丁）组、四（戊）组。五（丁）组全部为 1/3 焦煤；四（戊）组以 1/3 焦煤为主，二水平戊一区，四$_3$（戊$_8$）煤为肥煤，−400m 标高以下、32 勘探线以西为肥煤。主要用途用于动力用煤或炼焦配煤。

截至 2013 年末，矿井采矿许可证范围内资源储量（111b+122b+333）为 22473.2 万吨，储量（111+122）为 5292.1 万吨；其中六（丙）组、五（丁）组、四（戊）组三组煤层资源储量（111b+122b+333）为 11292.8 万吨，储量（111+122）为 5292.1 万吨。累计矿井动用储量 19325.2 万吨。

64.3　开采基本情况

64.3.1　矿山开拓方式及采矿工艺

矿井开采方式为地下开采，采用竖井−斜井联合多水平综合开拓布置，一水平标高 −25m，二水平标高−240m，三水平标高−517m。一水平为残采水平，二、三水平为生产水平。矿井实际采煤方法主要为走向长壁采煤法。采煤、开拓、运输等主要技术装备综合机械化率达到 100%。

64.3.2　矿山主要生产指标

矿井核定生产能力 400 万吨/a，实际生产能力能达到 500 万吨/a，设计采区回采率 80%，设计矿井回采率 65%。

2013 年采出量为 399.6 万吨，2013 年实际采区回采率为 85.7%，2013 年实际矿井回采率为 84.6%。天安煤矿一矿 2009~2013 年储量动用及回采率一览表见表 64-2。

表 64-2　2009~2013 年储量动用及回采率一览表

年度	工作面回采率/%	年度采出量/万吨	全矿井损失量/万吨	采区损失量/万吨	累计动用量/万吨	累计查明量/万吨	采区回采率/%	矿井回采率/%
2009	95.8	369.3	109.5	74.7	17355.1	41351.3	85.2	77.1
2010	93.9	399.4	171.2	74.5	17955.6	41500.5	85.9	70
2011	96.7	411.3	69.9	56.2	18436.8	41587.4	88.6	85.5
2012	95.3	364.9	60.6	56.9	18888.7	41737.8	86.5	85.8
2013	96.1	399.6	67.1	66.4	19325.2	41798.4	85.7	84.6

64.4　选煤情况

一矿选煤厂是隶属于天安煤矿一矿的矿井型动力煤选煤厂。1988 年建成投产，采用块煤斜轮排矸+煤泥压滤的联合工艺流程。−13mm 末原煤不分选。年设计处理能力 340 万吨/a。2004 年进行二期建设，主要对主厂房进行改造，新建末煤重介车间，工艺为大于 50mm 块原煤采用手选，0.5~50mm 原煤采用脱泥有压重介两产品旋流器分选，煤泥采用粗煤泥回收筛+加压过滤机+压滤机联合回收工艺。

（1）原煤脱泥。进入脱泥筛的原煤进行 0.5mm 湿法预先脱泥。脱泥筛筛上物料进入有压两产品重介旋流器分选，筛下物料进入煤泥回收系统。

（2）有压两产品重介旋流器分选。50～0.5mm 进入有压产品重介旋流器分选，溢流经脱介脱水后成为精煤产品，底流经脱介脱水后成为矸石。

（3）介质回收。精煤和中矸系统的合格介质合并回收，返回系统循环使用；稀介质合并回收，至稀介质桶，然后泵送至磁选机分选；尾矿去主厂房角锥沉淀池。

（4）煤泥回收系统。原煤脱泥筛筛下煤泥水进入角锥沉淀池，由底流泵打至分级旋流器，通过煤泥离心机回收，溢流至浓缩机。

（5）浓缩压滤系统。煤泥水进入浓缩机处理，经沉淀后，浓缩机底流由压滤机+加压过滤机回收，溢流水作为循环水复用。

2009 年，增加动筛车间，洗煤厂的入选原煤经动筛车间预先分级后，9～50mm 末原煤进入到洗煤厂，经过脱泥到末煤车间有压两产品旋流器进行分选。选出两种产品：精煤、矸石。精煤经脱介、脱水后进入矿产品仓，矸石脱介后直接到矿排矸系统。

2013 年 11 月，由于洗煤厂主要设备老化严重以及粗煤泥回收水分高等原因，对其进行了技术改造。生产工艺是 0.5～50mm 采用脱泥有压两产品旋流器分选，煤泥采用粗煤泥离心机+压滤机+干燥炉联合回收。

洗后主要产品：混煤：50～9mm，$A_d \leqslant 34.22\%$，$M_t \leqslant 10.5\%$，$Q_{net.ar} \geqslant 18.84$MJ（4500kcal/kg）（可调），供电力用煤；矸石：$A_d \geqslant 80\%$，$M_t \leqslant 16\%$，供矸石电厂、砖厂制砖。

64.5　矿产资源综合利用情况

自 2009 年以来，煤矸石综合利用率为 100%，矿井水综合利用率为 100%。

2006 年筹备建设了煤矸石烧结多孔砖生产线，按每年 1 亿标块煤矸石空心砖设计，年消耗煤矸石约 60 万吨，同时每年减少煤矸石堆放占地 17.1 亩。该项目年少用黏土 8.6 万立方米，年少毁田地 21.9 亩。而该矿建设的制砖生产线采用的工艺技术为全煤矸石不掺加任何原料，采用高挤出压力和真空度高的挤砖机。该工艺是在消化、吸收国外先进烧结砖生产技术基础上研制开发的，适合我国国情的利用工业废渣制砖生产技术。它不仅有效解决了固废污染问题，而且彻底消除了煤矸石存在的自燃、爆炸等安全隐患，对整个行业带来了良好的示范作用，推动了行业的技术进步和产业升级，促进了矿山经济的新的增长，有效改善了矿区生态环境。

64.6　技术改进及设备升级

（1）残采开采技术。残采采煤工艺选择时，优先选用机械化开采，部分残采工作面采长及煤厚不规则，采面地质条件差，老巷多，断层多，如使用综采设备，两巷及采面需进行整体翻修，开采投入成本大，开采困难，选用悬移支架开采工艺（悬移支架开采工艺在集团公司首次应用并进行了推广）。综采工艺残采技术在戊$_{10}$-17113、戊$_{10}$-17133、戊$_{10}$-21023 采面进行了成功应用。悬移支架残采技术在戊$_{80}$-21013、戊$_{80}$-17020 采面进行了成功应用。

（2）综采放顶煤开采残采资源规划。根据残采规划情况，二水平戊二残采区域剩余煤厚1.3~6.0m，为提高工效，规划采用综采放顶煤回采。拟回采工作面为戊二上山西煤柱，计划安装放顶煤支架型号 ZF5200/17/32。

（3）原来下分层工作面，使用支架最大采高2.8m，为多回收煤炭资源，现在从设计采面开始就申请租赁大支架，对下分层采面，使用大采高 ZY5000-18/38 型、ZY6400-20/40 支架，采高在1.8~3.8m，减少厚度损失。

65　天安煤矿六矿

65.1　矿山基本情况

天安煤矿六矿于 1958 年 10 月开工兴建，1970 年 7 月投产。原设计生产能力 90 万吨/a，随着生产发展需要，后又经两次改扩建，现生产能力达到 390 万吨/a。矿山开发利用简表见表 65-1。

表 65-1　天安煤矿六矿开发利用简表

基本情况	矿山名称	天安煤矿六矿	地理位置	河南省平顶山市
地质资源	开采煤种	褐煤	累计查明资源储量/万吨	21448.1
	主要可采煤层	六₃、五₂、四₃、四₂、一₅		
开采情况	矿山规模/万吨·a⁻¹	390	开采方式	地下开采
	开拓方式	中央并列式立井多水平开拓	采煤工艺	走向长壁全岩陷落法
	原煤产量/万吨	419.5	采区回采率/%	84.4
选煤情况	选煤厂规模/万吨·a⁻¹	390	原煤入选率/%	87.57
	主要选煤方法	无压三产品重介旋流器分选		

井田以北与郏县相邻，东与一矿、四矿相接，南及西南以锅底山正断层为界与五矿毗邻，西边与十一矿相接，北边是六矿井田的人为边界。井田东西长约 4~7km，南北宽约 1.9~3.6km，面积 29.68km²。

六矿位于平顶山市西北约 8km 处，北临龙山，南望白龟山水库，有平宝，平郏公路从矿区穿过，公路运输发达，矿区有专用铁路运输线经平顶山东站分别与焦枝线和京广线相连，铁路运输方便。

65.2　地质资源

矿井为一缓倾斜的单斜构造，构造与水文地质条件均较简单。

矿区内含煤地层为石炭系上统太原组，二叠系下统山西组、下石盒子组和上统上石盒子组。煤系地层总厚 797m，含煤 40~56 层，常见 43 层，煤层总厚约 26.84m，含煤系数 3.37%。自下而上分为七个煤段，其中，石炭系太原群含一（庚）煤段；二叠系山西组含二（己）煤段；下石盒子组含四（戊）煤段、五（丁）煤段和六（丙）煤段；上石盒子组含八（乙）煤段和九（甲）煤段（三、七煤段含煤性差，未进行编号）。可采煤层主要位于一（庚）、二（己）、四（戊）、五（丁）和六（丙）煤段中，其他煤段所含煤层均不可采。可采和局部可采煤层达 13 层（包括分叉煤层），可采煤层总厚 18.05m，含煤系数 2.26%。主要煤段含煤性一览表见表 65-2。

表 65-2　主要煤段含煤性一览表

煤段	厚度/m 两极值 平均值	含煤层数	可采煤层		备注
			煤层编号	含煤系数	
六（丙）	$\dfrac{98.5\sim112.5}{100.5}$	2~5	六$_3$（丙$_3$）	1.2	
五（丁）	$\dfrac{41\sim80}{63.8}$	2~9	五$_2$（丁$_{5-6}$）	4.9	部分地段分为 五$_2{}^2$、五$_2{}^1$ 两层
四（戊）	$\dfrac{118\sim235.5}{187.6}$	3~9	四$_3$ 和四$_2$（戊$_8$ 和 戊$_{9-10}$）	9.8	四$_2$ 部分地段分为四$_2{}^2$、四$_2{}^1$ 两层
二（己）	$\dfrac{42\sim72}{57.2}$	2~5	二$_2$、二$_1$（己$_{15}$ 和己$_{16-17}$）	11.3	二$_1$ 部分地段分为二$_1{}^2$、二$_1{}^1$ 两层
一（庚）	$\dfrac{53.5\sim68.5}{62.2}$	5~13	一$_5$（庚$_{20}$）	2.9	

其中六矿采矿证范围内有六$_3$、五$_2$、四$_3$、四$_2$、一$_5$五层煤，其中五$_2$煤层在深部分叉为五$_2{}^1$、五$_2{}^2$两层可采煤层，四$_3$煤层局部分叉为四$_3{}^1$、四$_3{}^2$两层煤，分叉后四$_3{}^1$不可采，四$_3{}^2$可采。

矿井实测正常与最大涌水量分别为 121.0m³/h 和 154.9m³/h，对采掘布局与生产构不成较大威胁。瓦斯鉴定为煤与瓦斯突出矿井。煤尘具有爆炸危险性，煤层具有自燃倾向性。截至 2013 年底，累计查明资源储量 21448.1 万吨。

65.3　矿山开采基本情况

65.3.1　矿山开拓方式及采矿工艺

矿井采用中央并列式立井多水平开拓，走向长壁全岩陷落法回采，采区布置为前进式，工作面回采为后退式。布置主井、副井、主斜井、北风井。采煤工艺全部是综合机械化采煤，采用全岩陷落法管理，通风方式采用混合式。

65.3.2　矿山主要生产指标

截至 2013 年底累计动用量 11906.2 万吨；累计采出量 8223.2 万吨；累计损失量 3683.0 万吨。具体数据见表 65-3。

表 65-3　六矿 2009~2013 年储量动用及回采率一览表

年度	工作面回采率/%	年度采出量/万吨	采区损失量/万吨	矿井损失量/万吨	累计动用量/万吨	累计查明量/万吨	采区回采率/%
2009	95.6	393.9	72.05	167.2	9927.9	22453.9	82.64
2010	96.3	387.1	65.94	142.5	10518.7	21924.3	83.78
2011	96.3	380.9	69.19	148.7	10988.3	21204.2	83.29
2012	96.7	404.8	76.5	146.5	11469.6	21364.5	84.1
2013	97.0	419.5	77.4	147.4	11906.2	21448.1	84.4

65.4　选煤情况

六矿选煤厂是平煤集团六矿下属的一座矿井型选煤厂，于 2000 年建成投产，2007 年进行技术改造，生产能力 390 万吨/a。洗选工艺为重介洗选，无压三产品重介旋流器分选，三产品当两产品使用，煤泥为加压过滤机回收，产品为洗精煤、筛下煤、煤泥、矸石，产品为优质动力煤。

选煤厂工艺流程如下：

（1）原煤准备。来自矿井的毛煤先通过 50mm 的筛子进行一次筛分，筛上物通过手选皮带去除大块矸石和杂物后进行破碎作业。筛下物和破碎后的原煤再经皮带机送至二次筛进行筛分，筛分粒度为 13mm，13mm 以上进入选煤厂原料仓。

（2）重介分选系统。原煤通过 6mm 分级筛分级，6mm 以下作为产品，6~50mm 粒度原煤进入无压三产品旋流器进行洗选，精煤和中煤合在一起经脱介筛和精煤离心机脱水后成为洗精煤，矸石脱水后排出。

（3）煤泥水系统。煤泥水经过磁选后介质回收，利用尾矿泵打到分级浓缩旋流器处理后，底流到振动弧形筛、粗煤泥离心机脱水后成为粗煤泥产品，细煤泥进浓缩池进行浓缩回收，由加压过滤机处理后也成为产品煤，滤液水又回到浓缩池，浓缩池溢流成为循环水供生产使用，洗水闭路循环。

（4）矸石处理。矸石由附近的砖厂作为原料使用。

洗选产品中有末原煤、块精煤、粗煤泥、细煤泥。产品属于低灰低硫高发热量的优质动力煤，广泛用于电力建筑等行业。

65.5　矿产资源综合利用情况

六矿共伴生矿产品位较低，不具有开发利用价值。

六矿是瓦斯突出矿井，各煤层沼气浓度和含量有随煤层埋深的增加而增加的趋势，而在平面分布上煤层沼气含量相差甚微规律性不明显，仅有少数几个孤立点受断层、煤岩层产状、煤层顶底板岩性等因素的影响，沼气含量较高一些。利用价值不大，未利用。

该矿的废水分矿井水和矿区生活废水。矿井涌水主要污染因子为 pH 值、SS、COD 及微生物等。六矿矿井水 pH 值为 7~8，矿井水 SS 为 30~50mg/L，SS 主要是煤灰，无毒害成分。COD 主要是矿井工人在生产中所产生的，六矿矿井水 COD 为 10.0～15.2mg/L。矿井废水二水平日均产生量为 1500t，一水平日均产生量 200t，全部进入该矿设计日处理能力为 10000t（实际处理量 3000t 左右）的污水处理厂处理后返回井下复用。六矿矿井水处理厂建于 2005 年，投资 864 万元，2006 年底投入使用，矿井水从井底水仓经副井提升至水厂，经过混凝反应、斜管沉淀、过滤消毒处理后，达到国家《生活饮用水卫生标准》，全部用于井下生产和井下制冰使用。

该矿矿区生活废水每天约产生 1584t，生活污水主要为浴室排水、食堂排水和办公楼排水。主要污染因子为 SS、COD、BOD$_5$ 和氨氮等。该矿先后投资 600 多万元，分两期建设了污水处理复用工程，加大污水截留复用设施的建设，先后修筑两座拦水坝，9 座总容量 3.5 万立方米的坑塘，安装两台大功率水泵，铺设了 800m 管道，将污水抽入 200m 高的坑塘。通过沉淀及生物氧化一系列净化处理，将处理后的水综合用于荒山的绿化、种植等。2014 年又投入 200 多万元建立格栅+调节沉淀池+A/O 工艺+沉淀池+过滤+消毒池的处理工艺，经净化后的水全部回用于绿化和煤场降尘，不外排。

矸石山是矿井生产系统的组成部分，同时又是煤矿特征固体废弃物污染源。矸石每年产量 20 多万吨，目前对矸石的处理分两步：一是矸石制砖，一是矸石清运。产生的新矸用于制砖，老矸石则被清运至水泥厂或塌陷区道路回填用。现有的在用矸石山还剩 1/6 就彻底清运完，实现了矸石变废为宝。取得了较大的经济和环境效益。

65.6　技术改进及设备升级

采用了先进装备，从技术上最大限度地减少煤炭损失，具体做法如下：

（1）对综采工作面实行全方位的无线电坑透或槽波地震摸清地质构造存在范围，对工作面进行合理设计回采。

（2）大力推广沿空送巷，减少煤柱损失。六矿工作面全部采用了沿空送巷。

（3）引进高性能、大采高、大功率的综采设备，使煤层一次性地采全高，减少设备、采高、煤厚不一致性而造成的煤炭损失。

（4）对于地质构造复杂区域，采用放顶煤单放工作面布置，提高煤炭回采率，同时鉴于煤层分层问题，该矿引进了轻型综采支架。减少浮煤丢失。

（5）加强地质预测、预报工作，对不放心的地点，技术人员现场把关。采面改造严格遵循：能过不缩采，能缩采不跳采的资源回收办法，提高回采率。

（6）积极努力协调与周围矿井之间的关系，合理利用便捷资源，进行最大限度的资源回收，确保井田边界煤柱的合理留设。

（7）强力推广轻型综采支架，大力开发戊组煤，协调丁戊组煤的回采比例，使矿产资源得到合理的开发和应用。

（8）严格按设计规范进行设计是对资源进行合理开发利用的前提，按设计施工是保证合理开发利用的关键，主要工作面的设计提前考虑了煤柱等对资源回收的影响，在很大程度上决定了资源回收率；根据工作面条件确定支架型号，对工作面回采过程中进行全过程监督管理能有效促进资源回收，提高资源回收率。

66　天安煤矿八矿

66.1　矿山基本情况

天安煤矿八矿于 1966 年 12 月破土动工，1981 年投产，2008 年核定生产能力 360 万吨。矿山开发利用简表见表 66-1。

表 66-1　天安煤矿八矿开发利用简表

基本情况	矿山名称	天安煤矿八矿	地理位置	河南省平顶山市
地质资源	开采煤种	肥煤、1/3 焦煤、焦煤	累计查明资源储量/万吨	37428.8
	主要可采煤层	二$_1$、二$_2$、四$_2$、五$_2$		
开采情况	矿山规模/万吨·a^{-1}	360	开采方式	地下开采
	开拓方式	立井水平岩石集中大巷开拓	采煤工艺	走向长壁后退式采煤
	原煤产量/万吨	233.7	开采回采率/%	80.1
	煤矸石产生量/万吨	35		
选煤情况	选煤厂规模/万吨·a^{-1}	90	原煤入选率/%	100
	主要选煤方法	块煤跳汰分选		
综合利用情况	瓦斯利用率/%	100	瓦斯利用方式	发电
	矿井水利用率/%	100	矿井水利用方式	选煤、矿井生产、生活用水
	煤矸石利用率/%	100	煤矸石利用方式	烧制多孔砖、空心砖等

天安煤矿八矿矿区面积 41.42km^2，位于平顶山市的东部，距市区 11km。矿用铁路与矿区相连，东至京广线，西至焦枝线，交通便利。

66.2　地质资源

天安煤矿八矿地层区划属华北地层大区、晋冀鲁豫地层区、汝阳—确山地层小区。

天安煤矿八矿位于李口向斜西南翼，总体为一走向北西的、南缓北陡的单斜构造，次级褶曲有郭庄背斜及井田南侧的小型向斜。地层走向中西部 290°～295°，东部 300°～320°，地层倾角最大 22°，最小 8°。主要含煤地层为二叠系下统山西组、下石盒子组，二叠系上统上石盒子组。煤系和煤层沉积稳定，为华北型海陆交互相含煤建造。煤系基底为寒武系固山组，煤系上覆地层为新近系和第四系松散沉积物。

　　井田含煤地层为石炭、二叠系含煤岩系；其中含可采煤层四层，即二$_1$、二$_2$、四$_2$、五$_2$煤层，平均总厚度11.60m，煤层倾角8°~22°。其他煤层均不可采或偶尔可采。各煤层特征见表66-2。

表66-2　天安煤矿八矿各可采煤层特征表

煤层名称	煤层							夹矸	
	全矿井厚度/m	可采区平均厚度/m（点数）	稳定程度			结构	间距/m	层数（点）	两极厚度（m）及岩性
	最小~最大平均（点数）		可采系数/%	厚度变异系数/%	稳定性		最小~最大平均		
二$_1$	0.34~6.19 1.71（159）	1.76（153）	96	38	较稳定	较简单	0~23.27 7.05	1~2（32）	0.10~0.70 炭质泥岩 泥岩
二$_2$	0.65~11.30 3.49（150）	3.52（148）	99	33	较稳定	简单	147.43~255.92 177.86	0~1（5）	0.20~0.50 炭质泥岩
四$_2$	0.50~11.39 3.66（98）	3.79（94）	96	49	较稳定	较简单		1~2（31）	0.03~0.74 泥岩 炭质泥岩
五$_2$	0.31~3.84 1.75（79）	1.88（71）	90	26	较稳定	较简单	74.64~157.98 98.32	1~2（23）	0.16~0.64 泥岩 炭质泥岩 铝质泥岩 砂质泥岩

　　天安八矿各可采煤层均属大部可采、较稳定煤层，煤层稳定程度为较稳定。

　　截至2014年10月，天安八矿已累计动用资源储量8794.6万吨，累计采出量6041.7万吨，累计损失资源量2763.4万吨，累计查明资源储量37428.8万吨，矿井剩余地质储量37197.1万吨，剩余可采储量为18552.2万吨。其中五$_2$煤剩余地质储量3374.4万吨，可采储量1638.2万吨。四$_2$煤剩余地质储量11136.3万吨，可采储量5394.1万吨。二$_2$煤剩余地质储量13827.8万吨，剩余可采储量6930.5万吨。二$_1$煤剩余地质储量8858.6万吨，剩余可采储量4589.4万吨。

66.3　开采基本情况

66.3.1　矿山开拓方式及采矿工艺

　　该矿以立井水平岩石集中大巷开拓全井田，采取分水平开拓，采区以中央立井为中心，采用东西翼布置，采面采用单一走向长壁后退式采煤法，全部垮落法管理顶板，综合机械化采煤工艺。为了提高资源回收率，采面优化设计，新规划布置的采区、采面均采用大采长，先进技术、工艺和设备，根据各煤层厚度不同合理匹配综采机械设备对采面开采，最大限度地减少资源浪费和损失。

66.3.2　矿山主要生产指标

2008 年以来，核定生产能力 360 万吨，一水平标高 -430m，二水平设计标高 -693m。目前开采活动主要集中在一水平，一水平共有生产采区 17 个，其中 7 个采区开采已接近尾声。二水平规划布置了九个采区，除了戊一采区正在生产，其余采区正在规划布置中。2014 年，开采四层煤五个采区，分别为二$_1$煤层己四采区、五$_2$煤层丁四采区、二$_2$煤层己三扩大、己三采区、四$_2$煤层戊一采区，各采区煤厚均为中厚煤层，煤层基本稳定，构造中等，煤层倾角 2°~19°。采区设计回采率为 80%，采面设计回采率为 95%。

2009 年全矿采动丁一、二水平己二上山、戊二下延、己二、戊四、己三扩大、己四、戊一 7 个采区，11 个工作面。2009 年共采出煤量 251.7 万吨，采区损失煤量 66.8 万吨，永久煤柱摊销 35.4 万吨，矿井共动用资源量 363.9 万吨，上报地质损失 10 万吨，采区回采率 79.0%，矿井回采率 69.2%。

2010 年全矿采动丁一、二水平己二上山、戊二下延、己二、己三、戊四、己三扩大、己四、戊一 9 个采区，12 个工作面。2010 年矿井共动用资源量 324.2 万吨，其中采区出煤量 241.3 万吨；采区损失量 57.8 万吨；永久煤柱摊销 25.1 万吨。采区回采率 80.7%，矿井回采率 74.4%。

2011 年全矿采动丁一、戊二下延、戊四、己三扩大、己四 5 个采区，8 个工作面。2011 年矿井共动用资源量 302.1 万吨，其中采区出煤量 233.2 万吨；采区损失量 60.1 万吨；永久煤柱摊销 3.7 万吨，上报地质损失 5.1 万吨。采区回采率 79.5%，矿井回采率 77.2%。

2012 年全矿采动丁一、己四下延、戊二下延、一水平戊四、己三、丁四 6 个采区，7 个工作面。2012 年矿井共动用资源量 297.5 万吨，其中采区出煤量 234.9 万吨；采区损失量 51.4 万吨；永久煤柱摊销 11.2 万吨。采区回采率 82.0%，矿井回采率 79%。

2013 年全矿采动二水平戊一、一水平戊四、戊二下延、己三、己三扩大、丁四 6 个采区，9 个工作面。2013 年矿井共动用资源量 293.8 万吨，其中采区出煤量 233.7 万吨；采区损失量 58.1 万吨；永久煤柱摊销 2.0 万吨。采区回采率 80.1%，矿井回采率 79.5%。

2014 年 1~10 月份采动二水平戊一、己三、己三扩大、己四、丁四 5 个采区，7 个工作面。矿井动用储量 231.7 万吨，采出煤量 190.1 万吨，采区损失煤量 41.5 万吨，采区回采率为 82.1%。历年动用情况见表 66-3。

表 66-3　2009~2013 年储量动用及回采率一览表

年度	工作面回采率/%	年度采出量/万吨	全矿井损失量/万吨	采区损失量/万吨	累计动用量/万吨	累计查明量/万吨	采区回采率/%	矿井回采率/%
2009	96.4	251.7	112.2	66.8	7345.3	37312.1	79.0	69.2
2010	97.4	241.3	82.9	57.8	7669.5	37255.6	80.7	74.4
2011	96.8	233.2	68.9	60.1	7971.6	37367.4	79.5	77.2
2012	96.9	234.9	62.6	51.4	8269.1	37319.6	82.0	79
2013	98.8	233.7	60.1	58.1	8562.9	37320	80.1	79.5

66.4 选煤情况

该矿历年产出煤炭均 100%进行洗选，一部分煤炭送至自建的选煤厂，另一部分由集团公司统一调配至集团公司八矿选煤厂或田庄选煤厂进行洗选。

该矿动力煤洗煤厂于 2006 年 5 月开始筹建，2007 年 7 月 1 日试生产，主洗八矿丁组煤，设计入选能力为 90 万吨/a。主要选煤工艺为：80mm 以上块煤和 6mm 以下末煤不分选，80~6mm 级块煤跳汰分选工艺。

主井来煤经 80mm 分级，+80mm 块煤手选破碎至 80mm 以下为原煤产品。-80mm 原煤经原煤仓后进入主厂房进行 6mm 分级，-6mm 末煤直接作为精煤产品，80~6mm 级块煤通过跳汰机进行分选，分选出精煤。矸石经斗式脱水提升机脱水后到矸石山，跳汰机的溢流进入上层为 $\phi 25mm$，下层为 $\phi 0.75mm$ 的双层脱水分级筛，+25mm 的块精煤与脱水后的 -25mm 末精煤混合一起为精煤产品。

脱水分级筛筛下水进入浓缩旋流器，旋流器底流经高频筛进一步脱水掺入精煤产品。旋流器溢流、高频筛筛下水进入浓缩机浓缩。浓缩机溢流作循环水重复使用，浓缩机底流用压滤机回收细煤泥，压滤机滤液作循环水重复使用，全厂实现煤泥水系统闭路循环。矸石被用于塌陷区的复垦、修路，也可用于砖厂作材料。

动力煤洗煤厂平均每年可入选原煤量 130 万吨，原煤入选率 100%，精煤平均产率 69.4%。2014 年 1~10 月入选原煤量 106 万吨，原煤入选率 100%，精煤 68 万吨，产率 64.2%。所洗选的产品经集团公司统一调配外运，先进的洗选工艺可以根据市场需求和原煤性质灵活调整工艺技术参数和产品结构，适应不同用户的需要。

66.5 矿产资源综合利用情况

该矿无共伴生矿产。

八矿投入了资金建立废碴、废气、废水治理设施，投入资金建立厂房，购买先进技术设备进行综合治理，矿产综合利用率达到 100%。

（1）瓦斯。该矿为高瓦斯矿井，大量的井下瓦斯赋存制约了煤炭开采。为了合理利用瓦斯，保障矿山安全开采，减少废气排放对空气的污染，该矿在地面建立了一座瓦斯发电厂，利用井下开采过程中抽放的瓦斯进行发电，每年大致可发电 400 万度，既可用于矿山生产自用，同时向外输出，增加矿山经济收益。废气利用率达 100%。

（2）矿井水循环再利用。该矿利用自建污水处理厂，对井下排出的水进行处理，处理后的矿井水大部分送至八矿洗煤厂循环利用；小部分复用于矿井生产、生活，水质均达到规定标准。每年可节约资金上千万元，减少环境污染，创造了可观的社会和经济效益。

（3）煤矸石综合利用。该矿每年的煤炭开采，大致产出煤矸石 35 万吨，煤矸石的大量存在对矿区和周边环境造成了严重的影响，为了充分利用本地煤矸石资源，扩大经营范围，发展非煤业，该矿自筹资金建立了矸石砖厂，根据煤矸石本身的特点，用其烧制多孔砖、空心砖。每年可大致处理矸石 15 万吨。剩余的矸石一部分输送至相邻的十矿砖厂利用，一部分作为土地复垦，填窑，铺路垫坑等材料使用，老的尾矿堆积场上进行植树造林，作为园林景观，美化环境，同时，在矸石山上建立洒水降尘设施，提高了矿内空气质量。矸石利用率达到100%。

（4）砖厂余热利用。烧砖过程中产生大量的余热，既污染环境又浪费了资源，为了更好的节能减排，2014年该矿投入了约900万元的资金在砖厂建立了余热发电厂，购买了次中压自然循环蒸汽余热锅炉，利用砖厂余热发电，即可满足砖厂生产自用，也可并入国家电网向外输出，为矿山创造效益。

66.6　技术改进及设备升级

随着该矿的开采深度的延深，煤炭资源逐年减少，开采难度相对加大，矿井资源接替非常紧张，因此该矿非常重视对煤炭资源的保护，采取各种办法，优化设计，合理开采机器设备配型。

（1）二水平戊一、己一采区，集中开拓，联合布置，实现合理集中生产，采区上下山在平面上重合布置，减少采区上下山煤柱损失。

（2）推广小煤柱开采（风巷与上一采面机巷煤柱 3~5m），减少区段煤柱损失。

（3）二$_1$采面跨二$_2$采面区段煤柱回采，减少煤柱损失。

（4）该矿己三采区上部南邻煤层风化带露头，以北是落差40m的张湾断层，西部是己三老采空区，呆滞煤量大致100万吨。为了充分开采这部分煤炭资源，该矿近两年通过各种技术论证，合理地圈定形成了二$_2$-13030、二$_2$-13010采面，并采用采面外段风机巷沿煤层采空区底板岩层掘进，里段风机巷上坡找煤的先进开采方法，多采出煤炭资源储量约80万吨。

67　天安煤矿十矿

67.1　矿山基本情况

　　天安煤矿十矿始建于 1958 年 8 月，设计年生产能力 120 万吨。矿井于 1971 年达到设计生产能力，1982 年开始进行改扩建，1986 年改扩建完成，核定年生产能力 180 万吨。1993 年 6 月，矿井进行了二次技术改造，2011 年核定生产能力为 330 万吨/a。矿山开发利用简表见表 67-1。

表 67-1　天安煤矿十矿开发利用简表

基本情况	矿山名称	天安煤矿十矿	地理位置	河南省平顶山市
地质资源	开采煤种	肥煤、焦煤、1/3焦煤	累计查明资源储量/万吨	23664.3
	主要可采煤层	五$_2$、四$_3$、四$_2$、四$_1$、二、二$_1$、一$_4$		
开采情况	矿山规模/万吨·a^{-1}	330	开采方式	地下开采
	采煤工艺	走向长壁后退式综合机械化采煤，全部垮落法管理顶板		
	原煤产量/万吨	197.5	采区回采率/%	82.3
	瓦斯抽放量/m^3	2605	煤矸石年产生量/万吨	28
综合利用情况	瓦斯利用率/%	42.92	瓦斯利用方式	瓦斯发电和矿区食堂
	废水利用率/%	100	废水利用方式	井下洒水降尘及地面洗煤

　　该矿井田东西长约 4.5km，南北宽约 4.8km，面积约 20.6158km^2。井田位于河南省平顶山市东部，距市区 6km。矿用铁路与矿区相连，东至京广线，西至焦枝线，交通便利。

67.2　地质资源

　　区内含煤地层太原组、山西组、下石盒子组和上石盒子组，总厚 900m 左右，含煤 44 层，煤层总厚 30.72~42.21m，分七个煤组，即甲、乙、丙、丁、戊、己、庚煤组，其中甲、乙、丙煤组不可采，可采煤层是下石盒子组的丁、戊煤组，山西组的己煤组和太原组的庚煤组。可采煤层为丁$_5$、丁$_6$、戊$_8$、戊$_9$、戊$_{10}$、戊$_{11}$、己$_{15}$、己$_{16}$、己$_{17}$ 等 9 层。根据《河南省晚古生代聚煤规律》对全省各煤层统一编号，将原丁组、戊组、己组和庚组煤段改为五、四、二、一煤段，估算资源储量的丁$_{5~6}$、戊$_8$、戊$_{9~10}$、戊$_{11}$、己$_{15}$、己$_{16~17}$、庚$_{20}$煤层编号相应改为五$_2$、四$_3$、四$_2$、四$_1$、二$_2$、二$_1$、一$_4$煤层，其中五$_2$、四$_2$、二$_1$ 煤层常分又为五$_2^2$、五$_2^1$、四$_2^2$、四$_2^1$、二$_1^2$、二$_1^1$煤层。煤层对比通过岩性特征、煤层特征、煤组特征、煤层间距和测井曲线等综合对比方法，各主要可采煤层对比是可靠的。表 67-2 为井田煤层发育情况一览表。

表 67-2　井田煤层发育情况一览表

| 煤层编号 | | 钻孔见煤点 | | | 两极厚度/m | 煤层结构 | 稳定程度 | 可采程度 | 间距/m |
本次	以前	穿过	见煤	其中可采	平均厚度/m				
五$_2$	丁$_{5\sim6}$	91	91	87	$\dfrac{0.47\sim5.00}{2.19}$	简单结构	较稳定	基本全区可采	
五$_1$	丁$_7$				$\dfrac{0\sim1.89}{1.10}$	简单结构	不稳定	局部可采	90
四$_3$	戊$_8$	120	87	72	$\dfrac{0.20\sim3.23}{1.02}$	简单结构	不稳定	局部可采	
四$_2$	戊$_{9\sim10}$	124	124	124	$\dfrac{0.79\sim9.42}{4.23}$	中等结构	较稳定	全区可采	
四$_1$	戊$_{11}$	116	81	64	$\dfrac{0.20\sim3.03}{1.31}$	简单结构	不稳定	局部可采	170
二$_2$	己$_{15}$	26	26	26	$\dfrac{1.27\sim3.52}{2.11}$	简单结构	较稳定	全区可采	
二$_1$	己$_{16\sim17}$	36	36	36	$\dfrac{0.83\sim6.70}{3.44}$	简单结构	较稳定	全区可采	10
一$_4$	庚$_{20}$	22	22	19	$\dfrac{0.44\sim1.88}{0.97}$	简单结构	较稳定	大部可采	57

　　该区水文地质条件简单，开采丁、戊煤组煤时，主要是下石盒子组砂岩裂隙弱含水层为直接充水层，开采己煤组煤时，除顶板砂岩裂隙水外，还有底板 L$_2$ 灰岩的岩溶裂隙水的直接充水。实际矿井每日排水量 2590m^3，其中有 1500m^3 水是供水系统渗入水，矿井地下水涌入量只有 1000m^3/d。预计十矿正常涌水量为 150m^3/h，最大涌水量 270m^3/h。水害主要来自老窑采空区积水和断层水。

　　工程地质条件较简单-中等，多数顶底板完整，坚硬，比较容易支护，较容易管理。

　　煤矿为煤与瓦斯突出矿井，煤尘有爆炸性危险，煤有自燃发火倾向，井下有高温异常，存在一、二级热害。

　　五煤组为中灰、特低硫、特低磷、中高热值的肥煤和 1/3 焦煤。四煤组为中灰、特低硫、特低磷、中高热值的肥煤和 1/3 焦煤。二煤组为低中灰、低硫、特低磷、高热值肥煤、1/3 焦煤和焦煤。一煤组为低中灰、特高硫、特低磷、中高热值的肥煤。

截至 2013 年底保有储量为 10682.3 万吨，地质储量为 10281.9 万吨，其中储量
（111）＋（122）为 6252.5 万吨。基础储量（111b）＋（122b）8018.8 万吨，其中
（111b）6189.3 万吨，（122b）1829.5 万吨。资源量（331）2263.1 万吨。

67.3　开采基本情况

67.3.1　矿山开拓方式及采矿工艺

20 世纪 70 年代以前落煤方式以炮采为主，普采为辅，工作面走向短、倾斜窄，厚煤
层分层采；70 年代末引进综合机械化放顶煤（综采）。

矿井开采煤层为五$_2$、四$_3$、四$_2$、四$_1$、二、二$_1$ 煤层。过去开采因支护条件限制，最
低采高 0.8m，最大采高 2.4m，不能充分发挥对厚煤层的开采能力，进行分层开采增加掘
进工程量，一次采全高又浪费资源。已结束的丁$_1$、丁$_2$、丁$_4$、戊$_1$、戊$_2$、戊$_3$ 采区多数，
五$_2$、四$_3$、四$_2$ 煤层都存在这些问题。丁$_3$ 采区由于五$_2^2$、五$_2^1$ 分叉，煤层生产能力较合层
后降低，目前综采要求采高 1.8～3.8m，倾角不超 25°，夹矸小于 0.3m，在己$_2$、北翼中
区、北翼东区、己$_4$ 采区以及未开拓采区长走向的北翼采区和丁组西区，均能充分发挥综
采的最大效益。

矿井共有七个井筒，其中四个进风井。分别为：副井、北翼进风井、主斜井、乘人斜
井；三个回风井，分别为丁$_3$ 回风井、三水平回风井、己$_4$ 回风井。矿井通风方式为分区
抽出式，其中丁$_3$ 回风井服务于一水平；三水平回风井服务于北翼戊组东区和北翼戊组中
区；己$_4$ 回风井服务于己$_4$ 采区和己$_2$ 采区。矿井总进风量 23481m^3/min，有效风量
21590m^3/min，有效风量率 88%，矿井等积孔 9.8m^2。矿井开拓方式为一斜井、一对主副
竖井分水平开拓；采区上、下山单翼或双翼布置，分区抽出式通风，石门联络开采五、
四、二煤段煤层。目前采煤方法采用走向长壁后退式综合机械化采煤，全部垮落法管理顶
板。矿井现有两个生产水平，包括 -140m（简称一水平）和 -320m（简称二水平）水平。
一水平只有戊$_7$ 采区，处于收尾阶段；二水平有己$_2$ 采区、己$_4$ 采区、北翼中区、北翼东区
四个生产采区。

67.3.2　矿山主要生产指标

十矿主要产品为电煤、炼焦用煤，其煤种为肥煤、焦煤、1/3 焦煤。截至 2013 年底矿
井累计采出矿石量为 8135.0 万吨。2009 年以前累计采出矿石量为 7150.2 万吨，2009 年至
2013 年矿井采出矿石量分别为 185.0 万吨、195.6 万吨、224.9 万吨、181.8 万吨、197.5
万吨。

十矿近几年核定回采率指标完成趋势平稳，近几年来（2009～2013 年）采区回采率完
成分别为 80.4%、80.3%、80.8%、81.5%、82.3%，详见表 67-3。

近几年具体采损情况：2009 年采区动用煤量 230 万吨，采出煤量为 185 万吨，损失煤
量 45 万吨，其中其他损失为 32.1 万吨。矿井动用煤量 232 万吨，采出煤量 185 万吨，损
失煤量 47 万吨，累计动用煤量 11987.6 万吨。年度储量重算增减 26.6 万吨。2010 年采区
动用煤量 243.5 万吨，采出煤量为 195.6 万吨，损失煤量 47.9 万吨，其中其他损失为

表 67-3　近几年回采率核定与实际完成情况表　　　　　　　　（%）

年份	核定	完成
2009	78	80.4
2010	78.5	80.3
2011	79	80.8
2012	79.3	81.5
2013	79.5	82.3

37.3 万吨。矿井动用煤量 246.3 万吨，采出煤量 195.6 万吨，损失煤量 50.9 万吨，累计动用煤量 12234.1 万吨。年度储量重算增减 28.4 万吨。2011 年采区动用煤量 278.5 万吨，采出煤量为 224.9 万吨，损失煤量 53.6 万吨，其中其他损失为 41 万吨。矿井动用煤量 281.8 万吨，采出煤量 224.9 万吨，损失煤量 56.9 万吨，累计动用煤量 12515.9 万吨。年度储量重算增减 121.4 万吨。2012 年采区动用煤量 223 万吨，采出煤量为 181.8 万吨，损失煤量 41.2 万吨，其中其他损失为 30.1 万吨。矿井动用煤量 224.7 万吨，采出煤量 181.8 万吨，损失煤量 42.9 万吨，累计动用煤量 12740.6 万吨。年度储量重算增减 18.9 万吨。2013 年采区动用煤量 239.8 万吨，采出煤量为 197.5 万吨，损失煤量 42.3 万吨，其中其他损失为 26.4 万吨。矿井动用煤量 241.4 万吨，采出煤量 197.5 万吨，损失煤量 43.9 万吨，累计动用煤量 12982 万吨。年度储量重算增减 19.1 万吨。具体采损情况见表67-4。

表 67-4　天安煤矿 2009~2013 年储量动用及回采率一览表

年份	工作面回采率/%	年度采出量/万吨	全矿井损失量/万吨	采区损失量/万吨	累计动用量/万吨	累计查明量/万吨	采区回采率/%	矿井回采率/%
2009	96.4	185	47	45	11987.6	23533.3	80.4	79.7
2010	97.8	195.6	50.9	47.9	12234.1	23504.9	80.3	79.35
2011	97.8	224.9	56.9	53.6	12515.9	23626.3	80.8	79.8
2012	97	181.8	42.9	41.2	12740.6	23645.2	81.5	80.9
2013	95.2	197.5	43.9	42.3	12982	23664.3	82.3	81.8

67.4　矿产资源综合利用情况

（1）瓦斯。随着矿井开采深度的增加及开发强度的加大，矿井瓦斯涌出量逐渐增高，1982 年矿井瓦斯相对涌出量大于 $10m^3/(t \cdot d)$，当年确定为高瓦斯矿井，1988 年四$_2$煤层第一次发生煤与瓦斯突出事故，1991 年经煤炭科学院重庆分院鉴定，十矿为煤与瓦斯突出矿井。至 2013 年矿井实测瓦斯绝对涌出量为 $102.16m^3/min$，相对涌出量为 $22.80m^3/(t \cdot d)$，瓦斯抽放量为 $2605m^3$，主要用于瓦斯发电和矿区食堂，年利用量 $1118m^3$。

（2）矿尾水循环再利用。矿南门矿井水处理厂于 1989 年建成投入使用，设计处理能力为 $3000m^3/d$。北翼工区矿尾水处理厂于 2008 年建成并投入使用，设计处理能力为 $6000m^3/d$。处理后的水质经平煤神马集团环境监测站监测：pH 值为 7.66，SS < 4mg/L，

COD < 10mg/L，完全符合矿井工业用水要求。

矿尾水经处理后，全部复用于矿井井下洒水降尘及地面洗煤车间、矸石山洒水降尘等，实现了矿尾水零排放。

（3）煤矸石综合利用。十矿年产生煤矸石量约 28 万吨左右，为了更好地体现资源的综合利用，变废为宝，实现资源利用效益最大化，十矿对矸石进行了综合利用。首先对矸石进行分类，对于泥岩、炭质泥岩等低发热量的煤矸石全部供矸石砖厂进行制砖，其余用于矿井铁路专用线、部分村庄新址、塌陷区道路回填，充分体现了对煤炭资源"吃干榨净"的发展理念，取得了较大的经济和环境效益。

67.5　技术改进及设备升级

（1）优化采区边界，减少煤柱损失。由于十矿井下地质条件复杂，断层及露头保护煤柱分布较广，在进行采区划分时，设计人员充分考虑煤柱损失，尽可能的将采区边界与已有的保护煤柱重合，减少煤柱所占采区储量比重。

（2）推广小煤柱沿空掘巷，减少煤柱损失。十矿回采工作面多为预留煤柱进行沿空掘巷，通过分析研究矿压显现规律、巷道支护强度等相关参数，结合十矿的实际情况，将两巷煤柱由原设计时的 8m 缩短为 5m，有效提高了工作面煤柱回收率。

（3）增加工作面几何面积，提高采区回收率。在采区储量计算中各类煤柱所占比重较大，在采区各类煤柱保持不变的情况下，合理加大工作面的几何尺寸便能使煤柱所占储量比重降低，有效提高采区回收率。因此十矿在条件适宜的情况下广泛布置大综采工作面。例如在己₄采区设计中，长度达到 1579m，工作面倾向长度达 215m，相应减少了工作面煤柱损失。同时因工作面面积增加，工作面个数的减少，有效降低了综采工作面在回撤期间的资源浪费。

68　天安煤矿十一矿

68.1　矿山基本情况

天安煤矿十一矿始建于 1972 年，1979 年投产。自 1995 年先后进行两次改扩建，现设计生产能力为 300 万吨/a。矿山开发利用简表见表 68-1。

表 68-1　天安煤矿十一矿开发利用简表

基本情况	矿山名称	天安煤矿十一矿	地理位置	河南省平顶山市
	矿山特征	第三批国家级绿色矿山试点单位		
地质资源	开采煤种	1/3 焦煤	地质储量/万吨	20668.9
	主要可采煤层	五$_2$、四$_2$、二$_2$、二$_1$		
开采情况	矿山规模/万吨·a^{-1}	300	开采方式	地下开采
	开拓方式	立斜井多水平上、下山开拓	采煤工艺	走向长壁全垮落法
	原煤产量/万吨	195.5	开采回采率/%	80.5
选煤情况	选煤厂规模/万吨·a^{-1}	300	原煤入选率/%	100
	主要选煤方法	大块煤动筛跳汰分选，小块煤有压给料两产品重介旋流器分选，粗煤泥回收联合		
综合利用情况	煤矸石利用率/%	100	废水利用率/%	100
	煤矸石处置方式	制砖和铺路	废水利用方式	生产用水

天安煤矿十一矿矿区东西长约 5.88km，南北宽约 2.84km，面积约 16.68km^2，矿区位于平顶山市中心以北 5km 处，南临平顶山市新城区。

68.2　地质资源

十一矿主采煤种为 1/3 焦煤。截至 2013 年底，矿井保有储量 15505.9 万吨，可采储量 9701 万吨。可采煤层共 4 层，其中五$_2$、四$_2$、二$_1$ 煤层全区发育，普遍可采，二$_2$ 煤层为局部可采。

根据三维地震勘探及采掘活动实际揭露地质情况，井田范围内断层构造发育，多以高角度的正断层为主，对采区布置及工作面回采造成一定影响。矿井煤层情况一览表见表 68-2。

表 68-2 矿井煤层情况一览表

煤组号	煤层号	煤分层数	煤厚/m 最小~最大 平均	间距/m 最小~最大 平均	夹矸层数	可采情况	含煤系数	稳定程度
五煤组	五₂²	1~2	$\dfrac{0.27 \sim 3.50}{1.60}$	$\dfrac{18.5 \sim 37.9}{28.19}$	0~1	可采	7.3%	稳定
				$\dfrac{0.1 \sim 10.1}{2.76}$				
	五₂¹	1~2	$\dfrac{0.1 \sim 10.05}{2.76}$	$\dfrac{24.3 \sim 30.7}{27.5}$	0~1	可采		稳定
四煤组	四₂	1~2	$\dfrac{0.51 \sim 5.60}{2.36}$	$\dfrac{39.1 \sim 90.3}{64.7}$	0~1	可采	2.9%	稳定
				$\dfrac{4.6 \sim 24.0}{14.3}$				
二煤组	二₂	1~2	$\dfrac{0 \sim 4.37}{1.10}$	$\dfrac{56.4 \sim 76.3}{66.3}$	0~1	局部可采	7.9%	较稳定
				$\dfrac{8.2 \sim 22.6}{15.4}$				
	二₁	1~2	$\dfrac{0.27 \sim 20.54}{6.42}$	$\dfrac{0 \sim 11.7}{5.9}$	0~1	可采		稳定
				$\dfrac{6.9 \sim 29.5}{18.2}$				

68.3 矿山开采基本情况

68.3.1 矿山开拓方式及采矿工艺

矿井开拓方式为立斜井多水平上、下山开拓,两个水平开拓全矿井。-450m 标高以上为一水平,运输大巷标高为-180m;-450~-800m 为二水平,运输大巷标高为-593m。布置主井、副井、北风井、东风井、西进风井和西回风井共六个井筒。开采方式为上、下山开采,采矿方法为走向长壁全垮落法,全矿综采、综掘机械化程度均达 100%。

68.3.2 矿山主要生产指标

截至 2013 年底矿井累计采出 4612.08 万吨,累计查明资源储量 20668.9 万吨,剩余保有资源储量 15505.1 万吨,可采储量 9701.0 万吨。具体数据见表 68-3。

年度	工作面回采率/%	年度采出量/万吨	采区损失量/万吨	矿井损失量/万吨	累计动用量/万吨	累计查明量/万吨	采区回采率/%	矿井回采率/%
2009	95.4	249.4	67.1	62.1	322.1	20606.3	80.1	79.2
2010	96.3	202.4	54.9	49.3	257.3	20612.1	80.4	79.4
2011	95.5	230.5	84.9	56.5	315.4	20579.0	80.3	73.9
2012	96.5	196.4	61.4	48.5	257.8	20624.0	80.2	79.3
2013	95.4	195.5	47.4	47.4	242.9	20668.9	80.5	80.5

68.4　选煤情况

十一矿选煤厂是一座矿井型动力煤选煤厂，于 2009 年顺利投产并达到设计能力 300 万吨/a。选煤工艺为 250~30mm 大块煤采用动筛跳汰分选，30~6mm 小块煤采用有压给料两产品重介旋流器分选+粗煤泥回收联合工艺。末煤不入选，产品为洗混煤，主要用于动力用煤。

选煤厂工艺流程如下：

（1）矿井原煤筛分。根据推荐的入选上限 250mm，矿井原煤在矿井原煤筛分车间以 250mm 分级，+250mm 破碎到-250mm 后与-250mm 级末煤混合由皮带运输机运至选煤厂主厂房洗选。

（2）选煤厂原煤一级筛分。根据确定的大块煤分选工艺，-250mm 的矿井来煤进入选煤厂主厂房后首先以 30mm 筛子分级。+30mm 级进入动筛跳汰机进行分选。

（3）动筛跳汰机分选及产品脱水。250~30mm 级大块煤进入动筛跳汰机分选，分选出洗精煤和洗矸石两种产品。洗精煤经过破碎机破碎到-50mm 后得到的产品作为洗混煤的一部分，输至洗混煤产品仓。洗矸石直接上仓，作为最终的矸石产品。动筛跳汰机的透筛物料由斗子提升机脱水后进入煤泥离心机脱水，产品进入选混煤仓混入选混煤产品。

（4）选煤厂原煤二级筛分。一级筛分后的-30mm 原煤以 6mm 分级筛分级。+6mm 的小块煤进入有压给料两产品重介旋流器洗选，-6mm 的末煤直接作为洗混煤产品的一部分。

（5）重介分选。+6mm 的煤进入有压给料两产品重介旋流器分选，分选出洗精煤和洗矸石两种产品。

（6）重介产品脱水脱介。洗精煤经过弧形筛预先脱介后，再经精煤脱介筛脱水、脱介，然后进入离心脱水机进一步脱水后，得到的产品作为洗混煤产品，输至混煤仓。洗矸石经过弧形筛预先脱介后，再经过矸石脱介筛脱水、脱介，得到重介矸石产品，输至矸石仓。

（7）重介系统介质的净化回收。精煤弧形筛下的合格介质经分流后，一部分与精煤、矸石脱介筛下合格介质以及矸石弧形筛下合格介质混合后进入合介桶循环使用；一部分与精煤、矸石脱介筛下稀介质混合进入稀介桶，稀介质由渣浆泵送入磁选机磁选，磁选后的精矿进入合格介质桶循环使用，磁选尾矿进入煤泥水系统。

（8）粗煤泥回收。脱泥筛筛下水与重介系统磁选尾矿煤泥水混合后通过分级旋流器分级，旋流器底流进入弧形筛预先脱水后进入煤泥离心脱水机脱水，得到的粗煤泥混入选混煤产品。

（9）煤泥的浓缩脱水。旋流器溢流和弧形筛筛下水以及煤泥离心机的离心液通过浓缩机浓缩处理，浓缩机底流进入压滤机脱水后，得到的煤泥产品混入选混煤产品。

洗选产品为洗混煤，主要用于电力行业。产品质量标准见表68-4。

表68-4　选煤产品质量

产品名称		数量				质量		
		产率	产量			灰分	水分	发热量
		%	t/h	t/d	Mt/a	%	%	MJ/kg
洗混煤	动筛精煤（−50mm）	12.96	58.91	942.55	0.31	32.56	15.00	20.24
	筛末煤（−6mm）	27.61	125.50	2008.00	0.66	38.07	8.00	18.40
	离心精煤	14.61	66.41	1062.55	0.35	20.19	8.00	24.39
	粗煤泥	12.43	56.50	904.00	0.30	35.34	10.00	19.31
	细煤泥	5.11	23.23	371.64	0.12	34.63	12.00	19.55
	小计	72.72	330.55	5288.73	1.75	32.79	9.95	20.17
洗矸石	动筛矸石（−250mm）	14.23	64.68	1034.91	0.34	85.14	18.00	2.63
	重介矸石（−30mm）	13.05	59.32	949.09	0.31	83.76	15.00	3.09
	小计	27.28	124.00	1984.00	0.65	84.48	16.56	2.85
原煤		100.00	454.55	7272.73	2.40	46.89	8.00	15.44

68.5　矿产资源综合利用情况

（1）瓦斯。矿区五$_2^1$、四$_2$、二$_1$煤自上而下甲烷成分由低变高，甲烷含量由小变大，从甲烷含量看，二$_1$煤是四$_2$煤的1.45倍，四$_2$煤是五$_2^1$煤的1.88倍。甲烷含量变化都存在着随着埋藏深度的增加而增大的趋势。利用价值不大，未利用。

（2）矿井水循环再利用。1979年十一矿建立了一套完整的矿井水处理系统，1980年正式投产使用，设计处理能力为5000m³/d，对排至地面的矿井水按照环保处理要求，矿井水经过沉淀池、旋涡反应池、斜管池、分水池、无阀滤池水质净化水，并进行加药、消毒等使水质达到生活饮用水标准，经水厂泵房输送至矿院二级泵房，一级泵房安装三台100DL100-20X3多级泵，每台泵流量100m³/h和三台150DL150-20X3多级泵，每台泵流量为150m³/h；二级泵房安装两台100GDL100-20X3立式多级泵，经过加压将矿井水全部供至洗煤厂、运销站、灌浆站及工业广场部分用水单位，实现了矿井废水的再利用，同时增加了矿井的资本收入，取得了明显的社会效益和经济效益，实现了零排放。

目前该矿正研究采用膜净化技术，使矿井水在井下进行净化并循环利用。

十一矿在防治水工作上坚持"预测预报、有疑必探、先探后掘、先治后采"的原则，采取查、探、堵、疏、排、截、防、躲的综合治理措施，对该矿的老空水、底板灰岩水进行探放和疏放，因此井下施工了若干疏水降压和探老空水钻孔，以降低底板承压水压力和预防突水事故发生。自 2008 年底实施灰岩水区域水害治理以来，矿区灰岩水疏放量达到 650m³/h，利用量 650m³/h，利用率 100%，总体利用情况较好，满足了矿区带压开采矿井自身及周边部分矿井、地面单位生产、生活用水的需要。

（3）煤矸石综合利用。十一矿矸石产量每年达到 40 多万吨。十一矿二次改扩建未设计矸石山，仅设矸石临时周转场。为了更好地体现资源的综合利用，变废为宝，实现资源利用效益最大化，新产生煤矸石全部当天由使用单位用汽车外运用于制砖和铺路，实现了零堆存，现有部分堆存矸石主要为二次改扩建基建期间所产生，目前已对其静态部分进行绿化治理，并安装喷淋设施，无环境污染，取得了较大的经济和环境效益。

68.6　技术改进及设备升级

（1）加强地质勘探，减少设计损失。十一矿地质构造复杂，断裂构造发育。矿井采区开采前均采取了矿井巷道探测、工作面无线电波坑透、二维地震勘探、三维地震勘探等物探技术，基本查明了落差 5.0m 以上的断层及其他地质构造的赋存状况，为采区设计提供了有力的依据，避免了盲目设计造成的资源浪费。

（2）优化设计，提高资源回收率。从设计入手，优化采区及工作面设计，采取沿空送巷、小煤柱、大采长等措施合理布置工作面，针对较厚的己组煤层采用分层开采技术，优化设备选型使支架和煤厚相匹配，有效减少了煤炭资源丢失浪费。

同时因工作面面积增加，工作面个数的减少，有效降低了综采工作面在回撤期间的资源浪费。

（3）积极加大安全投入，不断更新工艺，加大区域水害治理力度及瓦斯治理工作，减少煤炭资源的损失，近几年累计解放煤量近 600 万吨。

69　亭　南　煤　矿

69.1　矿山基本情况

亭南煤矿于 2004 年 4 月 11 日开工建设，2006 年 10 月 1 日正式建成投产，设计生产能力 300 万吨/a。矿山开发利用简表见表 69-1。

表 69-1　亭南煤矿开发利用简表

基本情况	矿山名称	亭南煤矿	地理位置	陕西省咸阳市
	矿山特征	第三批国家级绿色矿山试点单位		
地质资源	开采煤种	烟煤	地质储量/万吨	42285
	主要可采煤层	4 号		
开采情况	矿山规模/万吨·a⁻¹	300	开采方式	地下开采
	开拓方式	竖井单水平开拓	采煤工艺	综采放顶煤和大采高采煤
	原煤产量/万吨	234.6	采区回采率/%	76.4
选煤情况	选煤厂规模/万吨·a⁻¹	500	原煤入选率/%	100
	主要选煤方法	块煤重介浅槽分选，末煤重介旋流器分选，粗煤泥分选机分选		
综合利用情况	煤矸石利用量/万吨	8.9		
	煤层气利用率/%	100	煤层气利用方式	发电
	矿井水利用量/万立方米	187	矿井水利用方式	生产用水

亭南煤矿矿区面积 33.85km²，位于陕西省中西部的彬（县）长（武）矿区，行政区划隶属于咸阳市长武县。312 国道西（安）-兰（州）段由井田东部边缘通过，以亭口镇为起点，经西兰公路东至彬县县城 20km，距西安市 170km；西至长武县县城 20km。该公路与宝庆公路相交，可与宝鸡及甘肃陇东各县沟通。此外，还有亭口至路家的县乡公路贯穿井田，公路交通比较方便。从井田东部通过的西（安）-平（凉）铁路于 2013 年 12 月建成通车，使井田运煤线路与陇海铁路线相接，建立了彬长矿区与中国东西大动脉的通道；向西与宝（鸡）-中（卫）铁路并轨，为西进宁夏、甘肃搭建了快车道。亭南井田所处地区交通方便。

69.2　地质资源

井田内大部分地区被第四系黄土及第三系红土所覆盖，在泾河沿岸及黑河等较大沟谷内出露有白垩系下统洛河组。亭南井田位于路家—小灵台背斜中段，轴部地层近水平，南翼倾角平缓，北翼倾角 4°~6°；北部为孟村向斜北翼，地层走向 N20°E，倾角 2°~3°，与路家—小灵台背斜北翼连接；南跨大佛寺向斜北翼，使勘探区东南角地层产状发生变化。井田地层厚度、产状及煤层厚度及其起伏受此构造的影响而变化。

该井田位于彬长矿区中部，勘探程度较高，井田内共施工普、详查钻孔 7 个，总进尺 3829.23m。其中水文钻孔 2 个，进尺 935.11m。分别达到甲级孔 5 个，乙级孔 1 个，丙级孔 1 个。甲乙级孔率占 85.7%。打穿煤层 12 层次，其中 8 煤共 8 层次，经验收达到甲级煤层 5 层，乙级煤层 2 层，丙级煤层 1 层，该丙级煤层为 42 号普查钻孔 8 煤上分层（8^{-1}）。

该区含煤地层为侏罗系中下统延安组。三叠系地层为含煤岩系基底。以上地层依次为侏罗系富县组、延安组、直罗组、安定组，白垩系宜君组、洛河组、华池环河组，第三、第四系。

4 号煤均为可采煤层，可采面积 29.95km²，占全矿面积的 84.25%，为全井田可采煤层。煤层厚度 1.00~23.24m，平均厚度 11.05m。厚度变化规律明显，一般是隆起区厚度小，凹陷区厚度大。预留区平均厚度 2.93m，变异系数 42.24%，属稳定煤层。

煤质为中灰，特低硫，低磷，中高发热量的优质烟煤。

亭南煤矿累计查明资源储量 42285 万吨，累计开采矿石 1739.2 万吨，累计动用储量 3610.7 万吨。

69.3　开采基本情况

69.3.1　矿山开拓方式及采矿工艺

矿井工业场地位于亭口镇亭南村东侧，矿井采用竖井单水平开拓方式，用综采放顶煤和大采高采煤工艺，唯一可采煤层为彬长矿区 4 号煤层。主井净直径为 5m，井筒深度 401m，装备一对 12t 箕斗提煤，兼作回风和安全出口。副井净直径 6m，井筒深度 427m，装备 1t 单层双车罐笼作辅助提升。

全井田划分为 4 个盘区，根据井田地质构造及煤层赋存特点，按先浅后深、先近后远、先优后次的原则，按一、二、三、四盘区的顺序进行开采。

该矿井为高瓦斯矿井，从安全方面考虑，井下布置有一个综采工作面、一个瓦斯抽放工作面、一个准备工作面、4 个综掘工作面和 2 个炮掘工作面。其中二盘区布置有一个综采工作面和 2 个综掘工作面，三盘区布置有一个瓦斯抽放工作面、一个准备工作面和 2 个综掘工作面，大巷尽头布置有 2 个炮掘工作面。

69.3.2　矿山主要生产指标

2011 年采区采出量为 259.5 万吨，工作面回采率 85.3%、采区回采率为 77.5%。2012 年采区采出量为 244.4 万吨，工作面回采率 93.0%、采区回采率为 76.3%。2013 年采区采出量为 234.6 万吨，工作面回采率 89.5%、采区回采率为 76.4%。

69.4 选煤情况

亭南选煤厂属大型矿井型选煤厂，入选原料煤来自亭南矿井，设计生产能力为 300 万吨/a。2013 年亭南矿井实施技术改造，矿井生产能力提升至 500 万吨/a。

原工艺流程是 300~50mm、50~25mm 块煤分别通过动筛跳汰机排矸，−25mm 末煤直接作为产品，粗煤泥采用浓缩分级旋流器、弧形筛、高频筛联合回收，细煤泥采用倾斜板沉淀器、压滤机进行回收。

改造后选煤工艺为分级分选：150~25mm 块煤采用重介浅槽分选；25~1mm 末煤采用重介旋流器分选；1.00~0.25mm 采用粗煤泥分选机分选；煤泥水经浓缩后，底流由压滤机回收。原煤入选率为 100%。

69.5 矿产资源综合利用情况

煤矿共伴生矿产为瓦斯，查明储量为 $294527×10^8m^3$，2013 年利用 $693×10^8m^3$。2013 年利用煤矸石 8.9 万吨，矿井水 $187×10^4m^3$。

69.6 技术改进及设备升级

亭南煤矿地处西北黄土高原，坐落在陕西省咸阳市彬长矿区，属高瓦斯矿井，煤层瓦斯赋存量达 $29.45×10^8m^3$，平均每吨煤炭含瓦斯量达 $6.45m^3$。矿井开采过程中，大量瓦斯的存在和涌出，不仅给井下安全生产、员工人身生命带来极大的危害，而且排放到地面空气中，还会对空气环境造成极大的污染。据测算，每排放到空气中 $1m^3$ 瓦斯，相当于排放 30kg 二氧化碳，对环境污染相当严重。

2009 年 1 月，瓦斯利用工程在矿井工业广场西南角塬上张家咀村正式破土动工，占地面积 $46.5km^2$，总建筑面积 $3957m^2$，设计选用 6 台 2BEC72 型水环式真空瓦斯抽放泵，建立 3 套地面瓦斯抽采系统，抽采能力 $300m^3/min$；选用 24 台 500GF1-3RW 直燃型瓦斯发电机组，总装机容量 12000kW，同时配套 24 台余热锅炉，余热供暖能力 $2000m^2$。

2009 年 7 月，该公司地面 1 号、2 号瓦斯抽采系统首先建成投入运行；2010 年 9 月，一期 8 台瓦斯发电机组安装投入运行；2011 年 6 月，地面 3 号瓦斯抽采系统建成运行；2012 年 6 月，二期 4 台瓦斯发电机组安装投入运行；后续 12 台瓦斯发电机组在规划中。同时，为进一步提高矿井瓦斯抽采的效果，该公司还在井下瓦斯钻孔施工方面加大投入，除增加各种普通钻机外，还先后投资 2960 万元，分别购进一部国产先进千米钻机和一部澳大利亚产千米钻机，专门用于对矿井煤层施工长钻孔，加大瓦斯抽采量，提高抽采瓦斯浓度，以满足矿井安全开采和瓦斯发电的需要。与此同时，他们还与中国煤炭科工集团抚顺研究院合作，成立了瓦斯治理研究所，积极研究和推广应用各种瓦斯抽采先进技术，先后创新采用煤层预裂爆破法、"一孔多支"钻进法、自制汽水分离器等多项革新成果，大大提高了瓦斯抽采效果。

目前，该公司地面 3 套瓦斯抽采系统和 12 台瓦斯发电机组全部达到设计能力运行，矿井自投产以来杜绝了瓦斯事故，实现了安全生产，自 2012 年以来实现了瓦斯"零报警"。2011 年 12 月，该公司瓦斯抽采及综合利用项目被列为国家矿产资源节约与综合利用示范工程，获得中央财政补助资金 500 万元。

截至 2013 年 11 月 30 日，该公司累计完成瓦斯抽采量 $8032 \times 10^4 \mathrm{m}^3$，累计完成发电量 4588.5 万度，节省电费 2391.16 万元，消耗纯瓦斯量 $1529.49 \times 10^4 \mathrm{m}^3$，减排二氧化碳量 23.6 万吨，余热供暖面积达到 $1000 \mathrm{m}^2$，取得了显著的经济效益、资源效益、环境效益和社会效益。

70　同忻煤矿

70.1　矿山基本情况

同忻煤矿是国家发改委 2006 年核准的全国 10 个千万吨级矿井之一。煤矿于 2007 年 8 月开工建设，2009 年 9 月 30 日试生产，2013 年 5 月 30 日由基建矿井转为生产矿井，设计可采储量为 8.5 亿吨。包括年产 1000 万吨的矿井、年洗选能力为 1000 万吨的洗煤厂和装车能力为 2 万吨/列的铁路专用线。矿山开发利用简表见表 70-1。

表 70-1　同忻煤矿开发利用简表

基本情况	矿山名称	同忻煤矿	地理位置	山西省大同市
	矿山特征	第四批国家级绿色矿山试点单位		
地质资源	开采煤种	1/3 焦煤、气煤	累计查明资源储量/万吨	145116.9
	主要可采煤层	3~5、8		
开采情况	矿山规模/万吨·a⁻¹	1000	开采方式	地下开采
	开拓方式	斜、立井混合开拓	采煤工艺	单一走向长壁后退式综合机械化低位放顶煤
	原煤产量/万吨	918.8	开采回采率/%	75.5
	煤矸石产生量/万吨	438	矿井水年产生量/万立方米	58
选煤情况	选煤厂规模/万吨·a⁻¹	1000	原煤入选率/%	100
	主要选煤方法	块煤重介浅槽分选，末煤重介旋流器洗选，煤泥分级旋流器分级		
综合利用情况	煤矸石利用率/%	0	矿井水利用率/%	100
	煤矸石处置方式	露天堆放	矿井水利用方式	采煤、矿区洒水和矿区环境绿化

同忻煤矿矿区面积 85.1242km²，开采深度高程+1550~+725m。

井田中心位于大同市西南，直线距离 20km 处，行政区划属大同市南郊区所辖。井田东北侧有国铁干线京包铁路、大秦铁路，东侧有北同蒲铁路，均交汇于大同市铁路枢纽，并与口泉沟、云岗沟两条铁路支线相连，通往同煤集团公司各矿。

矿区地处黄土高原东北边缘，境内地貌类型复杂多样，山地、丘陵、盆地、平川兼备。土石山区、丘陵区占总面积的 79%，一般海拔在 1000~1500m 之间。

该矿区属大陆性季风气候，冬季漫长且寒冷干燥，夏季短暂且温热多雨，春秋凉爽，温差较大。

70.2　地质资源

同忻煤矿区域地层由老至新为：上太古界五台群，古生界寒武系、奥陶系、石炭系、二叠系，中生界侏罗系、白垩系，新生界第四系。

煤层赋存情况：井田内赋存有侏罗系和石炭二叠系两套含煤构造。侏罗系含煤构造所剩储量不多。二叠系下统山西组和石炭系上统太原组为下部含煤建造，地层总厚 86.2 ~ 177.20m，平均为 157.93m，共含煤 15 层，煤层总厚 38.25m，含煤系数 24%。可采煤层为五层，从上到下依次为 4 号、2 号、3 号、5 号（3 ~ 5）、8 号。主采煤层为 3 ~ 5 号、8 号层。2013 年开采 3 ~ 5 号煤层，采区内 3 ~ 5 号煤层含夹矸 7 ~ 20 层，为结构复杂煤层。

同忻矿煤层赋存具有煤层稳定、储量丰富、结构简单、开采技术条件好的明显优势。煤质为特低硫、特低磷、中高发热量的优质动力煤，洗选后精煤发热量可达 22.6MJ（5400 大卡）以上。煤矿开采的煤种（为主要可采煤层）以 1/3 焦煤和气煤为主，伴有零星的 1/2 中黏煤及弱黏煤。

截至 2013 年底，累计查明资源储量 145116.9 万吨，保有资源储量 139577 万吨，保有资源储量中包括 111b 类资源储量 29662 万吨，122b 类资源储量 25117 万吨，333 类资源储量 84798 万吨。采空动用资源储量 5539.9 万吨。煤类为 1/3JM、QM 和受煌斑岩影响的其他煤类。

70.3　开采基本情况

70.3.1　矿山开拓方式及采矿工艺

同忻矿井开拓方式为斜、立井混合开拓，即在主工业场地布置一条主斜井和一条副斜井，在风井工业场地布置一条进风立井和一条回风立井。

主工业场地位于井田南部境界外窑子坡村西侧，布置主、副斜井各一条，井口分别位于井田南部境界外约 3.0km 和 3.1km 处，两条井筒平行，井口高程分别为 1153m 和 1148m，井筒提升方位角均为 155°15′。主斜井主要担负全矿井的煤炭提升及部分入风任务，并兼作安全出口，井筒倾角 5°8′，斜长 4564m，净宽 4.8m。副斜井担负全矿材料、设备及人员运输以及安全出口和入风任务，井筒倾角 1°43′06″ ~ 4°34′，斜长 4665.9m，净宽 5.6m。进风立井主要担负北一盘区的入风任务，同时兼作安全出口，井筒净直径 5.5m，倾角 90°，垂深 404.4m。回风立井担负北一盘区排风任务，井筒净直径 6.0m，倾角 90°，垂深 391.4m。

同忻井田划分为两个水平六个盘区，其中每个水平有三个盘区，即北一、北二、北三盘区。现开采北一盘区，目前布置了一个综放工作面（8105 工作面），两个综掘工作面（8103 顶抽巷和 5104 顺槽），两个普掘工作面（盘区延伸皮带巷和盘区延伸辅运巷），三个停掘工作面（2104 顺槽、8104 顶抽巷和盘区延伸回风巷）。

综采工作面采用单一走向长壁后退式综合机械化低位放顶煤开采，全部垮落法管理顶板。采煤综合机械化程度达到了 100%，生产系统采用国内外先进的放顶煤工艺，配备大功率双滚筒采煤机及工作面配套设备，引进无轨防爆胶轮车辅助运输系统，用大功率胶带输送机集中运煤，形成了集中出煤、集中设备运输、分区通风、分区开拓的生产布局。在项目建设过程中，同忻矿积极改进支护方式，采用锚网喷砼、加宽加厚钢带、组合锚索、玻璃钢锚杆等先进支护工艺，提高了巷道支护质量，确保了矿井施工安全。工作面采用三巷布置，一进两回"U+I"型通风方式，综采设备采用 SL-500AC 型采煤机采煤，配套三机为 JTAFC1050 型前部刮板运输机、后部刮板运输机运煤、JBSL600 型转载机、JCRSH400型破碎机、ZF15000/27.5/42 型低位放顶煤支架支护顶板。

70.3.2 矿山主要生产指标

2011 年同忻煤矿全矿动用储量 1312.1 万吨，采出 1168.7 万吨，永久煤柱 429 万吨，矿井回采率为 73.1%。2013 年全矿动用储量 1312.1 万吨，采出 918.8 万吨，永久煤柱89.2 万吨，矿井回采率为 70%，采区回采率为 75.5%。2011 年矿山矿产品销售收入为458914 万元，2013 年为 423428.07 万元。

70.4　选煤情况

同忻选煤厂设计选煤能力 1000 万吨/a，主要选煤工艺为块煤采用重介浅槽分选，末煤使用重介旋流器洗选，煤泥采用分级旋流器分级，粗煤泥采用煤泥离心机脱水，细煤泥经浓缩后采用加压过滤机和板框压滤机回收，2013 年原煤入选率为 100%。

同忻选煤厂属同忻煤矿配套项目，设计年处理原煤量为 1000 万吨，属动力型煤选煤厂，同忻选煤厂系统分为：大块筛分破碎系统、原煤储运系统、高岭岩分选系统、原煤分选系统、煤泥水处理系统、产品储运系统及辅助系统等部分。

同忻选煤厂洗选工艺采用分级全重介分选。矿井生产出的原煤经过大块筛分破碎系统后，通过一条倾斜的原煤上仓皮带运至原煤仓上，仓上经两条配仓胶带机分配到三个直径34m 的圆筒仓内。仓内原煤经仓下给料机给入仓下两条皮带，转载后通过一条胶带机进入高岭岩分选车间。

原煤通过筛孔 50mm 的香蕉筛湿法分级脱泥，+50mm 物料进入浅槽进行分选，精煤通过脱介、脱水后破碎至 50mm 以下进入精煤皮带；矸石通过脱介、脱水后进入动筛再选，重产物通过一条转载皮带进入矸石胶带机作为矸石外排，高岭岩进入手选皮带，捡出部分矸石后作为高岭岩通过皮带进入高岭岩仓。

-50mm 原煤进入三产品系统进行分选，通过原煤分级筛后，50~1.5mm 物料经过一台分配器均匀分配至三套旋流器分选系统后，分选出精煤、中煤、矸石三种产品，精煤和中煤经过脱介、脱水后，精煤进入离心机脱水后进入精煤皮带运至精煤仓，中煤通过中煤皮带运至中煤仓。

1.5~0.15mm 的粗煤泥采用螺旋分选机分选，精煤通过离心机脱水后进入精煤皮带，矸石进入矸石皮带系统。原煤分级旋流器、精煤分级旋流器的溢流、精煤弧形筛筛下水、矸石高频筛下水、加压过滤机滤液-0.15mm 物料汇入一台直径 40m 的浓缩机，然后经过一台底流泵打至加压过滤机入料桶，搅拌均匀后进入加压过滤机内脱水回收，浓缩机底流泵一用一备，同时也可以作为转排泵。

　　同忻选煤厂主要洗选设备由国外引进，辅助设备选用国内自动化水平高、质量可靠、性能稳定、生产运行成本低的设备。全厂设备采用自动化远程集中控制，厂房内配备现代化的检测、监控系统，实现了生产现场的实时监控，是一座现代化程度较高的选煤厂。

70.5　矿产资源综合利用情况

　　同忻煤矿为单一矿产煤矿，无共伴生矿产。

　　2013 年煤矿矸石年排放量为 438 万吨，露天堆放；矿井水年排放量约为 58 万立方米，主要用于采煤、矿区洒水和矿区环境绿化用水，利用率约为 100%。

　　同忻矿正在建设的年产 4.8 亿块煤矸石烧结砖和 4 万吨煅烧高岭土项目，每年可利用矸石 200 多万吨。

70.6　技术改进及设备升级

　　同忻煤矿主斜井带式输送机电气控制系统采用中压变频调速驱动系统，经实践证明可长期可靠地应用于长距离带式输送机等恒转矩负载，具有起动转矩大，过载能力强等特点。可在轻载、重载等各种工况下可靠、有效地控制带式输送机柔性负载的软启动/软停车整个动态过程，并在全过程中实现各胶带机的驱动电机之间的功率平衡和速度同步，并提供可调验的带速度，由此降低快速起动/快速停车过程对机械和电气系统的冲击，避免洒料与叠带，有效抑制胶带输送机动态张力波可能对胶带和机械设备造成的危害，延长输送机使用寿命，增加输送系统的安全性和可靠性。

71 土 城 煤 矿

71.1 矿山基本情况

土城煤矿于1966年开始动工建设，1984年底建设完成，当年12月底正式投产。原设计能力120万吨/a。1993年12月至1998年进行采区改扩建后的矿井设计能力为240万吨/a。2003年进行扩能改造后，2006年核定生产能力300万吨/a。矿山开发利用简表见表71-1。

表71-1 土城煤矿开发利用简表

基本情况	矿山名称	土城煤矿	地理位置	贵州省盘县
	矿山特征	第二批国家级绿色矿山试点单位		
地质资源	开采煤种	烟煤	累计查明资源储量/万吨	48829.4
	主要可采煤层	1、3、5、6、9、12、17		
开采情况	矿山规模/万吨·a^{-1}	300	开采方式	地下开采
	开拓方式	平硐开拓	采煤工艺	走向长壁法采煤
	原煤产量/万吨	294.62	采区回采率/%	83.90
	煤矸石年产生量/万吨	13.49	矿井水年产生量/万立方米	340.81
选煤情况	选煤厂规模/万吨·a^{-1}	300	原煤入选率/%	100
	主要选煤方法	跳汰粗选-重介精选-煤泥直接浮选		
综合利用情况	煤矸石利用率/%	0	煤矸石处置方式	堆存
	煤层气利用率/%	48.52	煤层气利用方式	发电、民用
	矿井水利用率/%	21.24	矿井水利用方式	生产用水

土城煤矿面积33.7217km^2，开采深度为+1300~+2050m标高。土城煤矿隶属盘县洒基镇所辖，煤矿中心区位于井田中央北部。

土城矿铁路专线接轨于盘西支线的柏果站，长6km。盘西线向西接轨于贵昆线的沾益站，长136.8km，向北经柏果站接轨于水柏铁路。盘水公路分别经鸡场坪和盘关自井田两端进入矿区，并在矿区中部铁厂丫口相会，至水城135km，至盘县64km，至贵阳399km，至昆明330km，交通便利。

71.2 矿床地质特征

井田内含煤地层为二叠系上统龙潭组（P$_2$l），地层总厚283m。含煤30~40层，编号煤层为 1、2、3、5、5^{-3}、6、9、10、12、12^{-2}、13、13^{-2}、15、16、17、18、18^{-2}、20、21、24、26、27、28、29 等 24 层，煤层总厚约 30m 左右，含煤系数为 10.53%，其中可采及局部可采煤层为 1、3、5、6、9、10、12、12^{-2}、13、15、16、17、18、18^{-2}、20、27、29 等 17 层，平均总厚 22.96m，可采含煤系数 8.42%。

根据岩性、岩相及含煤性，含煤地层划分为上、中、下三个段。上煤组从 12 号煤层顶向上至煤系顶部，含可采煤层 6 层，分别为 1、3、5、6、9、10 号煤层；中煤组从 21 号煤层顶向上至 12 号煤层顶，含可采煤层 9 层，分别为 12、12^{-2}、13、15、16、17、18、18^{-2}、20 号煤层；下煤组从煤系底部向上至 24 号煤层顶，含可采煤层 2 层，分别为 27、29 号煤层。

井田内可采及局部可采煤层 17 层，全区可采煤层有 1、3、5、6、9、12、17 号煤层等 7 层，大部或局部可采煤层有 10、12^{-2}、13、15、16、18、18^{-2}、20、27、29 号煤层等 10 层。

原煤平均水分为 1.00%~1.78%，一般在 1.20% 左右，全区均属特低水分煤（SLM）。各煤层原煤平均灰分为 13.40%~31.10%，一般含量在 20%~25%。原煤平均硫分为 0.15%~2.96%，除 1、6、9、10、20、27、29 号煤层外，其余均在 0.5% 以下。磷含量除 10、13、15、17、18、18^{-2}、20 号等煤层为低磷煤（LP），其余煤层为特低磷煤（SLP）。各可采煤层煤灰成分均以 SiO_2、Al_2O_3、Fe_2O_3 为主，其次为 CaO、MgO。SiO_2：含量 38.69%~61.69%，平均 56.94%；Al_2O_3：含量 11.14%~25.08%，平均 18.39%；Fe_2O_3：含量 4.74%~32.40%，平均 12.46%；CaO：含量 1.87%~9.70%，平均 5.72%；MgO：含量 0.09%~2.66%，平均 1.40%；SO_2：含量 0.85%~6.17%，平均 2.69%。

截至 2013 年底，矿山累计查明资源储量 48829.4 万吨。其中，（111b）15115.7 万吨，占比 30.96%；（122b）4324 万吨，占比 8.85%；（333）29389.7 万吨，占比 60.19%。详见表 71-2。

表 71-2　矿山累计查明资源储量表

资源储量类别	资源量/万吨	占比/%
111b	15115.7	30.96
122b	4324	8.85
333	29389.7	60.19
合计	48829.4	100.00

截至 2013 年底，矿山累计动用（采空消耗）煤炭资源量 6531.6 万吨。2011 年、2013 年分别动用煤炭资源储量 347.3 万吨、322.3 万吨。

截至 2013 年底，矿山保有资源储量 42297.8 万吨。其中，（111b）8584.1 万吨，占比 20.30%；（122b）4324 万吨，占比 10.22%；（333）29389.7 万吨，占比 69.48%。

71.3　开采基本情况

71.3.1　矿山开拓方式及采矿工艺

矿山采用地下开采方式，矿井为平硐开拓，共划分为两个水平进行开采，矿井采煤方法均为走向长壁采煤法，矿井采煤工艺选择综采，掘进以综掘为主，炮掘为辅。

71.3.2　矿山主要生产指标

2011 年、2013 年实际原煤产量分别为 278.5 万吨、294.62 万吨。

2011 年，采区动用资源储量 316.1 万吨，采区损失资源储量 42.8 万吨，采区回采率为 86.46%；矿井动用资源储量 347.3 万吨，矿井损失资源储量 74 万吨，矿井回采率为 78.69%。

2013 年，采区动用资源储量 314.3 万吨，采区损失资源储量 50.6 万吨，采区回采率为 83.90%；矿井动用资源储量 322.3 万吨，矿井损失资源储量 58.6 万吨，矿井回采率为 81.81%。

71.4　选煤情况

土城煤矿生产的原煤均送至配套的土城矿选煤厂进行洗选。土城矿选煤厂是一座矿井型炼焦煤选煤厂，1998 年 8 月正式投产，原设计处理能力为 240 万吨/a，改扩建后达到 300 万吨/a。选煤工艺采用跳汰粗选-重介精选-煤泥直接浮选的联合工艺流程，主要选煤设备为大直径无压给料三产品重介质旋流器，煤泥水处理采用 3 台 UXN-20 高效浓缩机。

2011~2013 年原煤入选率 100%。

71.5　矿产资源综合利用情况

71.5.1　共伴生组分综合利用

矿山共伴生矿产有煤层气、铝土质泥岩。其中，铝土质泥岩厚约 1~3m，其厚度变化较大，且 Al_2O_3 品位达不到工业指标要求，不具开发利用价值。

矿山为瓦斯突出矿井，煤层气资源非常丰富，累计查明资源储量为 216800 万立方米；截至 2013 年底，保有资源储量 184246.04 万立方米。矿山目前已对煤层气进行了开发利用，主要利用方式为瓦斯发电和民用瓦斯。截至 2013 年底矿井累计抽采煤层气 32553.96 万立方米，累计利用煤层气 15392.54 万立方米。其中，2011 年、2013 年煤层气分别抽采 4505.26 万立方米、5630.16 万立方米，利用量分别为 2300.45 万立方米、2731.49 万立方米。详见表 71-3。

表 71-3　煤层气利用情况　　　　　　　　　（万立方米）

累计采出量	累计利用量	2011 年		2013 年	
		采出量	利用量	采出量	利用量
32553.96	15392.54	4505.26	2300.45	5630.16	2731.49

71.5.2　其他组分综合利用

截至 2013 年底，矿山煤矸石库累计堆存矸石 604.69 万吨，产生的煤矸石均未利用，全部堆存在矸石场。其中 2011 年、2013 年排放量分别为 18.35 万吨、13.49 万吨。

矿井水经处理达标后，供矿井井下和地面生产用水。截至 2013 年底，矿山累计排放矿井水量 7163.22 万立方米，累计利用量 714.22 万立方米。2011 年、2013 年排放量分别为 197.01 万立方米、340.81 万立方米，利用量分别为 9.6 万立方米、72.39 万立方米。详见表 71-4。

表 71-4　煤矸石及矿井水利用情况

名称	单位	累计排放量	累计利用量	2011 年		2013 年	
				排放量	利用量	排放量	利用量
煤矸石	万吨	604.69	0	18.35	0	13.49	0
矿井水	万立方米	7163.22	714.22	197.01	9.6	340.81	72.39

2011 年、2013 年底，矿井煤层气累计利用率分别为 46.66%、47.28%。其中，2011 年、2013 年利用率分别为 51.06%、48.52%。

截至 2013 年底，煤矸石累计利用率为 0。

矿井水累计利用率为 10.98%，其中 2011 年、2013 年利用率分别为 4.87%、21.24%。

72 王 村 煤 矿

72.1 矿山基本情况

王村煤矿于1983年7月1日开始建设，1988年12月24日建成投产，设计生产能力150万吨/a，2012年重新核定生产能力为210万吨/a，2015年由于国家产业结构调整，王村煤矿闭矿。矿山开发利用简表见表72-1。

表 72-1 王村煤矿开发利用简表

	矿山名称	王村煤矿	地理位置	陕西省合阳县
基本情况	矿山特征	第三批国家级绿色矿山试点单位		
	开采煤种	褐煤	累计查明资源储量/万吨	19351.3
	主要可采煤层	5、4		
开采情况	矿山规模/万吨·a⁻¹	210	开采方式	露天开采
	开拓方式	斜井开拓	采煤工艺	综采放顶煤采煤
	原煤产量/万吨	205.2	采区回采率/%	82.2
综合利用情况	煤矸石利用量/万吨	29.2	矿井水利用量/万立方米	110.5

王村煤矿井田东西走向长4.2km，南北倾斜宽3.3km，开采标高+520～+270m，井田面积14.54km²。

王村煤矿位于澄城、合阳两县交界处，行政区划属于合阳县王村镇。东距合阳县城5km，西距澄城县城10km，交通较为便利。

矿区气候属大陆性半干旱类型，降雨量少且蒸发量大。

72.2 地质资源

井田内含煤地层为石炭系上统太原组和二叠系下统山西组，共含煤4层，可采煤层2层，5号煤层为主采煤层，4号煤层为局部可采煤层。井田可采煤层4煤属低灰、中高硫、特高发热量煤，5煤属中灰、中高硫、高发热量煤，矿井各煤层煤尘有爆炸性危险，煤层属易自燃煤层，矿井为低瓦斯区的矿井。

王村煤矿累计查明资源储量19351.3万吨，累计开采矿石2024.17万吨，累计动用储量4442.3万吨。

72.3　开采基本情况

近年来，王村煤矿矿井的机械化水平不断得到提升，实现了由炮掘向综掘、炮采向综采的转变，矿井已拥有五套综掘、四套综采设备，采煤机械化程度达到 100%，掘进机械化达到 87.5%。2007 年，全矿原煤产量突破了 160 万吨，实现了达产 150 万吨的目标；2008 年，矿井原煤产量 160 万吨；2009 年，原煤产量达到 175 万吨。近几年，先后投入使用了井下运输大巷"信集闭"系统、人员定位系统、煤矿安全监控系统和矿井压力监测系统，对矿井主副绞电控系统进行了自动化改造，对东风井实施了技术改造等，全面提升了矿井的机械化、信息化、自动化管理水平。

72.3.1　矿山开拓方式及采矿工艺

井田煤层开采采用斜井开拓方式，井下采用单一水平开拓。根据煤层赋存特点，矿井采用综采放顶煤采煤方法，实行放顶煤一次采全高开采。全井田共分 3 个采区，首采区为 1 采区。

72.3.2　矿山主要生产指标

2011 年采区采出量为 208.2 万吨，工作面回采率 95.2%、采区回采率为 82.1%。2012 年采区采出量为 209.8 万吨，工作面回采率 95.2%、采区回采率为 82.1%。2013 年采区采出量为 205.2 万吨，工作面回采率 95.3%、采区回采率为 82.2%。

72.4　矿产资源综合利用情况

2013 年利用煤矸石 29.2 万吨，矿井水 $110.5 \times 10^4 \mathrm{m}^3$。

72.5　技术改进及设备升级

自 2006 年以来，王村斜井逐步对矿井进行技术改造，先后投入 1.5 亿元，对主皮带斜井、运输系统、生产系统、污水处理系统、采掘机械化和数字化矿山等进行建设和更新改造，促进了生产能力的大幅提升，带动了矿井的快速发展。累计投入 680 万元，对 11 个监测监控系统进行集成，实现了安全信息和安全状况的实时监测和集中管理，在地面和井下主要生产区域安装了检测仪，光缆线路覆盖了井下主要巷道，形成了千兆工业光纤冗余环网，大大提升了矿井的安全装备水平。

2009 年，王村斜井被所属集团列为首批数字化建设矿井，列入了现代化高产高效矿井行列，成为公司主力生产矿井。

近年来，王村斜井引进新技术、新工艺，组织专业技术人员，围绕 5 号煤、10 号煤联合开采防治水技术，10 号煤上综采论证，大断面锚网索支护，岩巷综掘技术，采煤机、掘进机、皮带煤溜、液压支架维护检修等重大课题，进行科研攻关，并取得显著成效，多煤层开采防治水科研项目分别被陕西煤业化工集团和澄合公司评为科技进步一等奖。

　　另外，王村斜井为了鼓励全员创新，成立了创新领导小组，下发了《王村斜井创新项目考核办法》，建立了全员创新创效体系，每月对职工的创新成果进行统计和鉴定，并根据成果的科技含量、推广价值、贡献大小等，定期评选先进集体、先进个人及优秀成果，给予表彰奖励，激发了职工的自主创新能力。少荣采煤机工作溜互锁装置、杨军风门闭锁装置、力超传感器吊挂、文兴隔爆加水器等 120 多项技术创新成果在矿井安全生产中得到了广泛使用，为矿井建设提供了技术支撑。

73　五龙煤矿

73.1　矿山基本情况

五龙煤矿于 1952 年 6 月 5 日建矿，1957 年 6 月 11 日投产，原矿井设计生产能力为 150 万吨/a，2011 年核定生产能力为 240 万吨/a。矿山生产建设规模为大型，该煤矿已于 2016 年关闭退出。矿山开发利用简表见表 73-1。

表 73-1　五龙煤矿开发利用简表

基本情况	矿山名称	五龙煤矿	地理位置	辽宁省阜新市
地质资源	开采煤种	长焰煤	地质储量/万吨	33902.2
	主要可采煤层	太上^1、太上^2、太上^3、太下^1、太下^2、太下^3、高德、水泉^8、水泉^6、水泉^4、孙^4、孙本、盘下^1、盘下^2、盘下^3、中间上、中间下		
开采情况	矿山规模/万吨·a^{-1}	240	开采方式	地下开采
	原煤产量/万吨	225.4	采煤工艺	走向长壁法
	煤矸石年产生量/万吨	34	开采回采率/%	84.2
	矿井水年产生量/万立方米	364.4	开采深度/m	−90～−650
选煤情况	选煤厂规模/万吨·a^{-1}	240	原煤入选率/%	100
	主要选煤方法	重介-跳汰联合洗选		
综合利用情况	煤矸石利用率/%	80	矿井水利用率/%	97
	煤矸石利用方式	铺路、回填	矿井水利用方式	生产、生活用水

五龙煤矿开采深度由 −90m 至 −650m 标高，开采方式为地下开采，井田走向长 3.196km，倾斜长 3.86km，面积为 12.3372km^2。

五龙煤矿位于阜新煤田中部，距阜新市西南 10km，该矿北 3.5km 处有新义线铁路上的阜新车站，并与矿内专用铁路相连接，距沈阳 186km，距锦州 120km。市内公共汽车及矿区通勤车亦通过该矿。交通便利。

矿区处于闾山与松岭山脉之间的低缓丘陵地带，地形起伏变化较小。区内细河由北向南流经矿区中部，除雨季外，河水流量较小。矿区属大陆性季风气候，冬季严寒，夏季炎热。最低气温 −25℃，最高气温 38℃，年降雨量 700mm，冻结深度 1.2m。

73.2　地质资源

五龙煤矿位于天山—阴山纬向构造带之赤峰—铁岭断隆带与新华夏系第二沉降带之北

票—建昌断隆带交错复合部位。在矿区内褶皱构造比较发育，由北东向南西依次为新邱背斜、清河门背斜和李金背斜。这些背斜又为北西向及北北西向正断层所切割。五龙煤矿主要断层有 F_2 正断层、F_3 正断层、F_4 正断层、F_5 正断层、F_6 正断层等，落差在 $0 \sim 200m$ 之间。

矿区主要含煤地层是在侏罗-白垩聚煤期形成的，距今约 65 万~250 万年。煤炭主要分布在中生界（Mz）的侏罗系上统的义县组、沙海组和阜新组。含煤地层之上为白垩系下统的孙家湾组，上部为第四系的冲积层所覆盖。

该区含煤地层共含水泉、孙家湾、中间、太平及高德 5 个可采煤层群。其中孙家湾、中间、太平层群为主要可采煤层群。根据生产部门的要求，结合井下生产的实际情况，共分 17 个计量煤层。由上而下，水泉层进一步分为水泉^8、水泉^6、水泉^4 层；孙家湾层进一步分为孙^4、孙本层；盘下层进一步分为盘下^1、盘下^2、盘下^3 层；中间层进一步分为中间上、中间下层；太平层进一步分为太上^1、太上^2、太上^3、太下^1、太下^2、太下^3 层；高德层。

该矿山煤的牌号为长焰煤。煤层倾角为 $7° \sim 14°$，煤层厚度在 $1.02 \sim 13.65m$ 之间，属于薄煤层-中厚煤层-厚煤层。

截至 2013 年底，累计查明资源储量为 33902.2 万吨，保有资源储量为 26370.9 万吨；设计永久煤柱量为 2738.5 万吨；"三下"压煤量为 2738.5 万吨，该煤矿无共伴生矿产。

73.3 矿山开采基本情况

73.3.1 矿山开拓方式及采矿工艺

该矿山开采方式为地下开采，设计年产量为 240 万吨，采煤方法为走向长壁采煤法。

矿山开采煤层数为 17 层，均为中等可选煤，煤层开采情况见表 73-2。

表 73-2　煤层设计开采情况

煤层号	厚度/m	倾角/(°)	煤层稳定性	设计可采储量/万吨	设计工作面回采率/%	设计采区回采率/%
太上^1	1.61	14	较稳定	287.5	95	80
太上^2	3.45	15	较稳定	278.2	95	80
太上^3	9.15	12	不稳定	3597.7	93	75
太下^1	5.69	11	不稳定	2363.1	93	75
太下^2	4.19	9	不稳定	2357.1	93	75
太下^3	3.42	9	不稳定	2634.9	95	80
高德	1.77	11	不稳定	193.2	95	80
水泉^8	1.9	12	较稳定	474.4	95	80
水泉^6	1.73	10	较稳定	521.7	95	80
水泉^4	1.56	9	较稳定	614.7	95	80
孙^4	2.73	8	较稳定	463.5	95	80

煤层号	厚度/m	倾角/(°)	煤层稳定性	设计可采储量/万吨	设计工作面回采率/%	设计采区回采率/%
孙本	13.65	10	不稳定	6871	93	75
盘下[1]	1.24	8	较稳定	239.2	97	85
盘下[2]	1.26	10	较稳定	436.2	97	85
盘下[3]	1.02	7	较稳定	247.2	97	85
中间上	8.61	12	不稳定	4318.7	93	75
中间下	2.5	12	不稳定	408.2	95	80

73.3.2 矿山主要生产指标

该矿煤层属薄煤层-中厚煤层-厚煤层，构造复杂程度为复杂构造，开采技术条件为中等。该矿山 2011 年实际生产原煤 225.3 万吨，2013 年实际生产原煤 225.4 万吨。截至 2013 年底，累计矿井动用储量为 7414.8 万吨，累计矿井采出量为 5605.7 万吨，累计矿井损失量为 1809.1 万吨。矿山设计工作面回采率为 93%~97%，设计采区回采率为 75%~85%，设计矿井回采率为 75%。

该矿山 2011 年实际工作面、采区、矿井回采率分别为 93%、75.78%、75.78%，2013 年实际工作面、采区、矿井回采率分别为 93%、84.2%、84.2%。该矿山年度开采回采率情况见表 73-3。

表 73-3 五龙煤矿开采回采率情况

年度	工作面回采率/%	采区损失量/万吨	采区采出量/万吨	采区回采率/%	全矿井采出量/万吨	全矿井损失量/万吨	矿井回采率/%
2011	93	72	225.3	75.78	225.3	72	75.78
2013	93	42.3	225.4	84.2	225.4	42.3	84.2

73.4 选煤情况

五龙煤矿选煤厂，设计选煤能力为 240 万吨/a。该矿山原煤入选情况见表 73-4。

表 73-4 五龙煤矿原煤入选情况

年度	原煤产量/万吨	入选原煤量/万吨	原煤入选率/%	精煤产品产率/%
2011	225.3	225.3	100	85.47
2013	225.4	225.4	100	84.2

选煤工艺采用的是重介-跳汰联合洗选：预先排矸的原煤进行 50mm 准备筛分，大于 50mm 粒级浅槽重介分选；50~6mm 粒级进入跳汰分选；小于 6mm 粒级直接掺入选粉煤成为产品。煤泥水处理工艺为：粗颗粒煤泥由高频振动筛回收处理，细颗粒煤泥由压滤机回收处理。选煤产品为洗混中块、洗粒煤、洗粉煤。

73.5 矿产资源综合利用情况

该煤矿无共伴生矿产。该矿山排放的煤矸石用于铺路、填塌陷区。2011 年、2013 年煤矸石利用情况见表 73-5。

表 73-5 煤矸石利用情况

年度	年排放量/万吨	累计排放量/万吨	年利用量/万吨	累计利用量/万吨	利用率/%
2011	30	220	27	198	90
2013	34	270	27.2	216	80

该矿山矿井水利用方式为生产、生活用水。2011 年、2013 年矿井水利用情况见表 73-6。

表 73-6 矿井水利用情况

年度	年排放量/万立方米	累计排放量/万立方米	年利用量/万立方米	累计利用量/万立方米	利用率/%
2011	401.5	2736.1	391.5	2667	97.5
2013	364.4	3644.1	354.4	3544.1	97

73.6 技术改进与设备升级

重介斜轮改重介浅槽处理能力由 100t/h 改 300t/h，使槽内悬浮液相对稳定，介质的能耗较低。

两台跳汰机由原来的 14m^2 更换为 20m^2（新型跳汰机），风压为 0.035~0.040MPa。新型跳汰机处理能力大，分选精度高，排矸自动化。控制系统采用 PLC 数字自动控制，能力由原来的 220t/h 增加到 400t/h；同时煤泥水处理系统增加两台 KM300/2000 型快速隔膜压滤机和两台高频振动筛，处理能力每次 6t/台，处理条件浓度大于 300t/L。

74　下　沟　煤　矿

74.1　矿山情况

下沟煤矿于 1992 年 8 月开工建设，1997 年 10 月建成，生产能力为 45 万吨/a。经过三次技术改造，2004 年矿井生产能力提高到 300 万吨/a。矿山开发利用简表见表 74-1。

表 74-1　下沟煤矿开发利用简表

基本情况	矿山名称	下沟煤矿	地理位置	陕西省彬县
地质资源	开采煤种	不黏煤	累计查明资源储量/万吨	21330
	主要可采煤层	4		
开采情况	矿山规模/万吨·a⁻¹	300	开采方式	地下开采
	开拓方式	斜井、立井单水平上下山开拓	采煤工艺	走向长壁综合机械化放顶煤采煤
	原煤产量/万吨	279.0	采区回采率/%	76.5
选煤情况	选煤厂规模/万吨·a⁻¹	300	原煤入选率/%	51.9
	主要选煤方法	重介浅槽分选		
综合利用情况	煤矸石利用量/万吨	3.9	矿井水利用量/万立方米	93.8

下沟煤矿矿区位于彬长矿区东南部，东与火石咀煤矿相邻，距彬县县城 5km，南与水帘洞煤矿相邻，西邻大佛寺煤矿，北与官牌井田相接，井田面积 10.31km²。

下沟煤矿位于陕西省咸阳市西北部的彬县县城西偏北约 5km 处的水帘乡境内。下沟煤矿北面有西兰公路（312 国道）、福-银高速公路、西（安）-平（凉）铁路通过，距省会西安市 157km；向西至长武 35km，与宝鸡-庆阳公路相接，可通达宝鸡、甘肃庆阳及陇东各县，交通十分便利。

矿区属暖温带半干旱大陆性季风气候。年平均气温为 11.3℃，极端最高气温为 39.5℃，极端最低气温为-22.5℃。霜冻期一般为 10 月中旬至来年 4 月中下旬；冰冻期一般在 12 月上旬至来年 2 月下旬；冻土层最大厚度 48cm；年平均降雨量为 535.7mm，平均蒸发量 1322.3mm；每年 3~5 月份为西北季风期，最大风速 16.0m/s。

74.2　地质资源

彬长矿区地层区划属华北地层区鄂尔多斯盆地分区。矿区地层由老到新有：三叠系中统铜川组（T$_{2t}$），侏罗系下统富县组（J$_{1f}$），侏罗系中统延安组（J$_{2y}$）、直罗组（J$_{2z}$）、安定组（J$_{2a}$），白垩系下统宜君组（K$_{1y}$）、洛河组（K$_{1l}$）、华池组（K$_{1h}$）、罗汉洞组（K$_{1lh}$），新近系及第四系。

该井田位于彬长矿区东南部大佛寺向斜东端南翼，南靠彬县背斜，为北倾或北西倾斜的简单单斜构造，北部位于大佛寺向斜轴部地层，倾角 0°~3°，中南部较大倾角为 5°~8°。南部位于彬县背斜北翼挠褶带，地层倾角较陡，一般在 15°~18°。依据构造形态及地层倾角变化，将井田内构造分为两部分，以 X10、X11、CK12 孔连线为分界线，南部为倾斜带，北部为平缓起伏带。

下沟煤矿煤层结构简单，赋存稳定，完整性较好。下沟煤矿主采 4 号煤层。泾河开采区的 4 号煤层属中侏罗系延安组，煤层大致东西走向，向北倾斜。泾河下煤层的厚度为 8~14m，煤层结构简单，含夹矸 3 层，厚度 0.05~0.4m 之间，岩性为泥岩、炭质泥岩与泥质粉砂岩。煤层伪顶为炭质泥岩，厚度约 1.2m，基本顶为灰白色粉、细砂岩，厚约 10m。煤层底板为铝土质粉砂岩，遇水膨胀，有底鼓现象。

煤质为低灰、低硫、特低磷的含油不黏煤，是良好的动力、气化用煤和民用燃料。

下沟煤矿累计查明资源储量 21330 万吨，累计开采矿石 3435.5 万吨，累计动用储量 5541.2 万吨。设计矿井回采率为 60%。

74.3 开采基本情况

74.3.1 矿山开拓方式及采矿工艺

矿井采用三条斜井和一个立井单水平上下山开拓全井田。采煤方法采用走向长壁综合机械化放顶煤采煤法，采放比一般为 1∶3。为低瓦斯矿井，通风方式采用中央边界式抽出式通风方式。主斜井、副斜井进风，回风斜井、回风立井回风。

74.3.2 矿山主要生产指标

2011 年采区采出量为 329.6 万吨，工作面回采率 88.7%、采区回采率为 76.7%。2012 年采区采出量为 314.4 万吨，工作面回采率 91.2%、采区回采率为 75.6%。2013 年采区采出量为 279.0 万吨，工作面回采率 91.3%、采区回采率为 76.5%。

74.4 选煤情况

下沟煤矿选煤厂，设计生产能力为 300 万吨/a，工艺为重介浅槽分选。2011~2013 年原煤入选率分别为 51.7%、53.1%、51.9%。

74.5 矿产资源综合利用情况

2013 年利用煤矸石 3.9 万吨，矿井水 93.8 万立方米。

74.6   技术改进及设备升级

74.6.1   水体下特厚煤层综放开采技术的应用

下沟煤矿从 2005 年开始，已在泾河下实施了综采放顶煤开采（如 ZF2801、ZF2802、ZF2803、ZF2804、ZF2806、ZF2807、ZF2808 等），工作面走向采长 400～710m，宽度为 90m 左右。监测表明，采动范围内的地表覆岩没有发生明显下沉，含水层水及地表水没有因采动影响而遭到破坏，成功采出河下压煤 49.3 万吨，解放"三下"压煤 4600 万吨。

水体下特厚煤层综放开采技术通过限制工作面采高和工作面长度，留设合理区段煤柱，确保煤层开采后产生的导水裂缝带不发育至上部水体及含水层，实施水体下安全开采。该技术适用于上覆岩层为中硬或软岩层、隔水性能较好、煤开采形成的导水裂隙带高度发育不到上部水体（地表水体或含水层）的厚煤层综放开采。

74.6.2   下沟煤矿提高顶煤回收率的途径

下沟煤矿自 2001 年引进综采放顶煤工艺以来，综放开采取得了较大的经济效益。然而统计资料表明，下沟煤矿综放工作面回采率较低，基本上在 65% 左右，造成了一定的煤炭资源损失。因此，回采率偏低和指标不稳定已成为目前综放开采工艺中需要解决的问题。通过对下沟煤矿顶煤实施高压注水或松动爆破，对综放工作面几何参数进行优化，实现工作面端头放煤，选择合理的放煤步距和放煤方式，以及加强综放工作面管理等有效措施，工作面的回采率由 65% 提高到 85% 以上，大大提高了资源的回收率，取得了巨大的经济效益。

（1）对顶煤实施高压注水或松动爆破：对顶煤层采用长孔动压压煤体注水法，不仅能增加煤体水分减少工作面煤尘，而且有利于增加和扩展顶煤裂隙，改变顶煤物理力学性质，煤体集中应力释放，弹性减小，塑性增加，从而使顶煤冒放性得到改善。顶煤松动爆破是提高顶煤回收率的一项有力措施，其爆破效果好，破碎程度大，顶部形成的大块顶煤较少，不易形成拱结构，减小了放煤阻力。对顶煤采取上述措施后，顶煤的密度、碎胀系数、湿度、孔隙率、块度发生变化，顶煤冒放性有所改善。

（2）对综放工作面几何参数进行优化：加大工作面长度，等于相对减少采区区段煤柱，综放工作面初、末采损失在既定条件下，损失总量基本不变，加大走向长度可使损失率降低，走向相同的同采高综放工作面端头丢煤量相近，加大工作面长也可使损失率降低。

下沟煤矿已逐步对工作面几何尺寸进行优化：工作面长度由原来的 90m 左右增加到 180m，推进长度由原来的 1000m 左右增大到最大 2000m。同时将一采区的 ZF1805、ZF1806 两套工作面合二为一，减少区段煤柱损失量 2.6 万吨。

（3）工作面实现端头放煤：工作面配备端头支架，支架本身具备放煤功能。从而减少端头顶煤的损失。根据下沟煤矿煤层赋存条件和 9 年来的综放开采成功经验，从过去的一采区 90m 综放工作面到现在四采区 180m 综放工作面，逐步形成了一套工作面端头、过渡支架低位连续式放顶煤的理论。

（4）选择合理的放煤步距：通过下沟煤矿 9 年综放开采的经验和我国放煤步距经验公式，认为综放工作面整层放顶煤开采适合于两刀一放的放煤步距。整层综放放煤步距为两刀一放，第一次移架时，采空区的矸石同上部顶煤同时流向放煤口。第二次移架时，采空区的矸石基本上处于安息状态，而上方大量的松散顶煤随支架前移落入放煤口的上方，形成待放煤体。放煤时，随收缩插板顶煤便不断地流入刮板机，煤量小时再活动尾梁，加大放煤口，上部的顶煤继续被放出。放煤步距太大或太小都将使顶煤损失过多，含矸过高。

（5）确定合理的放煤方式：通过多年的放顶煤实践经验，目前下沟煤矿综放工作面常用的主要放煤方式为"低位放煤、多轮循环、均匀连续、大块破碎、见矸关门"的原则。不要一次将冒落的顶煤全部放出，而是分两次（或多次）将冒落的顶煤放完，这样一可以保证冒落的顶煤和冒落的直接顶的煤岩分界线平缓的下降，以减少混矸，二可以给尚未冒落破碎不充分的顶煤一段二次冒落破碎的时间，以保证较高的顶煤回收率。在放煤同时，不断摆动。

74.6.3 设备升级

为做好灾害事故的预防工作，一是投入 1300 万元为矿井装备了一套安全自动化监测监控系统，安全监测系统在井下重点区域设有 127 个模拟量传感器，85 个开关量传感器，投入 200 多万元，对 KSS-200 束管监测系统、KJ-110 煤矿安全监测监控系统进行了升级改造，24h 不间断地对井下瓦斯、一氧化碳、负压、风速、温度等环境参数及矿压、仓位、设备开停、风门开关等工况参数适时传递到地面终端系统，为管理决策提供了依据；二是投入 200 多万元，对矿井排水系统进行优化和改造，使矿井排水系统运行可靠，确保矿井安全生产；三是投入 80 多万元，对喷雾降尘系统进行了改造，变过去的人工手动喷雾为自动化喷雾；四是投入 5 万多元对井下主要风门进行了改造，变原来的三开有压风门为三开无压风门；五是进一步完善矿井六大系统，检测监控系统、人员定位系统、压风自救系统、供水施救系统、通信联络系统、紧急避险系统均已完成了大规模的投资建设，极大提升了矿井应对事故的综合能力；六是投资 1600 多万元为矿井建立了采空区防灭火系统，装备了一套目前国内最先进的 JSG-8 型束管监测系统，两套黄泥灌浆系统，四套 JXZD-600型注氮防灭火系统；七是投资 500 余万元购买了 3 台 ZWY105/132 型瓦斯抽放泵及2000mϕ350PE 抽放管，投入 2200 万元建成地面瓦斯抽放站，瓦斯治理得到彻底解决，在瓦斯治理方面积累了比较成熟的经验，并在崔家沟等许多国有大矿进行推广和应用。

75　下峪口煤矿

75.1　矿山基本情况

下峪口煤矿始建于 1970 年 3 月，1975 年建成投产，1979 年达产。矿井设计生产能力 90 万吨/a，2004 年矿井生产能力核定为 150 万吨/a。矿山开发利用简表见表 75-1。

表 75-1　下峪口煤矿开发利用简表

基本情况	矿山名称	下峪口煤矿	地理位置	陕西省韩城市
地质资源	开采煤种	1/3 焦煤、瘦煤、贫瘦煤、贫煤	累计查明资源储量/万吨	19582.2
	主要可采煤层	2、3、11		
开采情况	矿山规模/万吨·a⁻¹	150	开采方式	地下开采
	开拓方式	平硐暗斜井-立井联合开拓	采煤工艺	长壁式采煤
	原煤产量/万吨	89.1	采区回采率/%	77.7
选煤情况	选煤厂规模/万吨·a⁻¹	300	原煤入选率/%	100
	主要选煤方法	重介旋流器分选、浮选联合		
综合利用情况	煤层气年利用量/万立方米	5600	煤矸石年利用量/万吨	14.5
	矿井水年利用量/万立方米	80		

下峪口煤矿矿区面积 27.5km²。下峪口煤矿位于秦晋交通要冲的韩城市龙门镇，矿井工业场地南侧有西（安）-侯（马）铁路和公路通过，至西安 270km，至山西侯马约 80km。矿井对外交通十分便利。

2014 年以来，矿山完成了主运输系统的升级改造和年入选能力 300 万吨的重介式选煤厂的建成投产，井下采面全部实现机械化综采，消灭了炮采，放顶煤回采、沿空留巷、瓦斯防突抽采治理、自动化控制改造等先进技术工艺在矿山得到了广泛推广应用，产能大幅提升。

75.2　矿床地质特征

下峪口井田主采煤层 3 层：分别为 2 号、3 号、11 号煤层。

2 号煤层位于山西组第二旋回的上部，上距 1 号煤层 5~30m，下距 3 号煤层 4~28m，结构简单，一般不含夹矸，为一较稳定的有不可采区的可采薄煤层，厚度 0~3.0m，一般为 1.0m 左右的薄煤层。在第 2 勘探线的中-深部，厚度较大，在 2m 左右，但其两侧仍为 0.8~1.06m 的薄煤层，在第 10 勘探线 X$_{40}$ 号孔煤层厚度达 3m。由于有不可采见煤点和无煤点的出现，构成 3 个不相连的无煤区和 8 个不可采区。煤层倾角 2°~26°，平均倾角 6°。

3 号煤层位于山西组第一旋回的上部，上距 2 号煤层 4~28m，下距 11 号煤层 25~115m。煤层结构较简单，含夹矸 0~3 层，夹矸厚度 0.03~0.57m。煤层厚度 0.36~9.24m，一般 4m 左右。在井田内除 X$_{58}$ 号孔为 0.36m，即在井田浅部第 1 勘探线至第 2 勘探线间为不可采厚度以外，其他钻孔均在可采厚度以上。煤厚变化幅度较大，其基本规律是在第 5 勘探线以北的浅-中深部为厚煤层地区，煤层厚度一般均在 6m 左右。煤层倾角 2°~26°，平均倾角 5°。

11 号煤层位于太原群的第二旋回，上距 3 号煤 25~115m，下距奥陶系石灰岩 8~43m。煤层结构较简单，含夹矸 0~3 层，夹矸最大厚度 0.5m，一般在 0.1~0.2m 之间。煤层厚度 0~6.49m 不等，以 2m 左右的中厚煤层居多，煤层变化无规律可循。煤层倾角 2°~26°，平均倾角 6°。

下峪口井田赋存煤种为 1/3 焦煤、瘦煤、贫瘦煤及贫煤。

下峪口煤矿累计查明资源储量 19582.2 万吨，累计开采矿石 2869.5 万吨，累计动用储量 4039.2 万吨。

75.3　开采基本情况

75.3.1　矿山开拓方式及采矿工艺

矿井开拓方式为平硐暗斜井-立井联合开拓方式。

矿井主要可采煤层为 2 号、3 号、11 号煤层。2 号、3 号煤层间距为 10~15m，煤质相同，多属配焦用煤，划为一个层组开采；11 号煤层距 3 号煤层 70m，煤中含硫较多，属动力用煤，作为另一个层组开采。目前矿井联合开采 2 号、3 号层组，11 号煤层尚未开采。开采 2 号煤层采用单一长壁式采煤方法，而 3 号煤层的开采不再分层开采，采用 π 型长钢梁放顶一次采全高采煤法。

75.3.2　矿山主要生产指标

2011 年采区采出量为 69.7 万吨，工作面回采率 96.9%、采区回采率为 76.6%。2012 年采区采出量为 88.9 万吨，工作面回采率 97.6%、采区回采率为 80.4%。2013 年采区采出量为 89.1 万吨，工作面回采率 97.1%、采区回采率为 77.7%。

75.4　选煤情况

下峪口选煤厂原设计处理原煤能力为 60 万吨/a，改扩建后年处理能力为 300 万吨/a。2011~2013 年原煤入选率分别达 92.4%、100%、100%。

选煤原工艺流程为 50~0.5mm 主再洗跳汰+煤泥浮选工艺流程。经过技改采用最终确定的工艺流程主要有原煤筛分破碎、主厂房洗选系统、浮选系统、煤泥水处理系统、介质回收净化系统、产品煤储装运系统等。

原煤筛分破碎。原煤筛分破碎在筛分破碎车间内完成，原煤通过 50mm 的单层筛分级，+50mm 大块煤通过破碎机破碎到小于 50mm 以下，然后与-50mm 混煤一起通过原煤仓下带式输送机进入主厂房分选，同时增加了不入选直接上快速装车站由火车外运的可能性。

原煤主厂房洗选系统。进入主厂房的原煤通过刮板输送机直接进入无压三产品重介旋流器分选，无压三产品重介旋流器分选出精煤、中煤、矸石 3 种产品，精煤、中煤、矸石经过脱水脱介后作为最终产品；中、矸脱介筛筛下稀介经磁选机磁选后，尾矿经浓缩旋流器浓缩、弧形筛、高频筛脱水后粗煤泥掺入最终中煤产品中；精煤脱介弧形筛下合介经分流箱分流，一部分进入合格介质桶，另一部分则进入煤泥重介旋流器；精煤脱介筛稀介经磁选机磁选后，尾矿经浓缩旋流器浓缩、弧形筛、煤泥离心机脱水后粗精煤掺入最终精煤产品中，弧形筛筛下水、煤泥离心机离心液则返回浓缩旋流器中。

浮选系统。精煤浓缩旋流器溢流进入浮选系统，浮选精煤经过加压过滤机后脱水掺入精煤产品；尾煤压滤后作为最终煤泥产品。

介质回收净化系统及自动控制。选煤厂的介质系统采用磁铁矿粉与煤泥和水配成合格的分选介质，脱介筛下合介进入合格介质桶作为工作介质循环使用，中矸脱介筛筛下稀介经磁选机磁选后，磁选精矿返回合格介质桶；精煤脱介弧形筛下合介经分流箱分流，一部分进入合格介质桶，另一部分则进入煤泥重介旋流器，煤泥重介旋流器精矿进入磁选，磁选精矿经分流后一部分进入合格介质桶，一部分返回煤泥重介旋流器，在合格介质泵的出口加装密度计，将密度计信号反馈到介质密度控制系统，根据介质密度的高低通过补加水、加大分流、补加介质来自动调节合格介质的密度。

块煤储装运系统。此次技改对产品煤的销售增加了极大的灵活性，既可以通过汽车外运，也新建了快速装车站通过火车外运，入主厂房的原煤可以不洗选直接经混煤地销仓直接汽车外运；也有直接上快速装车站通过火车外运的可能，产品精煤也同时可以满足经地销精煤仓汽车外销或者通过原有块煤装车系统配煤装火车外运的可能。

投产以来，共生产低硫、低磷的瘦精煤，主要供武钢、徐钢等企业。选煤厂主导产品"龙门"牌九级、十级、十一级冶炼瘦精煤属低硫、低磷、低灰、高发热量和可选性好的国内稀缺优质配焦煤种。

75.5　矿产资源综合利用情况

共伴生矿产为煤层气，查明储量为 $21.34 \times 10^8 m^3$，2013 年利用 $0.56 \times 10^8 m^3$。2013 年利用煤矸石 14.5 万吨，矿井水 $80 \times 10^4 m^3$。

75.6　技术改进及设备升级

下峪口煤矿采用柔模混凝土沿空留巷技术，实现采煤工作面 Y 型通风。该煤矿 23305 工作面轨道巷留巷长度 500m，多回收煤炭资源 2.835 万吨。采面沿空留巷技术，取消了区段煤柱，缓解了采掘接续，可将采面交替式开采变为连续式开采，有利于突出煤层的瓦斯释放和压力释放，上煤层可提高资源回收率 10% 以上，下煤层可提高资源回收率 15% 以上，延长了矿井生产周期。韩城矿区应用该技术后，提高煤炭资源回收率，形成有效的 Y 型工作面通风系统。2010 年至 2013 年，桑树坪煤矿、下峪口煤矿和象山煤矿共成功留巷 4332m。

　　该技术的基本原理是紧跟回采工作面，在采空区与巷道之间砌筑一道密闭混凝土连续墙，与原有巷道内的支护形成一个整体，共同承担回采动压及其他的巷道压力，维护巷道稳定，并隔绝瓦斯等有害气体，防止采空区自燃发火。其流程是地面干混料通过矿车运至工作面机巷混凝土泵站，采用胶带上料机将干混料连续输送到混凝土搅拌槽，在搅拌槽中加水搅拌均匀后输送到工作面柔模混凝土浇筑点。

76　先锋露天煤矿

76.1　矿山基本情况

先锋露天煤矿于 1997 年 12 月建矿，2000 年 10 月投产，2008 年核定生产能力为 200 万吨/a，2012 年矿山进行扩建，2013 年生产能力达到 300 万吨/a。矿山开发利用简表见表 76-1。

表 76-1　先锋露天煤矿开发利用简表

基本情况	矿山名称	先锋露天煤矿	地理位置	云南省昆明市
	矿山特征	第三批国家级绿色矿山试点单位		
地质资源	开采煤种	褐煤	累计查明资源储量/万吨	22253
	主要可采煤层	M_8^1、M_8^2		
开采情况	矿山规模/万吨·a^{-1}	300	开采方式	露天开采
	剥离工艺	单斗挖掘机采装，自卸汽车运输的间断开采工艺	采煤工艺	单斗挖掘机采装，自卸汽车运输的间断开采工艺
	原煤产量/万吨	348	采区回采率/%	98
综合利用情况	煤矸石产生量/万吨	325	矿井水产生量/万吨	138
	煤矸石利用率/%	0	矿井水利用率/%	100
	煤矸石处置方式	矸石场堆存	矿井水利用方式	矿山生产

先锋露天煤矿开采深度由+2240m 至+2080m 标高。先锋露天煤矿位于云南省昆明市寻甸县境内，属先锋乡管辖。矿区位于昆明市北偏东 32°方位，直线距离 60km。东至寻甸县城 33km，至嵩明县城 34km，至昆明市 81km，至阳宗海电厂 84km。国铁贵昆线、成昆线、南昆线、昆玉线、昆大线、昆河线（米轨）以及内昆线七条铁路汇交昆明，国铁东川支线穿过寻甸县城，距矿区最近的车站有寻甸站和天生桥站，交通便利。

76.2　地质资源

矿山含煤地层为第三系中新统小龙潭组，井田内主要含煤层为 N_1^2 含煤段的巨厚煤组，N_1^1、N_1^4 段虽含煤，但仅局部可采，一般无工业价值。可采煤层为 M_8^1、M_8^2 两层，为单一巨厚层。

小龙潭组 N_1^2 主要含煤段，产巨厚煤 1~2 层，煤层最厚达 236m，一般厚度 80~150m。

矿区构造简单，为一近东西向的向斜，断层多为高角度正断层，规模很小，对矿床破坏不大。

截至 2013 年底，先锋露天煤矿累计查明煤炭资源储量 22253 万吨，矿山累计动用资源储量 2892 万吨。其中，2011 年、2013 年分别动用资源储量 245 万吨、355 万吨。截至2013 年底，矿山保有资源储量 19361 万吨。

76.3　开采基本情况

76.3.1　矿山开拓方式及采矿工艺

采煤、剥离均采用单斗挖掘机采装，自卸汽车运输的间断开采工艺。工艺流程为：穿孔爆破（松动）-挖掘机采装-自卸汽车运输-推土机排弃（剥离物）或自卸汽车过磅外运（煤炭）。

76.3.2　矿山主要生产指标

2011 年，采出量 240 万吨，采区损失量 4.9 万吨，采区回采率为 98%；矿山采出量240 万吨，损失量 51.73 万吨，回采率为 82.27%。

2013 年，采区采出量 348 万吨，采区损失量 7.1 万吨，采区回采率为 98%；矿山采出量 348 万吨，损失量 76.38 万吨，回采率为 82.00%。

76.4　选煤情况

矿山生产褐煤，未经洗选，以原煤直接出售。

76.5　矿产资源综合利用情况

矿山共伴生矿产有硅藻土，硅藻土查明储量 7759.54 万吨。暂未开采。

矿山煤矸石未利用，集中堆放在矸石场。矿井水主要用于矿山生产用水。截至 2013 年底，矿井水累计排放量 6488 万吨，累计利用量 6488 万吨。其中，2011 年、2013 年排放量分别为 115 万吨、138 万吨，利用量分别为 115 万吨、138 万吨。详见表 76-2。

表 76-2　煤矸石及矿井水利用情况

名称	单位	累计排放量	累计利用量	2011 年		2013 年	
				排放量	利用量	排放量	利用量
煤矸石	万吨	16090	0	298	0	325	0
矿井水	万吨	6488	6488	115	115	138	138

矿山煤矸石未利用，集中堆放在矸石场。截至 2013 年底，矿井水年利用率为 100%。

77　谢 桥 煤 矿

77.1　矿山基本情况

谢桥煤矿于 1983 年 12 月 20 日建矿，1997 年 5 月 14 日投产，设计能力 400 万吨/a。2012 年 9 月完成安全改建工程后，核定生产能力 960 万吨/a、配套有 1100 万吨/a 选煤厂。矿山开发利用简表见表 77-1。

表 77-1　谢桥煤矿开发利用简表

基本情况	矿山名称	谢桥煤矿	地理位置	安徽省颍上县
	矿山特征	第三批国家级绿色矿山试点单位		
地质资源	开采煤种	气煤	累计查明资源储量/万吨	68509.2
	主要可采煤层	13^{-1}、11^{-2}、8、6		
开采情况	矿山规模/万吨·a^{-1}	960	开采方式	露天开采
	开拓方式	立井、主要运输大巷、分区石门和上下山开拓	采煤工艺	走向长壁后退式一次采全高综合机械化开采，顶板管理为自然垮落法
	原煤产量/万吨	1052.2	采区回采率/%	83.50
选煤情况	选煤厂规模/万吨·a^{-1}	1100	原煤入选率/%	100
	主要选煤方法	跳汰、重介		

谢桥煤矿东西走向长约 8.9km，南北倾斜宽 4.3km，面积约 38.2006km^2。

谢桥煤矿位于淮北平原西南部，安徽省颍上县境内，横跨颍上县和淮南市凤台县，其中心南距颍上县城 20km，东南至凤台县城约 34km。谢桥矿位于淮南煤田潘谢矿区西端，潘谢公路直达工厂，淮阜铁路从矿区南部通过，西有颍上-利辛公路通过，向南与颍上-凤台公路及合淮阜高速公路相接，东有凤蒙公路，凤阜公路从矿区通过，可直达凤台县城，且与淮河水运相接，交通较为方便。

谢桥煤矿气候温和，四季分明，属季风暖温带半湿润气候，春秋温和雨少，夏季炎热多雨，冬季寒冷多风。历年年平均气温 15.1℃，极端最高气温 41.4℃，极端最低气温 −21.7℃。年平均降雨量为 926.33mm，最大 1723.5mm，最小 471.9mm；日最大降雨量 320.44mm；小时最大降雨量 75.3mm。降雨多集中在 6、7、8 三个月，约占全年降雨量 40%。年平均蒸发量 1642.5mm，最大 2008.1mm，最小 1261.2mm。蒸发量一般小于降雨量。全年主导风向为东南风。春秋季多东南风、东北风，夏季盛东南风，冬季多东北风-

西北风，年平均风速 3.28m/s，最大风速 20m/s。冻结及解冻一般无定期。冻结期最早为 11 月 10 日，最晚可至次年 3 月 16 日。一般夜冻日解，冻结深度 40~120mm，最大冻土深度达 190mm。

77.2　地质资源

井田位于淮南复向斜的中部，陈桥背斜的南翼，谢桥向斜的北翼。总体上呈近东西走向、向南倾斜的单斜构造。地层倾角一般 10°~15°，局部地段发育较小的褶曲造成地层起伏，但波幅较小，地层产状总体上变化不大，单斜构造特征明显。

谢桥煤矿上覆为第三、四系地层，煤系地层被第三、四系地层覆盖，只有北翼边缘寒武、奥陶系古老地层出露。

区内含煤地层为石炭系上统太原组、二叠系下统山西组、下石盒子组及上统上石盒子组。

二叠系山西组及上、下石盒子组，共含定名煤层 31 层，总厚 31.42m，含煤系数为 4.3%，其中可采煤层 11 层，自下而上依次为 1、4^{-2}、5、6、7^{-1}、7^{-2}、8、11^{-2}、13^{-1}、16^{-1}、17^{-1}煤层，可采煤层总厚 23.10m，占煤层总厚的 73.5%。13^{-1}、8、4^{-2}、1 煤层为主要可采煤层，总厚 14.58m，占可采煤层总厚度的 63.1%。

发育于含煤地层上部的 25、23、18 三层煤，是被列为计算远景储量的可采煤层，平均总厚为 3.47m。除此以外的其他煤层，均薄而不稳定，常尖灭或沉积为炭质泥岩，为不可采煤层。区内含煤地层沉积稳定，各煤层间距、煤层厚度均较为稳定，煤、岩层组合、标志层、化石带以及煤、岩层的物性反映等特征明显，故一般易于对比。

谢桥煤矿煤层煤质稳定，气煤为主，有少量 1/3 焦煤，属特低-低硫分、特低-低磷、中灰分煤为主、中等发热量、高熔灰分、富焦油。

截至 2013 年底，谢桥煤矿累计查明煤炭资源储量为 68509.2 万吨（含全矿性永久煤柱量 13428.0 万吨）。其中：111b 类别 35935.8 万吨，122b 类别 10411.0 万吨，331 类别 1208.5 万吨，332 类别 3088.6 万吨，333 类别 17865.3 万吨；无伴生矿产。

77.3　开采基本情况

77.3.1　矿山开拓方式及采矿工艺

矿井原设计生产能力为 400 万吨/a，共布置 5 个采区，即西一、西二、东一、东二、东三。矿井开拓方式为立井、主要运输大巷、分区石门和上下山开拓方式，工业广场内设主井、副井和矸石井 3 个井筒，东翼有东一、东二风井，西翼有西风井。主井、副井和矸石井进风，东一、东二风井及西风井回风。全井田共划分为两水平，上、下山开采。第一水平标高为 -610m，下山到 -720m，东翼回风水平标高 -440m，西翼回风水平标高 -427.5m，一水平分为东一、东二及西翼采区，每采区按 B、C 组煤层开采，独立设有生产系统，布置 3~4 上山。第二水平标高 -900m，下山到 -1000m，二水平生产采区分为东翼、西翼两大采区，目前正在开拓。井下煤炭运输采用皮带运输方式，煤流自采煤工作面顺槽皮带经上下皮带进入采区煤仓、石门皮带、皮带大巷至井底车场煤仓。主要轨道大巷和回风大巷布置在稳定的岩层中，采区上下山以两岩一煤的方式布置，即轨道上山、皮带上山布置在岩石中，回风上山布置在煤层中。

采煤方法为走向长壁后退式开采，采煤工艺为一次采全高综合机械化开采，顶板管理为自然垮落法。现主井和箕斗井承担主提升。主井井筒净直径 7.2m，装备 2 套 20t 双箕斗，JKM-3.5×6（Ⅲ）型塔式多绳提升机 2 台，配 2 台 3200kW、68.12r/min 同步电动机；最大提升速度 12.5m/s，现运行速度 12.5m/s。箕斗井井筒净直径 7.6m，装备 2 套 35t 双箕斗，选用 2 台 JKMD-5×4（Ⅲ）型落地式多绳摩擦提升机，各由 1 台 5500kW 低速同步电机拖动。设计提升速度均为 13.8m/s。采用刚性罐道导向，曲轨卸载。交-直-交变频供电。

设计矿井可采煤层为 11 层，实际矿井可采煤层为 11 层，平均煤厚为 2.3m，煤层倾角一般为 8°~15°，平均 14°，煤层稳定性为不稳定-稳定，其中稳定煤层 2 层，较稳定煤层 6 层，不稳定煤层 3 层。

自投产至今，一水平正在开采 13⁻¹、11⁻²、8、6 煤层，井田内 5、4、1 煤层尚未开采，二水平正在基建阶段，未投入生产。截至 2013 年底，矿井已投入生产的分煤组采区共 9 个。其中，已收作的采区有 3 个，分别为西翼 11⁻² 煤层下山采区，东一 13⁻¹ 煤层上、下山采区，新东翼 B 组（8、6 煤）上山采区。正在生产的采区有 6 个，分别为西翼 C组（13⁻¹、11⁻² 煤）上山采区，东二 C 组 13⁻¹ 煤层采区，西翼 B 组（8、6 煤）上山采区，西翼 B 组（8、6 煤）下山采区，东一 B 组（8、6 煤）上、下山采区，东二 B 组（8、6煤）上山采区。

77.3.2　矿山主要生产指标

2013 年动用采区资源储量 793.6 万吨，其中采出量 662.7 万吨，损失量 130.9 万吨。设计工作面回采率为 93%~97%，实际 2013 年工作面回采率为 96.25%。设计采区回采率为 80%，实际 2013 年采区回采率为 83.50%（见表 77-2）。

表 77-2　谢桥煤矿 2013 年煤炭资源开采利用情况　　　　　　　　　（万吨）

煤层	采区				工作面				
	名称	动用量	采出量	损失量	回采率/%	名称	动用量	采出量	损失量	回采率/%
13⁻¹	东二	71.2	61.6	9.6	86.52	1341（3）	59.8	58.9	0.9	98.49
		190.0	151.3	38.7	79.63	1321（3）	157.5	146.1	11.4	92.76
11⁻²	西翼	170.3	146.6	23.7	86.08	1222（1）	147.5	140.7	6.8	95.39
6	东二	84.4	73.0	11.4	86.49	13316	70.9	70.5	0.4	99.44
	东一	60.1	44.0	16.1	73.21	11426	44.3	42.3	2.0	95.49
		89.0	73.7	15.3	82.81	11316	71.3	69.0	2.3	96.77
	西翼	70.1	63.8	6.3	91.01	12226	62.1	61.5	0.6	99.03
	二水平东翼	58.5	48.7	9.8	83.25	21116	45.9	45.6	0.3	99.35
合计		793.6	662.7	130.9	83.50		659.3	634.6	24.7	96.25

77.4 选煤情况

谢桥选煤厂为矿井型选煤厂，有跳汰和重介两个车间，设计处理能力 1100 万吨/a。主导产品定位为动力煤，产品 751 万吨/a，灰分范围为 22%~28%，产率 53.78%，煤泥落地晾干后地销，灰分为 49.55%，产率 6.64%。

跳汰车间入选量为 800 万吨/a，工艺流程为+220mm 为手选，220~50mm 级块煤采用动筛跳汰分选，−50mm 级进入主洗系统进行 6mm 分级，+6mm 块煤跳汰，入选比例占原煤 60.24%，−6mm 末煤直接作为产品，煤泥水处理采用二段浓缩，一段浓缩机底流采用卧脱脱水回收，二段浓缩机底流采用压滤机回收。

重介车间入选量为 300 万吨/a，工艺流程为+200mm 直接落地，200~50mm 块原煤采用动筛排矸，50~6mm 级原煤采用无压三产品重介旋流器排矸，入选比例占原煤 84%，6~0mm 级末煤采用无压三产品重介旋流器排矸或不选，其中入选原煤中 0.75~0.25mm 级粗煤泥采用高频筛回收，0.1~0mm 级细煤泥采用板框压滤机回收。

跳汰车间主要机械、电气设备以国产设备为主，重介车间则以国外设备为主，均采用经生产实践考验并经国家鉴定过的国内外先进设备。

2013 年原煤产量 1052.2 万吨，当年入选原煤量 1052.2 万吨，原煤入选率 100%，选煤厂精煤产品产率为 82.52%。

2013 年选煤产品分别为：（1）混煤，产量 835.56 万吨，灰分 33.66%，硫分 0.47%，发热量 20kJ/kg；（2）煤泥，产量 37.87 万吨，灰分 51.05%，硫分 0.31%，发热量 9.49kJ/kg；（3）煤矸石，产量 178.79 万吨，灰分 82.10%，硫分 0.12%，发热量 5.36kJ/kg。

77.5 技术改进及设备升级

谢桥煤矿在提高资源回收率方面，采取的技术改进措施有：

跨采区上山开采，减少采区煤柱损失，增加工作面走向长度。例如原设计的西一、西二采区，现在该两个采区联合开采，工作面走向长可达 3000m 左右，西二采区长 280m 的系统煤柱被取消，获得大量可采储量。

根据巷道变形规律，选择合理的支护方式，缩小阶段煤柱。目前该矿工作面上下顺槽基本上采用锚网支护，且阶段煤柱一般留设 6~7m，增加了采区回采率。

加大工作面倾向长，减少阶段煤柱损失。例如近几年开采的 1222（1）、13316 工作面，倾斜长分别达到了 295.7m 和 279.4m，目前正在回采的 1242（3）工作面倾斜长达 363m，获得了更多的可采储量，提高了资源利用率。

采用大采高回采工艺。目前谢桥煤矿对于厚煤层（13^{-1} 煤层），采用大采高回采工艺，最大采高可达 6.5m，根据已回采的 1161（3）工作面实测数据，该面采区回采率为 82.26%，比设计的 80% 的采区回采率提高了 2.26 个百分点，多回收资源 57449t，多创造 2600 多万元效益。

78　新 景 煤 矿

78.1　矿山基本情况

新景煤矿是由原阳泉三矿的一期改扩建新增井田部分（西部区）与三矿竖井重新组建的采区。1997 年 7 月，三矿改扩建一期工程竣工投入生产，1998 年命名为新景矿。2004年，三矿竖井划归新景矿，新景矿进行改扩建，采区设计生产能力由 320 万吨/a 增至 750万吨/a。矿山开发利用简表见表 78-1。

表 78-1　新景煤矿开发利用简表

基本情况	矿山名称	新景煤矿	地理位置	山西省阳泉市
	矿山特征	第二批国家级绿色矿山试点单位		
地质资源	开采煤种	无烟煤	累计探明储量/万吨	1009391
	主要可采煤层	15、12、3		
开采情况	矿山规模/万吨·a^{-1}	750	开采方式	露天开采
	开拓方式	主斜井、副立井综合开拓	采煤工艺	走向长壁、顶板全部垮落采煤
	原煤产量/万吨	524.1	采区回采率/%	78
	煤矸石产生量/万吨	230	开采深度/m	+850～+230
选煤情况	选煤厂规模/万吨·a^{-1}	850	原煤入选率/%	100
	主要选煤方法	块煤重介浅槽分选，末煤无压三产品重介旋流器洗选，粗煤泥螺旋分选机分选，煤泥压滤和烘干		
综合利用情况	煤矸石利用率/%	0	矿井水利用率/%	100
	煤矸石处置方式	废石场堆存	矿井水利用方式	井下生产和消防

新景煤矿矿区面积 64.7477km^2，开采深度高程+850～+230m。

新景矿位于阳泉市西部，井田南部有石太铁路线沿桃河南岸横穿矿区，往西直达太原与南、北同蒲线接轨，往东至石家庄与京广线接轨。307 国道沿桃河北岸横穿矿区，往西至太原，往东至石家庄。太旧高速公路横穿矿区南部，新景矿工业广场往西 1km 有太旧高速公路入口，四周均有公路通往各村镇，交通十分便利。

该矿区属温带大陆性季风气候，受日照和冷暖气流交替影响，一年中，气候变化明显，四季分明。

78.2　地质资源

新景矿井田内地层由老到新依次是奥陶系（O）、中石炭统本溪组（C$_{2b}$）、上石炭统太原组（C_{3t}）、下二叠统山西组（P_{1s}）、二叠系下石盒子组（P_{1x}）、二叠系上石盒子组（P_{2s}）、二叠系石千峰组（P_{2sh}）、第四系（Q）、全新统（Q_4）。

新景采区位于阳泉矿区大规模单斜构造的西部，即太行山背斜西翼，寿阳向斜东翼，是沁水煤田的东北部分。煤层赋存呈东北部高而西南部低的态势，倾角一般6°～10°。井田内褶皱构造在平面上大体呈北北东—北东方向展布，以波状起伏的短轴褶皱构造为主，呈背向斜相间，斜列式、平列式组合，特别在局部地区，还出现一些小型的帚状、环状、S形等组合。在垂直剖面上多以上部比较开阔平缓，下部比较弯曲或紧闭的平行褶皱为主要特征。但在一些局部地区也出现一些不协调的层面褶皱，这些不同形态，不同组合的褶皱群，构成了矿区构造的主体轮廓。

含煤岩系为上石炭统太原组（C_{3t}）及下二叠统山西组（P_{1s}）地层。太原组连续沉积于本溪组地层之上。全组厚度107.33～140.60m，平均125m。由灰黑色、黑色砂质泥岩、泥岩、灰白色细-中粒砂岩和煤层组成。全组共有3层石灰岩和9层煤层，其中，主要可采煤层2层（15号、12号），局部可采煤层4层，含煤系数11.9%。

山西组连续沉积于太原组煤系地层之上，在矿区东部的一些沟谷中有出露。厚度东部较厚，可达75.2m，西部地区较薄，最小为43.7m，平均为56m左右。主要为灰黑色砂质泥岩、泥岩、灰白色细-粗粒砂岩和煤层组成。共含有煤层6层，其中，主要可采煤层1层（3号），局部可采煤层1层（6号），含煤系数7%。

各煤层均为中-高变质煤层，煤种属无烟煤。灰分 A_d 13.37%～25.17%，挥发分 V_{daf} 8.40%～11.99%，硫分 $S_{t,d}$ 0.39%～2.33%，发热量平均 $Q_{b,d}$ 35MJ/kg。

截至2013年12月，新景公司矿井累计探明储量为1009391万吨，其中保有储量（111b+122b+333）为926067万吨，基础储量（111b+122b）为753580万吨。

78.3 开采基本情况

78.3.1 矿山开拓方式及采矿工艺

新景矿采用主斜井、副立井的综合开拓方式，利用两个水平开采，一水平为+525m水平，二水平为+420m水平。全井田共划分为南北两个条带共四个分区，工业广场位于黄沙嘴酒厂的西侧。

主斜井巷道净宽4.8m，倾角13.5°，装备带宽1.4m的胶带输送机，并设检修道。主要负担采区的煤炭提升任务，兼作进风井及安全出口。

副立井井筒直径7.5m，装备JKD3.5×4（2）型多绳提升机，井筒内布置一套三层四车带平衡锤的宽罐笼，用于采区人员、材料及设备的提升，兼作进风井。该井装备为一次设计分期安装，一期工程安装一套，预留另一套安装位置。

该矿为煤与瓦斯突出矿井，开采方法采用走向长壁、顶板全部垮落采煤法，实行锚网索联合支护和综合机械化开采，一次采全高。回采工作面采煤设备为双滚筒采煤机，回采工作面运煤设备为可弯曲刮板输送机，回采工作面运输顺槽运煤设备为可伸缩胶带输送机。矿井通风方式为混合式，通风方法为抽出式。矿井有四个进风井和两个回风井，进风井为主斜井、副立井、芦南进风（排矸）井、芦北进风（排矸）井，回风井为芦南排风井和芦北排风井。

78.3.2　矿山主要生产指标

2011 年全矿动用储量 642.1 万吨，采出 516.6 万吨，永久煤柱 43.7 万吨，矿井回采率为 68.9%。

2013 年全矿动用储量 672.3 万吨，采出 524.1 万吨，永久煤柱 52.9 万吨，矿井回采率为 60.6%，采区回采率为 78.0%。

78.4　选煤情况

新景选煤厂初始设计洗选能力为 360 万吨/a，经多次升级改造，洗选能力已达 850 万吨/a。采用全重介洗选加工工艺：150~13mm 块煤采用重介浅槽分选，13~1mm 末煤采用无压三产品重介旋流器洗选，粗煤泥采用螺旋分选机分选，煤泥压滤和烘干联合工艺，实现了煤泥水闭路循环。

主要产品有洗中块，洗小块，1 号、2 号、4 号喷吹精煤，电煤和煤泥。全厂主要由原煤准备筛分系统、块煤洗选系统、末煤洗选系统、煤泥水处理系统和产品储装运系统组成。

78.5　矿产资源综合利用情况

78.5.1　共伴生组分综合利用

阳泉矿区煤层气区块，位于沁水煤田北部，矿区总面积 1105km^2，累计探明储量为 1418 亿吨。阳泉矿区的煤层气资源是沿矿区边界延伸至埋深 1500m 界内，总面积 2668km^2，煤层气资源量约为 6448 亿立方米。现在阳泉煤业集团的生产矿井集中在一、二、三、四、五矿和新景矿，井田面积 329.4km^2，煤炭储量 44.9 亿吨，煤层气资源量 426.757 亿立方米。现开采的生产矿井的近距离煤层都是高煤层气煤层，生产区煤层最大含气量为 21.77m^3/t，平均为 17.2m^3/t。

新景矿井下管网长度 30800m，井上神堂嘴固定煤层气抽放泵站进行抽放。神堂嘴抽放站装有 4 台抽放泵，总装机容量 2400kW，抽放能力 1600m^3/min。

阳泉市建立起以阳煤集团井下煤层气为主要气源的城市煤气利用系统，通过储配、中低压输配管网、调压站供城镇居民用户或大型工业用户使用，如氧化铝、煤层气发电、燃气空调领域等。

78.5.2　其他组分综合利用

新景煤矿原有矸石进行露天堆放，仅 2013 年产生 230 万吨矸石，目前正在进行矸石山生态恢复治理工程，并规划研究对新产生矸石进行综合治理及利用，防治新矸石发生自燃，充分利用矸石进行发电和制砖。

新景煤矿井下产生的污水部分注入采空区进行过滤，过滤后用于井下生产和消防；另一部分污水排至地面污水处理厂，经过处理后的水部分用于地面绿化。2013 年，矿井水共利用 10.8 万立方米，利用率为 100%。

78.6　技术改进及设备升级

该矿 2012 年实现自动化采煤工艺。3103 工作面以 SAC 电液控系统为核心，依托采煤机红外线位置检测、视频探头、多种传感器等监测监控装置，工作面液压支架跟随采煤机割煤方向自动执行升降、推移和喷雾作业，实现了液压支架跟机作业自动化。

监控系统采用 ZQS127-Z 型运输机监控主机，实现了对工作面刮板运输机、转载机、破碎机设备运行工况的动态监测。控制系统采用 KTC101 型通信装置配合视频监测设备，实现了对工作面三机和顺槽胶带机的集中控制。

3103 工作面可以实现推溜、拉架、伸缩前探梁跟机自动化，其集成供液系统可以实现自动配比、变频控制，工作面可达到视频全覆盖；支架压力、推溜长度、视频信息可以实时传输至总调度室，实现在线监控。

79　新巨龙煤矿

79.1　矿山基本情况

新巨龙煤矿矿井于 2004 年 6 月开工建设，2009 年底投产运营。设计生产能力为 600 万吨/a，2013 年 11 月份核定生产能力为 780 万吨/a。矿山开发利用简表见表 79-1。

表 79-1　新巨龙煤矿开发利用简表

基本情况	矿山名称	新巨龙煤矿	地理位置	山东省巨野县
	矿山特征	第二批国家级绿色矿山试点单位		
地质资源	开采煤种	肥煤、1/3 焦煤	保有资源储量/万吨	100665.5
	主要可采煤层	$3^上$、$3^下$、$15^上$、$16^上$、17、$18^中$		
开采情况	矿山规模/万吨·a^{-1}	780	开采方式	地下开采
	开拓方式	立井井筒开拓	采煤工艺	走向长壁采矿法
	原煤产量/万吨	599.6	采区回采率/%	88.4
选煤情况	选煤厂规模/万吨·a^{-1}	600	原煤入选率/%	100
	主要选煤方法	毛煤动筛排矸，原煤预先脱泥-重介旋流器主再选，煤泥浮选，尾煤浓缩压滤回收		
综合利用情况	煤矸石利用率/%	100	煤矸石利用方式	造砖、铺路

井田范围东起田桥断层，西至煤系地层底界露头，南起邢庄断层及刘庄断层，北至陈庙断层及第一勘探线，南北长约 12km，东西宽约 15km，面积约 142.29km²。

新巨龙煤矿位于山东省巨野县龙固镇，东距巨野县城约 20km，西距菏泽市 40km，兖（州）新（乡）铁路从工业广场中部穿过，京九铁路从井田西部经过；公司北大门紧挨 327 国道，济（南）菏（泽）高速公路从井田北部经过，可直达济宁、菏泽、兰考等地。

矿区处于温带半湿润大陆季风区，春季多风、夏季闷热、冬季寒冷、晚秋较旱、夏季雨量充沛。年平均气温 13.5℃，一般 1 月份温度最低，平均-1.8℃；7 月份温度最高，平均为 26.6℃。降雨多集中在 7、8 月份，12~2 月份降雨量最少，多年平均降雨量为 694.7mm。年平均蒸发量 1911.9mm，年平均相对湿度 70%。年平均风速 3.3m/s，春季多南风和西南风，夏季多东南风，冬季多北风和西北风。霜期一般在 11 月中旬至次年 4 月上旬。最大冻土深度 0.35m，最大积雪厚度 0.15m。

矿区含煤地层为山西组与太原组，含煤 24 层，平均总厚 236.89m。其中山西组含煤 2 层（2、3（$3^上$、$3^下$））；太原组含煤 22 层（4、5、6、7、8、9、$10^上$、$10^中$、$10^下$、$12^上$、

12^中、12^下、14、15^上、15^中、15^下、16^上、16^下、17、18^上、18^中、18^下）。煤层平均总厚17.79m，含煤系数7.5%。可采及局部可采煤层（3（3^上）、3^下、15^上、16^上、17、18^中）平均总厚9.62m，占煤层总厚的54%，其中3（3^上）煤层平均厚7.00m，占可采煤层总厚的73%，是主采及首采煤层。

各可采、局部可采煤层厚度、结构、可采性、稳定性及层数见表79-2。

表79-2　各可采、局部可采煤层特征一览表

煤层名称	煤层					夹石	
	全区厚度/m	可采范围厚度/m	结构	稳定性	可采性	层数	岩性名称
	两极值 平均值（可采点数）	两极值 平均值（可采点数）					
3（3^上）	0.32~10.48 7.00（82）	1.60~10.48 7.21（79）	较简单	较稳定	全区可采	0~3	泥岩 炭质泥岩 粉砂岩
3^下	0.30~7.28 2.90（18）	0.90~7.28 3.16（16）	较简单	不稳定	局部可采	0~2	泥岩 炭质泥岩
15^上	0.44~1.07 0.75（34）	0.70~1.07 0.82（24）	简单	不稳定	局部可采	0~1	泥岩
16^下	0.35~2.26 1.31（36）	1.15~2.26 1.60（26）	简单	不稳定	局部可采	0~2	泥岩 粉砂岩
17	0.23~1.65 0.90（33）	0.72~1.65 0.99（27）	简单	不稳定	局部可采	0~2	泥岩 粉砂岩
18^中	0.74~1.78 1.18（30）	0.74~1.78 1.18（30）	较简单	较稳定	局部可采	0~2	泥岩 炭质泥岩

煤种以肥煤和1/3焦煤为主，属低灰、低硫、低磷、高发热量的优质炼焦煤。

截至2013年底，采矿许可证范围保有资源储量100665.5万吨，其中：可采、预可采储量（111）7798.7万吨；（122）7349.2万吨。

基础储量：（111b）10736.0万吨（肥煤6621.0万吨、1/3焦煤4115.0万吨）；（122b）9818.3万吨（气煤723.3万吨、气肥煤69.3万吨、肥煤4995.1万吨、1/3焦煤4030.6万吨）。

资源量：（331）3266.8万吨（肥煤2934.8万吨、1/3焦煤332万吨）；（332）13877.8万吨（气煤51.5万吨、肥煤12372.1万吨、1/3焦煤1454.2万吨）；（333）60601.6万吨（气煤5552.4万吨、气肥煤3554.9万吨、肥煤27600.1万吨、1/3焦煤

23639.6 万吨、无烟煤 254.7 万吨）；（334）11741.0 万吨，均为肥煤。

此外高硫煤资源量情况：资源量 34916 万吨，其中（333）2365.0 万吨，（334）32551.0 万吨，均为肥煤。

79.2　开采基本情况

79.2.1　矿山开拓方式及采矿工艺

矿井开采方式为地下开采，采煤方法为走向长壁采矿法，矿井采用两主、一副、两风五个立井井筒开拓。矿井水平分别为 -810m 和 -950m 水平，目前主要生产水平为 -810m 水平。

79.2.2　矿山主要生产指标

截至 2013 年底，累计矿井动用储量 2708.9 万吨，累计矿井采出 2435.4 万吨。

矿井设计工作面回采率为 93%，设计采区回采率为 78%。2013 年实际矿井动用储量为 678.5 万吨，采出 599.6 万吨，工作面回采率为 94.5%，采区回采率为 88.4%。

79.3　选煤情况

新巨龙选煤厂为矿井型炼焦煤选煤厂，设计生产能力为 600 万吨/a，选煤厂生产工艺为：大于 50mm 毛煤动筛排矸，50～0mm 原煤预先脱泥，50～0.5mm 采用重介旋流器主再选，0.5～0mm 煤泥浮选，尾煤浓缩压滤回收的联合生产工艺。

2013 年，原煤入选率 100%。生产精煤 400.91 万吨，精煤产率 67.36%，灰分 7.88%，硫分 0.68%，发热量 28.65MJ/kg。生产中煤 140.09 万吨，中煤产率 23.54%，灰分 25.61%，硫分 0.90%，发热量 22.13MJ/kg。生产煤泥 51.88 万吨，煤泥产率 8.72%，灰分 43.77%，硫分 1.40%，发热量 14.37MJ/kg。

79.4　矿产资源综合利用情况

矸石通过转包形式进行销售，主要用于造砖、铺路等，综合利用率 100%。

79.5　技术改进及设备升级

（1）针对矿井煤质变差，受矸石泥化选煤厂重介生产系统粉精煤产率增加，灰分升高，精煤损失严重这一问题，将小直径重介旋流器与精细筛分技术相结合的粗煤泥降灰技术引入选煤生产。该技术利用小直径重介旋流器分选下限低的优势，简化了粗煤泥分选工艺；利用精细筛分技术脱泥效率高的优势，解决了高灰细泥对粗精煤的污染问题。项目实施后精煤产率提高 2.5%，经济效益显著。

（2）2013年，采用水源热泵技术建设两座机房，在矿内提取矿井水余热资源，替代燃煤锅炉用于矿内供热。北工厂生产区水源热泵机房配备2套螺杆式水源热泵机组、3套离心式水源热泵机组，主要用于主副井井筒保温、职工洗浴用水加热、区队办公楼采暖等方面。选煤厂水源热泵机房配备2套螺杆式水源热泵机组，主要用于选煤厂厂房供暖及南工厂职工洗浴。

80　兴隆庄煤矿

80.1　矿山基本情况

兴隆庄煤矿是国家"六五"重点建设项目，是中国自行设计和建造的第一座设计年产300万吨的大型现代化矿井。煤矿于1975年2月20日动工兴建，1981年12月21日建成投产，现核定生产能力已跃升至年产660万吨。与矿井相配套的有年入选量600万吨的大型现代化选煤厂和亚洲第一家煤泥热电公司。矿山开发利用简表见表80-1。

表 80-1　兴隆庄煤矿开发利用简表

基本情况	矿山名称	兴隆庄煤矿	地理位置	山东省兖州区
	矿山特征	第一批国家级绿色矿山试点单位		
地质资源	开采煤种	动力煤	保有资源储量/万吨	52857
	主要可采煤层	3		
开采情况	矿山规模/万吨·a⁻¹	660	开采方式	地下开采
	开拓方式	竖井开拓	采煤工艺	倾斜长壁（条带）一次采全高采煤
	原煤产量/万吨	615.8	开采回采率/%	80.15
选煤情况	选煤厂规模/万吨·a⁻¹	600	原煤入选率/%	79
	主要选煤方法	三段一闭路破碎—一段闭路磨矿—单一浮选		
综合利用情况	煤矸石利用率/%	100	煤矸石处置方式	充填塌陷区、烧砖

兴隆庄煤矿井田走向长约13.1km，倾斜宽约6.8km，矿区面积56.2346km²，开采深度为+49.2～-750m。

兴隆庄煤矿位于济宁市兖州区东南，距兖州区约8km，行政区划属兖州兴隆庄镇。矿井北距兖州火车站约8km，东距津浦铁路程家庄车站2.5km，南距邹城市火车站约14km。西北侧有兖（州）新（乡）铁路及兖州以南矿井以北的日荷高速公路从井田内通过；由兖州区向东有兖（州）-石（臼港）铁路。区内公路四通八达，交通十分便利。

矿区为温带半湿润季风区，属大陆与海洋间过渡性气候，四季分明。年平均气温14.1℃，多年平均气温最低月为1月份，平均气温-2℃，最高气温为7月份，平均气温29℃。年平均降雨量712.7mm。雨季多集中在7～8月，有时延至9月，其降雨量约占全年降雨量的65%。年平均蒸发量1884.8mm，最大蒸发量多在4～7月，约占全年蒸发量的45%。风向频率多为南及东南风，年平均风速2.73m/s，极端最大风速24m/s，最大风速的风向多为偏北风。结冰期由11月至翌年3月，最大冻土深度0.45m，最大积雪厚度0.19m。

80.2　地质资源

兖州煤田为一轴向北东、向东倾伏的不对称向斜。兴隆庄煤矿位于兖州向斜的北翼，为一走向北东—北西，倾向南东—北东，倾角 2°～14°的单斜构造。主要含煤地层为下二叠统山西组和上石炭统太原组，煤系和煤层沉积稳定，为华北型含煤岩系。无岩浆侵入，煤质好且稳定。井田内地层自上而下有：第四系（Q）、侏罗系（J）、二叠系（P）、石炭系（C）和奥陶系（O）。

井田总体为一单斜构造。但因受到次一级褶曲的影响，如巨王林背斜、大施村向斜及大庙背斜等，使该矿成为一个向东突出的弧形单斜构造。以巨王林背斜为界，其北为北西走向至轴部逐渐成近南北，以南逐渐转为北东走向。局部处因更小一级褶曲的影响，形成走向上的局部扭曲，使煤层走向多变。

80.3　开采基本情况

80.3.1　矿山开拓方式及采矿工艺

兴隆庄煤矿矿井初步设计 10 个采区，年产 300 万吨。采区开拓采用水平石门、集中上下山、集中岩巷的布置方式，采区内以集中上下山为中分两翼相向回采。矿井投产之初，设计利用四个采区 10 个工作面（4 个综合机械化采煤工作面、6 个高档普采工作面）组织生产。后期依靠科技进步，大力开展科技攻关，大胆改革创新，优化采场布局，积极推广应用先进的采煤工艺。现在，采区已优化调整为 6 个，采煤工艺由高档普采、分层综采发展为综放开采。

80.3.2　矿山主要生产指标

截至 2013 年底，矿井累计动用资源储量 20994.7 万吨，累计采出量 13507.0 万吨，累计损失量 7487.7 万吨。

2013 年实际开采的工作面为 1306、1311、B1303、7303、7306、B10302 和 10303 面。年度采区回采率 80.15%。

80.4　选煤情况

兴隆庄矿选煤厂是国家"六五"重点建设项目，为上海宝钢供应低灰炼焦配煤，是中国选煤行业最早采用中外联合设计的项目。目前主要生产系统有：两个分选系统（为主选和块煤分选系统）、一个配煤系统。

主选系统是 1982 年兴建，1985 年 7 月投产，设计入选能力 300 万吨/a，经过技术改造，现已具备 450 万吨/a 的入选能力。块煤分选系统于 1999 年底投产，入选能力 150 万吨/a。选煤厂总入选能力可达 600 万吨/a，配煤系统配煤能力可达 200 万吨/a。

主要产品有 1 号精煤，灰分<8%；2 号精煤，灰分<9%；优质动力煤，灰分<12%；

普通动力煤，灰分<15%；块精煤，灰分<12%。

地面生产系统原设计有 3 座原煤仓，仓内原煤既可以进入主厂房入选，也可以进储煤场或直接装车外运。3 座产品仓，仓内分别储存 1 号精煤、2 号精煤、洗混煤，产品仓为跨线仓，产品通过仓下移动伸缩溜槽装车。

80.5 矿产资源综合利用情况

矿井固体废物主要包括建井矸石和地面洗选矸石。

该矿目前每年排放矸石约 30 万立方米，每年因矸石占用土地而堆积矸石山，通过对矸石的有害微量元素放射性和浸出物等进行分析，认定是理想的复垦充填材料。矿山购置了大量机械设备，将矸石全部充填塌陷区，截至目前已复垦塌陷地近 1400 亩。在复垦后塌陷地上，先后建起了养鸡场、涂料厂、液化气站、塑料厂、煤矸石砖厂等非煤产业，安置了大量的生产富余人员。

80.6 技术改进及设备升级

为进一步减少煤矸石排放量，加大综合利用力度。

一是投资 2000 余万元，新建年产 5000 万块标准煤矸石烧结砖生产线。该项目已投入正常运行，年综合利用煤矸石 18 万吨，折合 13.35 万立方米，按平均堆高 20m 计算，年节约堆放场地约 30 亩。该项目利用煤矸石自身燃烧热量烧砖，真正做到了烧砖不用土、不用煤，按砖瓦行业每万块消耗 1.1t 标准煤计算，年可节约标准煤 5500t。同时，该项目可节约耕地 29 亩（按每百万块黏土砖耗土 15.4m³，取土厚度按平均 4m 计算），具有显著的经济效益、社会效益和环境效益。

二是利用煤矸石充填塌陷区，进行生态重建工作。"兖州矿区生态环境治理与重建技术的研究"是山东省 2000 年可持续发展十大科技示范工程项目"矿区资源综合利用及环境可持续发展与示范"的子课题之一。"兴隆庄煤矿塌陷区矸石造地迁村重建新生态环境示范工程"是"兖州矿区生态环境治理与重建技术的研究"课题的主要内容之一。早在 2001 年该矿与中国矿业大学合作，形成"兴隆庄煤矿塌陷区矸石造地迁村重建新生态环境示范工程"初步方案施工设计。该项目工程位于兴隆庄煤矿二采区上方，面积约 800 亩，总投资达 3400 余万元，利用矸石量约 260 万吨。

三是积极实施洁净开采技术，将综合预防环境污染的技术应用于煤炭开采过程中，实现了"三优化一完善"。即，优化巷道布置，减少矸石量。对新设计采区采取全煤布置，加强岩巷的施工质量，大力推行光爆锚喷技术，提高断面有效利用率，使光爆合格率稳定在 80%以上，大幅度减少了矸石排出量。同时强化煤流系统管理，实施了以"零杂物、零缺陷、零投诉"为主要内容的"三零"工程，控制杂物，从源头控制矸石排出量。

81 伊敏露天矿

81.1 矿山基本情况

伊敏露天矿始建于 2004 年 5 月 1 日，2009 年 12 月 1 日竣工验收，并投入生产，设计采矿能力 2200 万吨/a。矿山开发利用简表见表 81-1。

表 81-1 伊敏露天矿开发利用简表

基本情况	矿山名称	伊敏露天矿	地理位置	内蒙古呼伦贝尔市
	矿山特征	第二批国家级绿色矿山试点单位		
地质资源	开采煤种	褐煤	累计查明资源储量/万吨	231083
	主要可采煤层	$15^上$、$16^中$、$16^下$		
开采情况	矿山规模/万吨·a^{-1}	2200	开采方式	露天开采
	剥离工艺	单斗-卡车	采煤工艺	单斗-半固定式破碎机-带式输送机半连续开采
	原煤产量/万吨	2194.7	开采回采率/%	97.2
综合利用情况	煤矸石利用率/%	0	矿坑水利用率/%	95
	煤矸石处置方式	废石场堆存	矿坑水利用方式	电厂生产

伊敏露天矿矿区面积为 42.3557km²，开采标高为 760~180m。伊敏矿区位于大兴安岭西坡，伊敏河中下游地区，矿区位于伊敏河冲积平原，属内蒙古自治区呼伦贝尔市鄂温克族自治旗管辖。

伊敏露天矿区北距海拉尔市 85km，距滨洲铁路及 301 国道 78km，区内有海伊铁路（伊敏铁路支线）、海伊公路、0504 省道通过，交通十分便利。

区内属中温带大陆性季风气候，冬季寒冷漫长，夏季温凉短促，春秋两季气温变化急促，且春温高于秋温，秋雨多于春雨，无霜期短。

81.2 地质资源

伊敏露天矿区位于伊敏断陷中南部，伊敏向斜东部。地层有白垩系下统大磨拐河组、伊敏组，第三系和第四系。

矿区属伊敏向斜东北部，沿走向及倾向均有缓波状起伏。伴生有断层 39 条，均为正断层。地层倾角 10°~80°。煤系地层无岩浆岩侵入。构造复杂程度中等。贯穿全区有一条带状砾岩冲刷带，规模大、切割深、充填物较复杂，与煤层接触面较清楚，煤层除厚度变薄，腐殖酸含量变高，结构被破坏外，其他煤质指标变化不大。

伊敏组含煤 8 个层组 13 层，由上到下编号为 3、4、5、8、9、14、15^上、15^中、15^下、16^上、16^中、16^下、17 煤层。其中露天可采煤层为 5、9、14、15^上、16^中、16^下 共 6 个煤层，二采区仅为 15^上、16^下 两个煤层。矿区煤类为褐煤（HM2），是较好的动力用煤，主要用于火力发电。

截至 2013 年 12 月，伊敏露天矿累计查明资源储量 231083 万吨，其中保有资源储量 212177.46 万吨，消耗资源储量 18905.54 万吨。保有资源储量中：探明的（可研）经济基础储量（111b）99450.23 万吨，控制的经济基础储量（122b）37180 万吨，推断的内蕴经济资源量（333）75547.23 万吨。

81.3　开采基本情况

81.3.1　矿山开拓方式及采矿工艺

伊敏露天矿采用露天开采，剥离采用单斗-卡车工艺，采煤采用单斗-半固定式破碎机-带式输送机半连续开采工艺。

工作面参数：剥离台阶水平分层，台阶高度小于 12m，采掘带宽度 25m，道路运输平盘宽度 40m，最小平盘宽度 65m，工作帮台阶坡面角 65°。

15 号煤和 16 号煤采煤台阶高度分别为 4m 和 12m，采掘带宽度 40m，工作台阶坡面角 70°，最小平盘宽度 65m。当前采区长度 2.2km，宽度 1.9km，工作线长 2.2km，最大开采深度 103m。现有剥离台阶 6 个，采煤台阶 3 个，15 号煤采煤工作线长度 700m，16 号煤采煤工作线长度 1700m。

由于该矿中厚、薄煤层非全区可采煤层有 7 层，伊敏露天矿当前仅开采 15、16 号主采煤层，15 号煤层平均厚度 7m，16 号煤层平均厚度 27m，均属稳定煤层。两层主采煤层均为厚煤层，倾角小于 5°，煤矿采用顶板露煤分层开采，开采条件良好。

主要采装设备为 CAT365、870、EX1900、EX2500 液压反（正）铲和 WK-10B、WK-20B、WK-35 电铲，主要运输设备为 TR-172C、108T、卡车，排土设备为 D10T 推土机。

81.3.2　矿山主要生产指标

伊敏露天矿生产工艺属较先进工艺，设备类型多，使用灵活，有利于原煤选采和顶底板清扫，2013 年，伊敏露天煤矿的采矿回采率为 98.3%。2017 年，全年煤炭生产达产 2200 万吨，剥离岩土首次突破 8600 万立方米。

81.4　选煤情况

伊敏露天矿开采的煤种为褐煤，为不可选煤。

81.5　矿产资源综合利用情况

伊敏露天矿为单一矿种煤，无查明的其他有益共伴生矿产。

煤矿矸石主要是煤层间夹矸，无利用价值直接作为废石排放。矿坑水年排放量约为 1400 万~1500 万立方米。矿坑水主要供于伊敏电厂。伊敏电厂废水用于矿区洒水降尘，利用率约为 95%。

81.6 技术改进及设备升级

伊敏露天矿剥离采用单斗-卡车开采工艺，采煤采用单斗-卡车-半固定式破碎站的半连续开采工艺，属较先进工艺类型。近年来通过技术改造，加快底板水治理，快速释放内排空间，利用近运距土空间，缩短运距 1.3km；调节采掘高度，增加系统可采量，充分发挥系统采掘效率。

82　依兰煤矿

82.1　矿山基本情况

依兰煤矿于 1964 年小规模开发建设，1966 年投产后形成 30 万吨/a 的生产能力。经几次改扩建，目前核定规模 260 万吨/a。矿山开发利用简表见表 82-1。

表 82-1　依兰煤矿开发利用简表

基本情况	矿山名称	依兰煤矿	地理位置	黑龙江省依兰县
地质资源	开采煤种	长焰煤	累计查明资源储量/万吨	3904.69
	主要可采煤层	上¹、上¹~上²、上²、中、下		
开采情况	矿山规模/万吨·a⁻¹	260	开采方式	露天开采
	剥离工艺	单斗-卡车	采煤工艺	单斗电铲采装、卡车运输、推土机排土
	原煤产量/万吨	278.73	开采回采率/%	98.7
综合利用情况	煤矸石利用率/%	100	煤矸石利用方式	发电

依兰煤矿位于黑龙江省依兰县达连河镇南部，行政区划归依兰县达连河镇管辖，矿区范围 2.439km²，开采深度 90~-150m 标高。

矿区所在地达连河镇交通较为便利。除没有铁路直通外，公路及江河航运、空运等皆较发达。公路往东北行驶 22.5km 到达依兰县城。该地是松花江、牡丹江、倭肯河汇合处，每年 5~10 月间定期客轮、货轮通航，上行 341km 经沙河子、方正、宾县等船站到省城哈尔滨市。下航行 100km 经宏克力、汤源县等船站到合江地区佳木斯市。12 月到来年 3 月江冰封冻，可行驶载重卡车等。同时，依兰还有通往佳木斯、桦南、勃利县的汽车。城东门外有飞机场，定期民航抵哈尔滨、佳木斯市。往西经沙河子、方正、宾县之高速公路直达哈尔滨市。

矿区气候属中温带大陆性气候。年最高气温（7、8 月份）38℃、年最低气温（1 月份）-37℃、年平均气温 3℃。夏季较短，冬季较长。无霜期 135 天，封冻期长（11 月到翌年 4 月），一般冻结层厚 1.50~1.80m。年降水量约 566.8mm，且多集中于夏秋两季。

82.2　矿床地质特征

该区地层出露较全，分布较广。最古老属元古界变质片岩系与片麻花岗岩出露于依兰县城东北及东南部山区以及中、西部的上古生界海西期花岗岩和中生界白垩系碎屑沉积岩建造，构成煤盆地基底。其上沿松花江两岸通河、方正、依兰至桦南一带发育下第三系始-渐新统陆相含油煤建造及上第三系碎屑岩、喷出玄武岩，第四系洪积、冲积层。

依兰煤矿煤炭赋存于新生界下第三系始-渐新统达连河组（E_{2-3d}）的煤系地层中，属泥炭沼泽相的煤层群，含煤 5 层，煤层号分别为上^1、上^1~上^2、上^2、中及下煤层。该矿总体为一单斜构造，倾向南，倾角为 11°~16°，平均为 14°。煤层局部有轻微的波状起伏，基底局部有轻微隆起。矿区煤系地层没有发现岩浆岩。

原煤为长焰煤（CY），主要作化工原料，部分原煤售往周边各县市。煤中没有共伴生矿产。

截至 2013 年底，累计查明资源储量为 3904.69 万吨，保有资源储量为 1119.7 万吨。

82.3 开采基本情况

依兰煤矿开采方式为露天开采。该煤矿煤层属于薄煤层-中厚煤层，构造复杂程度为中等，开采技术条件为中等。设计采煤方法为单斗铲-卡车采煤法，实际采煤工艺为单斗电铲采装、卡车运输、推土机排土，开拓开采方式为沿煤层顶板拉沟、工作线走向布置、倾向推进，工作帮移动坑线、外排土场与内排土场联合排弃。矿山设计开采煤层数为 5 层，实际开采煤层数为 5 层，煤层设计开采情况见表 82-2。

表 82-2 煤层设计开采情况

煤层号	厚度/m	倾角/(°)	煤层稳定性	可选性	设计可采储量/万吨	设计工作面回采率/%	设计采区回采率/%
上^1	2.2	14	较稳定	易选	1.56	95	95
上^1~上^2	1.54	14	不稳定	中等可选	17.05	95	95
上^2	2.54	15	较稳定	易选	77.20	95	95
中	6.65	15	较稳定	易选	736.72	95	95
下	1.17	14	不稳定	中等可选	287.17	95	95

露天矿采场走向长 2800m，倾向宽 800~1000m，设计开采深度为 90~-150m 标高，顶帮最终帮坡角 32°。目前分东、西两个采区开采，采场坑底最低标高一区为-50m，二区为-40m，实际平均剥采比为 7.7m³/t。

2011 年实际采煤 169.34 万吨，2013 年实际采煤 278.73 万吨。截至 2013 年底，累计动用储量为 2784.99 万吨，累计矿井采出量为 2726.64 万吨，累计矿井损失量为 58.35 万吨。

该矿山 2011 年实际工作面、采区、矿井回采率均为 98%，2013 年实际工作面、采区、矿井回采率均为 98.7%。2013 年实际回采率比 2011 年实际回采率提高 0.7 个百分点。

82.4 选煤情况

该矿山没有选煤厂，生产的原煤不洗选。原煤主要作化工原料，主要销售对象是中煤龙化煤化工公司，部分销售到周边各市县。

82.5　矿山资源综合利用情况

该矿山排放的煤矸石用于发电，年度利用率为 100%，2011 年、2013 年利用煤矸石发电年产值分别为 300 万元、370 万元。

83　扎哈淖尔露天矿

83.1　矿山基本情况

扎哈淖尔露天矿于 2005 年开始改扩建，2010 年末整体移交验收，并形成 1500 万吨/a 生产能力。矿山开发利用简表见表 83-1。

表 83-1　扎哈淖尔露天矿开发利用简表

基本情况	矿山名称	扎哈淖尔露天矿	地理位置	内蒙古自治区通辽市
地质资源	开采煤种	褐煤	保有资源量/万吨	26816.2
	主要可采煤层	ⅡB、Ⅲ、Ⅳ		
开采情况	矿山规模/万吨·a⁻¹	1500	开采方式	露天开采
	剥离工艺	轮斗挖掘机-带式输送机-排土机连续工艺，单斗-卡车间断工艺，单斗-卡车-半固定破碎站-带式输送机-排土机半连续工艺	采煤工艺	单斗-卡车-半固定破碎站-带式输送机半连续工艺
	原煤产量/万吨	1799.97	开采回采率/%	96.34
综合利用情况	煤矸石利用率/%	0	矿坑水利用率/%	90
	煤矸石处置方式	废石场堆存	矿坑水利用方式	电厂生产、绿化

扎哈淖尔露天矿矿区面积 30.5177km²。扎哈淖尔露天矿位于内蒙古自治区通辽市西北端，矿区位于霍林郭勒市和扎鲁特旗境内。南邻赤峰市的阿鲁科尔沁旗，西北与锡林郭勒盟东乌珠穆沁旗相连。矿区对外交通方便，通霍铁路 417km 早已建成，通霍公路全长 324km；矿区向东经吐列毛杜、突泉到乌兰浩特公路，全长 350km。扎哈淖尔露天煤矿设计铁路专用线由霍林河车站接轨。

83.2　矿床地质特征

区内地层从下至上由上侏罗统兴安岭群、下白垩-上侏罗统霍林河群，以及新生界的第三系、第四系地层。霍林河群的下含煤段地层一般厚 300m 左右。

露天矿内地层总体是一单斜构造，区内共发育 29 条断层，断距大于 65m 的 5 条，未有岩浆岩入侵煤层，构造复杂程度中等。

全区有 11 层可采煤层，其中主采层 3 层：ⅡB、Ⅲ、Ⅳ，均全区可采。全区可采的煤

层有 II_B、III_A、III_B（III）、IV_A、IV_B（IV_{AB}）、IV_C（IV），局部可采的有 I_A、II_A、II_C、III_C、IV_{A1}。主要可采煤层及局部可采煤层总厚度 15.02～90.06m，平均 58.95m。煤类以褐煤为主，属中热值，接近中高热值煤标准。

截至 2013 年末保有资源量 26816.2 万吨，保有基础储量 85030.88 万吨，保有资源储量 111847.1 万吨。

83.3　开采基本情况

83.3.1　矿山开拓方式及采矿工艺

扎哈淖尔露天煤矿上部松散土层剥离采用轮斗挖掘机-带式输送机-排土机连续工艺；中部岩石剥离采用单斗-卡车间断工艺；深部岩石剥离采用单斗-卡车-半固定破碎站-带式输送机-排土机半连续工艺；采煤采用单斗-卡车-半固定破碎站-带式输送机半连续工艺；排土场采用边缘式排土，推土机配合作业。

扎哈淖尔露天煤矿采用多出入沟，工作帮移动坑线，端帮半固定坑线的开拓方式。工作线沿煤层走向布置，倾向推进，同时逐渐向西扩帮。当前采区推进方向为纵采方向，而在后期规划中要逐渐从纵采转变为斜采，即介于纵采与横采之间。斜采推进方向在 2016 年西帮基础上顺时针转向约 20°。工作线全部转为斜采之后，工作线平行推进。末期，工作线长度显著减小，需要逐渐改变工作线布置方向以提高工作线长度。

扎哈淖尔露天矿工作面采用剥离台阶水平分层工艺，台阶高度 10m，采掘带宽度 20m，最小平盘宽度非装车作业平盘宽度为 40m，装车作业平盘最小宽度为 60m。工作帮台阶坡面角 65°。采煤台阶高度为 10m，采掘带宽度 20m，工作台阶坡面角 70°，最小平盘宽度：非装车作业平盘宽度为 40m，装车作业平盘最小宽度为 60m。当前采区长度 1.9km，宽度 0.7km，工作线长 1.8km，最大开采深度 80m。现有剥离台阶 6 个，采煤台阶 2 个，采煤工作线长度 1850m。

主要采装设备为 WK-20、WK-10B 电铲；卡车 172t、108t；2.6m³ 液压反铲等。

83.3.2　矿山主要生产指标

由于该矿煤层结构比较复杂，为降低煤的含矸率，提高煤质，该矿除配备有大型电铲外，还配备推土机和液压反铲辅助单斗挖掘进行选采。生产工艺应用较先进，设备多样，使用灵活，有利于原煤开采。2018 年，露天煤矿原煤产量 1799.97 万吨，开采回采率 96.34%。

83.4　选煤情况

扎哈淖尔露天矿煤矿开采的煤种为褐煤，为不可选煤种，矿山未建设洗选厂。商品煤的加工方式是：将毛煤进行一次破碎到 -300mm，然后二次破碎至 -50mm，作为最终商品煤出售给电厂或用户。

83.5 矿产资源综合利用情况

扎哈淖尔露天矿为单一矿种煤矿，没有其他共伴生矿产。

煤矿矸石无利用价值直接作为废石排弃。

该矿日涌水量为 21085m³，矿坑水年排放量约为 769 万立方米。矿坑水主要用于电厂。其余作为矿区降尘洒水和矿区环境绿化用水，利用率约为 90%，其余部分排放。

84　张家峁煤矿

84.1　矿山基本情况

张家峁煤矿井田东西长约 10.0km，南北宽约 5.7km，面积 52.1532km^2，设计生产能力 600 万吨/a。矿山开发利用简表见表 84-1。

表 84-1　张家峁煤矿开发利用简表

基本情况	矿山名称	张家峁煤矿	地理位置	陕西省神木县
地质资源	开采煤种	长焰煤、不黏煤	累计查明资源储量/万吨	82742
	主要可采煤层	2^{-2}、3^{-1}、4^{-2}、4^{-3}、4^{-4}、5^{-2}、5^{-3}		
开采情况	矿山规模/万吨·a^{-1}	600	开采方式	地下开采
	采煤工艺	走向长壁采煤法		
	原煤产量/万吨	642.33	采区回采率/%	83.73
选煤情况	选煤厂规模/万吨·a^{-1}	1000	原煤入选率/%	39.6
	主要选煤方法	块煤浅槽重介分选		
综合利用情况	煤矸石利用量/万吨	8.8	废水利用量/万立方米	23.2

张家峁煤矿位于陕西省神木县北郊，距县城 26km。井田所在的榆林地区交通便利，先后建成了包（头）-神（木）、神（木）-朔（山西朔州）、西（安）-包（头）铁路神（木）延（安）段等三条铁路。省道府（谷）-新（街）二级公路沿考考乌素沟从矿区中部通过；省道包（头）-神（木）-榆（林）S204 二级公路沿矿区东部边缘以南北向通过；210 国道西（安）-包（头）公路从矿区西侧约 60km 处通过。

井田位于陕北黄土高原与毛乌素沙地的接壤地带。井田地形总的趋势为西南、西北高，中东部低，海拔高程最高 1319.70m（单家阿包三角点），最低海拔高程 1088.00m（常家沟河谷处）。一般在 1150~1260m。

矿区地处我国西部内陆，为典型的中温带半干旱大陆性气候。

84.2　矿床地质特征

张家峁井田内地表大部分为第四系风成沙及黄土所覆盖，基岩多出露于较大的沟谷之中，依据地表出露和钻孔揭露，地层由老到新有：中生界三叠系上统延长组，侏罗系中统延安组、直罗组，新生界新近系、第四系。

神府矿区南部构造相对简单，未见断层，属构造相对稳定区域。主要表现为垂向的升降运动，形成了一系列沉积间断的假整合与不整合面，无岩浆岩活动。总体上为向西缓倾的单斜构造，走向和倾向伴有宽缓的波状和微波状起伏。地层倾角一般为1°左右，局部地段可达3°，坡降5%~17%。本井田内先期开采地段以南地层西倾，井田北部及考考乌素沟以北地层急剧北倾，同时伴有宽缓起伏。地层倾角小于3°，一般倾角1°~2°。各期次地质勘探工作均未见到断层及岩浆岩，故属构造简单一类区。

延安组为井田含煤岩系，含煤众多。但达到可采的煤层仅有7层，自上而下编号为2^{-2}、3^{-1}、4^{-2}、4^{-3}、4^{-4}、5^{-2}、5^{-3}号煤层，含煤系数9.0%。

（1）2^{-2}煤层。位于延安组第四段顶部，井田内埋藏深度0~97.75m，底板标高1182~1154m，煤层厚度5.26~9.85m，平均厚度6.49m，2^{-2}煤层极差4.59m。该煤层沉积稳定，厚度变化幅度较大，区内大面积自燃，局部有保留。该煤层结构较复杂，一般含夹矸2~3层，夹矸岩性以泥岩和粉砂岩为主，次为炭质泥岩。为区内局部可采煤层，可采面积11.246km²。与3^{-1}煤层间距22.72~36.81m，平均间距27.96m。

（2）3^{-1}煤层。位于延安组第三段顶部，井田内埋藏深度0~107.87m，底板标高1123~1173m，煤层厚度2.34~3.10m，平均厚度2.82m。厚度变化幅度小，一般不含夹矸，结构简单。局部地段顶部或底部含有一层夹矸，夹矸岩性为深灰色泥岩或粉砂岩。直接顶板以粉砂岩为主，其次为泥质岩、中粒砂岩、细粒砂岩；底板岩性以粉砂岩和泥岩为主，次为细粒砂岩。为沉积稳定的局部可采中厚煤层。可采面积22.994km²。与4^{-2}煤层间距33.12~57.41m，平均间距44.35m。

（3）4^{-2}煤层。位于延安组第二段顶部，井田内埋藏深度0~263.13m，底板标高1075~1155m，煤层厚度1.70~4.05m，平均厚度3.34m。厚度变化幅度较大。煤层结构较复杂，含夹矸0~3层，一般2~3层，夹矸岩性多为粉砂岩，少数为炭质泥岩。顶板岩性多为细粒砂岩、粉砂岩，次为泥岩；底板岩性以粉砂岩为主，其次为泥岩。为基本全区可采薄-中厚煤层，可采面积39.994km²。与4^{-3}煤间距13.20~26.11m，平均间距16.75m，东部大面积自燃，平面自燃宽度0~1100m。

（4）4^{-3}煤层。位于延安组第二段中部，井田可采范围内埋藏深度0~170.36m，底板标高1055~1110m，煤层厚度0.10~1.90m，平均厚度1.28m，厚度变化不大。属大部可采的薄-中厚煤层，可采面积29.617km²。与4^{-4}煤层间距9.35~19.04m，平均间距14.56m。

（5）4^{-4}煤层。位于延安组第二段中下部，井田内埋藏深度49.60~184.17m，底板标高1042~1118m，煤层厚度0.10~1.20m，平均厚度0.79m，极差1.10m，标准差0.23，说明该煤层在全井田范围内沉积不稳定。可采范围内厚度变化幅度仅有0.40m，结构简单，一般不含夹矸，中部泥、铁质含量较高，测井曲线有反映。顶底板岩性多为水平层理特别发育的泥岩或粉砂岩。可采区分布于井田中部，属大部可采的薄煤层，可采面积38.581km²，与5^{-2}煤层间距28.27~54.13m，平均间距35.14m。平面自燃宽度较小，一般不超过100m。

（6）5^{-2}煤层。位于延安组第一段中部或上部，井田内埋藏深度0~220.89m，底板标高1004~1080m，煤层厚度2.47~7.35m，平均厚度5.66m。属沉积稳定的全区可采中厚-厚煤层。

（7）5^{-3}煤层。位于延安组第一段中下部，是5^{-2}煤层的下分层，也是井田内最下部一层可采煤层。埋藏深度 134.00~207.60m，底板标高 1010~1080m，厚度 0.45~1.10m，平均厚度 0.88m。属沉积较稳定的局部可采薄煤层，可采范围不连续。5^{-3} 煤层极差 0.65m，可采范围内厚度变化幅度 0.30m。该煤层结构简单，大多数见煤点含有 1 层夹矸，夹矸厚度一般为 0.05~0.10m。直接顶板以粉砂岩和砂质泥岩为主；底板以粉砂岩为主，次为泥岩。由于与 5^{-2} 煤层间距较近，平面自燃宽度与 5^{-2} 煤层相当。

区内各层煤为特低灰-低灰、特低硫、特低-低磷、特高热值-高热值的长焰煤及不黏煤。可适用作动力用煤、低温干馏、工业气化及建材工业用煤等。

张家峁煤矿累计查明资源储量 82742 万吨，累计开采矿石 2961.27 万吨，累计动用储量 4106.63 万吨。

84.3　开采基本情况

张家峁煤矿采煤工艺为走向长壁采煤法，设计矿井回采率为 70.23%。

2011 年采区采出量为 794.62 万吨，工作面回采率 91.3%、采区回采率为 83.27%。2012 年采区采出量为 640.71 万吨，工作面回采率 92.5%、采区回采率为 83.61%。2013年采区采出量为 642.33 万吨，工作面回采率 93.1%、采区回采率为 83.73%。

84.4　选煤情况

张家峁选煤厂是一座矿井型动力煤选煤厂，于 2010 年建成投产，设计生产能力为 600万吨/a，2016 年改扩建后生产能力为 1000 万吨/a。2011~2013 年原煤入选率分别为32.3%、32.5%、39.6%。

选煤工艺流程为：-200mm 粒级原煤经破碎和筛分，得到-25mm 粒级混煤与+25mm粒级块煤；块煤脱泥后，采用浅槽重介分选机进行煤矸分离，得到的精煤产品有 200~80mm 洗大块和 80~25mm 洗中块。

张家峁选煤厂生产系统由地面生产系统、块煤洗选系统及煤泥水处理系统等构成。地面生产系统主要设备包括带式输送机、破碎机、刮板输送机及分级筛等。

在生产过程中，先将原煤仓的原煤通过给煤机和带式输送机送入破碎机，破碎物料经过带式输送机和刮板输送机进入弛张筛，筛下末煤经过带式输送机送入末煤产品仓，筛上块煤由带式输送机送入洗选系统。

块煤洗选系统的主要设备包括介质泵、离心脱水机及带式输送机等，介质泵先将重介悬浮液泵入浅槽重介分选机，再将脱泥后的块煤送入浅槽重介分选机，重介精煤经过脱介、脱水后被带式输送机送入产品仓，稀介由稀介泵泵入磁选机。

煤泥水处理系统主要设备包括旋流器入料泵、煤泥离心机、澄清水泵及压滤机入料泵等，入料泵将脱泥后的煤泥水送入旋流器，然后分离出粗煤泥和煤泥水，煤泥水被送入浓缩池，并加药澄清，澄清水可泵出再利用，沉淀后的煤泥被泵入压滤机脱水，最终成为煤泥产品。

84.5 矿产资源综合利用情况

2013 年利用煤矸石 8.8 万吨，矿井水 $23.2 \times 10^4 \mathrm{m}^3$。

85 长安煤矿

85.1 矿山基本情况

长安煤矿始建于 2003 年，经过改扩建矿井生产能力为 220 万吨/a。矿山开发利用简表见表 85-1。

表 85-1 长安煤矿开发利用简表

基本情况	矿山名称	长安煤矿	地理位置	陕西省咸阳市
	矿山特征	第四批国家级绿色矿山试点单位		
地质资源	主要可采煤层	4^{-2}	累计查明资源储量/万吨	8744
开采情况	矿山规模/万吨·a^{-1}	220	开采方式	地下开采
	采煤工艺	综采放顶煤		
	原煤产量/万吨	120.2	采区回采率/%	75.3
选煤情况	选煤厂规模/万吨·a^{-1}	120	原煤入选率/%	96.8
	主要选煤方法	重介质旋流器分选		
综合利用情况	煤矸石利用量/万吨	2.72	矿井水利用量/万立方米	190

长安煤矿矿区面积 18.50km²，井田东西长 4.6km、南北宽 4.1km。

长安煤矿位于陕西省咸阳市旬邑县，矿区附近有西兰公路（312 国道）、福-银高速公路、西（安）-平（凉）铁路通过，与宝鸡-庆阳公路相接，可通达宝鸡、甘肃庆阳及陇东各县，交通十分便利。

85.2 地质资源

井田内主要可采煤层为侏罗系延安组 4^{-2} 煤层，煤层平均厚度 6.5m，长安煤矿累计查明资源储量 8744 万吨，累计开采矿石 1058.8 万吨，累计动用储量 1658.6 万吨。

85.3 开采基本情况

85.3.1 矿山开拓方式及采矿工艺

长安煤矿采用综采放顶煤工艺。采用综掘机掘进，原煤皮带化运输，综采放顶煤和综合机械化掘进技术改造，锚网梁联合支护，实现了矿井生产的机械化、自动化。矿井机械化率98%。

85.3.2　矿山主要生产指标

2011 年采区采出量为 124 万吨，工作面回采率 93%、采区回采率为 72.9%。2012 年采区采出量为 121.5 万吨，工作面回采率 92%、采区回采率为 75.2%。2013 年采区采出量为 120.2 万吨，工作面回采率 92%、采区回采率为 75.3%。

85.4　选煤情况

长安煤矿选煤厂，设计生产能力为 120 万吨/a。2011 年、2012 年、2013 年原煤入选率达 96.8%。

选煤工艺流程为：矿井原煤由主井皮带运输到 6 号煤场，经筛分主皮带送入筛分车间原煤分级筛筛出产品，末煤进入煤库，小块进入入选皮带，大块经破碎机破碎后返还到入选皮带进入选煤车间。

入选煤进入三产品旋流器与合格介质水分选，分选出三种产品，矸石进入矸石筛脱介脱水后进入矸石仓，中煤进入中煤筛脱介脱水后进入中煤库，精煤进入精煤脱介脱水分级筛后，精末进入煤库精小块进入小块煤库，精中块进入精中块煤库。三个振动筛（精煤筛、中煤筛、矸石筛）洗煤后的用水，介质水回收到旋流器重复利用。煤泥水回收到浓缩池沉淀后重复利用。

精块、精末等多类煤炭品种，满足了市场需求，增加了销售竞争力，为公司延伸产业链、做大产业规模奠定了坚实基础。

85.5　矿产资源综合利用情况

该矿无共伴生矿产。2013 年利用煤矸石 2.72 万吨，矿井水 190 万立方米。

85.6　技术改进及设备升级

2011 年，长安煤矿投资 6000 万元，完成了煤矿安全监测监控系统升级等改造项目，将原来的 kj90 型监测监控系统升级为 kj90na 型，建成了现代化高标准综合监测监控调度室；完成了煤矿安全"六大系统"建设任务，大幅度提升了煤矿安全保障水平。

86　赵固（新乡）煤矿

86.1　矿山基本情况

赵固（新乡）煤矿于 2005 年 6 月 19 日开工建设，2006 年 12 月主、副、风 3 个井筒相继顺利落底；2007 年转入井底车场及硐室、大巷等二期工程施工；2008 年 8 月 8 日首采工作面贯通，11 月 1 日开始试生产；2009 年 5 月 10 日通过竣工验收，正式投产。设计生产能力 240 万吨/a。2014 年矿井核定生产能力为 400 万吨/a。矿山开发利用简表见表86-1。

表 86-1　赵固（新乡）煤矿开发利用简表

基本情况	矿山名称	赵固（新乡）煤矿	地理位置	河南省辉县市
	矿山特征	第四批国家级绿色矿山试点单位		
地质资源	开采煤种	无烟煤	地质储量/万吨	153785.59
	主要可采煤层	二$_1$、一$_2^1$、一$_2^2$、一$_2^3$		
开采情况	矿山规模/万吨·a^{-1}	400	开采方式	地下开采
	开拓方式	立井单水平盘区式开拓	采煤工艺	倾斜分层走向长壁下行垮落采煤法，综合机械化采煤工艺
	原煤产量/万吨	357.87	采区回采率/%	80.82
选煤情况	选煤厂规模/万吨·a^{-1}	350	原煤入选率/%	100
	主要选煤方法	块煤重介浅槽分选，末煤脱泥-重介旋流器分选，煤泥螺旋分选机和 TBS 分选-浮选		

赵固（新乡）煤矿矿区面积 81.58km^2。赵固一矿位于焦作煤田东部、太行山南麓，行政区划隶属辉县市管辖，井田中心东南距新乡市 39km，西南距焦作市 50km，东北至辉县市 17km，南距获嘉县 20km，其间均有公路相通，交通便利。

86.2　地质资源

井田含煤地层为石炭系中统本溪组和上统太原组，二叠系下统山西组和下石盒子组三、四煤段。含煤地层总厚 237.53m，划分 5 个煤组段，含煤 21 层，煤层总厚度 11.41m，含煤系数 4.80%。山西组和太原组为主要含煤地层，山西组下部的二$_1$煤层和太原组底部的一$_2$煤层（一$_2^1$、一$_2^2$、一$_2^3$）为主要可采煤层，其余煤层偶尔可采或不可采，可采煤层总厚 9.51m，可采含煤系数为 4.00%。

全井田估算出高硫煤（一$_2$煤层）（333）+（334）资源量 37703 万吨。一$_2$煤层属于高硫煤（原煤全硫含量为 2.37%~9.40%，平均为 5.49%）。

86.3　开采基本情况

86.3.1　矿山开拓方式及采矿工艺

采用立井单水平盘区式开拓，井口位置位于井田中深部，井口标高+83.8m，车场水平标高−525m，井深 608.8m。工业广场内布置主、副、风 3 个立井。通风方式初期为中央并列式，后期随着生产地区向两翼延深，考虑矿井边界安全出口，在两翼各布置一回风井，通风方式逐步过渡为两翼对角式。

（1）提升系统。主井提升机采用 JKMD-4.5×4Ⅲ多绳摩擦式提升机，摩擦轮直径 4500mm；配套电机型号为 TDBS3400-24 交变频同步电动机，最大提升速度 11.78m/s；电控系统为交变频控制系统；液压制动系统为恒减速液压制动系统。采用一对 JDG-25t 型 25t 箕斗，担负全矿提煤任务，主井筒为 φ5.0m 立井，井架为 65m 金属井架，井深 611m。

（2）运输系统。矿井主运输采用带式输送机运输，东翼胶带运输大巷、西翼胶带运输大巷带式输送机均选用 DTL-120/120 阻燃型钢丝绳芯胶带，带宽 B = 1200mm，运量 Q = 1200t/h，带速 v = 3.15m/s。矿井辅助运输井底车场采用蓄电池电机车调车，大巷采用连续无极绳牵引车运输；回采工作面采用无极绳绞车牵引矿车。

（3）排水系统。井下主排水采用一级排水系统，在副井井底建立主排水泵房，将矿井涌水直接排到地面。采用 MD460-85×8 型水泵 9 台，MDS420A-96×8 型水泵 4 台，MDS420A-96×8 型水泵 4 台，其中：6 台工作，5 台备用，2 台检修，配 YB25603-4 型防爆电动机，功率 1250kW。管路为四趟 φ426mm 钢管。井田正常涌水量 2377.4m³/h，水仓容量按《煤矿安全规程》规定为 10755m³，水仓有效容量 11470m³。

（4）供电系统。地面 110kV 变电所两台主变容量均为 31.5MV·A，一台工作，一台备用，最高负荷率为 0.83。当一台主变停止工作时，另一台主变能保证矿井全部负荷用电要求。

（5）通风系统。矿井通风方法为抽出式，通风方式为中央并列式，主、副井进风，中央风井回风。矿井装备 2 台 GAF26.6-14-1 型矿用轴流式通风机，其中一台工作，一台备用。矿井通风系统完整、独立、稳定可靠。

工作面采用倾斜分层走向长壁下行垮落采煤法，综合机械化采煤工艺，沿煤层顶板回采，顶分层设计采高 3.5m，架后人工铺设塑料网假顶。应用 MG300/700-WD 型采煤机破煤、装煤；SGZ800/800 型刮板输送机、SZZ800/250 型转载机、DSJ-100/80/2×75 型及 DSJ-100/80/2×200 型可伸缩带式输送机运煤；ZF10000/20/38 型液压支架及 ZFG10000/20/38 型过渡支架支护顶板，辅以单体液压支柱配合 π 型梁支护工作面两端头和两顺槽超前段；全部垮落法处理采空区。表 86-2 为设备总体配套一览表。

表 86-2　设备总体配套一览表

序号	设备名称	规格型号	单位	数量
1	采煤机	MG300/700-WD	台	1
2	液压支架	ZF10000/20/38	架	按需要
3	过渡支架	ZFG10000/20/38	架	7
4	刮板输送机	SGZ800/800	部	1
5	转载机	SZZ800/250	部	1
6	破碎机	PCM160	部	1
7	可伸缩带式输送机	DSJ-100/80/2×200	部	1
8	可伸缩带式输送机	DSJ-100/80/2×75	部	1
9	乳化液泵	BRW400/31.5	套	1

86.3.2　矿山主要生产指标

2012 年，赵固矿动用储量 371.02 万吨，采出量 308.76 万吨，损失量 62.26 万吨，工作面回采率 93.29%，采区回采率 82.70%，年底保有储量 36156.99 万吨，剩余可采储量 14239.64 万吨。

2013 年，赵固矿动用储量 441.6 万吨，采出量 357.87 万吨，损失量 83.73 万吨，工作面回采率 93.71%，采区回采率 80.82%，年底保有储量 35622.35 万吨，剩余可采储量 13976.33 万吨，具体情况见表 86-3。

表 86-3　赵固矿 2012 年、2013 年储量动用及回采率一览表

年度	工作面回采率/%	年度采出量/万吨	全矿井损失量/万吨	采区损失量/万吨	累计动用量/万吨	累计查明量/万吨	采区回采率/%	矿井回采率/%
2012	93.29	308.76	62.26	40.86	1336.01	37349	82.70	66.05
2013	93.71	357.87	83.73	60.03	1777.61	37349	80.82	64.32

86.4　选煤情况

赵固矿选煤厂 2007 年 10 月开工建设，2009 年 5 月 10 日竣工投产，是一座现代化矿井型选煤厂，设计生产能力为 350 万吨/a。

选煤方法采用分级重介分选，80～13mm 块煤采用主再洗重介浅槽分选，13～1mm 末煤采用脱泥有压三产品重介旋流器分选，1～0.25mm 采用螺旋分选机和 TBS 分选，−0.25mm 入浮选，同时可实现−13mm 依据市场情况来按任意比例入选，煤泥水厂内回收，实现一级闭路循环。分选工艺精度高，精煤产率高，系统可靠、灵活，对煤质及产品质量变化的适应性强。该选煤工艺系统简单灵活，便于现场管理，而且可有效降低选煤厂的运行成本，有利于提高选煤厂的经济效益。

工艺流程分为原煤筛分破碎和准备、原煤分级脱泥、块煤重介浅槽主再选、末煤重介

旋流器分选、块煤介质回收、末煤介质回收、煤泥脱水回收、细煤泥分选介质补加、煤泥水回收处理等部分。

主要产品有特优洗中块、二号洗中块、洗小块、洗粒煤、洗末煤和末煤，副产品有中煤、煤泥和洗小矸。块精煤具有灰分低、限下率低、发热量高等优势，为化工行业优质原料煤；洗末煤灰分在 10.00% 左右，主要供冶金部门作高炉喷粉煤；末煤发热量在 23.02MJ/kg（5500 大卡/kg）左右，可以作为优质的电煤。

86.5　矿产资源综合利用情况

86.5.1　共伴生组分综合利用

（1）硫铁矿。硫铁矿赋存于奥陶系马家沟（O_{2m}）灰岩风化剥蚀面之上及石炭系太原组（C_{3t}）一$_2$煤之下的本溪组（C_{2b}）铝土质泥岩中。矿石结构以浸染状为主，次为结核状和聚晶状结构，呈各种晶体形态分布于灰-深灰色的铝土质泥岩中，据现有资料，该矿层为 2~3 层，普遍发育一层，矿层总厚 0.80~4.68m。全区穿越该层位的钻孔 5 个，均进行采样化。其按照 DZ/T 0210—2020《矿产地质勘查规范　硫铁矿》，硫铁矿一般工业指标：硫含量 8% 为边界品位，14% 为最低工业品位，14%~25% 为Ⅲ级品，通过化学分析全区有 3 孔达最低工业品位，硫含量 14.01%~19.97%，为Ⅲ级矿石品级。该矿井开采深度未达到，无法利用。表 86-4 为硫铁矿化学分析结果。

表 86-4　硫铁矿化学分析结果

孔号	止深/m	厚度/m	采取率/%	成分分析/%		矿石品级
				S	Fe	
5203	825.84	1.40	71	11.11	0.100	
6004	613.98	0.98	71	14.34		Ⅲ级
6401	695.00	1.25	100	9.80	0.047	
7203	612.06	4.45	96	14.01		Ⅲ级
7301	570.58	0.80	100	19.97	0.036	Ⅲ级

（2）耐火黏土。耐火黏土位于石炭系本溪组（C_{2b}），为灰-灰白色、暗斑及杂色铝土质泥岩，具滑感及吸附性，矿物成分以一水硬铝石为主，含泥质杂质，与黄铁矿共生，矿区有 3 个孔取样。通过化学分析结果认为铝土质泥岩不符合地质矿产行业标准 DZ/T 0206—2002 Ⅲ级耐火黏土矿要求。表 86-5 为耐火黏土化学分析结果。

该区硫铁矿属含煤建造沉积型矿床，在已施工的 5 个钻孔中有 3 个孔硫铁矿一般工业指标达到可供预查的要求。本溪组（C_{2b}）层铝土质耐火黏土，埋藏深，穿越该层位的钻孔采样点少，其工业价值有待做进一步工作后予以评价。该矿井开采深度未达到，无法利用。

表 86-5　耐火黏土化学分析结果

孔号	止深 /m	厚度 /m	采取率 /%	成分分析/%						烧失量 /%	铝硅比
				SiO_2	Al_2O_3	Fe_2O_3	CaO	MgO	SO_3		
5203	835.3	2.00	45	57.56	21.97	5.03	1.16	1.84	0.80	6.95	0.38
7301	579.1	0.95	47	56.23	21.97	7.53	0.20	1.02	8.04		0.89
6004	618.8	1.00	31	39.22	34.82	8.45	0.42	0.57	1.47	15.57	0.39

（3）微量元素。在勘探中，对二$_1$、一$_2$煤及其煤层顶、底板，夹矸中的微量元素进行了采样测试，其结果详见表 86-6，仅二$_1$煤层顶、底板，夹矸中的镓达到最低工业品位，但点较少，其工业价值有待进一步确定。

表 86-6　微量元素测定结果

矿层名称		微量元素分析（10^{-6}）				
		锗（Ge）	镓（Ga）	铀（U）	钍（Th）	钒（V）
二$_1$	原煤	$\dfrac{0\sim1}{0(24)}$	$\dfrac{2\sim10}{7(24)}$	$\dfrac{0\sim5}{1(24)}$	$\dfrac{5.2\sim8.8}{7.2(10)}$	$\dfrac{7.4\sim15.6}{10.8(10)}$
	顶板	$\dfrac{2\sim4}{3(5)}$	$\dfrac{38\sim50}{43(5)}$	$\dfrac{0\sim4}{1(5)}$	$\dfrac{11.0\sim18.4}{15.7(3)}$	$\dfrac{74.4\sim87.2}{80.8(2)}$
	夹矸	$\dfrac{0\sim3}{1(11)}$	$\dfrac{23\sim40}{31(11)}$	$\dfrac{0\sim4}{1(11)}$	$\dfrac{8.0\sim32.0}{17.6(6)}$	$\dfrac{3.1\sim15.3}{5.7(6)}$
	底板	$\dfrac{2\sim2}{2(5)}$	$\dfrac{30\sim50}{38(5)}$	$\dfrac{0\sim4}{1(5)}$	$\dfrac{14.4\sim17.4}{16.1(3)}$	$\dfrac{95.8\sim98.3}{97.1(2)}$
一$_2$	原煤	$\dfrac{0\sim11}{2.9(5)}$	$\dfrac{3\sim16}{10.7(5)}$	$\dfrac{1\sim5}{2.6(4)}$		
	夹矸	$\dfrac{1\sim3}{2(5)}$	$\dfrac{9\sim50}{27(6)}$	$\dfrac{1.5\sim4}{3(5)}$		
	底板	$\dfrac{2\sim5}{4(6)}$	$\dfrac{19\sim38}{29(5)}$	$\dfrac{0\sim4}{2(6)}$	$5(1)$	

注：表格中数据为$\dfrac{最小值\sim最大值}{平均值（点数）}$。

86.5.2　其他组分综合利用

该矿井大巷和顺槽掘进全部按照煤层掘进，只在过断层时出少量矸石。

该矿井排水正常涌水量 1360m^3/h，选用三座处理能力 900m^3/h 的高密度迷宫斜板沉淀池对矿井排水进行处理。经斜板沉淀池处理后的矿井水部分用于矿井和选煤厂生产防尘洒水用水，其他经深度处理后供矿井生产、生活及选煤厂生活用水，多余部分外排入石门河。

该矿以往地质工作二$_1$煤层集气式采瓦斯样 5 个，解吸法采瓦斯样 3 个，地质勘探解吸法采瓦斯样 9 个，采样深度 421.2～815.3m，并进行了瓦斯成分、含量测定，测定结果见表 86-7。

表 86-7 二₁ 煤层瓦斯测试结果

煤层	统计结果	瓦斯成分/%			瓦斯含量*/mL·g⁻¹			O_2/%		煤质分析/%	
		CO_2	CH_4	N_2	CO_2	CH_4	N_2	自然	加热	M_{ad}	A_d
二₁	最大值	30.37	82.96	90.42	0.77	9.96	4.30	14.28	6.18	2.35	39.10
	最小值	1.42	0.00	10.59	0.24	0.00	0.38	1.07	0.24	0.36	4.90
	平均值	15.40	26.14	58.46	0.51	2.02	1.31	5.89	1.83	0.94	14.15
	点数	13	13	13	14	14	14	13	14	14	14

注：*为可燃值瓦斯含量。

二₁ 煤层瓦斯成分中以 N_2 为主，占 58.46%，CH_4 成分占 26.14%，通常情况下，瓦斯成分中 CH_4 成分小于 80%，称为瓦斯风化带，井田 CH_4 成分远小于 80%，二₁ 煤层处在 CH_4 成分极小的瓦斯风化带之中。瓦斯含量中 CH_4 含量在 0～9.96mL/g，二₁ 煤层 15 个瓦斯取样点测试，除 1 孔位于井田最深部（11807）含量 9.96mL/g 外，余下 14 个孔最高 CH_4 含量 4.93mL/g，其中有 7 孔 CH_4 含量小于 0.1mL/g，平均 2.02mL/g。根据 CH_4 含量矿井应属低瓦斯矿井，瓦斯含量低，没有利用价值。

86.6 技术改进及设备升级

（1）为提高储量、回采率数据的可靠性和煤层的合理分层开采提供可靠的地质资料，综采面每回采 10m 至少探一次煤厚，眼距 15m，每相邻两趟的煤厚点呈三花形布置，当底层煤层厚度处于分层临界值或煤厚变化较大时，增加探煤厚趟数，以保证底层煤厚的准确性。

（2）定期测量采高，根据采高计算出每米应出煤量，用此作基数考核综采队回采率。

（3）充分利用在线煤灰仪监控煤质，以便控制矸石采出量，保障回采率，提高煤质。

（4）探测准确的断层位置，严格按照规程规定的方法计算出合适的断层保护煤柱。

（5）积极与河南理工大学等高等院校合作，开展薄基岩大埋深地质条件下的开采上限研究，合理布置采区巷道，加大采区和工作面几何尺寸，最大限度地减少采区煤柱损失，通过对采掘布局及生产系统进行优化，合理组织生产，提高煤炭回采率。

87　正龙城郊煤矿

87.1　矿山基本情况

正龙城郊煤矿于 1999 年 12 月 29 日开工建设，2003 年 10 月 11 日正式投产，设计生产能力 240 万吨/a，2009 年核定生产能力 500 万吨/a。矿山开发利用简表见表 87-1。

表 87-1　正龙城郊煤矿开发利用简表

基本情况	矿山名称	正龙城郊煤矿	地理位置	河南省永城市
	矿山特征	第二批国家级绿色矿山试点单位		
地质资源	开采煤种	无烟煤	地质储量/万吨	75078
	主要可采煤层	二₂		
开采情况	矿山规模/万吨·a⁻¹	500	开采方式	地下开采
	开拓方式	立井二水平上、下山开拓	采煤工艺	综合机械化采煤，一次采全高，后退式长壁采煤法，全部垮落法管理采空区顶板
	原煤产量/万吨	413.09	采区回采率/%	93.9
选煤情况	选煤厂规模/万吨·a⁻¹	500	原煤入选率/%	100
	主要选煤方法	块煤重介斜轮排矸、末煤两产品重介旋流器分选和煤泥浮选联合		
综合利用情况	煤矸石利用率/%	100	矿井水利用率/%	100
	煤矸石利用方式	制砖、铺路、回填	矿井水利用方式	煤化工用水

正龙城郊煤矿矿区东西长约 11km，南北宽约 12km，面积约 92.9408km²。矿区位于河南省永城市境内，覆盖城关镇、城厢乡的全部及侯岭、双桥、十八里、蒋口乡的一部分。北临陈四楼井田（已投产），南接新桥井田（已投产）。

正龙城郊煤矿井田内地势平坦。井田西北距陇海铁路商丘东站约 95km，夏邑东站 62km；东北距京沪铁路徐州车站约 100km，东南距宿州车站约 75km，距京九铁路的亳州车站 55km，矿区自备铁路（永青）112km，在安徽青町与徐阜铁路相接。矿区公路交通四通八达，G311 国道从井田东部经过；北距连霍高速芒山站 25km，西距济广高速亳州站 45km，东距京台高速（G3）宿州站 56km。区内各乡村之间均有简易公路相通，交通方便。

87.2　地质资源

正龙主采煤种为优质无烟煤，另有少量天然焦，无烟煤勘探地质储量 75078 万吨，可采煤量 40229 万吨。截至 2013 年底，矿井地质储量剩余 68697.37 万吨，可采储量 35748.58 万吨。矿井属瓦斯矿井，可采煤层共 4 层，其中二$_2$ 煤层全区发育，普遍可采，三$_1$ 煤、三$_2{}^2$ 煤、三$_4$煤为局部可采。

该矿设计开采 4 层煤，目前仅开采了二$_2$ 煤，根据三维地震勘探及采掘活动实际揭露地质情况，井田范围内断层构造发育，多以高角度的正断层为主，对采区布置及工作面回采造成一定影响。矿井煤层情况见表 87-2。

表 87-2　矿井煤层情况一览表

煤组号	煤层号	煤分层数	煤厚/m 最小~最大 平均	间距/m 最小~最大 平均	夹矸层数	可采情况	含煤系数/%	稳定程度
三煤组	三$_7$	1	0~0.50 / 0.38	0.62~21.02 / 4.10	0	不可采	9.0	不稳定
	三$_6$	1	0~1.20 / 0.53	0.43~14.29 / 3.75	0	不可采		不稳定
	三$_5$	1~2	0~1.17 / 0.57	0.90~14.40 / 6.57	0~1	偶见可采点		不稳定
	三$_4$	1	0~3.55 / 1.45	0.40~9.35 / 4.10	0~2	大部可采		较稳定
	三$_3$	1~2	0~0.95 / 0.30	0.52~15.21 / 4.32	0	不可采		不稳定
	三$_2{}^2$	1	0~2.80 / 1.53	0.20~5.81 / 1.52	0~1	可采		较稳定（31线以南稳定）
	三$_2{}^1$	1~2	0~0.54 / 0.34	0.57~6.81 / 2.67	0	不可采		不稳定
	三$_1$	1	0~2.03 / 1.05		0~1	大部可采		较稳定
二煤组	二$_3$	1~2	0~0.40 / 0.30	1.40~5.10 / 2.91	0	不可采	3.8	不稳定
	二$_2$	1~2	0~7.68 / 2.93	23.01~40.08 / 30.47	0~1	全区可采		稳定
	二$_1$	1~2	0~0.55 / 0.40		0~1	不可采		不稳定

87.3　开采基本情况

87.3.1　矿山开拓方式及采矿工艺

矿井采用立井二水平上、下山开拓方式。布置主井、副井、北风井、东风井、西进风井和西回风井共六个井筒。矿井采用综合机械化采煤工艺，一次采全高，后退式长壁采煤法，全部垮落法管理采空区顶板。主要采煤、支护设备为采煤机和液压支架。

87.3.2　矿山主要生产指标

城郊煤矿自 2003 年 10 月 11 日通过国家发改委验收正式投产以来，矿井历经十余年的合理有序开采，采区回采率一直保持较高水平。截至 2013 年底矿井累计采出 4612.08 万吨，累计查明资源储量 75047.02 万吨，剩余保有资源储量 68728.28 万吨。具体数据见表 87-3。

表 87-3　城郊煤矿 2009~2013 年储量动用及回采率一览表

年度	年度采出量 /万吨	采区损失量 /万吨	矿井损失量 /万吨	累计动用量 /万吨	累计查明量 /万吨	采区回采率 /%	矿井 回采率/%
2009	428.79	32.39	171.78	600.57	75078	93.0	71.4
2010	437.25	31.38	179.01	616.26	75078	93.3	71.0
2011	439.26	33.65	176.47	615.73	75048.10	92.9	71.3
2012	423.83	31.06	172.08	595.91	75016.11	93.2	71.1
2013	413.09	26.68	158.61	571.70	75047.02	93.9	72.2

87.4　选煤情况

城郊选厂是永煤集团下属的建设较早的一座矿井型选煤厂，于 2003 年顺利投产并达到设计能力 500 万吨/a。选煤工艺为块煤重介斜轮排矸、末煤两产品重介质旋流器分选和煤泥浮选联合工艺。末煤可实现全部、部分入选或不入选，产品结构为洗中块、洗小块、粒煤、洗精煤、末原煤等，主要用于喷吹用煤和动力用煤。

（1）原煤准备（含块煤车间部分）。来自矿井的毛煤首先经永磁滚筒去除铁器，然后经过 $\phi100mm$ 滚轴筛进行预先筛分，筛上物通过检查性手选，拣出木头等杂物，然后进入破碎作业。筛下物再经过 37mm 分级筛，筛上物与破碎后的 -80mm 物料既可以进入块煤车间分选也可以进主厂房洗选；当进块煤车间时，-37mm 筛下物进主厂房洗选。

（2）重介分选系统。原煤经过分级准备后 +37mm 进入块煤车间斜轮分选选出两产品，经过脱介筛后即可满足水分要求，成为块矸和块精煤，直接入仓。-37mm 物料经过 13mm 滚轴筛分级后，筛上物进入斜轮分选，经过脱介分级筛分别生产矸石和中、小块产品；-13mm 即末煤经 0.75mm 脱泥后进入混料桶，由泵打入两产品重介质旋流器分选，经脱介筛、离心机脱水后出末矸石和末精煤。

三套重介系统的介质均单独回收和循环利用，介质回收系统采用常规的合格介质直接进入合格介质桶循环利用，稀介质经过磁选机回收，磁选精矿进入合格介质桶，磁选尾矿进入煤泥水系统的磁性物回收工艺。

（3）煤泥水系统。脱泥后的原生煤泥经过分级旋流器分级后溢流进入浮选系统分选，浮选精矿经过加压过滤机脱水后成为末精煤产品，浮选尾矿进入尾煤泥浓缩环节。底流经过弧形筛、离心机脱水回收粗煤泥（作为喷吹煤或进入重介系统再次分选）。

由末煤磁选尾矿和各离心机离心液、加压过滤机滤液等组成的煤泥水系统再次经过浓缩旋流器后进入煤泥离心机脱水回收，浓缩旋流器溢流部分进入脱泥筛喷水。

浮选尾矿经过高效二次分级筛或者浓缩机后再依次经过沉降过滤式离心机或者压滤机脱水成为煤泥，滤液和浓缩池溢流再次成为循环水供生产使用或者清洁用水。

洗煤车间一层设有专门的集水池，以供收集由于跑冒滴漏的介质或者清洁地板产生的煤泥水，经过扫地泵再次通过磁选机进入生产系统回收介质和煤泥，实现了全厂洗水一级闭路循环。

（4）矸石处理。矸石被用于塌陷区的复垦、修路，也可用于窑厂作内燃，另外煤泥和矸石可用于发电厂发电，成为连接煤电的有力保证。

洗选产品有中块、小块、粒煤、末精煤、末原煤，产品属低灰、低硫、低磷、高发热量的优质年轻无烟煤，主要用于冶金、电力、化工、造气和民用等行业。先进的洗选工艺可以根据市场需求和原煤性质灵活调整工艺技术参数和产品结构，适应不同用户的需要。产品质量标准见表87-4。

表87-4 城郊选厂产品质量

品种	粒度/mm	等级	灰分 A_d /%	全水分 M_t/%	限下率 /%	发热量 $Q_{net,ar}$ /cal·g^{-1}	挥发分 V_d/%	干燥基本硫分 $S_{t,d}$/%	可磨性指数 HGI
洗中块	40~80	一级	≤15.5	≤4.0	≤18		6.5~12	≤0.6	55~80
	25~80	二级	≤18.0	≤4.0	≤20		6.5~12	≤0.6	55~80
洗小块	20~40	一级	≤14.0	≤4.0	≤18		6.5~12	≤0.6	55~80
	13~35	二级	≤17.0	≤4.0	≤20		6.5~12	≤0.6	55~80
洗粒煤	10~20	一级	≤12.5	≤4.0	≤18		6.5~12	≤0.6	55~80
	8~17	二级	≤15.0	≤4.0	≤20		6.5~12	≤0.6	55~80
洗末精煤	0~17		≤11.2	≤9.3			6.5~12	≤0.6	55~80
筛末煤	0~17	一级		≤9.0		≥5800	6.5~12	≤0.6	55~80
		二级		≤9.0		5500~5800	6.5~12	≤0.6	55~80
		三级		≤9.0		5300~5500	6.5~12	≤0.6	55~80

87.5 矿产资源综合利用情况

87.5.1 共伴生组分综合利用

城郊煤矿含煤岩系中，与煤伴生的主要沉积矿产有菱铁矿、铝土矿（铝土泥岩）。此外，还有在煤系地层之下共生的矿产（主要有磁铁矿）。

菱铁矿层在山西组及下石盒子组均有分布，但主要赋存于三煤段、K_4标志层及其附近地层中。根据勘探钻孔揭露情况分析，本井田菱铁矿均以似层状、透镜状产出。虽层数多，分布广泛，但厚度普遍较小，且层位不稳定，矿体连续性差，利用目前的探煤工程难以对比清楚，也无法作出是否具有工业价值的评价。

井田内下石盒子组地层中伴生有多层厚薄不一的铝土泥岩，但 Al_2O_3 含量低，铝硅比值小，达不到铝土矿的要求。

矿井勘探期间有 3 个钻孔揭露有磁铁矿，由于埋藏深（见矿止深在 566~980m 之间），品位偏低，故未进一步勘探。

87.5.2　其他组分综合利用

（1）瓦斯。城郊煤矿是瓦斯矿井，井田内各煤层中沼气含量一般小于 $0.5cm^3/g$，仅有 5 个孔 8 层次在 $0.5cm^3/g$ 以上，最高达 $5.296cm^3/g$。各煤层沼气浓度和含量有随煤层埋深而增加的趋势，由于所取煤样多数沼气含量在 $0.5cm^3/g$ 以下，而在平面分布上煤层沼气含量相差甚微规律性不明显，仅有少数几个孤立点受断层、煤岩层产状、煤层顶底板岩性等因素的影响，沼气含量较高一些。尚未利用。

（2）矿井水循环再利用。2007 年城郊煤矿建立了一套完整的矿井水处理系统，对排至地面的矿井水按照环保处理要求，进行沉淀并加药使浊度达标后，经矿二级供水站专用供水管道全部输送至永煤集团煤化工工程。该工程建有两座水泵房，一级泵房安装 4 台 250ZW620-18 自吸无堵塞排污泵，设计流量 $620m^3/h$，穿孔螺旋斜管沉淀池两座；二级泵房安装 KQSN400-M9/446 单级双吸离心泵 2 台，设计流量 $1742m^3/h$；离心式清水泵 2 台，设计流量 $400m^3/h$。目前城郊煤矿矿井总涌水量约 $900m^3/h$，矿井水全部通过该系统供煤化工用水，实现了矿井废水的再利用，同时增加了矿井的资本收入，取得了明显的社会效益和经济效益。

另外城郊煤矿还投资 120 万元建造了一套 $1650m^2$ 的日处理能力 2500t 的生活污水处理系统，该系统共安装设备 14 台，主要有 MODEI 型压风机 2 台和 ISO9001 型压风机 1 台，ISOZW-200-15 自吸泵 2 台，LR-1000 型加药罐 2 台，300 型二氧化镥发生器 1 台，HZ65-500 机械格栅 1 台。采用了国内先进的生化工艺，培养菌种利用微生物消化功能的净化原理进行了污水处理，将净化后的地面生活污水作为选煤厂及煤化工的工业用水。

城郊煤矿在水害防治上遵循"立足采面、以堵为主、疏堵结合、综合治理、分类防治"的原则，因此井下施工了若干疏水降压孔，以降低底板承压水压力，减少突水事故发生频率。疏水孔放水过程中无形的增加了矿井排水压力，为此城郊煤矿构筑了井下供水系统，供水水源全部取自疏水降压钻孔。这样既满足了疏水降压的要求，又避免了疏水降压过程中矿井排水费用的增加，同时节约了自地面向井下供水的费用，起到了一举多得的作用。

（3）煤矸石综合利用。城郊煤矿矸石产量每年达到 90 多万吨，为了更好地体现资源的综合利用，变废为宝，实现资源利用效益最大化，城郊煤矿对矸石进行了综合利用。首先对矸石进行分类，对于泥岩、炭质泥岩等低发热量的煤矸石全部供矸石砖厂进行制砖，其余用于矿井铁路专用线、部分村庄新址、塌陷区道路回填，充分体现了对煤炭资源"吃干榨净"的发展理念，取得了较大的经济和环境效益。

87.6　技术改进及设备升级

（1）加强地质勘探，减少设计损失。城郊煤矿所处永夏矿区受燕山期三幕构造活动的影响，地质构造较为发育，断层、火成岩、天然焦、薄煤带分布较广。矿井采区开采前均采取了二维地震勘探、三维地震勘探等物探技术，基本查明了落差3m以上的断层及其他地质构造的赋存状况，为采区设计提供了有力的依据，避免了盲目设计造成的资源浪费。

（2）优化设计，提高资源回收率。

1）优化采区边界，减少煤柱损失。由于城郊煤矿井下地质条件复杂，断层及露头保护煤柱分布较广，在进行采区划分时，设计人员充分考虑煤柱损失，尽可能地将采区边界与已有的保护煤柱重合，减少煤柱所占采区储量比重。

2）推广小煤柱沿空掘巷，减少煤柱损失。城郊煤矿回采工作面多为预留煤柱进行沿空掘巷，通过分析研究矿压显现规律、巷道支护强度等相关参数，结合城郊煤矿的实际情况，将两巷煤柱由原设计时的8m缩短为5m，有效提高了工作面煤柱回收率。

3）增加工作面几何面积，提高采区回收率。在采区储量计算中各类煤柱所占比重较大，在采区各类煤柱保持不变的情况下，合理加大工作面的几何尺寸便能使煤柱所占储量比重降低，有效提高采区回收率。因此城郊煤矿在条件适宜的情况下广泛布置大综采工作面。例如在十二采区设计中，最短工作面走向长度达到1600m，最长达到2500m，工作面倾向长度达200m，相应减少了工作面煤柱损失，使煤柱所占采区储量比重下降到6%左右。

同时因工作面面积增加，工作面个数的减少，有效降低了综采工作面在回撤期间的资源浪费。

（3）实行无煤柱回采，减少煤柱损失。

1）两翼工作面联采技术。根据工作面实际情况，城郊煤矿通过不断论证，进行了无煤柱开采的实验。将原本两翼布置的两个工作面，通过选择合理的开采技术和施工措施实现连续开采，减少因停采和工作面跳面造成的煤炭资源损失。例如城郊煤矿2501工作面里外段、2502工作面里外段、2805工作面里外段，均采取了联采技术，多回收煤柱48.5万吨，提前解放了煤柱资源，减少了煤柱损失。

2）大采长对拉工作面开采技术。创新实施综采对拉回采工艺，采取1个工作面布置3条巷道、2个切眼，实现上、下段同时生产。该回采工艺在该矿2703、K2101面已经成功实施。采取对拉开采后，加大了单个工作面储量，多回收了1条5m煤柱，少掘了一条沿空巷道，解决了相邻工作面压煤接替等问题。

（4）实施充填开采技术，解放"城下"资源量。煤矿位于永城市老城区，城下压煤量约7000万吨，矿井时刻关注"三下"采煤新工艺新方法的应用动态。通过与中国矿业大学合作，进行了超高水充填开采技术在城郊煤矿的应用。城郊煤矿在C2401工作面实施超高水充填开采，有效解放城下煤炭资源64501t，创造经济效益近3000万元。

（5）复杂条件下不规则综采工作面回采新工艺。城郊煤矿根据矿井具体情况对复杂地质条件下的综采工艺进行了深入细致的研究，先后总结出了旋转回采工艺、台阶状多切眼回采工艺、不等长边采边缩或延面回采工艺等，提高了综采利用率，增加了煤炭回采效率，取得了较好的经济效果。

88　中梁山煤矿北井

88.1　矿山基本情况

中梁山煤矿北井 1956 年建井，1959 年建成投产，设计生产能力 30 万吨/a。矿山开发利用简表见表 88-1。

表 88-1　中梁山煤矿北井开发利用简表

基本情况	矿山名称	中梁山煤矿北井	地理位置	重庆市九龙坡区
	矿山特征	第四批国家级绿色矿山试点单位		
地质资源	开采煤种	焦煤	累计查明资源储量/万吨	4301.3
	主要可采煤层	K_{10}、K_9、K_8、K_7、K_5、K_4、K_3、K_2、K_1		
开采情况	矿山规模/万吨·a^{-1}	30	开采方式	地下开采
	原煤产量/万吨	29	开采回采率/%	85.44
	煤层气年产生量/万立方米	2630	煤矸石年产生量/万吨	7
	矿井水年产生量/m^3	90		
选煤情况	选煤厂规模/万吨·a^{-1}	60	原煤入选率/%	100
	主要选煤方法	跳汰-浮选		
综合利用情况	煤层气年利用率/%	100	煤层气利用方式	民用
	煤矸石年利用率/%	100	煤矸石利用方式	建筑材料、铺路、发电
	矿井水年利用率/%	91.11	矿井水利用方式	矿山生产用水

中梁山煤矿北井开采深度由+290～−20m 标高，矿区面积 2.9259km²。

矿山位于重庆市西郊，行政区划属重庆市九龙坡区中梁山田坝村所辖。成渝公路和成渝高速公路从矿井北面通过；上界高速公路从矿区东面通过；成渝、襄渝铁路分别从矿井南、北通过，矿井东面有铁路分别于小南海、梨树湾附近连接成渝铁路和襄渝铁路，矿井往南约 9km 为大型编组站重庆西站；四季通航的长江、嘉陵江主要航运码头距矿区约 10～15km，交通便利。

88.2　矿床地质特征

井田范围内出露的最老地层为二叠系上统龙潭组，最新地层三叠系中统雷口坡组。以三叠系地层分布最广，其覆盖面积占井田面积的 90%以上，二叠系地层仅分布于井田背斜轴部；第四系地层零星分布于山间凹地及河谷、槽谷地带。

二叠系上统龙潭煤组（P_{2l}）为区内主要含煤地层，由浅、灰、深灰色泥岩、砂质泥岩、粉砂岩、砂岩、石灰岩和煤层组成。根据岩性特征及含煤情况，全组可分为三段，其中三段（P_{2l}^3）不含煤或含薄煤线，含煤段集中在 1~2 段（P_{2l}^3、P_{2l}^2），含煤 10 层，其中可采和局部可采煤层 9 层。

矿井可采煤层有 9 层，自下而上分别为 K_{10}、K_9、K_8、K_7、K_5、K_4、K_3、K_2、K_1煤层。

矿井煤牌号为焦煤，难选。各可采煤层煤质特征具体见表 88-2。

表 88-2　各煤层各种指标表

煤层	水分 M_{ad}/%	灰分 A_d/%	挥发分 V_d/%	固定碳 F_{cd}/%	干硫基本硫分 $S_{t.d}$/%	发热量 $Q_{g.r.d}$/MJ·kg^{-1}
K_1	0.89	22.24	16.54	61.22	3.19	27.69
K_2	0.81	22.44	15.99	61.57	4.07	27.67
K_3	0.92	26.21	16.24	57.55	3.10	25.98
K_4	1.03	20.82	16.73	62.45	1.83	28.10
K_5	1.02	18.78	17.29	63.93	2.65	30.26
K_7	1.40	24.56	16.37	59.07	1.88	26.79
K_8	0.99	17.28	18.01	64.71	0.64	30.825
K_9	0.80	16.67	17.21	66.12	2.74	30.89
K_{10}	1.11	28.49	17.07	54.44	4.41	24.34

中梁山煤矿北井采矿权范围内，累计查明资源储量 4301.3 万吨。其中，（111b）2445.6 万吨，占比 56.86%；（121b）827.6 万吨，占比 19.24%；（122b）747.6 万吨，占比 17.38%；（2S22）280.5 万吨，占比 6.52%。

截至 2013 年底，矿山累计动用资源储量 2446.2 万吨，保有资源储量 1855.1 万吨。其中，（111b）92.6 万吨，占比 4.99%；（121b）743.7 万吨，占比 40.09%；（122b）747.6 万吨，占比 40.30%；（2S22）271.2 万吨，占比 14.62%。

矿区共伴生矿产有煤层气、石灰岩、铝土质泥岩、硫铁矿。其中，硫铁矿层位不稳定，品位低，无工业开采价值；铝土质泥岩也未开采，目前得到开发利用的是煤层气、石灰岩，以煤层气为主。累计查明煤层气资源储量 135819 万立方米；截至 2013 年底，保有资源储量 42351 万立方米。

88.3　开采基本情况

矿山开采方式为地下开采，设计生产能力 30 万吨/a。2011 年、2013 年原煤产量分别为 22.3 万吨、29 万吨。

矿山煤层埋藏较深，煤层倾角较陡，倾角 60°~78°，属急倾斜煤层，采用地下开采。矿井采用人工风镐落煤，首先开采 K_2 煤层（保护层），再采其他煤层。根据本井田煤层分布和产状、赋存特征及开采技术条件，矿井采用伪斜柔性掩护支架、伪斜短壁等采煤方法，水泵排水，电机车运输，绞车提升，矿灯照明。采面采用掩护支架、单体液压支柱等支护，掘进灰岩巷道一般不需要支护，采区巷道采用金属支架、锚杆支护等形式支护。

88.4　选煤情况

矿山建设有配套的选煤厂，设计年选矿能力 60 万吨，为中型选煤厂，主要处理公司南井、北井两家矿山生产原煤。选煤工艺采用 50~0mm 原煤混合入选，跳汰主选、再选，煤泥浮选。

选煤厂主要加工生产各类动力用煤，主要分选工艺为 50~0mm 原煤跳汰选、筛选，煤泥压滤回收。选矿设计生产能力为 90 万吨/a，2006 年核定生产能力为 60 万吨/a。主要分选设备为 YT-14 智能数控跳汰机，跳汰面积为 14m^2，处理能力为 240t/h。

2011 年，两家矿山原煤产量 54.7 万吨，原煤入选量 54.7 万吨；2013 年，两家矿山原煤产量 59.2 万吨，原煤入选量 59.2 万吨。具体见表 88-3。

表 88-3　矿山选煤情况

设计生产能力 /万吨·a^{-1}	生产规模	矿山名称	原煤产量/万吨		原煤入选量/万吨	
			2011 年	2013 年	2011 年	2013 年
60	中型	南井	32.4	30.2	32.4	30.2
		北井	22.3	29	22.3	29
		合计	54.7	59.2	54.7	59.2

88.5　矿产资源综合利用情况

88.5.1　共伴生组分综合利用

目前，矿山开发利用的共伴生矿产资源主要是煤层气，利用方式为民用。

截至 2013 年底，矿井煤层气累计抽采量为 52348 万立方米，累计利用量为 37652 万立方米。其中，2011 年、2013 年煤层气抽采量分别为 2536 万立方米、2630 万立方米，利用量分别为 2536 万立方米、2630 万立方米。

88.5.2　其他组分综合利用

矿山煤矸石主要用于建筑材料、铺路以及发电。截至 2013 年底，煤矸石累计排放量 130 万吨，累计利用量 46 万吨。其中，2011 年、2013 年排放量分别为 8 万吨、7 万吨，利用量分别为 8 万吨、7 万吨。

矿井水主要用于矿山生产用水。截至 2013 年底，矿井水累计排放量 3780 万立方米，累计利用量 1115 万立方米。其中，2011 年、2013 年排放量分别为 72 万立方米、90 万立方米，利用量分别为 65 万立方米、82 万立方米。

89　朱家河煤矿

89.1　矿山基本情况

朱家河煤矿于 1992 年 12 月开工建设，1999 年 11 月矿井投入试生产，设计生产能力 90 万吨/a，经过改扩建达到 220 万吨/a。矿山开发利用简表见表 89-1。

表 89-1　朱家河煤矿开发利用简表

基本情况	矿山名称	朱家河煤矿	地理位置	陕西省蒲城县
地质资源	开采煤种	焦煤、瘦煤	累计查明资源储量/万吨	12104
	主要可采煤层	5^{-2}		
开采情况	矿山规模/万吨·a^{-1}	220	开采方式	地下开采
	开拓方式	斜井开拓	采煤工艺	走向长壁采煤法
	原煤产量/万吨	125	采区回采率/%	75.3
选煤情况	选煤厂规模/万吨·a^{-1}	220	原煤入选率/%	100
	主要选煤方法	重介质选煤		
综合利用情况	煤矸石利用量/万吨	13.96	矿井水利用量/万立方米	45.3

朱家河煤矿位于蒲白矿区西部，北以杜康沟逆断层为界，南以白龙潭正断层为界，西以 W4(5)、W5(2) 号钻孔连线与东坡矿相邻，东以 E5(7)、E5(6) 号钻孔连线西移 500m 与凉水泉矿为界；井田东西走向 8~9.5km，南北倾斜宽 4.5~6km，矿区面积 38.3km²。

朱家河煤矿位于蒲城县罕井镇西北，地处蒲城、白水、铜川三县、市交界处，该矿公路距罕井 15km，铁路距罕井 23km。矿区专用公路直通罕正（正宁）公路，罕（井）东（坡）铁路横穿矿区，交通运输便利。

矿属于半干旱地区，蒸发量大，降雨量小。

89.2　地质资源

井田基本构造形态是向北西倾斜单斜构造，地层倾角平缓，一般 5° 左右，沿走向和倾向均发育褶曲构造。除北部边界为逆断层外，其余皆为走向北东东，高角度正断层。矿区含煤地层为下二叠统山西组和上石炭统太原组。可采煤层共 5 层，由上而下分别为 3、5^{-1}、5^{-2}、6^{-1}、10 号煤层。其中主要可采煤层为 5^{-2} 号煤层，局部可采煤层分别为 3 号煤层、5^{-1} 号煤层、6^{-1} 号煤层、10 号煤层。

朱家河煤矿累计查明资源储量 12104 万吨，累计开采矿石 1230 万吨，累计动用储量 2020 万吨。

89.3　开采基本情况

89.3.1　矿山开拓方式及采矿工艺

朱家河煤矿采用斜井开拓方式，单一水平上下山开采，水平标高+600m，采煤方法为走向长壁采煤法。

矿井现有三条井筒，分别为主斜井、副斜井和西风井，主、副斜井井口位于工业场地内，西风井井口布置在西风井场地内，该场地位于矿井工业场地河对岸的平台上。

主斜井：倾角 16°30′，斜长 820m，净宽 4.0m，净高 3.2m，净断面 11.1m^2，装备带宽 1000mm 钢绳芯胶带运送机，担负全矿井提煤任务，兼作矿井进风及安全出口。

副斜井：倾角 20°，斜长 561m，净宽 4.4m，净高 3.25m，净断面积 12.2m^2，双钩串车提升，安装直径 2.5m 的双卷筒绞车，担负全矿井辅助提升任务，兼作矿井主要进风及安全出口。

西风井：井口标高为+788.06m，倾角 25°，斜长 441m，净宽 4.2m，净高 3.6m，净断面 13.1m^2。承担全矿井回风任务，兼作矿井安全出口。

根据矿井斜井开拓方式及各井口位置，井下水平大巷沿煤层走向东西两翼布置在主采 5^{-2} 煤层底板以下 20m 左右，井底车场与大巷之间采用石门连接。各采区上下山布置在 5^{-2} 煤层中，与水平大巷方向垂直或平行布置，在各采区上下山口设采区煤仓；各回采工作面沿采区上下山两翼走向方向布置。

全井田划分六个采区，分别为一、二、三、四、五、六采区，其中：一采区五号煤层已采完，二、四采区正在生产，三采区已被小煤窑严重破坏，只能进行残采，五、六采区作为后续准备采区。

89.3.2　矿山主要生产指标

2011 年采区采出量为 120 万吨，工作面回采率 95.4%、采区回采率为 75.4%。2012 年采区采出量为 123 万吨，工作面回采率 95.1%、采区回采率为 76%。2013 年采区采出量为 125 万吨，工作面回采率 95.2%、采区回采率为 75.3%。

89.4　选煤情况

朱家河煤矿选煤厂设计生产能力 220 万吨/a，选煤工艺为重介质选煤。2011 年、2012 年、2013 年原煤入选率达 100%。

89.5　矿产资源综合利用情况

朱家河煤矿无共伴生矿产。2013 年利用煤矸石 13.96 万吨，矿井水 45.3×10^4m^3。

89.6 技术改进及设备升级

朱家河煤矿 13501 回采工作面应用了跨大巷回采技术。为了延伸 13501 工作面纵向长度，提高 13501 工作面回采产量，合理解决工作面交替问题，并保持原有三采区回风斜巷稳定，通过对工作面所跨两条大巷用 Midas/GTS 软件进行模拟分析，需对斜巷转上平台区段进行加强支护，以满足回采需求。该技术研究的主要内容为：

（1）根据松软煤层复合顶板的破坏机理，分析影响巷道围岩的稳定性。

（2）理论分析松软煤层复合顶板巷道锚杆-锚索支护机理，对松软煤层复合顶板巷道锚杆-锚索支护参数设计进行研究应用。

通过应用该技术取得的效果如下：

三采回斜大巷在工作面回采前进行了二次加固，分三个加固段，分别采用了锚杆支护、锚杆+架棚支护、锚索支护。整个加固段平均支护成本 3862 元/m，合计 18.54 万元。

三采回斜加固段内多回采平距 19m，切眼长 150m，煤层平均厚度 3.9m，共多采煤 $11115m^3$，吨煤纯利润 154 元，单个工作面增加经济效益 207.84 万元。